Björn Wolle

**Grundlagen des
Software-Marketing**

IT im Unternehmen

Herausgegeben von Prof. Dr. Rainer Bischoff, FH Furtwangen

„IT im Unternehmen" ist anwendungsorientiert und praxisrelevant. Die wichtigsten Grundlagen werden zielorientiert dargestellt, durch konkrete Praxiserfahrungen aus Unternehmen untermauert und durch entsprechende Beratungs-Bücher auf überzeugendem Niveau verstärkt.

Die Reihe wendet sich an IT-verantwortliche Praktiker und Entscheider in Unternehmen, die die Verantwortung für IT-gestützte Geschäftsprozesse tragen: u. a. IT-Manager, CIOs, Führungskräfte, Projektverantwortliche in IT- und Organisationsprojekten. Darüber hinaus eignen sich die Bücher für das praxisnah ausgerichtete Studium und die betriebliche Weiterbildung.

Bereits erschienen:

Web-basierte Systemintegration
von Harry M. Sneed und Stephan H. Sneed

Six Sigma in der SW-Entwicklung
von Thomas Michael Fehlmann

Grundlagen des Software-Marketing
von Björn Wolle

www.vieweg-it.de

Björn Wolle

Grundlagen des Software-Marketing

Von der Softwareentwicklung
zum nachhaltigen Markterfolg

Mit 40 Abbildungen

Bibliografische Information Der Deutschen Bibliothek
Die Deutsche Bibliothek verzeichnet diese Publikation in der Deutschen Nationalbibliografie;
detaillierte bibliografische Daten sind im Internet über <http://dnb.ddb.de> abrufbar.

Die Wiedergabe von Gebrauchsnamen, Handelsnamen, Warenbezeichnungen usw. in diesem Werk berechtigt auch ohne besondere Kennzeichnung nicht zu der Annahme, dass solche Namen im Sinne von Warenzeichen- und Markenschutz-Gesetzgebung als frei zu betrachten wären und daher von jedermann benutzt werden dürfen.

Höchste inhaltliche und technische Qualität unserer Produkte ist unser Ziel. Bei der Produktion und Auslieferung unserer Bücher wollen wir die Umwelt schonen: Dieses Buch ist auf säurefreiem und chlorfrei gebleichtem Papier gedruckt. Die Einschweißfolie besteht aus Polyäthylen und damit aus organischen Grundstoffen, die weder bei der Herstellung noch bei der Verbrennung Schadstoffe freisetzen.

1. Auflage Oktober 2005

Alle Rechte vorbehalten
© Friedr. Vieweg & Sohn Verlag/GWV Fachverlage GmbH, Wiesbaden 2005

Lektorat: Dr. Reinald Klockenbusch / Andrea Broßler

Der Vieweg-Verlag ist ein Unternehmen von Springer Science+Business Media.
www.vieweg-it.de

Das Werk einschließlich aller seiner Teile ist urheberrechtlich geschützt. Jede Verwertung außerhalb der engen Grenzen des Urheberrechtsgesetzes ist ohne Zustimmung des Verlags unzulässig und strafbar. Das gilt insbesondere für Vervielfältigungen, Übersetzungen, Mikroverfilmungen und die Einspeicherung und Verarbeitung in elektronischen Systemen.

Konzeption und Layout des Umschlags: Ulrike Weigel, www.CorporateDesignGroup.de
Umschlagbild: Nina Faber de.sign, Wiesbaden

ISBN 978-3-528-05893-7   ISBN 978-3-663-05945-5 (eBook)
DOI 10.1007/978-3-663-05945-5

Geleitwort

Expandierende Märkte in Angebot und Nachfrage kennzeichnen zunehmend unsere Wirtschaft. Im Software-Bereich, der zunehmend fast alle Wirtschaftsbereiche durchdringt, kann die Devise nur heißen: Mehr Marktorientierung, d. h. mehr Kundenorientierung, d. h. bessere Qualität und Sichtbarmachung des Nutzens.

Eine entsprechende Marketing-Strategie ist vonnöten. Die Software-Entwickler müssen in dieser Kategorie denken und arbeiten lernen. Vieles kann aus dem traditionellen Marketing übernommen werden, vieles muss geändert werden, vieles ist neu. Grundlagen, Rahmenbedingungen und Spannungsfelder lenken das richtige Verhalten. Die Software-Entwicklung muss zunehmend ein vernetztes Vorgehen werden. Linearität ist nicht mehr gefragt. – Dieses Buch liefert das.

Furtwangen, im September 2005

Prof. Dr. Rainer Bischoff

Vorwort

Ein guter Spruch ist die Wahrheit eines ganzen Buches in einem einzigen Satz.

Theodor Fontane, dt. Schriftsteller, 1819-1898.

Die ersten Jahre des neuen Jahrtausends sind geprägt von globalem Wettbewerbsdruck durch Konkurrenten, Kaufzurückhaltung bzw. sinkender Nachfrage der Kunden sowie verstärkten Bemühungen zur Kosteneinsparung seitens der Unternehmen. Auch an der IT ist diese Entwicklung nicht spurlos vorübergegangen. Nach den Boom-Jahren konzentrieren sich die IT-Unternehmen wieder verstärkt auf die Steigerung von Effizienz und Effektivität bei der Erstellung und Vermarktung ihrer Produkte und Dienstleistungen sowie auf die Kundenorientierung als wesentliches Element einer erfolgreichen Unternehmensführung.

Es verwundert nicht, dass die Marketing-Strategien und Marketing-Konzepte der IT-Unternehmen in solch turbulenten Zeiten besonderen Anforderungen gewachsen sein müssen. Märkte, Marktteilnehmer und gesellschaftspolitische Rahmenbedingungen ändern sich heute schneller und in kürzeren Zyklen als früher. Die Kundenansprache erfolgt individueller und direkter. Die Software-Produkte werden immer leistungsfähiger aber auch komplexer und erklärungsbedürftiger. Die zunehmende Durchdringung unserer Welt mit neuen Software-Lösungen und digitalen Technologien beeinflusst Gesellschaft und Gesetzgebung und wirkt sich spürbar auf die Beziehung von Kunden zu Produkten, Dienstleistungen, Marken und Anbietern aus.

Das vorliegende Buch beschäftigt sich daher mit Themenkomplexen, die im Rahmen des Marketing-Mix in IT-Unternehmen von Bedeutung sind und Einfluss auf die Marketing-Organisation sowie die Wertschöpfungsketten in den Unternehmen haben. Der Aufbau des Buches orientiert sich an den Erfordernissen und Facetten der Erstellung einer Marketing-Konzeption in der Software-Branche. Dabei kann es nicht um eine systematische und detaillierte Darstellung aller relevanten Aspekte gehen. Ziel ist es vielmehr, Zusammenhänge aufzuzeigen, die für eine erfolgreiche Bewältigung des Aufgabenspektrums im Rahmen des Software-Marketing relevant sind. Problemfelder sollen erkannt und verstanden werden können. Hierzu werden technologische, betriebswirtschaftliche aber auch die zunehmend an Bedeutung gewinnenden rechtlichen Aspekte des Software-Marketing betrachtet. Allerdings kann der juristische Teil aufgrund der Komplexität, der hohen Änderungsdynamik und den erforderlichen Einzelfallbetrachtungen keine qualifizierte juristische Beratung ersetzen und stellt keinen Anspruch auf Vollständigkeit.

Dieses Buch verfolgt einen interdisziplinären Ansatz und basiert auf meinen langjährigen Erfahrungen als Software-Entwickler, Consultant, Dozent und Leiter von IT- und Marketing-Abteilungen. Es soll eine grundlegende Orientierung für Studierende, Praktiker und Dozenten aus dem Software- und dem IT-Marketing-Umfeld bieten. Aber auch für Juristen, die sich mit Rechtsfragen im Zusammenhang mit der Entwicklung und Vermarktung von Software befassen, kann dieses Buch eine Hilfestellung sein.

Für konstruktive Kommentare, Hinweise und Verbesserungsvorschläge zum juristischen Teil dieses Buches möchte ich mich an dieser Stelle ganz herzlich bei Frau Rechtsanwältin Doris Schwenke und Herrn Jürgen Heindl, Richter beim LG Frankenthal, bedanken. Dank gilt auch meinen Kolleginnen und Kollegen, insbesondere Frau Pia Kray und Frau Claudia Walther, für die Unterstützung im Rahmen der Vorbereitung und Erstellung des Manuskripts. Herrn Prof. Dr. Bischoff von der Fachhochschule Furtwangen und Herrn Dr. Klockenbusch vom Vieweg-Verlag Wiesbaden danke ich sehr für die konstruktive Zusammenarbeit, ihr Verständnis und ihre große Geduld.

In mehrfacher Hinsicht bin ich meiner Familie zu Dank verpflichtet. Die zahlreichen Fachgespräche und Diskussionen mit meiner Frau Dipl-Kffr. Carola Wolle haben die konzeptionelle Ausgestaltung wesentlich beeinflusst und zum Gelingen des Werkes beigetragen. Darüber hinaus haben meine Frau und mein Sohn Marcel auch mit großer Geduld und Verständnis darauf reagiert, dass ich über einen langen Zeitraum kein Wochenende für sie verfügbar war.

Ihnen als Leser/in wünsche ich viel Freude bei der Lektüre, vielfältige Anregungen, Tipps und Erkenntnisse und freue mich auf ihr Feedback zu diesem Buch.

Beilstein und Koblenz, im September 2005

Priv.-Doz. Dr. Björn Wolle

Inhaltsverzeichnis

Geleitwort V

Vorwort VII

I Grundlagen des Software-Marketing 1

1 Gegenstand und Besonderheiten des Software-Marketing 3
1.1   Problemfelder des Marketing in dynamischen Märkten 4
1.2   Software-Marketing und Software 9

2 Merkmale und Klassifikation von Software 15
2.1   Klassifikation von Software 16
2.2   Software-Qualität 19
2.3   Betrieblicher Einsatz von Software 23

3 Entwicklung von Software 27
3.1   Software-Projektierung und Prozess-Modelle 28
3.2   Qualitätssicherung 41
3.3   Dokumentation 47
3.4   Software-Lebenszyklus und Software-Marketing 54
3.5   Produktpolitik im Rahmen des Software-Marketing 59
3.6   Ergonomische Gestaltung von Software 62

4 Einsatz von Software im Software-Marketing 69
4.1   Software-Werkzeuge 69
4.2   Elektronische Medien und Software-Marketing 80

II Rahmenbedingungen und Funktionen im Software-Marketing 87

5 Rahmenbedingungen des Software-Marketing 89
5.1 Veränderung der Rahmenbedingungen 89
5.2 Relevante Unternehmensbedingungen 93

6 Software-Markt und Marktteilnehmer 97
6.1 Entwicklung und Strukturmerkmale des Software-Marktes 97
6.2 Verhalten von Marktteilnehmern 103
6.3 Marktsegmentierung 105

7 Strategische Planung 109
7.1 Grundlagen strategischer Analysen 109
7.2 Kennzahlenanalyse 116

8 Entscheidungsfelder im Software-Marketing 123
8.1 Produktpolitik 124
8.2 Distributionspolitik 133
8.3 Kontrahierungspolitik 140
8.4 Kommunikationspolitik 144

9 Management und Organisation des Marketing 153
9.1 Organisation und Aufgabengliederung 153
9.2 Koordination des Software-Marketing 158

10 Marketing-Controlling 161
10.1 Controlling für das Software-Marketing 161
10.2 Risiken im Software-Marketing 167
10.3 Target-Costing 171
10.4 Messung der Kundenzufriedenheit 174

III Spannungsfelder zwischen Software-Marketing und Recht 179

11 Rechtsgrundlagen 181
11.1 Juristische Arbeitsmethodik 182
11.2 Grundstruktur des Bürgerlichen Gesetzbuches 183
11.3 Rechtssubjekte und Rechtsobjekte 187
11.4 Sonderprivatrechte 189
11.5 Öffentliches und Europäisches Recht 191
11.6 Rechtsformen und Gesellschaftsrecht 193
11.7 Relevanz für das Software-Marketing 195
11.8 Haftung von Managern und Arbeitnehmern 197

12 Datenschutz und Marketing 199
12.1 Datenverarbeitung und Schutzbereiche 200
12.2 Nationale Datenschutzgesetze 202
12.3 Praktische Bedeutung 206
12.4 Gestaltung von Internet-Auftritten 209

13 Urheber- und Wettbewerbsrecht 211
13.1 Urheberrecht 212
13.2 Wettbewerbsrecht 216
13.3 Patentrecht 223
13.4 Markenschutz 228
13.5 Software- und Produktpiraterie 234
13.6 Auswirkungen des Internet 237

14 Produkthaftung und Vertragsrecht 243
14.1 Problemstellung der Produkthaftung 243
14.2 Haftungsfragen 247
14.3 Produkthaftung und Marketing-Strategien 249
14.4 Grundlagen des Vertragsrechts 253

14.5 Vertragsgestaltung 257

15 Rechtsaspekte des Software- und E-Marketing 263
15.1 Steuerrecht 263
15.2 Haftungsfragen im Internet 269
15.3 Software und neue Medien in Direkt- und E-Marketing 276

Anhang 281

A **Abkürzungsverzeichnis** 281
B **Empfehlenswerte Internet-Adressen** 285
C **Normen, Standards und Gesetze** 287
    C.1 Gesetze und Verordnungen 287
    C.2 Einschlägige Normen und Standards 289
D **Ausgewählte Magazine und Fachzeitschriften** 293
E **Fragebögen und Checklisten** 295
    E.1 Benutzeranleitung, Handbuch 295
    E.3 Fragenkatalog Marketing-Mix 297
    E.3 Auslieferung von Software 298
    E.4 Checkliste Rechtsfragen Website 299
    E.5 Checkliste Rechtsfragen Software-Vertrag 302

Glossar 305

Literaturverzeichnis 317

Schlagwortverzeichnis 343

I Grundlagen des Software-Marketing

Bedeutung des Marketing

Marketing: Obwohl das Wort als Verb im Englischen bereits seit dem 16. Jahrhundert belegt ist [Hoad86], wird „Marketing" meist für einen Begriff des 20. Jahrhunderts gehalten, der als Synonym für Wirtschaftswachstum und Fortschritt sowie für Theorie und Praxis in der Vermarktung eines Produkts oder einer Dienstleistung steht. In seiner klassischen Definition bedeutet Marketing die Planung, Koordination und Steuerung aller auf die Absatzmärkte ausgerichteten Unternehmensaktivitäten zur Aktivierung gegenwärtiger und zukünftiger Kundenpotenziale.

In den vergangenen Jahrzehnten entwickelte sich das Marketing zu einer zentralen Disziplin, die viele Unternehmensentscheidungen beeinflusst. Es ist deshalb wichtig, die Marketing-Strategie in Einklang mit der Unternehmensstrategie und den vorhandenen Potenzialen im Unternehmen zu entwickeln. In der Software-Branche erfordert dies ein gutes Verständnis über den Wettbewerb und das Kundenverhalten sowie darüber, wie das eigene Unternehmen und die Wettbewerber Software entwickeln bzw. ihre Dienstleistungen gestalten.

Ziel: Kundenbindung

Der Hintergrund ist simpel: In einem dynamischen Markt ist es eine optimale Strategie, dem Kunden keinen Grund zu geben, zum Mitbewerber zu laufen. Es gilt also, die eigenen Stärken so einzusetzen, dass sich das Unternehmen mit Kundenwünschen und Kundenforderungen aktiv auseinandersetzen und dabei den Wettbewerb Zug um Zug „ausschalten" kann. Die hierfür erforderlichen Grundlagen und Ansätze bilden den Gegenstand des ersten Teils des vorliegenden Buches.

Struktur und Inhalt von Teil I

Zunächst werden in Kapitel 1 einführend Gegenstand und Besonderheiten des Software-Marketing beleuchtet. Zentrale Fragen, nämlich was genau Software eigentlich ist, wie sie klassifiziert werden kann, und wie man sie qualitativ bewerten kann, sind Gegenstand von Kapitel 2. Die Methoden und Verfahren zur Software-Entwicklung bilden den Schwerpunkt von Kapitel 3. Kapitel 4 befasst sich mit dem Einsatz von Software und elektronischen Medien für das Software-Marketing.

I Grundlagen des Software-Marketing

Literatur-empfehlungen

Zu den verschiedenen Themengebieten des Software-Marketing existiert umfangreiche Literatur mit unterschiedlichen Schwerpunkten. Einen allgemeinen, aber nicht mehr ganz aktuellen Überblick über das Software-Marketing geben Baaken und Launen [BaLa93] oder Bittner [Bitt94]. Der Themenkomplex Software und Software-Qualität wird z. B. bei Wallmüller [Wall01a] oder Liggesmeyer [Ligg02] behandelt. Ein guter Überblick über betriebliche Anwendungssysteme und den Einsatz betrieblicher Software findet sich bei Grob, Reepmayer & Bensberg [GrRB04], Becker & Schütte [BeSc04] oder Schwarzer & Krcmar [ScKr04].

Die Literatur zum Themenkomplex Software-Entwicklung ist sehr umfangreich. Einen guten Überblick bieten Balzert [Balz98] oder Dumke [Dumk03]. Etwas älter ist eine Übersicht von Suhr & Suhr [SuSu93]. Als das Standardwerk in diesem Bereich gilt allerdings Sommerville [Somm04].

Erläuterungen zu den Hintergründen, Problemfeldern sowie Empfehlungen zur Erstellung von Software-Dokumentation und der Erstellung von Software-Handbüchern finden sich bei Lehner [Lehn94], Rupietta [Rupi87] oder Boedicker [Boed90]. Grundlagen sind z. B. bei Göpferich [Göpf98] dargestellt. Eine Bewertung aus Sicht des Marketing findet sich bei Pepels [Pepe02].

Darstellungen zum Software-Lebenszyklus und zur Produktpolitik finden sich bei Kittlaus, Rau & Schulz [KiRS04], Sneed, Hasitschka & Teichmann [SnHT04] oder Lippold [Lipp98].

Zur Software-Ergonomie existiert vergleichsweise wenig neuere Literatur, z. B. Herzceg [Herz04]. Daher sei hier auch auf die etwas älteren, aber durchaus brauchbaren Werke von Eberleh [Eber94], Daldrup [Dald95] oder Englisch [Engl93] verwiesen.

Aufgrund der Vielzahl der angebotenen Software-Systeme zum Einsatz im Software-Marketing sowie ihres hohen Spezialisierungsgrades fällt es schwer, geeignete Literatur für den Überblick anzugeben. Stattdessen wird an dieser Stelle auf die Literaturangaben in Kapitel 4 verwiesen.

1 Gegenstand und Besonderheiten des Software-Marketing

Stärkung der Marketing-Kultur wünschenswert

In der Software-Branche sind Marketing-Kultur und Marketing-Verständnis im Vergleich zu anderen Bereichen von Industrie und Wirtschaft weniger stark ausgeprägt. Auch kann die Größe des Marktes (weltweit wurden 2004 in der IT ca. 2167 Mrd. Euro umgesetzt [EITO04]) zu der Annahme verleiten, dass es ausreicht besondere Produkte anzubieten, um auf dem Markt bestehen zu können. Allerdings sind sowohl die Software als auch die hierzu angebotenen Dienstleistungen in der Regel erklärungsbedürftig bzw. setzen ein hinreichend ausgeprägtes Fachwissen voraus, um von den Kunden richtig eingeordnet werden zu können.

Orientierung auf Kunden und Wettbewerb

Software-Marketing sollte bei den Problemen und Bedürfnissen der potenziellen Kunden ansetzen, um markt- und wettbewerbsorientiert agieren zu können. Dabei geht es nicht nur um eine geschickte Vermarktung der bestehenden Produkte und Leistungen, vielmehr muss sich das Unternehmen insgesamt mit seinen Geschäftsprozessen auf Kunden und Wettbewerber ausrichten. Das Software-Marketing hat damit die Aufgabe, Konzepte zur Koordinierung der kunden- und wettbewerbsorientierten Aktivitäten der auf Software ausgerichteten Leistungsbereiche eines Unternehmens zu entwickeln und umzusetzen.

Software-Marketing als Impulsgeber

In diesem Sinn nimmt das Software-Marketing eine Querschnittsfunktion wahr, die sowohl auf Kundenbedürfnisse (der Wunsch der Kunden nach bestimmten Leistungen) wie auch auf Kundenprobleme (das Zusammenspiel verschiedener Fakten und Umstände, die einem Kundenbedürfnis zugrunde liegen) eingeht. Das Software-Marketing ist somit ein wesentlicher Impulsgeber der Ausrichtung eines Unternehmens auf die Kunden- und Wettbewerbserfordernisse.

Strategische Ausrichtung

Dabei gilt es, die sich ständig ändernden Anforderungen und Problemstellungen des Software-Marktes zu erfassen und zu strukturieren sowie auf Risiken und Marktchancen möglichst zeitnah zu reagieren, damit sich Gewinneinbußen, Flops, Fehlinvestitionen etc. weitgehend vermeiden lassen.

1.1 Problemfelder des Marketing in dynamischen Märkten

Wenn das einzige Werkzeug, das Du besitzt, ein Hammer ist, dann bist Du geneigt, jedes Problem als Nagel anzusehen.
Abraham Harold Maslow, amerik. Psychologe, 1908-1970.

Veränderung durch Marktentwicklung

Vor dem Hintergrund der wachsenden Bedeutung der Informationstechnologie im Zuge von E-Business, Globalisierung und Outsourcing steigt für viele Unternehmen die Bedeutung von bereichsübergreifenden IT-Dienstleistungen und IT-Projekten. Sowohl altehrwürdige Großunternehmen als auch junge Startups unterliegen heute in den in Bewegung geratenen Märkten neuen Marktgesetzen, die u. a. hohe Flexibilität und kurze Reaktionszeiten erfordern [CuGh98]. Die Gründe für stattfindende Umbrüche sind vielseitig. Neben technologischen Änderungen und Innovationen können beispielsweise ein geändertes Verbraucherverhalten, neue Vertriebswege, Privatisierung, Deregulierung, sich ändernde Gesetze, Handelskonflikte usw. das Auslösen von Veränderungen bewirken.

Fokus auf Absatz

Manche Unternehmen tendieren in derartigen Marktsitationen dazu, verstärkt auf rein absatzpolitische Elemente zu setzen, um Produkte und Dienstleistungen an potenzielle Kunden zu verkaufen. Problematisch ist eine derartige Sichtweise hauptsächlich deshalb, weil der Fokus des Unternehmens unnötig eng auf die Beschaffung und den Absatz fokussiert ist. Dadurch finden die Prozesse der Vermarktung und die Zukunftsorientierung eher wenig Beachtung und die Flexibilität des Unternehmens am Markt kann vergleichsweise stark eingeschränkt werden.

Wertvoll und knapp: der Kunde

Bereits seit einiger Zeit wandeln sich die Märkte und die Marktteilnehmer stark. Derzeit herrscht ein Überangebot bei praktisch allen Produkten und Dienstleistungen. Die Kunden können aus einer ständig wachsenden Vielfalt an Produkten wählen. Nicht mehr das Unternehmen identifiziert die Käufer, sondern die Kunden identifizieren die in Frage kommenden Anbieter. Eine kunden- und wettbewerbsgerechte Positionierung des eigenen Unternehmens und seiner Dienstleistungen wird deshalb immer wichtiger. „Herkömmliche" Konzepte greifen hier zu kurz, denn:

- Der Fokus liegt meist auf dem Produktangebot, ohne die Dynamik des Wettbewerbs zu berücksichtigen, die ja gerade durch neue Produkte ausgelöst wird.

1.1 Problemfelder des Marketing in dynamischen Märkten

- Auf Kundenwünsche und Kundenbedürfnisse wird oft nur unzureichend eingegangen. Dadurch wird der individuelle Mehrwert von Produkten und Dienstleistungen nicht adressiert. Stattdessen werden Lösungen für eine „breite Masse" der Zielgruppe angeboten, die aber den Anforderungen keines Kundensegments genügen können.

- Kunden wollen betreut und beraten werden, da sie in der Regel ein facettenreiches Problem zu lösen haben. Ein rein auf Produkte oder Standarddienstleistungen ausgerichteter Ansatz trägt dem nicht ausreichend Rechnung.

- Kunden haben Vorschläge und Ideen zu neuen Produkten oder Dienstleistungen, die meist auf einem konkreten Anwendungsfall basieren. Ein kundenorientiertes Verhalten und ein zielgerichteter Dialog mit dem Kunden hilft, Nutzenvorteile gegenüber den Wettbewerbern zu finden und zu kommunizieren.

- Meist wird vom bestehenden Angebot ausgegangen. Das strategische Denken bei der mittel- und langfristigen Ausrichtung des Unternehmens kommt dann zu kurz. Wertvolle Chancen, neue innovative Problemlösungen zu schaffen oder Märkte beispielsweise durch Kommunikationsmaßnahmen und Produktdifferenzierung auf das eigene Unternehmen zu fokussieren, können nicht wahrgenommen werden.

- Absatz- und beschaffungspolitische Instrumentarien für die bestehenden Leistungen stehen im Zentrum der Bemühungen und verhindern ein konstruktives Auseinandersetzen mit der eigenen Leistungsfähigkeit bzw. der aktiven Gestaltung und Optimierung der Leistungspolitik.

Erfolgsfaktor Marketing

Diese Punkte sind nicht neu. Bereits 1960 hat Levitt darauf hingewiesen, dass die Angebote eines Unternehmens immer wieder neu auf die Bedürfnisse der Kunden zugeschnitten werden müssen [Levi60]. In diesem Artikel erläutert Levitt, dass der wirtschaftliche Erfolg eines Unternehmens wesentlich auf einem kundenorientierten Management und einem gezielten Marketing beruht. Danach begründet sich Stagnation nicht in der Sättigung des Marktes, sondern kann auch auf Fehler im Management zurückzuführen sein.

Missverstandene Dominanz

Statt zentraler Dreh- und Angelpunkt zu sein, sollte die Absatz- und Marktorientierung nur insofern auf die relevanten Teilbereiche des Unternehmens zurückwirken, als dies für eine marktorientierte Gestaltung der Leistungspolitik erforderlich ist [Schn83;

1   Gegenstand und Besonderheiten des Software-Marketing

Raff84]. Unternehmen sollten daher verstärkt Konzepte und Lösungen entwickeln, wie durch den Einsatz ihrer Produkte bestehende und künftige Kundenbedürfnisse besser erfüllt und die ihnen zugrunde liegenden Probleme besser gelöst werden können als durch die Produkte und Leistungen der Wettbewerber.

Erfolgsfaktoren   Um wettbewerbsfähig zu bleiben, müssen sich die Unternehmen richtig auf sich ändernde Faktoren einstellen können. Daher ist es ganz natürlich, dass sich das Marketing und die internen Strukturen des Unternehmens im Laufe der Zeit anpassen müssen. Vor allem Chancen und Risiken müssen rechtzeitig erkannt und notwendige Änderungsmaßnahmen eingeleitet werden. Dabei lassen sich drei wesentliche Faktoren identifizieren, die neue Anforderungen an ein Unternehmen auslösen [HaCh93]:

- Kunden

   Der Kunde sagt dem Lieferanten, was er wann, wie will und wieviel er bereit ist, dafür zu bezahlen. Es gibt keine spezielle Kundenschicht mehr, sondern jeder einzelne Kunde zählt. Auch wenn die Kunden bereits ein eigenes Bild von dem Produkt bzw. der Dienstleistung haben, erwarten sie eine individuelle Beratung und ein Verständnis für ihr spezielles Problem.

- Wettbewerb

   In einem globalen Markt kann kein Unternehmen abgeschottet einfach nur vor sich hinarbeiten. Der globale Wettbewerb ist etwas, dem sich ein Unternehmen stellen muss, um zu bestehen. Lediglich ein gutes Produkt zu einem akzeptablen Preis anzubieten, ist nicht mehr ausreichend. Produkte und Dienstleistungen lassen sich über verschiedene Mechanismen verkaufen, sei es über den Preis, Qualität, Service, Nutzungsmerkmale usw.

- Wandel

   Die typischen Produktlebenszyklen werden kürzer. Statt mehrere Jahre dauern sie bestenfalls wenige Jahre. Parallel dazu verkürzt sich auch die Zeit, die heute ein Unternehmen zur Verfügung hat, um Produkte zu entwickeln und erfolgreich am Markt zu platzieren. Die Leistungspolitik muss auf eine derart agile Entwicklung abgestimmt sein.

1.1 Problemfelder des Marketing in dynamischen Märkten

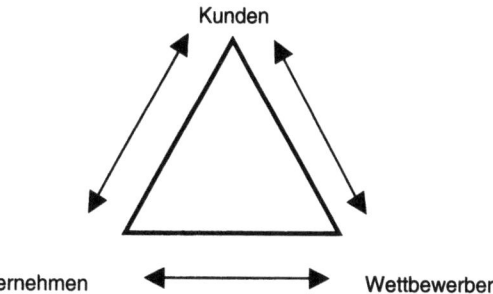

Abb. 1.1: Strategisches Dreieck der Akteure Unternehmen, Kunden, und Wettbewerber

Strategisches Dreieck

Diese Faktoren beeinflussen sich gegenseitig bzw. wirken zusammen. Die zugehörigen Akteure Kunden, Wettbewerber und Unternehmen bilden ein strategisches Dreieck (Abbildung 1.1). Marketing setzt genau an diesem strategischen Dreieck an und versucht, den Kunden gegenüber den Wettbewerbern Nutzen-, Leistungs-, Preis- oder sonstige Vorteile zu bieten.

Um sich im strategischen Dreieck Kunde-Wettbewerb-Unternehmen sinnvoll bewegen zu können, müssen die eigene Leistung und das Marketing auf die jeweilige Marktsituation angepasst werden. Dabei müssen drei Ebenen berücksichtigt werden:

- Politik

  Erforderliche Entscheidungen und Konzepte müssen innerhalb des strategischen Dreiecks an die Erfordernisse angepasst werden.

- Instrumente

  Die Schaffung von ausreichenden Wettbewerbsvorteilen und einer dauerhaften Kundenbindung erfordert einen koordinierten Einsatz der zur Verfügung stehenden Instrumente.

- Verfahren

  Die Steuerung aller Aktivitäten setzt ein methodisches, auf erprobten Techniken basierendes Vorgehen hinsichtlich Planung, Durchführung und Kontrolle voraus.

Wandel des Marketing

Inhaltlich hat sich das Marketing in den letzten Jahren stark gewandelt (siehe Abbildung 1.2). Zunächst wurde es in den fünfziger Jahren primär als Vertriebs- und Verkaufsfunktion betrachtet.

1 Gegenstand und Besonderheiten des Software-Marketing

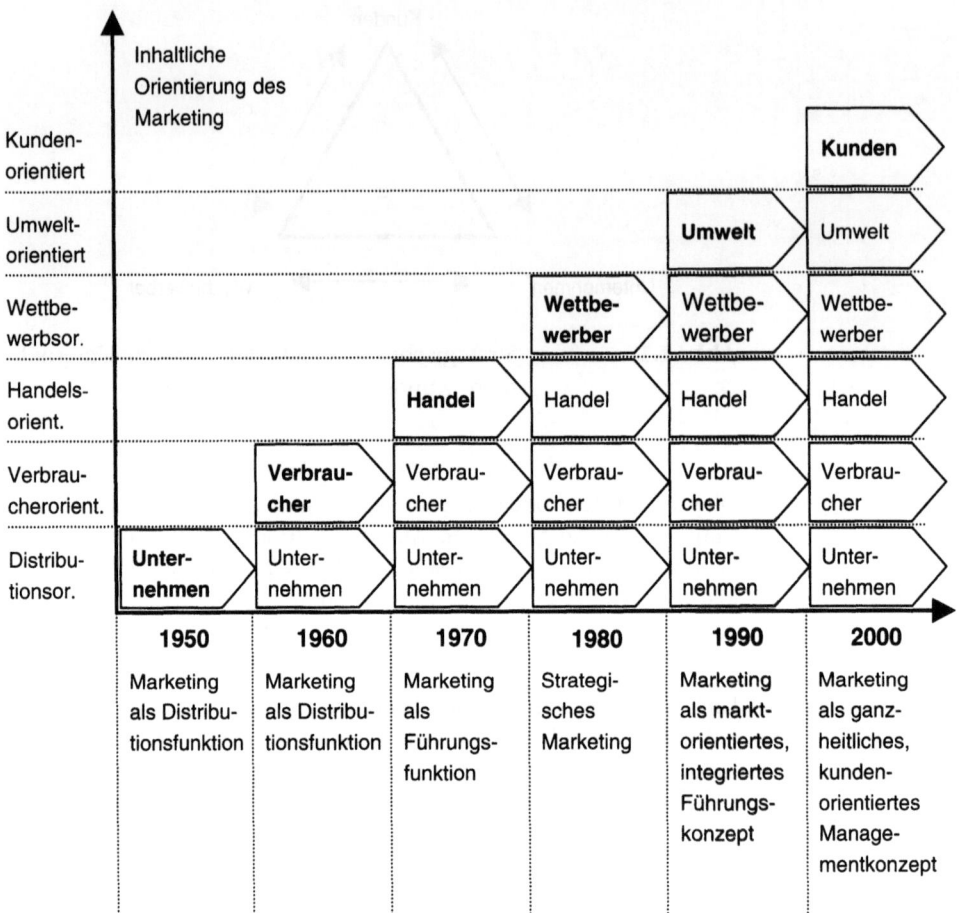

Abb. 1.2: Entwicklung des Marketing in Anlehnung an [Meff98], Kap. 1.2

In den sechziger Jahren setzte sich die Verbraucherorientierung als dominante Handlungsmaxime eines Engpassdenkens im Absatzbereich durch [HaSt83]. In den siebziger Jahren beginnt sich Marketing als Führungsinstrument zu etablieren. Der Fokus liegt jetzt auf dem Nachfragemarkt des Handels. Die Ausrichtung des Marketing der achtziger Jahre ist vor allem durch den Wettbewerb und die Globalisierung geprägt [Levi83]. In den neunziger Jahren erweitert sich der Fokus des Marketing um rechtliche, gesellschaftliche und ökologische Rahmenbedingungen [Meff98].

Ganzheitliches Management-konzept

Inzwischen, mehr als vier Jahrzehnte nach der Veröffentlichung von Levitt, rückt das Marketing von seinem traditionellen Zweck – nämlich der Herstellung und dem Verkauf von Produkten und dem damit verbundenen Ziel möglichst viele Kunden für die hergestellten Produkte zu finden – ab und entwickelt sich zu einem ganzheitlichen, kundenorientierten Managementkonzept [Kotl02, Kap. 1]. Diese Entwicklung ist für die Vermarktung von Software in einem globalen Markt eine der notwendigen Voraussetzungen für den Markterfolg.

1.2 Software-Marketing und Software

Ich hätte nie gedacht, dass man mit Software auch nur einen Pfennig verdienen kann.

Konrad Zuse, dt. Computerpionier, 1910-1995.

Derzeit sind die Konzepte des Marketing in der deutschen Software-Branche im internationalen Vergleich eher wenig ausgeprägt. Dies hat verschiedene Ursachen [HaSt83; Schn03a, Kap. 1]:

Problembereich Engpassdenken

- Viele Marketing-Konzepte sind vergleichsweise stark durch ein Engpassdenken geprägt. Finanzielle und personelle Ressourcen fließen hauptsächlich in die Entwicklung von Produkten und Dienstleistungen. Außerdem ist das Marketing im Spannungsfeld zwischen Vertrieb und Software-Entwicklung angesiedelt und soll hauptsächlich der Unterstützung des Vertriebs dienen.

Problembereich Technizität

- In Deutschland ist die Software-Branche von einer relativ hohen Technizität geprägt. Selbst ein oberflächliches Verständnis hinsichtlich Leistungsfähigkeit und mögliche Nutzungsbereiche der Software-Produkte setzt ein Fachwissen voraus, das bei Marketing-Fachleuten in der Regel so nicht vorhanden sein kann. Die Konsequenz ist, dass vor allem im Mittelstand die Tendenz herrscht, Marketing von aufgeschlossenen Ingenieuren und Software-Entwicklern mit abdecken zu lassen, die ihrerseits meist nicht über ein breites Marketing-Fachwissen verfügen können.

Problembereich Ressourcen-planung

- In der Software-Branche herrscht das reagierende Marketing vor. Die Mittel, die dem Marketing zur Verfügung stehen, sind knapp. Der Hauptfokus liegt daher oft auf der Werbung und der Generierung von Leads. Eine systematische Gesamt-

1 Gegenstand und Besonderheiten des Software-Marketing

Abgrenzung

konzeption und Bewertung der Marketing-Strategie findet nicht immer statt.

Das Besondere des Software-Marketing ist die Fokussierung auf die speziellen Anforderungen an die Vermarktung von Software-Produkten und Dienstleistungen im Software-Umfeld, die sich zum Teil erheblich von den Marketing-Konzepten anderer Branchen, etwa dem Konsumgüter-Marketing, unterscheidet. Software-Marketing ist kein eigenständiges Wissenschafts- oder Lehrgebiet. Vielmehr ist es als Teilfeld des Marketing an der Schnittstelle zu Informatik bzw. Wirtschaftsinformatik angesiedelt.

Definition Software-Marketing

Insgesamt umfasst das Software-Marketing allerdings ebenso wie das klassische Marketing alle Maßnahmen einer leistungs-, kunden- und wettbewerbsorientierten Ausrichtung der Unternehmensaktivitäten unter einem koordinierten Einsatz planerischer, steuernder und kontrollierender Instrumente sowie der klassischen marketing-politischen Instrumente Leistungspolitik, Kontrahierungspolitik, Kommunikationspolitik und Distributionspolitik. Es geht um die zielgerichtete Abstimmung des unternehmerischen Handelns auf die Marktsituation.

Software-Marketing (und natürlich auch andere Arten des Marketing) sollte sich also immer an den Erfordernissen des Unternehmens ausrichten und dabei gleichzeitig das Umfeld der Märkte berücksichtigen. Durch eine geeignete Typisierung der Unternehmen und ihrer jeweiligen Märkte können daher einige Mindestanforderungen für die Marketing-Konzepte abgeleitet werden.

Typisierung der Märkte

Bei den Märkten kann, wie in Abbildung 1.3 dargestellt, grob zwischen Märkten mit relativ stabilem Umfeld und solchen mit vergleichsweise turbulentem Unternehmensumfeld unterschieden werden [WoMü03]. Hierbei sind High-Tech-Märkte eher den turbulenten Märkten zuzuordnen. Tendenziell gilt für die in traditionellen Märkten agierenden Unternehmen:

- Veränderungen an Unternehmensstrategien, dem Marktangebot, den Entwicklungsverfahren und Absatzwegen müssen seltener vorgenommen werden, als dies in turbulenten Märkten der Fall ist.
- Der Druck, strategische Allianzen oder Partnerschaften einzugehen oder Fusionen durchzuführen, ist relativ gering.

In turbulenten Märkten müssen

Merkmale	Traditioneller Markt	High-Tech-Markt
Unternehmensumfeld	relativ stabil	turbulent
Anbieter	überschaubare Zahl etablierter Anbieter	wechselnde Zahl neuer und etablierter Anbieter
Käufergruppen	moderate Änderungen bei Käufergruppen	häufig wechselnde Käufergruppen
Kaufgewohnheiten	berechenbares Kaufverhalten	wechselnde Kaufverhalten
Produktionsverfahren	eingespielt und beherrscht	unterliegt noch Änderungen
Technologien	bekannt	werden teilweise erst entwickelt
Standards	gewachsene Standards vorhanden	nur wenige Standards etabliert
Produktinnovation	inkrementell	schubweise in schnellen Wellen
Unternehmensrisiko	normal	schwer kalkulierbar

Abb. 1.3: Ausgewählte Merkmale zum Vergleich von traditionellen Märkten mit High-Tech-Märkten [WoMü03]

- die Unternehmen in der Lage sein, trotz vieler Unwägbarkeiten bezüglich zukünftiger Technologien und Trends innovativ und flexibel zu reagieren, und
- die Marktangebote müssen den vom Markt definierten und dadurch veränderlichen Anforderungen und Nutzenerwartungen genügen.

Typisierung der Unternehmen

Bei den Unternehmen kann zwischen der Primärbranche, in der Software als eigenständiges Produkt angeboten wird, und der Sekundärbranche – hier ist die Software meist in Produkte und Dienstleistungen eingebettet – unterschieden werden [BMFB00]. Des Weiteren ist eine Differenzierung nach kleinen und mittleren Unternehmen (KMU) sowie Großunternehmen sinnvoll. Dabei zeigt sich:

- In der Primärbranche beschäftigt nur etwa ein Viertel der Unternehmen mehr als zehn Mitarbeiter.

- Insgesamt entwickeln etwa drei Viertel der Unternehmen der Primärbranche neu oder führen Weiterentwicklungen durch.
- Der Anteil von Unternehmen mit eigener Software-Entwicklung wächst mit zunehmender Unternehmensgröße. Im Bereich der KMU beträgt dieser Anteil nur etwa ein Viertel.
- In der Sekundärbranche beträgt der Anteil der Unternehmen mit eigener Neuentwicklung nur etwa ein Viertel. Dafür erhält die Weiterentwicklung externer Software bzw. die Individualisierung einen höheren Stellenwert.

Einfluss der Unternehmensgröße

Die Unternehmensgröße hat einen wesentlichen Einfluss auf die Rollenverteilungen bzw. Funktionen und damit die Anzahl möglicher Kommunikationsschnittstellen zwischen Software-Entwicklung und Software-Marketing sowie innerhalb der Software-Entwicklung. Mit zunehmender Unternehmensgröße

- werden die Rollen mehr und mehr diversifiziert und es bilden sich Spezialgebiete heraus,
- der Trend hin zu verteilten Projektgruppen und Entwicklungsstandorten nimmt zu,
- der Anteil an Unternehmen, der Software-Entwicklung ganz oder teilweise im Ausland betreibt, wächst,
- und es werden meist verschiedene Vorgehensmodelle zur Software-Entwicklung implementiert, die je nach Projektart und Umfang zum Einsatz kommen.

Anforderungskatalog

Insgesamt ergeben sich folgende Anforderungsgebiete an das Software-Marketing:

- Berücksichtigung des Unternehmensumfelds:
  Turbulente Marktbedingungen erfordern wirtschaftlich effiziente Marktangebote und Marketing-Konzepte, die immer wieder angepasst werden müssen. Neue Produkte treiben dabei die Dynamik des Wettbewerbs. Ein stabiles Umfeld erfordert gut geplante Angebote, sowie einfach steuerbare und gut kontrollierbare Geschäftsprozesse.
- Einfluss der Unternehmensgröße:
  Die verwendeten Methoden und Konzepte müssen skalierbar sein, um mit der Größe der Organisation und der Entwicklung des Marktes wachsen (oder schrumpfen) zu können.
- Umgang mit verteilten Standorten und Spezialisten:
  Zur Vermeidung von Missverständnissen und Problemen, die durch die räumliche Trennung, kulturelle Unterschiede oder

unterschiedlich gelagertem Fachwissen bedingt sind, müssen kommunikative Aspekte ausreichend berücksichtigt werden.

- Integrationsfähigkeit in bestehende Geschäftsprozesse:
  Software-Marketing umfasst verschiedenste koordinierende Maßnahmen einer leistungs-, kunden- und wettbewerbsorientierten Ausrichtung der Unternehmensaktivitäten. Es muss sich daher leicht in die bestehenden Geschäftsprozesse integrieren lassen und sollte diese begleiten, nicht dominieren.

- Kundenorientierung:
  Die Marktangebote sollten aus Sicht des Kunden lösungsorientiert sein und für möglichst viele individuelle Kunden einen hohen Nutzwert bieten. Im Rahmen von zielgerichteten Dialogen sollte das Kundenproblem möglichst komplett erfasst und strukturiert werden.

- Wirtschaftlichkeit:
  Die Konzepte sollten möglichst wenig Ressourcen dauerhaft binden und darauf ausgerichtet sein, die eigene Leistungspolitik zu optimieren.

- Strategisches Denken:
  Das bestehende Marktangebot ist keine Konstante. Es muss ausreichend Freiraum vorhanden sein, um sich an neuartige Problemlösungen herantasten zu können und durch geeignete Kommunikations- oder Produktdifferenzierungsmaßnahmen zu etablieren.

Begriffsbestimmungen

Die IT-Branche und das Software-Marketing sind stark geprägt von den unterschiedlichsten englischen, aber auch einigen deutschen Fachbegriffen aus den Bereichen Informatik, Marketing und Vertrieb, Jura, Sozialwissenschaften und Betriebswirtschaftslehre, um die wichtigsten zu nennen. Relevante Begriffe sind im Glossar zusammengestellt bzw. werden in den jeweiligen Kapiteln erläutert. Die Begriffe des fundamentalen Marktkreislaufs, der durch das Zusammenwirken von Wunsch/Bedürfnis, Marktangebot, Transaktion, Nutzwert und Relationships entsteht, werden nachfolgend eingeführt.

Bedürfnis und Wunsch

Von zentraler Bedeutung für das Marketing sind die Bedürfnisse und Wünsche der Kunden bzw. potenziellen Kunden. Ein Bedürfnis ist dabei ein subjektiv empfundener Mangel, der sich direkt aus einer von den jeweils herrschenden Umständen und Einflüssen hervorgerufenen Notwendigkeit ableitet. Wünsche entsprechen dem Verlangen nach bestimmten Mitteln zur Befriedigung dieser Bedürfnisse.

Produkt und Marktangebot

Im Laufe dieses Buches wird oft von Produkten gesprochen. Hierzu zählen im Marketing auch die Dienstleistungen. Dabei ist zu beachten, dass die Produkte in der Regel verschiedene Dienstleistungen beinhalten, die in ihrer Gesamtheit für den Kunden den Produktwert bzw. den Marktwert des Produkts darstellen. Das Angebot zum Kauf einer Unternehmenslizenz für ein neues Software-Produkt kann beispielsweise Dienstleistungen für Installation, Wartung oder Hot-Line einschließen und das Produkt wird meist markenrechtlich gekennzeichnet sein. Oft bezeichnet man komplexe Produkte auch als Marktangebot, da das zusammengestellte Leistungsspektrum die Wünsche des Kunden möglichst optimal abdecken soll. Das angebotene Leistungsspektrum soll ein individuelles Problem des Kunden lösen. Dies setzt gewisse Kenntnisse des Anbieters über den Kunden und sein Marktumfeld, seine Aktivitäten und Pläne sowie seine Probleme und Erwartungen voraus.

Transaktion und Nutzwert

Um als Kunde in den Besitz eines Produkts zu gelangen, muss ein Austausch bzw. eine Transaktion stattfinden. Bei einer fairen Transaktion schätzen beide Parteien, Kunde und Anbieter, das Verhältnis von Nutzen zu Kosten (Nutzwert) etwa gleich hoch ein. Aus Sicht des Kunden ist sein Nutzwert hoch, wenn sein Problem überzeugend und seinen Vorstellungen entsprechend gelöst wird. Entsprechend wird der Kunde ein Marktangebot auswählen, von dem er annimmt, dass es für ihn den besten Nutzwert besitzt.

Markt und Marktteilnehmer

Damit Transaktionen stattfinden können, ist ein Markt erforderlich. Ein Markt besteht aus den Marktteilnehmern. Dies sind Kunden und Verbraucher, d. h. tatsächliche und mögliche Kunden eines Marktangebots sowie Mitbewerber und sonstige Personen, die als Anbieter oder Nachfrager am Markt tätig sind. Die Größe eines Marktes hängt davon ab, wie viele der tatsächlichen und möglichen Kunden tatsächlich bereit sind, auf die mit der Transaktion verknüpften Bedingungen einzugehen. In der Praxis ist die tatsächliche Größe eines neuen Marktes allerdings schwierig zu bestimmen.

Relationships

Langfristig bestehende Beziehungen zu den Marktteilnehmern aber auch zu Lieferanten und anderen Akteuren, die Märkte direkt oder indirekt beeinflussen können, werden als Network oder Relationships bezeichnet. Dementsprechend versteht man unter Network-Marketing die Vermarktung der Marktangebote über das eigene Netzwerk von Kontakten zu anderen Marktteilnehmern.

2 Merkmale und Klassifikation von Software

Besonderheiten von Software

Im Vergleich zur Entwicklung körperlicher Produkte in anderen Wirtschaftsbereichen unterliegen Entwicklung und Vermarktung von Software etwas anderen Regeln. Dies begründet sich auf eine Reihe von Besonderheiten, die Software aufweist. Beispielsweise wird sie in der Regel von mehreren Benutzern verwendet und auch Weiterentwicklungen oder Änderungen werden meist von anderen Personen als vom Autor durchgeführt. Software ist ein wissensintensives und beispielhaftes Wirtschaftsgut der sich entwickelnden Informationsgesellschaft [FrBE02].

Was ist eigentlich Software?

Trotz dieser für ein Produkt teils seltsamen Eigenschaften ist Software eigentlich nichts weiter als die Schnittstelle zwischen Benutzer und Computer bzw. die Brücke zwischen Mensch und Maschine. Wie in den IEEE-Standards 729 festgelegt ist, besteht Software aus Programmsystemen, Prozeduren und Daten sowie der zugehörigen Dokumentation, die nötig ist, um die Programme zu installieren, zu verstehen und zu nutzen. Software besteht also aus Programmen (Quellcode und Objektcode) inklusive der zugehörigen Dokumentation und zugehörigen Daten.

Merkmale von Software

Aufgrund dieser Konstellation ergeben sich einige Merkmale und Charakteristika von Software, z. B.:

- Software ist ein immaterielles Produkt;
- Software unterliegt keinem Verschleiß;
- Software kommt ohne Ersatzteile aus;
- Software altert;
- Software ist schneller änderbar als ein materielles Produkt;
- die Eigenschaften von Software können nicht in einfacher Weise quantifiziert werden.

Wie im Folgenden kurz dargestellt, wirkt sich dies bei der Klassifikation, bei den Qualitätsmerkmalen und dem Einsatz von Software aus.

2.1 Klassifikation von Software

Der Computer rechnet mit allem – nur nicht mit seinem Besitzer.

Dieter Hildebrand, dt. Kabarettist, *1927.

Software ist Bestandteil eines Computersystems, welches man sich als eine hierarchische Struktur von Software- und Hardware-Komponenten vorstellen kann (Abbildung 2.1). Dabei treten die Eigenschaften der Maschine bei den höheren Ebenen zunehmend in den Hintergrund.

Software-Ebenen Die System-Software gehört zur untersten, maschinennächsten Ebene der Software. Hier besteht der engste Kontakt mit der Hardware. Beispielsweise verwaltet ein Betriebssystem die Betriebsmittel des Computers und teilt diese dem Benutzer zu; Compiler übersetzen die Programme in Maschinen-Code, der spezifisch für die eingesetzte CPU ist. Ähnliches gilt für die Schnittstellentreiber, Programme, die für die Kommunikation mit den Peripheriegeräten zuständig sind.

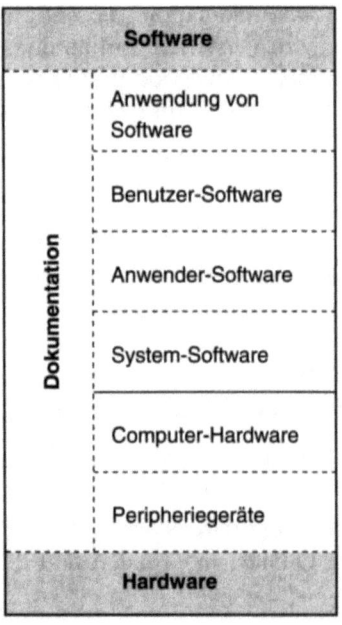

Abb. 2.1: Software-Hardware-Hierarchie

2.1 Klassifikation von Software

Die nächsten beiden Ebenen, die Anwender-Software und die Benutzer-Software, sind problemspezifische Ebenen und basieren auf der System-Software. Auf der obersten und benutzernächsten Ebene steht die Anwendung von Software im Vordergrund. Eine Kenntnis der Hardware ist hier nur noch von sehr untergeordneter Bedeutung.

Klassifikationsmöglichkeiten

Die Klassifikation von Software kann anhand verschiedener Aspekte erfolgen. Gängig sind beispielsweise:

- Typ (z. B. Individual- oder Standard-Software)
- Integrationsgrad
- Nutzungsform (Batch, Dialogbetrieb, Transaktionsverarbeitung)
- Programmiersprache (prozedural, objektorientiert, skriptorientiert usw.)

Standard- und Individual-Software

Häufig werden zwei grundsätzliche Klassen von Software unterschieden: Individual- und Standard-Software. Die Individual-Software wird speziell auf die Wünsche eines Benutzers hin entwickelt und kann nicht ohne Anpassungen bei einem anderen Anwender eingesetzt werden. Bei der Erstellung von Individual-Software steht der Dienstleistungscharakter im Vordergrund. Sie kommt meist dann zum Einsatz, wenn keine Standard-Software zu dem Problem existiert oder die zugrunde liegende Hardware-Plattform nicht unterstützt wird. Standard-Software sind standardisierte Software-Produkte, die für einen größeren Abnehmerkreis erstellt und angeboten werden. Diese Programme übernehmen weitgehend unabhängig von Hardware-, System-Software-, und Organisationsstrukturen genau beschriebene Problemstellungen.

Vermarktungsstrategie und Klassifikation

Aufgrund verschiedener Entwicklungs- und Vermarktungsstrategien durch die Software-Entwickler wird Software wie in Abbildung 2.2 dargestellt typischerweise unterteilt in:

- Proprietäre Software
- Open Source Software
- Public Domain Software
- Freeware

Proprietäre Software

Lange Zeit wurde Software herstellerspezifisch (proprietär) entwickelt. Der Begriff proprietär wird zwar meist auf Systeme bezogen, beispielsweise für ein Betriebssystem, das sich nur auf

2 Merkmale und Klassifikation von Software

Kriterien	Typ der Software			
	Open Source	Public Domain	Freeware	Proprietär
kostenlose Nutzung	ja	ja	ja	nein
unbeschränkter Gebrauch	ja	ja	ja	nein
weitgehender Verzicht auf Urheberrechte	ja	ja	nein	nein
Quellcode veränderbar	ja	nein	nein	nein
kein bzw. geringer Bezug zu proprietärer Software	ja	nein	nein	nein

Abb. 2.2: Vereinfachte Klassifikation von Software nach Kriterien für Vermarktungsstrategien

der Hardware eines bestimmten Herstellers einsetzen lässt, kann aber auch im weiteren Sinne auf Software übertragen werden. Bei proprietärer Software werden beispielsweise Standards und Normen wenig beachtet, Schnittstellen und Quellcode nicht offengelegt und die Möglichkeiten zur Integration anderer Produkte stark eingeschränkt. Der Kunde ist also auf den Hersteller quasi angewiesen. Das Wechseln zu Produkten der Konkurrenz wird deutlich erschwert.

Open Source Software

Open Source Software wird häufig stufenweise und dezentral von verschiedenen Programmierern unter Einsatz modularer Konzepte entwickelt. Die neu entwickelten Module werden in das bestehende System integriert. Bei Open Source Software wird der Quellcode offengelegt und zur weiteren Bearbeitung zur Verfügung gestellt [BeRS04]. Diese Art von Software stellt meist eine kostengünstige und auch zukunftssichere Alternative zu etablierten proprietären Software-Systemen dar.

Große Hersteller sehen im Einsatz von Open Source Software – vor allem im Bereich der Betriebssysteme – ein Instrument zur aktiven Gestaltung ihrer Wettbewerbspolitik. Charakteristisches Merkmal von Open Source Software ist die Verwendung von urheberrechtlichen Merkmalen, die dem Nutzer Pflichten zur Offenlegung und Weitergabe des Quellcodes auferlegen [Kard04]. Beim kommerziellen Vertrieb von Open Source ist nicht ausgeschlossen, dass für Dienstleistungen, Datenträger, Beratung oder Garantien durchaus Entgelte verlangt werden können. Lediglich

Lizenzgebühren für die Software und den Quellcode dürfen nicht erhoben werden.

Public Domain Software
Kennzeichnend für Public Domain Software ist der versuchte bzw. erklärte Verzicht auf jegliche Urheberrechte, verbunden mit einem uneingeschränkten Nutzungsrecht durch den Nutzer. Der Anwender kann die Software benutzen und ändern wie er möchte. Das Verwertungsrecht wird oft nur durch das nicht veräußerbare Urheberpersönlichkeitsrecht des Software-Herstellers beschränkt [HeKe04].

Freeware
Freie Software, die sog. Freeware, zeichnet sich dadurch aus, dass die Software kostenlos zur Nutzung überlassen, der Quellcode aber nicht offengelegt wird [Esch94]. Der Nutzer erhält lediglich ein eingeschränktes Nutzungsrecht an der Software, ohne dass ihm weitergehende Befugnisse eingeräumt werden. Des Weiteren wird die Nutzung meist nur auf den privaten Bereich beschränkt.

2.2 Software-Qualität

Es ist sinnlos zu sagen: Wir tun unser Bestes.
Es muss dir gelingen, das zu tun, was erforderlich ist.

Sir Winston Churchill, brit. Politiker und
Nobelpreisträger, 1874-1965.

Qualität bei Software
Die Qualität eines Produkts oder einer Dienstleistung wird von seinen Nutzern sehr unterschiedlich, aber immer auch subjektiv beurteilt. Das liegt vor allem daran, dass Produkte und Dienstleistungen mehrere und individuell verschiedene Kriterien erfüllen müssen, um von Käufern und Nutzern als Qualitätserzeugnis anerkannt zu werden.

Diese Erfordernisse sind häufig nicht eindeutig festzustellen. Sie unterliegen einem ständigen Wandel. Oft sind sich auch die Endanwender eines Produkts nicht im Klaren darüber, welche Anforderungen an das Produkt gestellt werden sollten. Aufgrund von technologischer Weiterentwicklung, sich ändernder Gesetzeslage, Moderscheinungen und ähnlicher Einflussfaktoren unterliegen die gestellten Anforderungen zudem einem ständigen Wandel. Unter diesen Umständen scheint ein einheitliches Verständnis zum Qualitätsbegriff nur schwer zu erzielen zu sein und auch bei der Umsetzung in den Unternehmen wird vieles falsch gemacht [Esch94, Beck02].

2 Merkmale und Klassifikation von Software

Qualitätsbegriff und praktische Anwendung

Tatsächlich definieren die Vordenker des Qualitätsmanagements, Feigenbaum, Crosby, Deming, Juran und Ishikawa sehr unterschiedlich [MiGu94]. Einschlägige Normen berücksichtigen dies und definieren Qualität sinngemäß sehr allgemein als die Eigenschaft eines Produkts oder einer Dienstleistung bezüglich ihrer Gebrauchstauglichkeit, die erwarteten und festgelegten Eigenschaften zu erfüllen.

Die einschlägigen Normen stellen nicht klar, wie mit den jeweils definierten Forderungen und Merkmalen umzugehen ist [Petr99]. Hinzu kommen zum Teil sprachliche Mängel [vBel02]. Insgesamt entsteht hieraus ein grundlegendes Problem bei der praktischen Anwendung des Qualitätsbegriffs, denn die geforderten Qualitätsmerkmale eines Produkts oder einer Dienstleistung sind immer noch je nach Betrachtungsweise, Branche oder Zielrichtung sehr unterschiedlich. Der Qualitätsbegriff ist und bleibt mehrdimensional und er erhält mehrere Aspekte, welche oft genug widersprüchlich sein können und damit nicht gleichzeitig erfüllbar sind.

ISO 9126

Dieses Verhalten trifft insbesondere auf Software zu und wird in der Norm DIN EN ISO 9126 berücksichtigt. Dadurch ist diese Norm keine Anwendungsnorm in dem Sinne, dass die in ihr festgelegten Qualitätseigenschaften

- Funktionalität
- Zuverlässigkeit
- Benutzbarkeit
- Effizienz
- Wartbarkeit (Änderbarkeit)
- Portabilität (Übertragbarkeit)

erfüllt sein müssen (Abbildung 2.3). Vielmehr wird die Qualität eines Software-Produktes als gut bezeichnet, wenn die beschriebenen Eigenschaften mindestens insoweit vorhanden sind, dass sie den Anwendungsanforderungen entsprechen. Interessant ist, dass die Beurteilung einzelner Eigenschaften nicht unbedingt auf quantitativen Methoden beruhen muss. Sie kann auch anhand von rein qualitativen Beschreibungen erfolgen. Des Weiteren unterscheidet die Norm zwischen den drei verschiedenen Interessengruppen Anwender, Entwickler und Manager. Bei diesen Interessengruppen wird Qualität im „magischen Dreieck" von Leistung, Kosten und Zeit optimiert.

2.2 Software-Qualität

```
                    Qualitätsmerkmale nach ISO 9126

    Funktionalität          Zuverlässigkeit         Benutzbarkeit

    – Angemessenheit        – Reife                 – Verständlichkeit
    – Richtigkeit           – Fehlertoleranz        – Erlernbarkeit
    – Interoperabilität     – Wiederherstellbarkeit – Bedienbarkeit
    – Sicherheit
    – Ordnungsmäßigkeit


    Effizienz               Änderbarkeit            Übertragbarkeit

    – Antwortzeiten         – Analysierbarkeit      – Anpassbarkeit
    – Ressourcenbindung     – Modifizierbarkeit     – Installierbarkeit
                            – Stabilität            – Konformität
                            – Testbarkeit           – Austauschbarkeit
```

Abb. 2.3: Qualitätsmerkmale nach DIN EN ISO 9126

Prozessorientierte Sicht

Dies macht deutlich, dass rein auf die Produktqualität ausgerichtete Qualitätsziele in der Praxis nicht präzise genug für den Gebrauch in Unternehmen festgelegt werden können. Einen Ausweg aus diesem Dilemma bietet die prozessorientierte Sicht auf den Qualitätsbegriff. In der Praxis wird dieser Weg gerne und unkritisch beschritten, wie einschlägige Veröffentlichungen und Erfahrungsberichte belegen (vgl. z. B. [GüRR96; Warn97; KuMa99; BaHS00; DiBu01]).

Qualitätsprozesse und Qualitätsmerkmale

Eine prozessorientierte Qualitätssicht fordert, dass alle Anforderungen, welche an die betrachteten Prozesse eines Unternehmens gestellt werden, erfüllt sein müssen. Diesem Gedanken liegt die Annahme zugrunde, dass ein Endprodukt den gestellten Anforderungen auf jeden Fall entsprechen muss, wenn alle an seiner Entstehung beteiligten Prozesse korrekt ausgeführt wurden. Voraussetzung hierfür ist aber, dass die gestellten Anforderungen im Produktionsprozess bekannt sind und richtig berücksichtigt werden. Hierzu zählen auch die Wünsche und Qualitäts-

2 Merkmale und Klassifikation von Software

Abb. 2.4: Modifizierte Qualitätsmerkmale unter Berücksichtigung der Anforderungen von Anwendern und Nutzern

anforderungen der Anwender und Nutzer, die zu einer Modifikation der klassischen Qualitätsziele führen, wie in Abbildung 2.4 dargestellt.

Probleme der Umsetzung Gerade bei Software entstehen durch die Einbeziehung der Anwender Probleme, denn oft werden die Marktanforderungen von den Entwicklern nicht verstanden bzw. aufgenommen oder die Entwickler verstehen es nicht, die im Bereich Software-Entwicklung durchaus vorhandenen technischen Beschränkungen zu adressieren.

Weitere Komplikationen entstehen dadurch, dass der oben dargestellte pauschale Ansatz, wonach aus korrekten Prozessen zwangsläufig auch den Anforderungen entsprechende Produkte entstehen, für die Praxis der Software-Entwicklung wenig verwertbar ist [HeGD00]. Ungeachtet dessen wurde diese These meist vorbehaltlos akzeptiert, da sich hieraus unmittelbar Modelle wie die DIN ISO 9000 zur Definition und Beschreibung von Prozessen ableiten lassen, die den Aufbau formaler QM-Systeme unterstützen [BöTB01; LWAE98; MeSt99; Witt01], aber aufgrund ihres Formalismus auch hemmend wirken können [Neum00].

Fazit

Als Fazit bleibt festzuhalten, dass diese gängigen, formalen Modelle nur sehr rudimentäre Antworten auf die Fragen liefern, wie eine prozessorientierte Qualitätssicht unter Berücksichtigung ökonomischer Kriterien sowie Marketing-Gesichtspunkten abzuleiten und umzusetzen ist.

2.3 Betrieblicher Einsatz von Software

Ich arbeite nach dem Prinzip, dass man niemals etwas selbst tun soll, was ein anderer für einen erledigen kann.
John D. Rockefeller, amerik. Unternehmer, 1839-1937.

Betriebliche Anwendungssysteme

Unter betrieblichen Anwendungssystemen versteht man

- im engeren Sinn alle in einem Unternehmen zur Unterstützung der Geschäftsprozesse eines konkreten betrieblichen Anwendungsgebiets eingesetzten Programme inklusive der zugehörigen Daten und Dokumentation (d. h. die Anwendungs-Software) und

- im weiteren Sinn zusätzlich die für die Nutzung dieser Anwendungs-Software erforderliche Hardware und System-Software und die benötigten Kommunikationseinrichtungen.

Anwendungssysteme werden in Unternehmen jeder Größe, in allen Branchen, auf den unterschiedlichsten Rechnersystemen und grundsätzlich für alle betrieblichen Arbeitsgebiete wie z. B. Verwaltung, Produktion, Beschaffung, Vertrieb oder Marketing eingesetzt. Je nach ihrem Verwendungszweck kann zwischen Administrations- und Dispositionssystemen, Führungssystemen und Querschnittssystemen unterschieden werden [StHa99]. Einen Überblick gibt Abbildung 2.5.

2 Merkmale und Klassifikation von Software

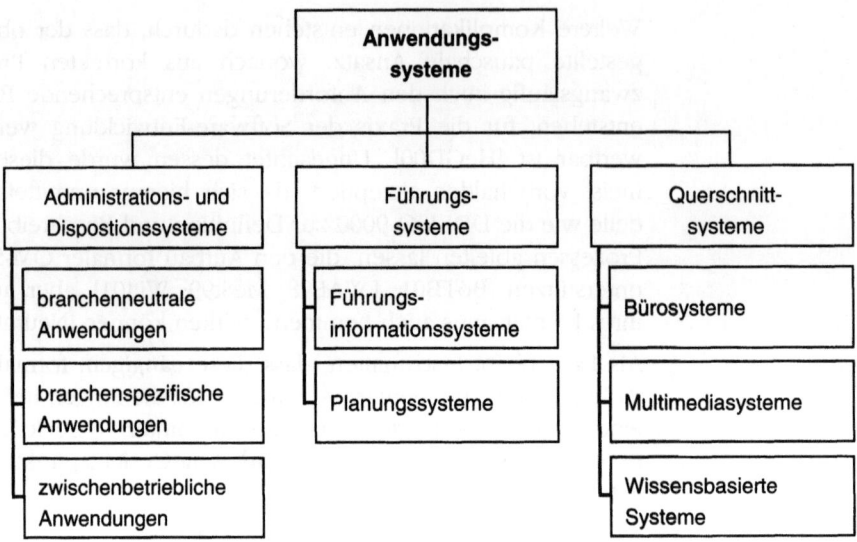

Abb. 2.5: Einteilung betrieblicher Anwendungssysteme

Administrations- und Dispositionssysteme

Die klassische Abrechnung von Massendaten in Unternehmensbereichen wie Finanz-, Rechnungswesen oder Personalwesen (z. B. bei Monats- und Jahresabschluss oder Jahresabrechnungen) wird von Administrationssystemen übernommen. Sie werden außerdem für die Verwaltung von Lagerbeständen, Konten oder Verträgen und Versicherungspolicen eingesetzt. Die Vorbereitung von kurzfristigen, dispositiven Entscheidungen auf vorwiegend unteren und mittleren Führungsebenen wird mit Dispositionssystemen durchgeführt. Typische Anwendungen beinhalten das Mahnwesen, die Außendienststeuerung oder das Bestellwesen.

Bei den Administrations- und Dispositionssystemen können Branchenanwendungen, banchenneutrale sowie zwischenbetriebliche Anwendungen wie z. B. Electronic Data Interchange (EDI) unterschieden werden, wobei die Grenzen fließend sein können. Führungssysteme dienen der Entscheidungsvorbereitung für die oberen Führungsebenen. Führungsinformationen können durch Management-Informationssysteme (MIS) bereitgestellt werden. Verwendet werden sowohl unternehmensinterne Daten aus Administrations- und Dispositionssystemen als auch externe Daten, beispielsweise aus Wirtschaftsdatenbanken, Statistiken oder Marktforschungsunternehmen. Die Informationen werden in

2.3 Betrieblicher Einsatz von Software

einem sog. Data Warehouse bereitgestellt (vgl. Kapitel 4.1) [Goek04].

Innerhalb der Führungsprozesse nimmt die Planung von Aktivitäten, die zur Erreichung der Unternehmensziele erforderlich sind, eine wichtige Funktion ein. Der Prozess der Planung wird von Planungssystemen unterstützt.

Querschnitt-systeme

Systeme, die sich an allen betrieblichen Arbeitsplätzen unabhängig von der Einordnung in die Unternehmenshierarchie einsetzen lassen und in der Regel über Schnittstellen von anderen Systemen genutzt werden können, bezeichnet man als Querschnittsysteme. In erster Linie gehören hierzu:

- Bürosysteme
  Dies sind Systeme zur Büroautomation (Workflow-Systeme) und Kommunikation, aber auch Dokumenten-Managementsysteme, Textverarbeitungs- und Tabellenkalkulationssysteme, die typische Bürotätigkeiten unterstützen.

- Multimedia-Systeme
  Diese Systeme kombinieren und integrieren statische (z. B. Text, Bild) und dynamische (Video und Audio) Medientypen. Des Weiteren bieten sie die Möglichkeit der interaktiven Nutzung, d. h. der Benutzer kann selbst Inhalte verändern bzw. Aktionen auslösen.

- Wissensbasierte Systeme
  Sie bieten für verschiedenste Anwendungsgebiete methodische Unterstützung. Von Bedeutung sind vor allem Expertensysteme, die hauptsächlich zur Analyse, Diagnose und Unterstützung von Auswahlentscheidungen eingesetzt werden.

Outsourcing

Betriebliche Software muss nicht unbedingt im eigenen Unternehmen eingesetzt oder – wie etwas bei branchenspezifischen Lösungen – im eigenen Unternehmen entwickelt werden. Gerade in den vergangenen Jahren wurden in den Unternehmen verstärkt Überlegungen angestellt, bestimmte Aufgaben der Informationsverarbeitung ganz oder teilweise an Fremdfirmen zu übertragen. Historisch gesehen begann Outsourcing mit der Fremdvergabe von Aufgaben rund um die Hardware sowie in späten Phasen des Produktlebenszyklus [LHKP03]. Inzwischen ist das Aufgabenspektrum vielseitig und reicht von Wartung und Betrieb der Infrastruktur und der Anwendungen bis hin zu Beratungsleistungen [Ende04].

Stellenwert des Outsourcing

Der strukturell und konjunkturell bedingte Kostendruck führt dazu, dass das Konzept des Outsourcing in den Führungsetagen auf viel Aufmerksamkeit stößt. Von der Priorisierung liegt das Outsoucing in Deutschland derzeit allerdings etwas abgeschlagen hinter Themen wie Konsolidierung, Standardisierung, Organisation, Sicherheit und Controlling [StPe04]. Trotzdem bleibt das Thema aktuell und vielschichtig wie die verfügbare, umfangreiche Literatur zeigt, welche die Thematik aus den unterschiedlichsten Blickwinkeln beleuchtet [KnHH03].

Vor- und Nachteile

Als Vorteile des Outsourcing werden unter anderem

- eine bessere Steuerbarkeit der Kosten,
- eine erhoffte Kostensenkung,
- die Abwälzung von Risiken auf den Outsourcing-Anbieter,
- die Einsparung von Personal und
- die Konzentrationsmöglichkeit auf das Kerngeschäft

gesehen. Typische Nachteile sind

- die Abhängigkeit von Fremdfirmen,
- der Verzicht auf eigene Kompetenz,
- die Gefahr des Missbrauchs schutzwürdiger betrieblicher Daten und Informationen durch Dritte sowie
- die Probleme, die entstehen, wenn Outsourcing-Verträge rückgängig gemacht werden.

Markt und Zielgruppen

Betrachtet man die Zahl der Outsourcing-Aktivitäten, so zeigt sich, dass diese in den USA und Großbritannien deutlich über den Vergleichswerten auf dem europäischen Festland liegt. Dies liegt zum einen an einem höheren Wettbewerb in diesem Marktsegment und zum anderen daran, dass viele Outsourcing-Vorhaben weniger erfolgreich verlaufen als ursprünglich angenommen. Dies war allerdings auch schon früher der Fall (vgl. [Earl96; Gack94]).

Inzwischen werden Vor- und Nachteile differenzierter und auch kritischer gesehen. Beispielsweise wurde über verschiedene Rückholprojekte berichtet [Hack03]. Der Fokus nicht mehr rein auf der Kostenseite und auch die Beteiligten (Manager, Führungskräfte, IT-Fachkräfte) vertreten unterschiedliche Auffassungen, die es aus Marketing-Gesichtspunkten zu berücksichtigen gilt [SeGe99].

3 Entwicklung von Software

Strategien

Die Erfahrung der vergangenen Jahrzehnte hat gezeigt: Die Erfolgreiche Software-Entwicklung hängt oft wesentlich von der Art und Qualität des Software-Managements ab. Das Software-Management verfolgt mehrere Ziele. So soll die Produktivität des Erstellungsprozesses erhöht, die festgelegten Produktmerkmale bzw. Anforderungskriterien erreicht und die Kosten gesenkt werden. Im Prinzip lassen sich hieraus drei Schwerpunkte für mögliche Management-Strategien ableiten [Grad92]:

- Maximierung der Kundenzufriedenheit [FlPC97]
- Optimierung der Prozesse zur Software-Entwicklung [Hump98]
- Minimierung von Produktfehlern [MBPS04]

Besonderheiten des Software-Management

Allerdings beinhaltet das Software-Management einige Besonderheiten, denn [Balz98]:

- Software ist immateriell;
- der Entwicklungsfortschritt ist schwierig zu bestimmen;
- Software-Entwicklung ist ein kreativer Prozess;
- die Entwicklung von Software erfordert einen hohen Grad an Abstraktion;
- derzeit existieren keine allgemeingültigen Entwicklungsprozesse,
- vor allem große Software-Systeme sind meistens einmalige Entwicklungen;
- wichtige Aufgaben sind meist nicht voll austauschbar bzw. sind sogar oft unteilbar.

Projekte und Organisation

Üblicherweise erfolgt die Entwicklung von Software im Rahmen von Projekten, d. h. komplexe Arbeitsaufträge werden von einer oder mehreren Personen ganzheitlich bis zur Übergabe an den Kunden oder Auftraggeber durchgeführt. Dabei ist der Ablauf des Projekts in die Unternehmensorganisation einzubinden und die jeweiligen Aufgaben werden mit Hilfe geeigneter Methoden und Techniken geordnet und zielgerichtet bewältigt.

3 Entwicklung von Software

3.1 Software-Projektierung und Prozess-Modelle

Adding manpower to a late software project makes it later.

Frederic P. Brooks, amerik. Informatiker und Wegbereiter des Software-Managements, *1931.

Modelle des Projektmanagements

Bei der kommerziellen Erstellung von Software muss jedes Unternehmen sicherstellen, dass das anfallende Arbeitsvolumen in einem festgelegten organisatorischen Rahmen erfolgreich bewältigt werden kann. Dabei bieten vor allem Projekte eine ideale Form, komplexe und neuartige Aufgabenstellungen zielgerichtet und kostenbewusst umsetzen zu können.

Definition von Projekten

Projekte werden unterschiedlich definiert. Nach DIN 69901 ist ein Projekt ein Vorhaben, welches im Wesentlichen durch die Einmaligkeit der Bedingungen in ihrer Gesamtheit gekennzeichnet ist. Auf Projekte treffen in der Regel die nachfolgend aufgeführten Merkmale zu:

- Eindeutige Zielvorgabe
  Das Projektziel muss möglichst exakt und eindeutig formuliert sein. Dabei ist zu beachten, dass Ziele verschiedenen Kategorien zugeordnet werden können, z. B.:
    - Sachziele, d. h. genau definierte Aufgaben oder angestrebte Ergebnisse;
    - Terminziele, beispielsweise einen Projektabschluss innerhalb einer bestimmten Zeit;
    - Kostenziele bzw. Projektrealisationen ohne Überschreiten des geplanten Budgets;
    - Sonderziele, hierzu zählen Nebenbedingungen.

- Festgelegter Anfangs- und Endzeitpunkt
  Der Projektstart und das Projektende müssen eindeutig definiert sein. Sie sind meistens zeitkritisch. Die zeitliche Abgeschlossenheit bedeutet aber nicht immer, dass Datumsangaben genau festgelegt werden müssen – sie können auch an Ereignisse geknüpft sein.

- Begrenzte Ressourcen
  In der Regel sind das Kostenbudget, die Anzahl der im Projekt mitarbeitenden Personen sowie andere Ressourcen beschränkt. Daher ist genau zu planen, welche Kapazitäten benötigt und eingesetzt werden, um das Projektziel zu erreichen. Auch die voraussichtlichen Kosten sind zu schätzen.

- Bereitschaft zum Risiko
  Typisch für viele Projekte ist, dass man anfangs nicht weiß, ob die angestrebten Ziele überhaupt erreicht und Zeit- und Kostenrahmen eingehalten werden können. Ein Projekt durchzuführen, ist daher immer mit einem gewissen Risiko verbunden.

- Neuartige und komplexe Aufgabenstellung
  Die Einzelaufgaben können untereinander sehr stark vernetzt sein, so dass sich durch diverse Einflussfaktoren zahlreiche Veränderungen während der Projektlaufzeit ergeben können. Wegen der Neuartigkeit der Aufgabenstellung bzw. einzelner Teilaufgaben ist innerhalb des Unternehmens die Erfahrung hinsichtlich der Bewältigung der Projektaufgaben meist nicht oder nur unzureichend vorhanden.

- Projektspezifische Organisation
  In einem Projekt treffen Mitarbeiter aus unterschiedlichen Fachbereichen und Organisationseinheiten (auch extern) aufeinander. Daher wird für ein Projekt häufig eine eigene Organisation neben der normalen Hierarchie eingerichtet. Die projektspezifische Organisation umfasst Prozesse und Regeln zur Aufbau- und Ablauforganisation.

Projektphasen Die Projektarbeit umfasst dabei mehrere Phasen, die wiederum in verschiedene Arbeitsprozesse unterteilt sind (siehe z. B. [Balz98; Kupp01]. Die typischen Projektphasen sind:

- Projektvorbereitung
- Projektstart
- Projektplanung
- Projektdurchführung
- Projektabschluss

Prozessmodelle In Bezug auf die praktische Gestaltung der Software-Entwicklung im Rahmen von Projekten werden Prozessmodelle verwendet, die für jede Projektphase die folgenden Themenbereiche festlegen:

- Reihenfolge des Arbeitsablaufs
- Definition der Arbeitspakete und der zugehörigen Aktivitäten
- Spezifikation der Teilergebnisse bzw. Teilprodukte
- Definition der Fertigstellungs- bzw. Abnahmekriterien
- Zur Produkterstellung erforderliche Qualifikationsprofile

- Verantwortlichkeiten und Kompetenzen
- Anzuwendende Standards, Verfahren, Methoden und Werkzeuge

Theorie vs. Realität

Das seit den Anfängen der Software-Entwicklung am häufigsten verwendete Modell stellt die menschliche Kreativität in den Vordergrund und beinhaltet lediglich zwei Schritte [Boeh88a]:

1. Das Programm schreiben.
2. Die im Programm enthaltenen Fehler finden und beseitigen.

Die Nachteile dieses Vorgehensmodells liegen auf der Hand. Wesentlich ist:

- Selbst gut entworfene oder gut geschriebene Software wird vom Auftraggeber oft nicht akzeptiert – vor allem dann, wenn seine Wünsche und Vorstellungen nicht in ausreichender Weise berücksichtigt wurden;
- Fehler werden nur schwer gefunden, da Tests ungenügend vorbereitet und Änderungen nicht sorgfältig genug durchgeführt werden [Myer01];
- Mit steigender Anzahl der Fehler werden die Eingriffe in die Struktur der Programme immer umfangreicher. Die Beseitigung weiterer Fehler wird dadurch immer aufwendiger und damit teurer.

Klassische Vorgehensmodelle

Ausgehend von diesen Problemen wurden im Laufe der Zeit verschiedene Vorgehensmodelle entwickelt, um den Prozess der Software-Erstellung strukturieren und steuern zu können. Erwähnenswert sind vor allem:

- Das Wasserfall-Modell
- Das V-Modell
- Das Spiral-Modell
- Evolutionäre Modelle
- Agile Verfahren

Wasserfall-Modell

Das Wasserfall-Modell (Abbildung 3.1) basiert auf einem stufenweisen Entwicklungskonzept, ergänzt um Rückkopplungsschleifen zwischen benachbarten Stufen, sodass die Ergebnisse einer Phase wie bei einem Wasserfall in die nächste Phase fallen [Boeh81; Royc87]. Beim Wasserfall-Modell

- wird jede Aktivität vollständig in der richtigen Reihenfolge durchgeführt;

3.1 Software-Projektierung und Prozess-Modelle

- wird am Ende jeder Aktivität ein Dokument erstellt;
- muss jede Aktivität abgeschlossen sein, bevor mit der nächsten begonnen werden kann;
- erfolgt die Software-Entwicklung in einem Top-Down-Ansatz;
- wird wenig Management-Aufwand benötigt, da das Modell einfach und verständlich ist.

Das Wasserfall-Modell gehört zu den verbreitetsten Vorgehensmodellen. Es ist Basis für viele Standards und Regularien in Behörden, Wirtschaft und Industrie und hat wesentlich zur Implementierung geordneter und kontrollierbarer Prozesse bei der Software-Entwicklung beigetragen.

Nachteile des Wasserfall-Modells

Allerdings besitzt das Wasserfall-Modell auch einige Nachteile:

- Eine Beteiligung der Benutzer bzw. Kunden ist nur am Anfang vorgesehen. Die Durchführung der weiteren Phasen erfolgt in der Regel vollständig ohne deren Beteiligung.
- Es ist nicht immer sinnvoll, die einzelnen Phasen vollständig und stets sequentiell durchzuführen.

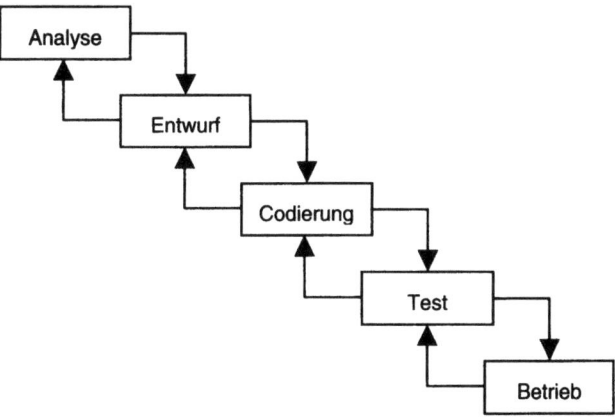

Abb. 3.1: Vereinfachtes Wasserfall-Modell mit fünf Phasen. (Die ursprünglich vorgesehenen Phasen sind: Systemanforderungen, Software-Anforderungen, Analyse, Entwurf, Codierung, Testen, Betrieb.)

3 Entwicklung von Software

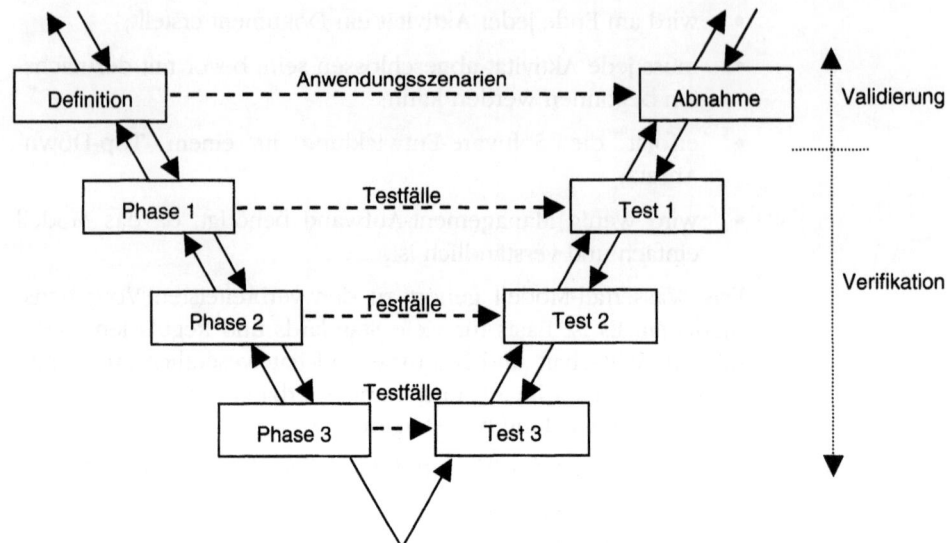

Abb. 3.2: Schematische Darstellung des V-Modells

- Einflüsse des Marktes, Umwelt- und Risikofaktoren können nur schwer berücksichtigt werden, da immer der festgelegte Ablauf durchgeführt wird.
- Es besteht die Gefahr, dass der Dokumentation mehr Bedeutung beigemessen wird als dem eigentlichen Software-System.

V-Modell

Wird das Wasserfall-Modell um Verfahren zur Qualitätssicherung (Validierung und Verifikation) ergänzt, entsteht das in Abbildung 3.2 schematisch dargestellte V-Modell [Boeh81]. Basierend auf dem V-Modell wurde für Behörden ein Vorgehensmodell entwickelt, das die Entwicklungs- und Wartungsprozesse festlegt [BRDR95; BWB97; DrWi00].

Submodelle des V-Modells

Das V-Modell ist untergliedert in:

- Systemerstellung
- Qualitätssicherung
- Konfigurationsmanagement
- Projektmanagement

Die Grundelemente des V-Modells sind Aktivitäten und Produkte, welche durchgeführt bzw. erstellt werden. Rollen beschreiben

3.1 Software-Projektierung und Prozess-Modelle

dabei die notwendigen Erfahrungen, Kenntnisse und Fähigkeiten, um die jeweiligen Aktivitäten durchzuführen.

Vor- und Nachteile des V-Modells
Insgesamt ist das V-Modell aufgrund seiner allgemeinen Darstellung gut für große Projekte geeignet. Es integriert verschiedene Aspekte von Software-Projekten und ermöglicht so eine standardisierte Abwicklung. Nachteilig sind vor allem der hohe bürokratische Aufwand bei kleineren Projekten und die Vielzahl der festgeschriebenen Rollen.

Spiral-Modell
Das Spiral-Modell [Boeh88a; Boeh88b] ist ein risikogetriebenes Metamodell mit dem Ziel, die Projektrisiken für jede Phase zu minimieren. Für jedes Teilprodukt und jede Verfeinerungsebene müssen dabei vier zyklische Schritte durchlaufen werden:

1. Klärung der Ziele für das Teilprodukt; Festlegung bzw. Bestimmung der Randbedingungen und Restriktionen; Ermitteln von alternativen Realisierungsmöglichkeiten.

2. Evaluierung der Alternativen unter Berücksichtigung der Ziele und Randbedingungen; Entwicklung einer Strategie zum Überwinden erkannter Risiken.

3. Festlegung eines geeigneten Prozess-Modells für den jeweiligen Schritt.

4. Planung des nächsten Zyklus; Überprüfung der gemachten und geplanten Schritte.

Die Ziele für jeden neuen Zyklus werden aus den Ergebnissen des letzten Zyklus abgeleitet. Das mehrfache Durchlaufen (für jede Projektphase) dieser Schritte wird als Spirale dargestellt. Erfolgt die Darstellung der Spirale projektbegleitend, ergibt sich aus ihrem Winkel der Entwicklungsfortschritt. Die Fläche der Spirale wird üblicherweise so normiert, dass sie den akkumulierten Kosten entspricht. Abbildung 3.3 zeigt eine schematische Darstellung mit vier beispielhaften Phasen (Design, Entwicklung, Test und Integration).

Bewertung
Vorteilhaft ist, dass die Prozess-Modelle jeder Phase nicht von vornherein festgelegt sind und andere Modelle als Spezialfälle integriert werden können. Fehler, Risiken und Alternativen können frühzeitig erkannt werden. Allerdings ist das Spiral-Modell weniger gut für kleine Projekte geeignet und aufgrund seiner Flexibilität mit einem relativ hohen Management-Aufwand verbunden.

3 Entwicklung von Software

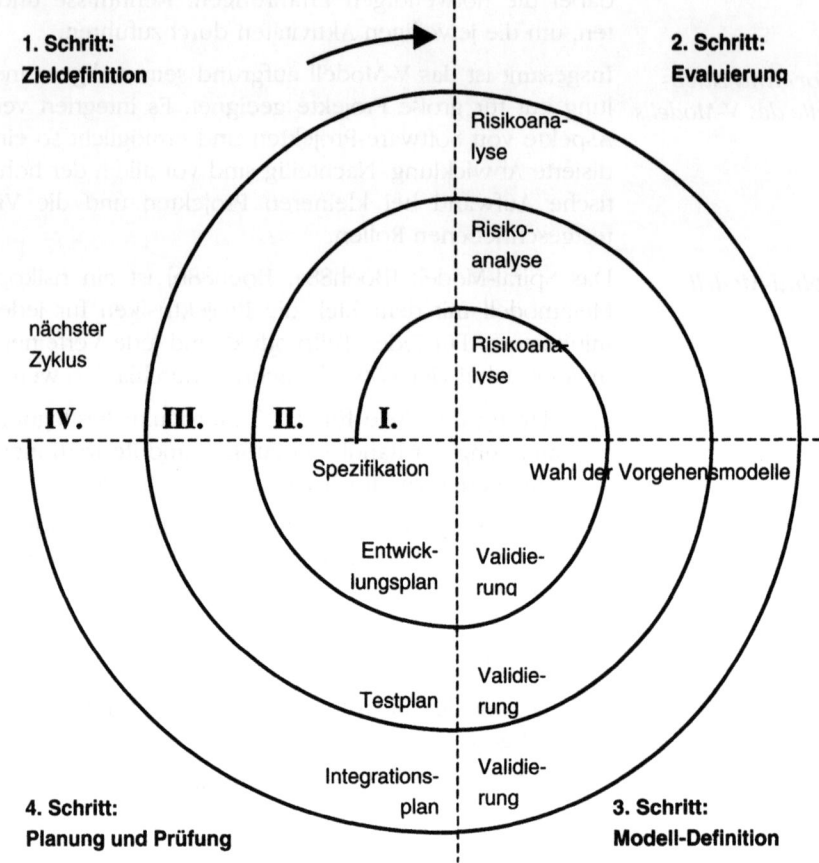

Abb. 3.3: Schematische Darstellung des Spiral-Modells für vier Projektphasen Design (I.), Entwicklung (II.), Test (III.) und Integration (IV.)

Problemfelder der klassischen Modelle

Erfahrungsgemäß treten bei der Entwicklung von Software Probleme auf, die mit den klassischen, technikgetriebenen Prozess-Modellen nicht gelöst werden können. Beispielsweise können die Anforderungen an ein Software-System oft weder vom Auftraggeber noch von den Benutzern vollständig beschrieben werden. Die klassischen Vorgehensmodelle setzen aber genau dies voraus. Zudem erfordert die Entwicklung der Software eine ständige Kommunikation zwischen Entwicklern, Anwendern und

3.1 Software-Projektierung und Prozess-Modelle

Auftraggebern, die ebenfalls nicht durch die klassischen Modelle gewährleistet werden kann. Stattdessen ziehen sich die Entwickler nach der Definitionsphase in der Regel zurück und präsentieren die Projektergebnisse bzw. das Produkt erst nach seiner Fertigstellung aus Entwicklersicht. Unterschiedliche Realisierungsmöglichkeiten werden ebenfalls nicht hinsichtlich Praktikabilität oder Akzeptanz mit dem Auftraggeber und den Anwendern diskutiert. Den traditionellen Modellen fehlt es also an Markt- und Kundenorientierung sowie geeigneter Schnittstellen zur Kommunikation. Einige dieser Probleme werden durch Prototypen-Modelle bzw. evolutionäre Modelle gelöst.

Prototypen-Modell Das Prototypen-Modell unterstützt systematisch die frühzeitige Erstellung ablauffähiger Modelle (Prototypen) eines geplanten Produkts, um die Umsetzung von Anforderungen und Design-Kriterien zu demonstrieren und Schlussfolgerungen für die weitere Entwicklung ableiten zu können. Prototypen in der Software-Entwicklung unterscheiden sich von denen anderer Disziplinen. Insbesondere ist ein Software-Prototyp nicht das erste Muster einer großen Produktionsserie. Ein Software-Prototyp zeigt bestimmte Eigenschaften des Zielprodukts unter praxisnahen Bedingungen und wird inkrementell weiterentwickelt.

Arten von Prototypen Es lassen sich vier Arten von Prototypen unterscheiden [KLSZ92]:

- Demonstrationsprototyp
  Im Rahmen der Akquise soll der Demonstrationsprototyp dem potenziellen Auftraggeber einen ersten Eindruck vermitteln, wie das zukünftige Produkt aussehen kann. Die Einschränkungen des Demonstrationsprototyps sind deutlich zu erkennen. Diese Prototypen werden schnell gebaut und verzichten weitgehend auf gültige Standards.

- Prototyp
  Der eigentliche Prototyp ist ein provisorisches, ablauffähiges Software-System. Er wird erstellt, um bestimmte Aspekte der Funktionalität des Produktes zu veranschaulichen und experimentell zu untersuchen.

- Labormuster
  Das Labormuster demonstriert die technische Umsetzbarkeit der Produktidee und dient zur Klärung technischer Fragestellungen zu Aufbau, Architektur, Funktionalität, Implementierung usw.

- Pilot
  Ein Pilot ist ein Prototyp, der nicht nur zur Erprobung und

3 Entwicklung von Software

Veranschaulichung dient, sondern selbst Kern oder zumindest Teil des Produkts ist. Die Weiterentwicklung erfolgt in Zyklen.

Da ein fertiges Software-System aus verschiedenen Komponenten bzw. Schichten besteht, lassen sich horizontale und vertikale Prototypen unterscheiden (Abbildung 3.4) [Floy84]:

Horizontaler Prototyp
- Ein horizontaler Prototyp bezieht sich auf eine bestimmte Ebene des Software-Systems, z. B. auf die Präsentationsschicht. Diese Ebene wird möglichst umfassend realisiert, die darunter liegende Funktionalität fehlt allerdings.

Vertikaler Prototyp
- Der vertikale Prototyp beinhaltet ausgewählte Teile des Zielprodukts durch alle Schichten hindurch. Diese Technik wird besonders dort eingesetzt, wo noch offene Fragen hinsichtlich der Funktionalität oder Implementierung bestehen.

Bewertung von Prototypen
Die Vorteile des Prototypen-Modells ergeben sich vor allem durch das frühzeitige Erkennen von Schwachstellen und eine verbesserte Planung. Sie können schnell erstellt werden und lassen sich in andere Prozess-Modelle integrieren. Aus Sicht des Software-Marketing unterstützen sie nachhaltig sowohl die Markteinführung als auch die absatzpolitischen Instrumente. Allerdings müssen Prototypen-Ansätze bei der Vertragsgestaltung entsprechend berücksichtigt werden.

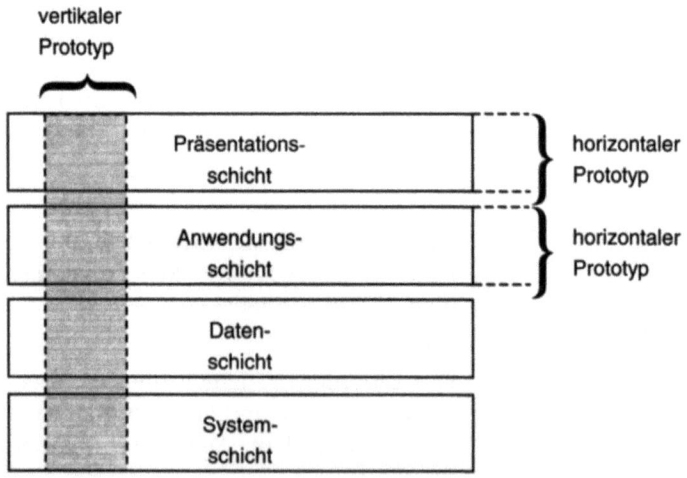

Abb. 3.4: Horizontaler und vertikaler Prototyp eines Systems mit vier verschiedenen Schichten

3.1 Software-Projektierung und Prozess-Modelle

Wesentliche Nachteile sind der erhöhte Entwicklungsaufwand, da Prototypen meist zusätzlich erstellt werden, sowie die latente Gefahr, dass ein mit „der heißen Nadel" gestrickter Prototyp aus Termingründen letztlich doch zu einem Produktbestandteil wird. Oft werden Prototypen von den Entwicklern auch als Ersatz für die fehlende Dokumentation angesehen.

Empfehlungen

Damit Prototypen sinnvoll eingesetzt werden können, empfiehlt es sich, die Endbenutzer am Erstellungsprozess des Prototypen zu beteiligen. Entwickler und Benutzer sollten Erfahrungen und Informationen direkt miteinander austauschen können. Zudem müssen die Entwickler über ausreichende Kenntnisse über das Anwendungsgebiet des Zielprodukts verfügen [KLSZ92].

Vom Prototyping zur Evolution

Beim Prototyping-Modell können unklare Anforderungen zwar noch durch einen Prototypen geklärt werden, anschließend wird das Produkt aber wieder in der vollen Breite entwickelt. Dabei wird zuerst wieder eine vollständige Spezifikation und danach eine komplette Implementierung durchgeführt. Erst dann steht das Produkt dem Auftraggeber zur Verfügung. Probleme ergeben sich vor allem dann, wenn der Auftraggeber die Ziele und Anforderungen nicht genau formulieren kann, oder wenn das Produkt für einen noch unbekannten Markt entwickelt werden soll. Einen Ausweg bietet hier das Modell der evolutionären Entwicklung.

Evolutionäre Entwicklung

Die evolutionäre Entwicklung startet mit den Soll- und Muss-Anforderungen des Auftraggebers, die in den Produktkern einfließen. Zunächst wird nur dieser Produktkern entwickelt und an den Auftraggeber ausgeliefert. Mit dieser sog. Null-Version sammelt der Auftraggeber Erfahrungen und leitet daraus weitere Anforderungen für die nächsten Entwicklungsschritte ab. Die Null-Version wird anschließend um genau diese Anforderungen ergänzt und die neue Produktversion wird dann wieder an den Auftraggeber ausgeliefert. Dieser Zyklus wird durchlaufen, bis das Produkt vollständig ist bzw. die Reife zur endgültigen Auslieferung oder zur Markteinführung erreicht ist.

Bewertung evolutionärer Verfahren

Die Vorteile dieses Verfahrens liegen auf der Hand: Der Auftraggeber erhält in kurzen Zeitabständen einsatzfähige Produkte. Das Produkt lässt sich somit stufenweise entwickeln und wird durch die Erfahrungen gesteuert, die der Auftraggeber und die Benutzer in der jeweiligen Entwicklungsstufe mit dem Produkt machen. Aus Marketing-Gesichtspunkten ist dies mit einer entsprechenden Begleitung durch das Software-Marketing sehr vorteilhaft. Zudem ist die Entwicklung code-getrieben, d. h. die Entwickler konzentrieren sich auf lauffähige Teilprodukte, die vertrieblich genutzt werden können. Bei der Erstellung einer neuen Version fallen auch immer Pflegeaktivitäten an, die von den Entwicklern durchgeführt werden. Dies führt zu leichter wartbaren und qualitativ hochwertigeren Produkten. Es kann auch vorkommen, dass in einer der nachfolgenden Versionen umfangreiche Änderungen vorgenommen werden müssen, etwa eine komplette Überarbeitung der Systemarchitektur.

Situation in der Praxis

Bei der praktischen Gestaltung der Software-Entwicklung in Deutschland werden vorwiegend klassische Vorgehensmodelle wie das V-Modell, der Rational Unified Process (RUP) [JaBR00; Kruc00] aber auch neuere Konzepte, wie etwa Prince2 [OCG03] verwendet. Allerdings zeigt sich bei näherer Betrachtung, dass viele dieser Modelle unternehmenseigene Zusätze aufweisen, etwa um besser in umfassendere Geschäftsprozesse integriert werden zu können. Dabei sind vor allem iterative Modelle verbreitet, die auf der Annahme beruhen, dass Kosten- und Termintreue durch inkrementelle Entwicklungsprozesse erreicht werden kann [BMFB00, S. 129]. Verfahrensanweisungen oder Richtlinien, welche die Art und Weise der Ausführung einer Tätigkeit oder eines Prozesses festlegen, existieren im Allgemeinen nicht. Die technische Software-Entwicklung bleibt dadurch weitgehend der Kreativität der Entwickler überlassen – mit allen Konsequenzen.

Trend zu agilen Verfahren

Aus Sicht des Software-Marketing ist es wichtig zu wissen, dass auf der technischen Ebene eher geregelte Verfahren statt gesteuerter Prozesse implementiert werden. Teams werden damit nicht mehr als hierarchisch steuerbare Organisationseinheiten interpretiert, deren Arbeitsabläufe durch detaillierte Prozessbeschreibungen gesteuert werden, sondern als organisatorische Systeme, in denen die einzelnen Teammitglieder die Software-Projekte kooperativ durchführen [Lüps02]. Insgesamt weisen die tatsächlich gelebten Prozesse in der IT zentrale Merkmale agiler Verfahren auf.

Agile Verfahren

Agile Verfahren basieren auf Erkenntnissen über lernende Organisationen [Seng90] und der Komplexitätstheorie und gehen damit weit über den Umfang und die Ansätze der traditionellen Modelle hinaus. Die derzeit überwiegend eingesetzten agilen Verfahren unterscheiden sich sowohl im Detaillierungsgrad der aufgestellten Regeln als auch bezüglich der Beschreibungsebene, welcher diese Regeln zugeordnet sind. Unterschieden werden Prozessverfahren, Prozessregeln sowie Metaprozesse [WoMü03]. Die bekanntesten agilen Verfahren sind [Cold03]:

3.1 Software-Projektierung und Prozess-Modelle

- Extreme Programming
- Chrystal
- Adaptive Software Development
- Scrum

Extreme Programming

Zur Beschreibungsebene der Prozessverfahren gehören Ansätze, die detaillierte Angaben zu den Randbedingungen eines Prozesses (z. B. zu Start und Ende) machen und damit eine gewisse Ähnlichkeit zu den traditionellen Modellen aufweisen, aber wesentlich flexibler sind. Am bekanntesten hierzu ist das extreme Programming (XP) [Beck99; Beck00], das auf den fünf Grundprinzipien

- direkte Rückkopplung
- Streben nach Einfachheit
- inkrementelle Entwicklung
- Änderungen willkommen heißen und
- Qualitätsarbeit leisten

basiert. Aus diesen Grundprinzipien werden 13 Praktiken abgeleitet, die diverse Bereiche der Software-Entwicklung abdecken. XP funktioniert nicht aufgrund einzelner, isolierter Praktiken, sondern durch das Zusammenspiel verschiedener Mechanismen wie „Planning Game", „Simple Design" oder „Common Ownership".

Pragmatische Dokumentation

Je nach Aufgabe und Teamzusammensetzung können die Praktiken des XP unterschiedlich priorisiert sein. Das Team bekommt gewisse Freiräume bei den Dokumentationszeitpunkten eingeräumt. Geschickt eingesetzt lassen sich so die teils beträchtlichen Aufwände für Änderungen und Überarbeitungen gegenüber den klassischen Modellen und Verfahren stark reduzieren.

Chrystal

Der Beschreibungsebene im Bereich der Prozessregeln können Verfahren zugeordnet werden, die Hinweise liefern, wie die Prozesse effizient organisiert werden können. Es geht dabei nicht darum, organisationsweite Prozesse zu definieren oder umzugestalten, sondern es soll ein Rahmenwerk geschaffen werden, wodurch Teams projektspezifische Prozesse selbst definieren können. Ausgangspunkt ist hierbei, dass Prozesse im Wesentlichen von den Rahmenbedingungen eines Projekts bestimmt werden [Cock02]. Hauptansatzpunkte sind hierbei u. a.:

- direkte Kommunikation

- Feedback
- skalierbare Regeln zur Koordination
- Stabilität beigesteuerter Ergebnisse für kritische Aufgaben

Mit Hilfe dieser sowie einiger weiterer Prinzipien kann ein erfahrenes Projektteam Prozesse festlegen, die einen guten Kompromiss zwischen Formalismus und Dokumentation einerseits sowie Termintreue und Qualität andererseits bieten.

Diese Methodenfamilie, zu der z. B. Chrystal gehört, ist für räumlich verteilte Teams eher weniger gut [Cock02, S. 200] geeignet, was vor allem auf den hohen, direkten Kommunikations- und Feedbackanteil zurückgeführt werden kann.

Scrum

Schließlich gibt es noch die agilen Verfahren, die lediglich organisatorisch-deskriptiv die Voraussetzungen schaffen, um ein sich selbst organisierendes Team einsetzen zu können. Hierzu zählen z. B. Adaptive Software Development [High00] und Scrum [ScBe02].

Diese Verfahren sind vor allem für professionelle Teams mit umfangreicher Erfahrung geeignet. Bei Wasserfall-, Spiral- oder anderen deterministischen Modellen werden die Rahmenbedingungen, Prozesse sowie der Lieferumfang der Software zu Beginn festgelegt. Dagegen geht der Srcum-Ansatz davon aus, dass sich deterministische Phasen (Planung und Abschluss) und chaotische Phasen (Sprints) in einem Projekt abwechseln. In den chaotischen Phasen sind Analyse, Design und Entwicklungsprozesse nicht vorhersehbar. Deshalb werden Rahmenbedingungen, Prozesse und Lieferumfang in den jeweiligen Planungsphasen nur grob festgelegt. Das Software-Produkt entsteht unter Berücksichtigung von Umgebungseinflüssen. Der Scrum-Ansatz verwendet Steuermechanismen, um die Nichtvorhersagbarkeit zu handhaben, das Risiko zu kontrollieren sowie die Flexibilität zu erhöhen [RiJa00].

Die Charakteristiken der Scrum-Methodologie sind:

- In den ersten und letzten Phasen (Planung und Abschluss) sind alle Prozesse, Voraussetzungen, Eingaben und Ergebnisse definiert. Das Wissen, wie die Prozesse anzuwenden sind, ist explizit. Der Arbeitsfluss ist linear. Iterationen sind möglich.
- In der Sprint-Phase sind viele Prozesse nicht festgelegt oder erfolgen unkontrolliert. Sie wird als „Black Box" angesehen, die einer externen Steuerung (durch Change-Management,

Risiko-Management, Problem-Management u. a.) bedarf, um Chaos zu vermeiden und gleichzeitig die Flexibilität zu maximieren.

- Sprints sind flexibel und nicht-linear. In ihnen entsteht Schritt für Schritt das fertige Produkt. Falls möglich, wird explizites Prozesswissen verwendet. Ansonsten wird das erforderliche Prozesswissen durch Probieren und Erfahrung erzeugt.

- Das Projekt ist bis zur Abschlussphase offen für Umwelteinflüsse wie Wettbewerb, Qualitätsanforderungen sowie organisatorische, zeitliche und finanzielle Beschränkungen. Der Lieferumfang kann jederzeit in den Planungs- und Sprintphasen des Projekts geändert und angepasst werden.

Der Vorteil des Scrum-Ansatzes liegt in seiner Flexibilität für Entwicler und Unternehmen. Der organisatorische Aufwand ist minimal und die Entwickler können sich während eines Projekts auf die beste Lösung konzentrieren. Aus Unternehmenssicht können das Projekt und der Lieferumfang jederzeit angepasst werden, sodass schließlich die für den Markt geeignetste Version des Software-Produktes geliefert werden kann.

3.2 Qualitätssicherung

Die Fassung der Edelsteine erhöht ihren Preis,
aber nicht ihren Wert.
Ludwig Börne, dt. Schriftsteller, 1786-1837.

Bei einem Projekt werden zu verschiedenen Zeiten Qualitätsanforderungen an die Produkte und Prozesse gestellt. Durch den in der Software-Entwicklung vielfach nur mangelhaft ausgeprägten Informationsaustausch mit Auftraggebern, Kunden und benachbarten Fachabteilungen sind diese Qualitätsanforderungen meist nur einseitig auf das fachlich-funktionale beschränkt [KoRZ94]. Aus Sicht des Software-Marketing ist es daher wünschenswert, möglichst früh – am besten bereits in der Diskussions- und Findungsphase – in den Prozess zur Definition von Qualitätsanforderungen einbezogen zu sein. Dies ist auch aus Sicht der Entwickler wichtig, da sich die Entwickler besser auf die für die Vermarktung des Produkts wichtigen Aspekte fokussieren können.

3 Entwicklung von Software

Qualitätsmanagement

Es genügt nicht, in einem Projekt einfach nur Qualitätsanforderungen aufzustellen, sie müssen auch tatsächlich erreicht werden. Dies ist Aufgabe des Qualitätsmanagements. Genauer gesagt umfasst das Qualitätsmanagement alle Tätigkeiten, um die Qualität von Prozessen und Produkten sicherzustellen bzw. die festgelegten Qualitätsmerkmale des Produkts zu erreichen. Im Rahmen der Software-Erstellung umfasst dies die Bereiche Projektmanagement, Konfigurationsmanagement, Software-Engineering und Qualitätssicherung. Praktisch erfolgt das Qualitätsmanagement über Aktivitäten, die zu einem Regelkreis angeordnet sind und zyklisch durchlaufen werden. Hierzu gehört das

- planen (Qualitätsplanung):
  Die Qualitätsanforderungen werden in überprüfbarer Form für ein Projektergebnis oder einen Prozess im Projekt festgelegt.

- sichern (Qualitätssicherung):
  Die Qualitätssicherung umfasst alle systematischen und geplanten Maßnahmen und Tätigkeiten, die dazu dienen, den Nachweis zu erbringen, dass die Qualitätsanforderungen erfüllt sind.

- prüfen (Qualitätsprüfung):
  Die Ist-Werte der Qualität werden entsprechend der Qualitätsplanung erfasst und es wird geprüft, ob die vorgesehenen Maßnahmen der Qualitätslenkung umgesetzt wurden.

- lenken (Qualitätslenkung):
  Die Qualitätslenkung steuert, überwacht und korrigiert die Prozesse im Projekt mit dem Ziel, die vorgegebenen Qualitätsanforderungen zu erfüllen.

Qualitätsplan

Die Ergebnisse der Qualitätsplanung werden in einem Qualitätssicherungsplan dokumentiert. Ein solcher Plan soll folgende Fragen beantworten:

- Was muss gesichert werden?
  Festlegen wichtiger Qualitätsmerkmale, deren relative Bedeutung und ihre Quantifizierung.

- Wann muss gesichert werden?
  Festlegung der Zeitpunkte für die projektbegleitende Datenerfassung.

- Wie muss gesichert werden?
  Auswahl der zur Datenerfassung und Prüfung geeigneten Techniken und Methoden.

3.2 Qualitätssicherung

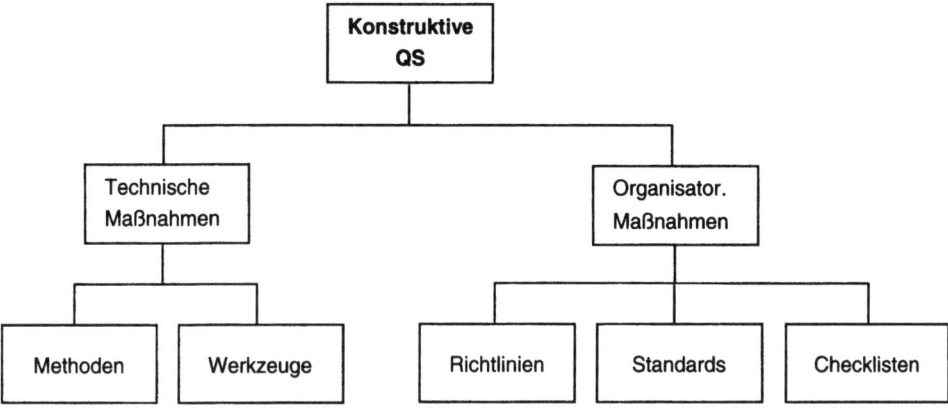

Abb. 3.5: Gliederungsübersicht zur konstruktiven Qualitätssicherung

Beispiele für konstruktive QS-Maßnahmen:

- Ein fest vorgegebenes Gliederungsschema in einem Projektplan sorgt dafür, dass alle wichtigen Punkte behandelt und beschrieben werden.

- Die Projektstandards sind speziell für das Projekt vereinbarte Regeln und Regularien für eine möglichst reibungslose und transparente Zusammenarbeit im Projektteam.

- Eine Festlegung, welche Ergebnisse mit welchem Inhalt und nach welcher Vorlage wann von wem erstellt werden müssen, standardisiert den Erstellungsprozess.

Beispiel einer analytischen QS-Maßnahme:

- Die Klassifikation von Teilergebnissen nach verschiedenen Gesichtspunkten erleichtert eine spätere Wiederverwendbarkeit. Fehlt eine geeignete Klassifikation, müssen die Teilergebnisse im Bedarfsfall unter Umständen zunächst aufwendig analysiert werden.

Abb. 3.6: Beispiele für konstruktive und analytische Maßnahmen zur Qualitätssicherung in Projekten

- Wer muss sichern?
  Festlegung von Verantwortlichkeiten für die Qualitätsprüfung und -lenkung.

Die Qualitätssicherung umfasst alle systematischen und geplanten Maßnahmen und Tätigkeiten, mit denen ein angemessenes Vertrauen in die Qualität der Projektergebnisse geschaffen werden soll.

Konstruktive QS Die Umsetzung der Qualitätssicherung kann durch konstruktive und/oder durch analytische Maßnahmen erfolgen. Konstruktive Maßnamen sind Methoden, Werkzeuge, Richtlinien, Standards usw., die dafür sorgen, dass das jeweilige Ergebnis bzw. der Erstellungsprozess von vornherein bestimmte Eigenschaften besitzt. Einen Gliederungsüberblick gibt Abbildung 3.5.

Analytische QS Im Gegensatz zu den konstruktiven Maßnahmen handelt es sich bei den analytischen um rein diagnostische Maßnahmen. Sie bestimmen das bestehende Qualitätsniveau ohne das Ergebnis bzw. den Prozess hinsichtlich der Qualität zu verbessern (vgl. die Beispiele in Abbildung 3.6). Ziel ist also die Prüfung und Bewertung der Qualität der Prüfobjekte. Dabei kann es vorkommen, dass analytische Maßnahmen erst möglich werden, wenn zuvor geeignete konstruktive Maßnahmen ergriffen wurden. Abbildung 3.7 gibt einen Überblick über die Methoden und Verfahren zur analytischen Qualitätssicherung.

Anforderungen an die QS Generelles Ziel in einem Projekt muss aber sein, den analytischen Aufwand durch konstruktive Maßnahmen zu reduzieren. Außerdem ist es wünschenswert, den administrativen Aufwand möglichst gering zu halten. Folgende Prinzipien sollten daher beachtet werden:

- Es sollten sowohl produkt- wie auch prozessabhängige Qualitätsziele bestimmt werden.
- Die Qualitätsziele sind auf die Anforderungen von Markt, Endbenutzer und Auftraggeber abzustimmen.
- Die Qualitätssicherung sollte möglichst auf der Quantifizierung von Soll- und Ist-Werten basieren.
- Die Qualitätssicherung sollte maximal konstruktiv angelegt sein („Vorbeugen ist besser als heilen."), d. h. Fehler, die nicht gemacht werden, brauchen auch nicht behoben zu werden.

3.2   Qualitätssicherung

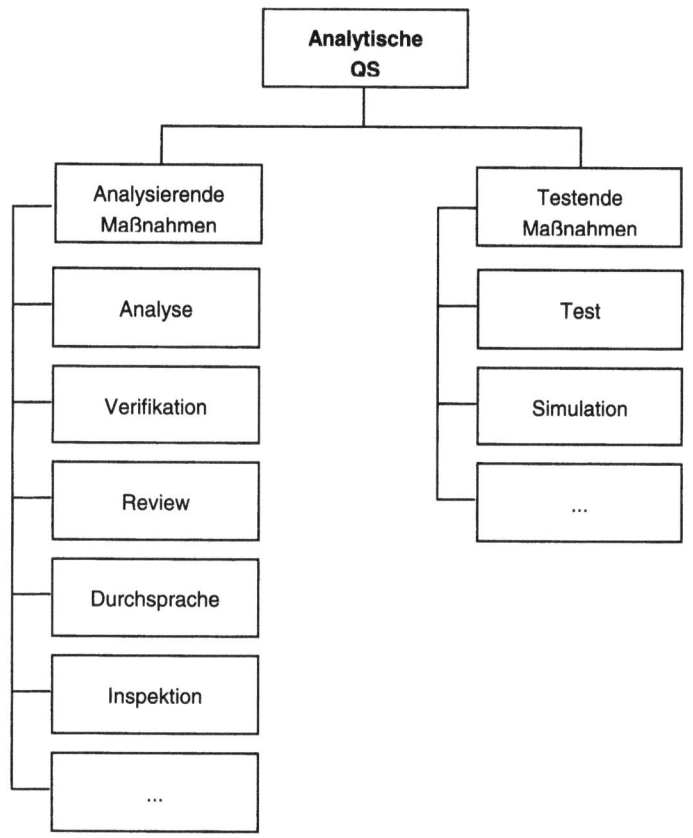

Abb. 3.7:   Gliederungsübersicht zur analytischen Qualitätssicherung

- Fehler sollten möglichst frühzeitig entdeckt und behoben werden. Dabei gilt jede Abweichung von den Anforderungen und jede Inkonsistenz in den Anforderungen als Fehler. Dies schließt die Qualitätsanforderungen ein.
- Eine Qualitätssicherung sollte projektbegleitend angelegt und in den Projektablauf integriert sein.
- Die Qualitätssicherung sollte unabhängig und objektiv durchgeführt werden. In Projekten wird deshalb häufig nach dem Rotationsprinzip verfahren, sodass die Aufgabe der Qualitätssicherung im Projektteam verteilt wird.

Dokument: <Titel>		Datum, Autor: dd.mm.jjjj, <Autor>	Version: n.m	Seite: n/m

Abb. 3.8: Prinzipieller Aufbau einer Fußzeile in Projekt- und QS-Dokumenten

- Es muss sichergestellt sein, dass wichtige Informationen zur Qualitätssicherung rechtzeitig übermittelt werden z. B. an Marketing, Vertrieb, Unternehmensführung, usw.

Dokumentation   Im Rahmen des Qualitätsmanagements stellt die Qualitätssicherung ein Instrument dar, mit dem sich kontinuierlich Verbesserungen erzielen lassen. Vor allem aus Gründen der Nachvollziehbarkeit, der objektiven Bewertung von Prozessen und Ergebnissen sowie zur Einleitung von Korrekturmaßnahmen sind die Aktivitäten des Qualitätsmanagements bzw. der Qualitätssicherung angemessen zu dokumentieren (siehe z. B. [Thal00]). Wichtig sind vor allem Angaben wie:

- Autor, Ersteller
- Versionsnummer
- Erstellungsdatum

Versionsnummer   Die Versionsnummer wird oft so gehandhabt, dass sie aus zwei (maximal drei) Feldern besteht. Offizielle, d. h. freigegebene Dokumente beginnen mit „1.0". Bei kleinen Änderungen wird nur die Ziffer hinter dem Punkt hochgezählt, größere Änderungen erfordern das Hochzählen der ersten Ziffer.

Fußzeile   Diese Angaben sollten nicht nur auf dem Deckblatt vorhanden sein, sondern auch als Fußzeile innerhalb der jeweiligen Dokumente. Der prinzipielle Aufbau einer Fußzeile ist beispielhaft in Abbildung 3.8 dargestellt. Zu beachten ist, dass neben den bereits erwähnten Angaben auch der tatsächliche Seitenumfang auf jeder Seite angegeben werden sollte.

3.3 Dokumentation

*Bei der Eroberung des Weltraums sind zwei Probleme zu lösen:
die Schwerkraft und der Papierkrieg.
Mit der Schwerkraft wären wir fertig geworden.*

Wernher Freiherr von Braun, dt.-amerik. Physiker u. Raketenforscher, 1912-1977.

Stiefkind technische Dokumentation

Nicht nur im Rahmen der Qualitätssicherung, sondern auch im Hinblick auf die betriebliche Produktivität, als Teil der Software sowie als Benutzerinformation und der mit dieser in Verbindung stehenden Produkthaftung (vgl. Kap. 16) ist die technische Dokumentation von Projekten und Software-Systemen von Bedeutung. Dokumentation muss also sein.

Die technische Dokumentation hat allerdings mit dem nachträglichen Anpassen der schriftlich fixierten Theorie an die „Software-Wirklichkeit" nichts gemein. Die Dokumentation muss auch nicht in eine zeit- und kraftraubende Quälerei ausarten, wie viele rein technisch orientierte Software-Entwickler oft befürchten. Werden Vorlagen und Verfahrensvorgaben im Rahmen eines Qualitätsmanagements entsprechend genutzt, kann vieles an Mehraufwand vermieden werden.

Dokumentation

Der Begriff „Dokumentation" ist selbst in der Fachliteratur nicht klar definiert, und es existieren diverse Unterscheidungsmöglichkeiten [Lesc95]. Erschwerend kommt hinzu, dass gängige Begriffe von unterschiedlichen Gruppen unterschiedlich verstanden werden. Beispielsweise ist die technische Dokumentation nicht mit einem technischen Handbuch gleichzusetzen, und auch Produkt- und Projektdokumentation sind nicht deckungsgleich.

Orientiert man sich am typischen Verlauf eines Projektes mit Phasen wie z. B. Initiierung, Voruntersuchung, Analyse, Konzeption, Umsetzung, Test, Einführung und Wartung, besteht die technische Dokumentation im Kern aus:

Managementdokumentation

- der Projektmanagementdokumentation, d. h. der Dokumentation verschiedener Aktivitäten, Prozesse und Verfahren des Projektmanagements wie z. B. Projektauftrag, Zeit-, Aufwands-, Kosten und Ressourcenplanung, Änderungsaufträge, Status- und Projektberichte, Aufzeichnungen über den Projektverlauf, Übergabe- und Abnahmeprotokolle oder den Projektabschlussbericht;

Organisations-dokumentation
- der Beschreibung zu Methodik und Organisation, d. h. die Dokumentation zu Problemanalyse, fachlichem Grobkonzept und Feinentwurf. Dabei werden Vorgehensweisen und Organisationsstrukturen mit Zuständigkeiten und Rollenmodellen festgelegt, Lasten- und Pflichtenhefte erstellt, Ergebnisse ansatzweise formuliert und mögliche Lösungswege aufgezeigt sowie Vorgaben zur Umsetzung konkretisiert;

Programmdokumentation nach DIN 66230	
Anwendungshandbuch	**Technisches Handbuch**

• Programmkenndaten
• Aufgabenstellung
  – Aufgabenbeschreibung
  – Grundlagen
  – Randbedingungen
  – Einheiten
  – Vorschriften
  – Literatur
• Aufgabenlösung
  – Annahmen
  – Algorithmen
  – Fehlerbehebung
  – Änderungen
• Daten
  – Eingabedaten
  – Ausgabedaten
• Anwendungsgrenzen
• Anwendungsbeispiel
• Datensicherung
	• Programmkenndaten
	• Programmbeschreibung
	  – Änderungen
	  – Algorithmen
	  – Programmstruktur
	  – Quelldarstellung
	  – Datenflussbeschreibung
	  – Ablaufbeschreibung
	  – Datensicherung
	• Daten
	  – Eingabedaten
	  – Ausgabedaten
	  – temporäre Daten
	  – interne Daten
	• Installation
	• Test des Programms
	• Betrieb des Programms
	  – Gerätebedarf
	  – Bedienung
	  – Störungsbeseitigung
	  – Leistungsmerkmale

Abb. 3.9: Ausgewählte Bestandteile der Programmdokumentation nach DIN 66230

3.3 Dokumentation

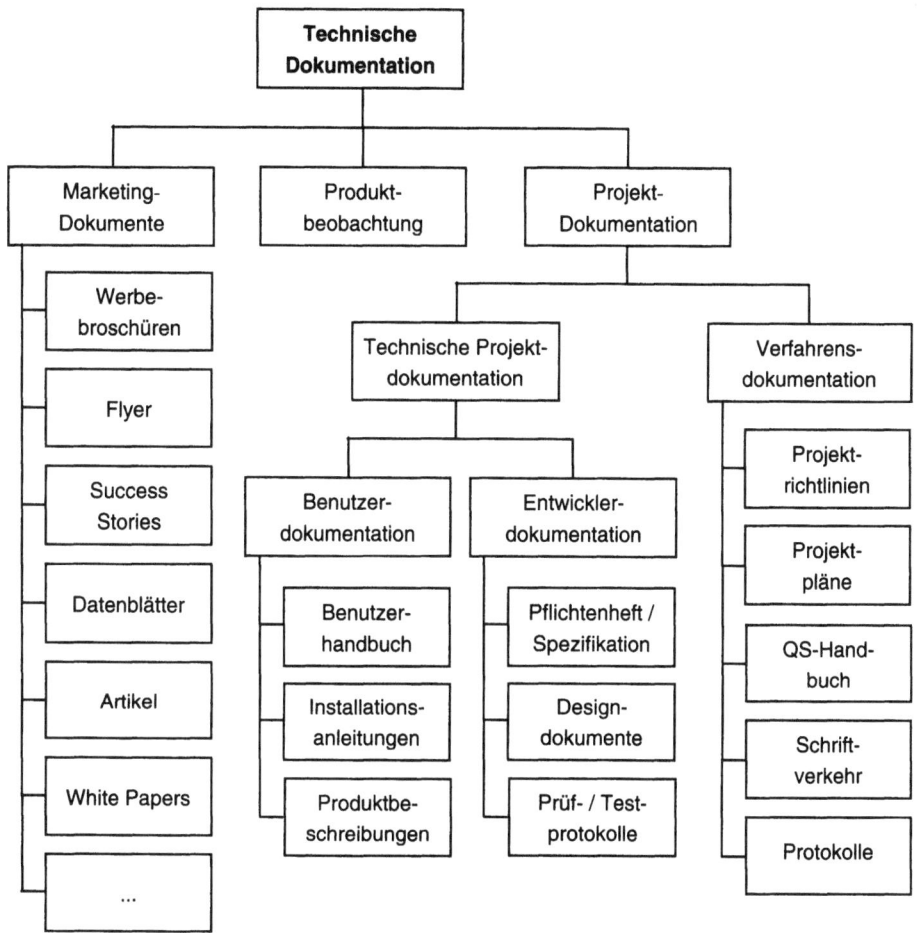

Abb. 3.10: Prinzipielle Struktur der technischen Dokumentation

Programmdokumentation
- die Programmdokumentation besteht nach DIN 66230 aus Anwendungshandbuch und technischem Handbuch (Abbildung 3.9). Kernpunkte sind dabei u. a. Kenndaten, Aufgabenbeschreibung und Lösung, Daten, Beispiele, Restriktionen sowie Beschreibungen hinsichtlich Programmaufbau, Installation und Betrieb.

3 Entwicklung von Software

Bestandteile der technischen Dokumentation

Zur technischen Dokumentation gehören damit zunächst einmal alle schriftlichen Aufzeichnungen der Projektdokumentation. Die Dokumentation der Produktbeobachtung sowie mit Einschränkungen technische Bestandteile und Abhandlungen zum Einsatz bei der Produktwerbung sind ebenfalls Bestandteile der technischen Dokumentation (Abbildung 3.10). Die Benutzerdokumentation steht hierarchisch allerdings nicht auf der gleichen Ebene wie die Projekt bzw. Verfahrensdokumentation und die technische Projektdokumentation. Bei der Erstellung der technischen Dokumentation ist zu beachten, dass in allen Bereichen Gesetze, Verordnungen, technische Normen, internationale Standards und sonstige Richtlinien relevant sein können (vgl. Anhang C) [Eibl95].

Erfolgsfaktor Benutzerdokumentation

Mit der Erstellung der Benutzerdokumentation sollte bereits während der Programmerstellung begonnen werden. Diese Aktivität sollte bereits bei der Projektplanung berücksichtigt und mit dem Marketing abgestimmt bzw. koordiniert werden. Problematisch ist, dass sich in der Praxis die ursprüngliche Planung in aller Regel etwas ändert, was sich in Modifikationen von Spezifikationen, Protokollen, Memos, E-Mails und sonstigen projektbezogenen Dokumenten niederschlägt, auf welchen die Erstellung der Benutzerdokumentation basiert. Letzlich spiegelt die Benutzerdokumentation fachlich und inhaltlich das Wissen und die Erfahrung der Entwickler wieder. Das benutzergerechte Aufbereiten der darin enthaltenen Informationen erfordert allerdings Intuition und Erfahrung. Eine gute Benutzerdokumentation ist damit mehr als eine schriftliche Ausarbeitung der Punkte des Anwendungshandbuchs nach DIN 66230. Im Mittelpunkt der marketingtechnischen Aufbereitung der Erläuterungen der Software-Entwickler und Fachkräfte steht letztendlich der Kunde, für den die Dokumentation angefertigt wird.

Zweck der Benutzerdokumentation

Es gibt keine allgemeingültige Vorschrift, wie ein Benutzerhandbuch zu erstellen und zu strukturieren ist. Im Vordergrund steht die Aufgabe, einer definierten Zielgruppe für bestimmte Aufgaben genau die benötigten Informationen zielgruppengerecht aufzubereiten. Aus Anwender- bzw. Kundensicht müssen vor allem die wesentlichen Fragen beantwortet werden, z. B.:

- Was kann ich mit dem Produkt anfangen?
- Was für Kenntnisse benötige ich?
- Was muss ich tun, um das Produkt richtig zu benutzen?
- Was sollte ich tunlichst vermeiden?

3.3 Dokumentation

- Wie erkenne und behebe ich Probleme?

Häufige Fehler — Einige der häufigsten Fehler, die im Zusammenhang mit Bedienungsanleitungen und Benutzerhandbüchern gemacht werden, sind nachfolgend aufgeführt (vgl. die Checkliste in Anhang E.1):

- Nur die Entwickler erstellen die Anleitung:
  Die Gefahr ist, dass das Produkt zu technisch beschrieben wird und die Benutzungssituation weitgehend unberücksichtigt bleibt. Im Vordergrund sollte der durchschnittliche Nutzer stehen.

- Die Zielgruppe wird nicht beachtet:
  Darstellung und Beschreibung müssen möglichst adressatengerecht und daher auf die Zielgruppe abgestimmt sein.

- Normen und Standards werden vernachlässigt:
  Aufbau und Inhalt müssen sich an den jeweiligen Normen und Standards orientieren. Vorgaben der Corporate Identity müssen berücksichtigt werden.

- Die Nutzungssituation beim Kunden wird nicht beachtet:
  Für den Kunden hängt die Qualität eines Produktes stark vom wahrgenommenen Nutzen ab.

- Die Gestaltung ist lieblos:
  Auch wenn sie praktisch nicht gelesen werden, sind Anleitungen eine Visitenkarte eines Unternehmens. Außerdem werden sie meist nur gebraucht, wenn beim Nutzer Probleme aufgetreten sind. Eine klare und ansprechende Darstellung hilft dann, Frustrationen zu vermeiden.

- Kontaktdaten fehlen:
  Im Problemfall sollte alles möglichst schnell und unbürokratisch gehen. Die Kontaktdaten sollten klar und vollständig dargestellt werden. Informationen, die der Nutzer zur schnellen Bearbeitung seiner Anfragen angeben sollte, müssen klar und einfach umrissen sein und sich auf das Wesentliche beschränken.

Anforderungen an die Benutzerdokumentation — Die Frage, was im Einzelnen eine gute Benutzerdokumentation auszeichnet, ist nicht neu. Güte- und Prüfbestimmungen sind in der Norm DIN 66285 festgelegt. Danach unterliegen Produktbeschreibung, Programm, Daten und Dokumentation einer Beurteilung analog zum Rechnungswesen. Die Dokumentation muss

- vollständig,
- fehlerfrei,

- widerspruchsfrei,
- verständlich und
- übersichtlich

sein.

Vollständigkeit Vollständigkeit bedeutet nicht, dass die Informationen den Leser erschlagen sollen oder alle Aspekte erschöpfend behandelt werden sollen. Die Kunst besteht vielmehr darin, sich auf das für die jeweilige Zielgruppe wesentliche zu beschränken und interessante Zusatzinformationen zu bieten, die für einen möglichst großen Adressatenkreis einen Mehrwert erkennen lassen.

Widerspruchs- und Fehlerfreiheit Die Fehler und Widerspruchsfreiheit bezieht sich nicht nur auf die Sprache, sondern vor allem auf die dargestellten Funktionen und Aktionen. Im Prinzip muss man jeden einzelnen Schritt der Dokumentation durchgehen und experimentell verifizieren. Dabei hilft eine auf fünf zentralen Fragestellungen aufgebaute Checkliste [Eibl95], die für jeden Schritt der Dokumentation abgearbeitet werden sollte:

- Wer teilt etwas mit?
  Der Informationsgeber muss sich bewusst sein, dass seine übermittelten Informationen sachlich-inhaltliche Vorgaben sowie Beziehungsaspekte wie z. B. die Corporate Identity erfüllen müssen.

- Wem soll etwas mitgeteilt werden?
  Die Zielgruppe muss bezüglich ihres Vorwissens (Laie, Experte), der sprachlichen Kompetenz (Fachbegriffe, Abkürzungen, Fachjargon), des Handlungszusammenhangs (besondere Tätigkeiten der Zielgruppe) sowie ihrer Erwartungshaltung festgelegt und angesprochen werden.

- Warum soll kommuniziert werden?
  Informationen sind zweckgerichtet. Der Zweck lässt sich durch aktionsorientierte Nutzungskategorien beschreiben, die eine bestimmte Art der Informationsaufbereitung erfordern. (Beispiele sind: nachschlagen, informieren, üben, lernen, werben.)

- Was soll mitgeteilt werden?
  Die mitgeteilten Informationen müssen relevant, fachlich richtig und im Hinblick auf Zweck und Zielgruppe vollständig sein.

- Wie soll kommuniziert werden?
  Die Gestaltung sollte der Corporate Identity entsprechen,

3.3 Dokumentation

benutzerfreundlich aufbereitet und die Formulierung verständlich sein.

Verständlichkeit Eine der größten Herausforderungen beim Erstellen von Benutzerdokumentationen ist sicherlich die verständliche Darstellung der benötigten Informationen. Nicht das Produkt, sondern der Umgang mit ihm soll beschrieben werden. Dafür ist es wichtig

- sich in den Anwender bzw. Kunden hineinzudenken,
- seine Unerfahrenheit ausdrücklich zu berücksichtigen und nicht als lästiges Übel zu betrachten,
- den Leser nicht auszugrenzen, indem Fachausdrücke und der einschlägige Fachjargon als gegeben vorausgesetzt werden,
- Informationen didaktisch aufzubereiten, d. h. sie müssen leicht erfassbar (Beispiele, Listen, Graphiken) sein und für wichtige Aktionen müssen Feedback-Signale angegeben und kenntlich gemacht werden.

Übersichtlichkeit Klare Regeln hinsichtlich der Gestaltung helfen, eine stilistische oder textliche Überfrachtung der Dokumentation zu vermeiden. Die Lesbarkeit wird durch die Strukturierung des Textkörpers, die Einbindung von Graphiken, sowie einer entsprechenden Gliederung wesentlich unterstützt. Bei einem Benutzerhandbuch beinhaltet eine typische Gliederung etwa folgende Punkte:

- Vorwort, Inhaltsverzeichnis, Einführung
- Angaben zur Konfiguration
- Installation
- Leistungsbeschreibung
- Beispiele, Lösungen
- Nachschlageteil
- Fehlermeldungen
- Problembeseitigung
- Glossar
- Index

Fazit Insgesamt kann eine Dokumentation vereinfacht gesagt dann als vollständig und abgeschlossen betrachtet werden, wenn alle Bestandteile und Sachverhalte, die zum Gegenstandsbereich des Dokuments gehören, beschrieben sind [Lehn99].

3.4 Software-Lebenszyklus und Software-Marketing

Mehr als die Vergangenheit interessiert mich die Zukunft, denn in ihr gedenke ich zu leben.

Albert Einstein, dt. Physiker und Nobelpreisträger, 1879-1955.

Lebenszyklustheorie

Änderungen des Marktes wie z. B. gestiegene oder gesunkene Nachfrage, technischer Fortschritt, Wandel der Kundenerwartung usw. führen dazu, dass Produkte eine begrenzte Lebensdauer am Markt haben. Des Weiteren durchlaufen sie im Verlauf ihres Lebens am Markt verschiedene Phasen. Dieser Sachverhalt führt dazu, dass die Lebenszyklustheorie als ein geeignetes Instrument zur Analyse der Entwicklung von Produkten am Markt sowie zur Entscheidungsfindung angesehen wird [Broc94; GrPa93].

Phasen

Die grundlegenden Aussagen eines Lebenszyklusmodells sind, dass jedes beliebige Produkt zunächst steigende und dann sinkende Umsätze erzielt und unabhängig von seiner Lebensdauer Phasen, wie in Abbildung 3.11 dargestellt, durchläuft [EvSc99]:

- Einführungsphase
  Der Lebenszyklus beginnt mit der Einführung eines Produkts am Markt. In diesem Stadium wächst der Umsatz nur langsam. Die Überwindung des Marktwiderstands ist schwierig und zeitraubend. Käufe aus Neugier und die Aktivitäten des Marketing bestimmen den Verlauf der Umsatzentwicklung. Die Einführungsphase ist die Phase der höchsten Ausgaben hinsichtlich Verkaufsförderung und Werbung.

- Wachstumsphase
  In der Wachstumsphase erreicht die Wachstumsrate des Umsatzes durch die Wirkungen der Absatzpolitik ihr Maximum und fällt anschließend wieder. Das Produkt ist in immer größeren Abnehmerkreisen bekannt. In diesem Stadium treten häufig auch Konkurrenten mit Nachahmungen auf.

- Reife
  Die Reifephase ist gekennzeichnet durch eine weitere Marktausdehnung bei sinkender Wachstumsrate des Umsatzes. Der Wettbewerb durch die Konkurrenz verstärkt sich. Das Ende der Reifephase ist erreicht, wenn das Umsatzwachstum zum Erliegen kommt.

3.4 Software-Lebenszyklus und Software-Marketing

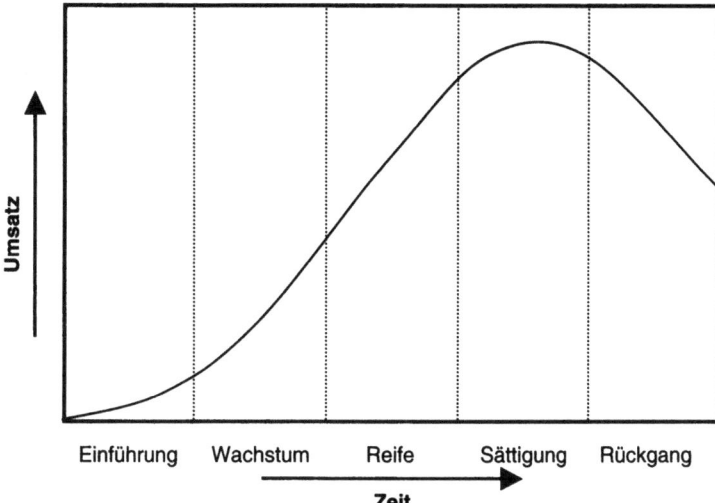

Abb. 3.11: Schematische Darstellung der Lebenszykluskurve mit ihren Phasen

- Sättigung
  In der Sättigungsphase erreicht der Umsatz sein Maximum. Die Wachstumsrate des Umsatzes wird negativ und bewirkt dadurch einen Rückgang. Durch preispolitische Maßnahmen in Verbindung mit Produktverbesserungen kann die Sättigungsphase teils erheblich verlängert werden.

- Rückgang
  In der Rückgangsphase nimmt der Umsatz immer mehr ab, bis schließlich die Rentabilitätsgrenze und damit das Lebensende des Produkts erreicht ist.

Aussagewert des Lebenszyklusmodells

In der Literatur finden sich keine einheitlichen Kriterien zur Phasenbegrenzung. Außerdem wird die Phasenabgrenzung dadurch erschwert, dass die tatsächliche Absatzentwicklung aufgrund verschiedener Einflussfaktoren unregelmäßig verläuft. Des Weiteren hat das Lebenszykluskonzept keine Allgemeingültigkeit und es lässt sich weder empirisch belegen noch theoretisch ableiten. Plötzlich auftretende Änderungen im Marktumfeld werden nicht berücksichtigt. Das Lebenszyklusmodell kann lediglich absatzpolitische Marketing-Entscheidungen unterstützen, bzw. erklären und veranschaulichen.

Marketing und Lebenszyklus

Für die einzelnen Phasen können folgende Marketing-Schwerpunkte erkannt werden (vgl. Abbildung 3.12):

- Einführungsphase
  Direktmarketing und Verkaufsförderung bestimmen die Marketing-Aktivitäten der Einführungsphase. Kunden sollen zum Erstkauf bewegt werden, daher sind die Preise meist niedrig. Bei besonders innovativen Produkten können die Preise manchmal aber auch hoch angesetzt sein, damit die Einführungskosten möglichst bald gedeckt werden. Durch Werbung soll ein Markenbewußtsein erzeugt werden. Der Distributionsgrad ist meist niedrig.

- Wachstumsphase
  Bedingt durch eine hohe Nachfrage sind hohe Preise erzielbar. Durch Verkaufsförderungsmaßnahmen, Werbung, Anwenderberichte, usw. sollen Nachfrage und Markenbewußtsein weiter ausgebaut werden. Die Distribution kann ebenfalls ausgeweitet werden.

- Sättigungsphase
  Eine Marktausweitung ist kaum noch möglich. Zusätzliche Absatzmengen können nur noch auf Kosten der Konkurrenz realisiert werden. Der hohe Wettbewerb führt zu sinkenden Preisen. Werbung und Verkaufsförderung sind gegen die Konkurrenz gerichtet.

- Rückgang
  Primäres Ziel ist es, positive Deckungsbeiträge zu erzielen und das Produkt vom Markt zu nehmen. Auf Werbung und Verkaufsförderung wird daher weitgehend verzichtet. Marketing-Aktivitäten finden kaum noch statt.

Software-Lebenszyklus

Die Begriffe des Software-Lebenszyklus und der damit verbundenen Ansätze stellen eine Übertragung vom Produkt-Management dar. Zu betonen ist dabei, dass die Inhalte an teilweise völlig andere Voraussetzungen anzupassen sind. Beispielsweise darf der Software-Lebenszyklus nicht synonym für die Phasen der Software-Entwicklung verstanden werden.

In der Literatur wird die Software-Lebenszyklustheorie erstmals in den siebziger Jahren erwähnt [DaYu76; PuFi79]. Dabei steht der Verlauf der Lebenskurve von Software-Systemen unter Berücksichtigung der Wartung im Mittelpunkt. Aber auch die Einführung von Software-Engineering-Modellen kann teilweise im Rahmen von Lebenszyklusmodellen beschrieben werden [RaCh89].

3.4 Software-Lebenszyklus und Software-Marketing

	Phase des Lebenszyklus			
	Einführung	Wachstum	Sättigung	Rückgang
Marktsituation				
• Käufer	Innovatoren	Trendsetter	Mehrheit	Nachzügler
• Konkurrenz	kaum	wenig	stark	sehr stark
• Ertrag	Verluste	hoch, steigend	hoch, sinkend	gering
Marktstrategie	Öffnung	Durchdringung	Behauptung	Rückzug
Instrumente				
• Preis	niedrig (hoch)	hoch	Kampfpreis	niedrig
• Werbung	auf Käufer ausgerichtet	Push und Pull	gegen Wettbewerb gerichtet	reduziert
• Distribution	selektiv	expandierend	spezielle Konditionen	niedrig
• Verkaufsförderung	individueller Verkauf	häufige Aktivitäten, Aufbau Markenbewusstsein	häufige Aktionen	kaum Aktivitäten
Absatzpolitische Aktivitäten	hoch	mittel	sehr hoch	niedrig

Abb. 3.12: Marketing-Aktivitäten und Lebenszyklus

Lebenszykluskosten

Der Begriff Lebenszykluskosten wurde bereits in den sechziger Jahren eingeführt [Lehn89]. Unterschieden wurden die vier Bereiche

- Schätzung von Betriebs- und Unterstützungskosten,
- Bestimmung der Kosten pro Verwendung,
- Vergleich zwischen Anschaffungs- und Besitzkosten sowie
- Einfluss spezifischer systemnaher Maßnahmen auf Betriebs- und Unterstützungskosten.

Im Bereich der Informatik wurde das Lebenszyklus-Modell zunächst hauptsächlich zur Unterstützung der Gestaltung von Systemen unter Kostenaspekten eingesetzt. Später wurde es auf die Entwicklung und Wartung von Software-Systemen ausgedehnt.

Kosten und Gestaltung

Während der klassische Produkt-Lebenszyklus lediglich als Erklärungs- und Prognosemodell dient, liegt der Schwerpunkt einer Betrachtung über die Lebenzykluskosten bei der Gestaltung mit folgenden Zielen:

- Festsetzung der Kosten als Entscheidungskriterium
- Festsetzung von Kostenelementen als Zielgröße

Zu beachten ist hierbei, dass der allgemeine Kostenbegriff auf das geplante Produktprogramm eines Unternehmens abzielt, während sich die Lebenszykluskosten mit Planung, Erstentwicklung, Produktion, Weiterentwicklung und Außerbetriebnahme eines Systems befassen [ZaSB04]. Des Weiteren beziehen sich Kosten meist auf die Zeiträume von Produktion und Absatz eines Produktes, wogegen die Lebenszykluskosten phasenbezogen und damit langfristig definiert sind.

Typische Aufgaben für die jeweiligen Phasen sind wie folgt:

- Planung:
  Projektplanung, Erstellen eines Grobkonzepts, Entwicklung, Test und Evaluation eines Prototyps

- Erstentwicklung:
  Erstellen des Fachkonzepts, Systemdesign, Systementwicklung, Integration, Test, Installation und Einführung;

- Produktion:
  Schulung, laufender Betrieb, korrektive Wartung, Support;

- Weiterentwicklung:
  Erstellen des Fachkonzepts Systemdesign, Systementwicklung, Integration, Test, Installation und Einführung;

- Außerbetriebnahme:
  Daten- und Anwendungs-Migration, Datensicherung, Entsorgung.

Methoden zur Kostenrechnung

Zur Kostenrechnung stehen eine Reihe von Konzepten und Methoden zur Verfügung, wie z. B. Total-Cost-of-Ownership (TCO), Life-Cycle-Costing, Zero-Based-Pricing oder Cost-Ratio-Method [ElSi98; ZaSB04]. Zu den Lebenszykluskosten zählen sämtliche Kosten, d. h. die Kosten des Herstellers als auch die des Nutzers bzw. Verbrauchers [CoAt91]. Im Gegensatz zur Sachgüter- oder Dienstleistungsproduktion konzentriert sich die Betrachtung der Lebenszykluskosten im Bereich der IT hauptsächlich auf den

Einsatz von TCO-Analysen bei Arbeitsplatzrechnern (vgl. z. B. [DaSL02]). Einen weiteren Schwerpunkt bildet die Entwicklung von Methoden zur Aufwand- und Kostenschätzung im Rahmen der Software-Entwicklung und Software-Wartung [BoAC98; TaVe90; LePr93; CBOR88; Woll03].

Nur wenige Arbeiten beschäftigen sich mit den Kosten von IT-Anwendungen. Sie kommen alle zu dem Ergebnis, dass der überwiegende Teil der derzeitigen IT-Budgets (ca. 80 %) für den Betrieb und die Wartung bestehender Systeme verwendet wird [ZaSB04].

Lebenszyklus-Management

Die derzeit in der Praxis eingesetzten IT-Managementansätze sind auf eine Optimierung einzelner, für wichtig erachtete Phasen ausgelegt. Phasenübergreifende Ansätze existieren eher selten. Lebenszyklusbetrachtungen tragen deshalb wesentlich zur Entwicklung integrierter Managementansätze in der IT bei [ZaBr03]. Aus der Anwendung der Lebenszyklustheorie auf Software-Systeme ergeben sich vier Schwerpunkte:

- Erfassung
- Erklärung
- Prognose
- Gestaltung

Ziel der Erfassung ist die Ermittlung und Darstellung der Kosten eines Software-Systems. Darauf aufbauend sollen die Zusammenhänge über die Entstehung der Kosten erkannt und erklärt werden. Im Rahmen der Prognose sollen Aussagen über die während des gesamten Lebenszyklus zu erwartenden Kosten getroffen werden. Schließlich soll die Gestaltung das Verhältnis zwischen Leistung, Dauer und Kosten eines Software-Systems optimieren.

3.5 Produktpolitik im Rahmen des Software-Marketing

Die Menschen von heute wünschen das Leben von übermorgen zu den Preisen von vorgestern.
Tennessee Williams, amerik. Schriftsteller, 1911-1983.

Ziele der Produktpolitik

Produktpolitische Ziele müssen eng auf die Ziele des Unternehmens abgestimmt sein, damit eine abgestimmte Planung und Gestaltung der Aktivitäten des Software-Marketing erfolgen kann.

Prinzipiell lassen sich dabei psychographische (z. B. Image, Einstellung des Nutzers usw.) und wirtschaftliche Ziele wie z. B.:

- Gewinn- und Rentabilitätsziele
  – Erreichung eines bestimmten ROI oder Deckungsbeitrags
- Wachstumsziele
  – Absatz-, Umsatz-, bzw. Gewinnwachstum
- Rationalisierungsziele
  – Nutzung von Synergieeffekten, Degressionsziele
- Auslastungsziele
  – Entwicklungs-, Dienstleistungskapazität usw.
- Sicherheitsziele
  – z. B. Risikobeherrschung, langfristige Überlebensstrategie
- Marktstellungsziele
  – Markanteilsteigerung, Qualitätsverbesserung, Produktbreite

unterscheiden.

Planungsprozess

Die konkrete Ausgestaltung der produktpolitischen Ziele wird stark von der Art des Produkts und der jeweiligen Marktsituation bestimmt. Die Festlegung der Ziele zu Produkt- bzw. Programmpolitik sollte stets im Rahmen eines systematischen Planungsprozesses erfolgen. Hierbei kann zwischen strategischer und operativer Produkt- und Programmplanung differenziert werden. Dabei ist die strategische Planung darauf ausgerichtet, die Ertragskraft des Unternehmens langfristig zu sichern und geeignete Entscheidungstatbestände zu identifizieren und zu dokumentieren. Die operative Planung berücksichtigt dagegen alle Maßnahmen und Tatbestände, die für die kurzfristige Steuerung der bereits am Markt positionierten Produkte erforderlich sind [Gree83].

Die Ausrichtung der Produktpolitik muss ständig auf die besonderen Bedürfnisse jedes Unternehmens angepasst oder durch Zusatzleistungen ergänzt werden. Im Bereich der IT-Branche entscheiden oft genau diese „Zusatzleistungen" über Erfolg oder Nicht-Erfolg. Besonders zu erwähnen sind hierbei:

- Demo-Programme
- Schulungsangebote und Seminare
- Service-Leistungen

„Probefahrt" für Software

Was beim Autokauf völlig normal ist, wird im Bereich der Software-Branche nur allzu häufig nicht unterstützt bzw. akzeptiert: die Probefahrt. Gerade bei einem immateriellen Produkt wäre es doch am besten, einem potenziellen Kunden eine entsprechend abgespeckte Version der Software (zeitliche oder funktionale Beschränkung) zur Verfügung zu stellen. Nachteile sind ja schließlich nicht immer auf den ersten Blick sondern meist erst in der individuellen Praxis zu erkennen. Bei einem Kleidungsstück merkt man bereits beim Anprobieren ob es passt, bei Software oft erst nach dem Kauf.

Die Software-Branche ist sehr zurückhaltend, was das spezielle Kundenbedürfnis nach eigener sensorischer Wahrnehmung betrifft. Dabei erzeugt das eigene Fühlen, Sehen, Erfahren oder Testen usw. eine verkaufsfördernde emotionale Bindung an das Produkt. Einfach gesagt: Wer nichts anfasst, ist meist nicht interessiert und kauft auch nichts.

Natürlich kann man die Software-Branche verstehen. Die Gefahr des Ziehens von Raubkopien ist groß. Viele Programme sind oft so leistungsfähig oder speziell, dass wenige Tage ihres Einsatzes ausreichen, um die Mehrzahl der Problemfälle aus Kundensicht zu behandeln und zu beseitigen.

Demo-Programme und Kosten

Die Software-Branche behilft sich deshalb mit einer Kompromisslösung, dem Demo-Programm. Bei branchenneutralen Lösungen oder vielseitig einsetzbaren Programmen besteht natürlich die Gefahr, dass das Programm auch von Personen angefordert wird, die keinerlei Kaufabsicht haben. Hier hilft entweder, das Demo-Produkt nur gegen Angabe einiger verifizierbarer Kontaktangaben (z. B. Name, E-Mail, Firma, Anschrift) abzugeben, oder eine geringe Bearbeitungsgebühr zu verlangen. Letzteres ist besonders bei Software erforderlich, die auf ein breiteres Interesse bei den Marktteilnehmern stößt. Bei hochpreisigen Produkten oder Branchen-Software ist generell davon abzuraten, für die Zeit der Nutzung der Demoversion (oder auch einer beschränkten Vollversion) Nutzungsgebühren zu verlangen. Schließlich investieren die Unternehmen selbst teils erhebliche Summen, um die Programme zu installieren und sich einen Eindruck von ihrer Leistungsfähigkeit zu verschaffen.

Schulungen, Seminare, Lehrveranstaltungen

Software ist und bleibt erklärungsbedürftig. Bei einem Auto gibt es Standards, beispielsweise bei der Anordnung der Pedale oder der Instrumententafel. Außerdem gibt es eine verbindliche Ausbildung zum Erwerb eines Führerscheins. Bei Software gibt es in diesem Umfang nichts vergleichbares. Schulungen und Seminare bieten hier eine gute Möglichkeit, hochpreisige Software-Lösungen gegen eine angemessene Aufwandsentschädigung bei den Kunden vorzustellen. Eine andere – eher langfristig angelegte – Möglichkeit, komplexe Software-Produkte an potenzielle

Kunden zu adressieren bietet die selektive Ausstattung von Hochschulen und Bildungseinrichtungen mit niedrigpreisugen Lizenzen oder sogar kostenlosen Testinstallationen marktreifer Produkte.

Aber auch aus Kundensicht bieten Seminare und Schulungen aufgrund des Partizipationsprinzips Vorteile. Die Hintergründe sind bereits seit den vierziger Jahren bekannt. In dieser Zeit führten Coch & French eine Studie zur mangelnden Innovationsbereitschaft in amerikanischen Industriebetrieben durch [CoFr48]. Sie beobachteten, dass viele Beschäftigte nach Einführung neuer Arbeitstechniken weniger produktiv waren als vorher und Aggressionen gegenüber dem Management hegten. Mit den üblichen Maßnahmen konnte dem nicht entgegen gewirkt werden. Der Verdienst von Coch & French war es zu zeigen, dass die direkte Einbeziehung der Mitarbeiter bei der Einführung neuer Verfahren oder Technologien nicht nur die Akzeptanz sondern auch die Gesamtproduktivität erhöht. Ein gängiges Vorgehensmodell hierfür basiert auf den Schritten:

- Motivierung der Beteiligten und Ist-Analyse
- Erstellung von Alternativen zur Ist-Situation
- Ermittlung von Qualifikationsdefiziten
- Schulungsmaßnahmen

Die Potenziale eines solchen Vorgehens und die Nutzungsmöglichkeiten wurden bereits in den achtziger Jahren beschrieben [MaOT83], finden aber im Bereich des Software-Marketing hinsichtlich der Steuerung von Vertriebs- und Kommunikationsaktivitäten nur wenig Beachtung.

3.6 Ergonomische Gestaltung von Software

*Die Menschen stolpern nicht über Berge,
sondern über Maulwurfshügel.*

Konfuzius, chin. Philosoph, 551-479 v. Chr.

Definition Ergonomie

Die Ergonomie befasst sich mit der Anpassung der Arbeitsbedingungen an die Eigenschaften des menschlichen Organismus. Ziel ist es, durch den Menschen in Anspruch genommene technische Prozesse aus arbeitsmedizinischer, physiologischer, psychologischer sowie ökonomischer Sicht optimal zu gestalten. Dement-

3.6 Ergonomische Gestaltung von Software

sprechend ist das Ziel der Software-Ergonomie die Anpassung der Eigenschaften eines Software-Systems an die physischen und psychischen Eigenschaften der damit arbeitenden Menschen.

Vorteile ergonomischer Software

Aus Sicht der Unternehmen und Kunden sind mit dem Einsatz ergonomisch gestalteter Software Vorteile verbunden, z. B.:

- höhere Arbeitsproduktivität
- höhere Mitarbeitermotivation
- geringere Schulung- und Betreuungskosten
- geringere Fehlerquote beim Einsatz der Software

Aus Sicht des Benutzers können vor allem physische und psychische Belastungen verringert sowie einer vorzeitigen Ermüdung vorgebeugt werden.

Ergonomie als Marketing-Instrument

Für die Unternehmen, die Software erstellen, können sich die Marktchancen durch eine höhere Kundenzufriedenheit und eine hohe Akzeptanz der Produkte am Markt wesentlich verbessern. Gerade in einem umkämpften Markt mit vielen Produkten, die für den Kunden teils nur geringe Unterschiede hinsichtlich der Leistungsmerkmale und funktionaler Produktkriterien aufweisen, wird die Bedienbarkeit zu einem wichtigen Abgrenzungsmerkmal. Die ergonomische Gestaltung von Software kann nicht nur als Kaufkriterium dienen, sondern auch das Markenbewusstsein und damit den Verkauf fördern. Ein Beispiel hierfür ist die graphische Benutzeroberfläche des Apple Macintosh.

Rechtliche Vorgaben

Neben den unbestrittenen Wettbewerbsvorteilen, die für die Erstellung ergonomisch gestalteter Software sprechen, gibt es auch rechtliche Vorschriften. Vor allem aufgrund der Bildschirmarbeitsverordnung sind wesentliche Grundlagen der Ergonomie bei der Gestaltung von Software rechtlich zwingend zu berücksichtigen. Der Arbeitgeber ist dafür verantwortlich, dass die im Unternehmen eingesetzte Software die Vorgaben dieses Gesetzestextes erfüllt. Die recht allgemein gehaltenen Anforderungen werden durch die beiden Normen

- DIN EN ISO 9241 – Ergonomische Anforderungen für Bürotätigkeiten mit Bildschirmgeräten
- DIN EN ISO 13407 – Benutzer-orientierte Gestaltung interaktiver Systeme

ergänzt. Diese Normen sind wegen § 4, S. 1, Nr. 3 ArbSchG für den betrieblichen Einsatz von Software verbindlich, denn es wird gefordert, dass der Stand der Technik sowie die gesicherten arbeitswissenschaftlichen Erkenntnisse zu berücksichtigen sind. Hierzu zählen auch die DIN-Normen.

Software-Entwicklung und Ergonomie

Viele Software-Produkte verstoßen gegen die Gestaltungsgrundsätze der Software-Ergonomie. Wesentliche Gründe hierfür sind [BrSc03]:

- Steigen in Software-Entwicklungsprojekten Zeit- und Kostendruck, werden alle „unproduktiven" Aktivitäten wie Qualitätssicherung, Testen und ergonomische Aktivitäten als Einsparpotenzial angesehen.
- Die Software-Entwickler und Projektleiter sind meist nur unzureichend mit den Grundlagen und den rechtlichen Vorgaben der Software-Ergonomie vertraut.
- Die gängigen Vorgehensmodelle berücksichtigen die Software-Ergonomie praktisch nicht, bzw. sind ungeeignet, weil keine Anwenderbeteiligung vorgesehen ist.

Aufgrund dieser Mängel entstand 1999 die Norm DIN ISO 13407. Diese Norm beschreibt, wie ein Software-Entwicklungsprojekt in Bezug auf die ergonomische Gestaltung der zu erstellenden auszurichten ist und welche Maßnahmen zur Qualitätssicherung umzusetzen sind. Die Norm basiert auf einem Prototypen-Modell mit zyklischen Design- und Bewertungsphasen sowie einer frühen Benutzerbeteiligung.

Benutzerschnittstelle

Software-Produkte stellen eine große Anzahl von unterschiedlichen Funktionen zur Verfügung. Idealerweise sollten diese Funktionen für den Anwender leicht aufgerufen werden können. Zudem sollten sie den Anwender bei der Bewältigung seiner Aufgaben möglichst optimal unterstützen. Ob dies auch tatsächlich so ist, hängt wesentlich von der Qualität der Benutzerschnittstelle ab. Beispielsweise

- wird der Funktionsumfang meist nur eingeschränkt genutzt, falls der Anwender nicht in einfacher Weise verstehen kann, wie eine Software zu bedienen ist. Für den Anwender sinkt also deren Nutzwert;
- führen falsch angeordnete Schaltflächen zu ungewohnten Bedienabläufen und damit zu einer höheren Fehlerquote sowie Ermüdungserscheinungen;
- erschweren unübersichtliche Bildschirmmasken oder unverständliche Fehlermeldungen die Gebrauchstauglichkeit des Software-Produkts.

3.6 Ergonomische Gestaltung von Software

Zielsetzung der Software-Ergonomie

Software-Ergonomie setzt damit an einer aus Anwendersicht attraktiven, verständlichen und gebrauchstauglichen Gestaltung der Benutzerschnittstellen an. Die Benutzerschnittstelle ist dabei nicht nur die graphische Oberfläche eines Software-Produkts, sondern umfasst alle Komponenten und Aspekte eines Software-Systems, mit denen Benutzer begrifflich oder über ihre Sinne und Motorik in Verbindung kommen. Grundlage bildet das kognitive Modell des Menschen (Abbildung 3.13). Die Gestaltung einer Benutzerschnittstelle muss sich deshalb an

- den Fähigkeiten und Grenzen der Benutzer sowie
- den durch die Software unterstützten Aufgaben der Benutzer

orientieren.

Psychologische Grundlagen

Die Fähigkeiten der Benutzer ergeben sich aus der Art und Weise menschlicher Informationsverarbeitung, insbesondere den Mechanismen zur Aufmerksamkeitssteuerung, der Wahrnehmung von Farben und Formen oder auch der Gedächtnisleistungen. Beispielsweise muss man bei der Farbgestaltung darauf achten, dass rote und blaue Objekte großflächig nicht räumlich nah beieinander angeordnet sein dürfen, da das menschliche Auge die Farben rot und blau bei gleicher Entfernung nicht gleichzeitig scharf sehen kann.

Um den Prozess der Gestaltung von Menüs, Masken und Dialogen auf Basis psychologischer Grundlagen zu erleichtern, wurden diese im Rahmen der Normgebung auf Gestaltungsregeln heruntergebrochen und in der Normreihe DIN EN ISO 9241, Teile 10 bis 17 zusammengefasst.

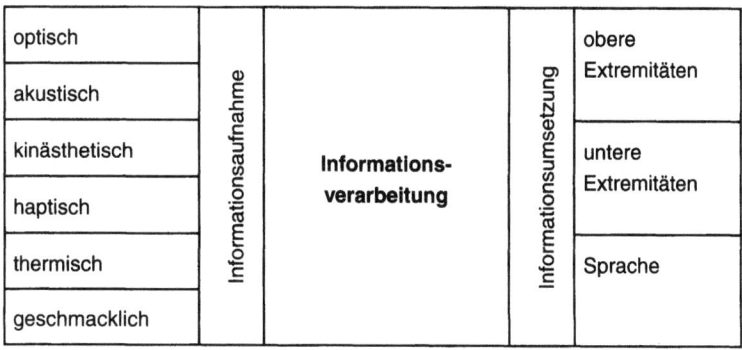

Abb. 3.13: Kognitives Modell des Menschen

3   Entwicklung von Software

Konzentrations-blindheit

Neben Art und Form der Gestaltung beeinflussen auch der Aufgabeninhalt und die Art der Aufgabenstellung die subjektive Wahrnehmung. Ein interessantes Beispiel hierfür ist folgendes Experiment [Tüge02]:

Jedem Versuchsteilnehmer wird ein einminütiger Videofilm gezeigt, in dem sich drei Spieler mit weißen T-Shirts und drei Spieler mit schwarzen T-Shirts innerhalb eines Gebäudes vor einer Reihe von Aufzügen Basketbälle zuwerfen. Die Aufgabe besteht darin, die Pässe des weißen Teams zu zählen. Nach 35 Sekunden kommt von rechts ein Mensch mit Gorilla-Verkleidung mitten ins Bild, dreht sich zur Kamera, klopft sich auf die Brust und geht nach links aus dem Bild. Interessant ist, dass in Folge der Zusatzaufgabe etwa die Hälfte der Versuchspersonen den Gorilla nicht wahrnimmt. Durch die Zusatzaufgabe, die Pässe des *weißen* Teams zu zählen, wird das schwarze Team und mit ihm der *dunkel* kostümierte Gorilla quasi ausgeblendet.

Web-Seiten-Ergonomie

Untersuchungen zur Gebrauchsfähigkeit spielen auch bei der Präsentation von Informationsangeboten auf Web-Seiten eine wichtige Rolle. Eine Untersuchung ergab, dass der Schwerpunkt der Betrachtungsintensität bei oberflächlichen Betrachtungen auf den links-zentralen Bereichen liegt [BMWI02]. Die Betrachtungsintensität nimmt von links nach rechts ab und es wird ungern gescrollt. Außerdem fallen bestimmte Bereiche praktisch überhaupt nicht ins Gewicht (vgl. Abbildung 3.14). Die weiteren Ergebnisse der Untersuchung sind:

Verhalten typischer Besucher

- Typische Besucher betrachten eine Internet-Seite nur sehr kurz und wenig konzentriert.

- Je nach optischer Gestaltung bleiben die Besucher zwischen 12 und 25 Sekunden auf der Seite. Spontane Besucher bleiben kürzer, bei einer gezielten Suche sind die Verweilzeiten tendenziell länger.

- Etwa 6 bis 12 Sekunden werden typischerweise verwendet, um die Inhalte der Seite systematisch zu betrachten.

- Textlastige Seiten sind gerade bei spontanen Besuchern nicht gefragt und werden eher überflogen oder übersprungen.

- Zu viele optisch gleichermaßen ansprechende Informationen und Navigationsmöglichkeiten verwirren die Nutzer und lenken von wichtigen Bereichen ab.

- Klickmöglichkeiten werden unstrukturiert gesucht; das Klickverhalten kann als eilig beschrieben werden.

3.6 Ergonomische Gestaltung von Software

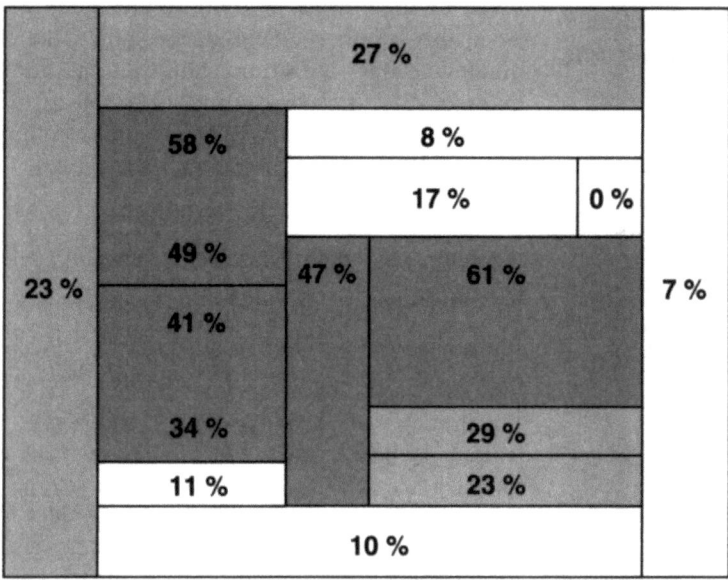

Abb. 3.14: Anteil der Nutzer, welche die gekennzeichneten Bildschirmbereiche länger als eine Sekunde betrachten (nach [BMWI02])

Gestaltung von Internet-Seiten

- Navigationsleisten wird erst dann Beachtung geschenkt, wenn sie von den Nutzern tatsächlich gebraucht werden.

Für die Gestaltung einer Web-Site bedeutet dies (vgl. [Theu00a]):

- Die Einstiegsbereiche dürfen nicht mit Informationen überladen sein. Wenige, deutlich erkennbare Informationsangebote sind besser.
- Es sollten nur wenige, wichtige Buttons für die Navigation vorhanden sein. Diese müssen deutlich zu erkennen sein.
- Orientierungshilfen und Übersichtsangebote erleichtern die Führung der Benutzer.
- Wichtige Informationen sollten in den bevorzugt betrachteten Bereichen angeordnet sein.
- Auf Objekte, die für die Informationsvermittlung nicht relevant sind, sollte verzichtet werden, da für deren Betrachtung zuviel Zeit verloren geht.

Aufgabeninhalt und -auslegung

Einer der Schlüsselfaktoren erfolgreicher Software-Ergonomie besteht also darin, sich möglichst gut in den potenziellen Nutzer hineinversetzen zu können und daraus die richtigen Schlussfolgerungen für die Gestaltungsvorgaben zu treffen. Entscheidend ist das Zusammenwirken von Aufgabeninhalt und Auslegung. Der Aufgabeninhalt ist charakterisiert durch

- Bedienung (zeitliche Ordnung),
- Dimensionalität (räumliche Ordnung) und
- Führungsart (räumliche und zeitliche Einschränkungen).

Dabei beeinflusst die Auslegung die Art der Aufgabenstellung sowie die Art des menschlichen Eingriffs.

Fazit

Im Prinzip verhält es sich mit dem Software-Benutzer, der Software und der zu lösenden Aufgabe wie mit einem Wanderer. In einer gewissen Zeit soll ein bestimmtes Ziel erreicht werden. Dazu wird ein geeigneter Weg ausgewählt. Manchmal wird die Route aber auch kurz entschlossen geändert. Je besser die Beschilderung und je attraktiver der Weg, desto seltener wird der einmal ausgewählte Weg verlassen oder nach Alternativen gesucht. Die Attraktivität wird subjektiv und damit unterschiedlich empfunden, lässt sich aber durch Zusatzaufgaben steuern. Beispielsweise wird die Wahl des Weges durch die Vorgabe zu rasten, bereits stark eingeschränkt. Wer rastet schon gerne an nassen oder sumpfigen Stellen, wenn eine andere Wahl bleibt?

4 Einsatz von Software im Software-Marketing

Computergestützte Informationsverarbeitung

Das Unterstützungspotenzial der elektronischen Datenverarbeitung hat in den letzten zwanzig Jahren durch Fortschritte in der Hard- und Software-Entwicklung stark zugenommen. Die Einführung des Personal Computers und die Verbreitung von Netzwerken führten dazu, dass das Software-Marketing und andere Unternehmensaktivitäten, heute wesentlich durch die computergestützte Informationsverarbeitung geprägt werden.

Unterstützung der Unternehmensprozesse

Betrachtet man typische Unternehmensprozesse wie etwa Auftragsabwicklung, Entwicklungsprojekte, Kundenbetreuung oder Marketing-Kommunikation, beinhalten diese ein komplexes Aufgabenspektrum und verschiedene Anknüpfungspunkte zu anderen Prozessen im Unternehmen. Bei einer kosten- und terminorientierten Abwicklung müssen die jeweiligen Prozesse koordiniert werden. Zusammenarbeit, Kommunikation und eine sachgerechte Aufbereitung und Übergabe der Informationen und Ergebnisse sind dabei von zentraler Bedeutung. Hierzu stehen verschiedene, software-gestützte Einzelverfahren zur Verfügung, wie im Folgenden anhand einiger ausgewählter Systeme gezeigt wird. Dabei sollte allerdings beachtet werden, dass für eine erfolgreiche Bewältigung der Aufgaben des Marketing stets das Zusammenwirken entsprechend ausgewählter Software-Systeme entscheidend ist.

4.1 Software-Werkzeuge

Software setzt sich zusammen aus Betriebssystemen sowie Textverarbeitungs-, Dateiverwaltungs-, Grafik-, Tabellenkalkulations- und Telekommunikationsprogrammen, die wiederum allesamt nichts anderes sind als verschiedene Erscheinungsformen von in kompilierte Programmzeilen gegossener Hinterhältigkeit ...

Edward Aloysius Murphy, amerik. Air-Force-Ingenieur, *1917.

Architektur

Beim Einsatz von Software greift der Nutzer weder direkt auf Daten zu noch interagiert er unmittelbar mit dem Rechnersystem.

Stattdessen erfolgt die Nutzung in der Regel mittels einer anwendungsorientierten, benutzerfreundlichen Oberfläche, welche technisch-funktionale und darstellungsorientierte Teile einer Anwendung voneinander trennt. Außerdem sorgt eine eigene Zugriffsschicht für die Trennung von Daten und Anwendungsprogramm. Die Kommunikation zwischen den verschiedenen Anwendungen, den Basissystemen und der zugehörigen Hardware wird schließlich durch die System-Software gewährleistet.

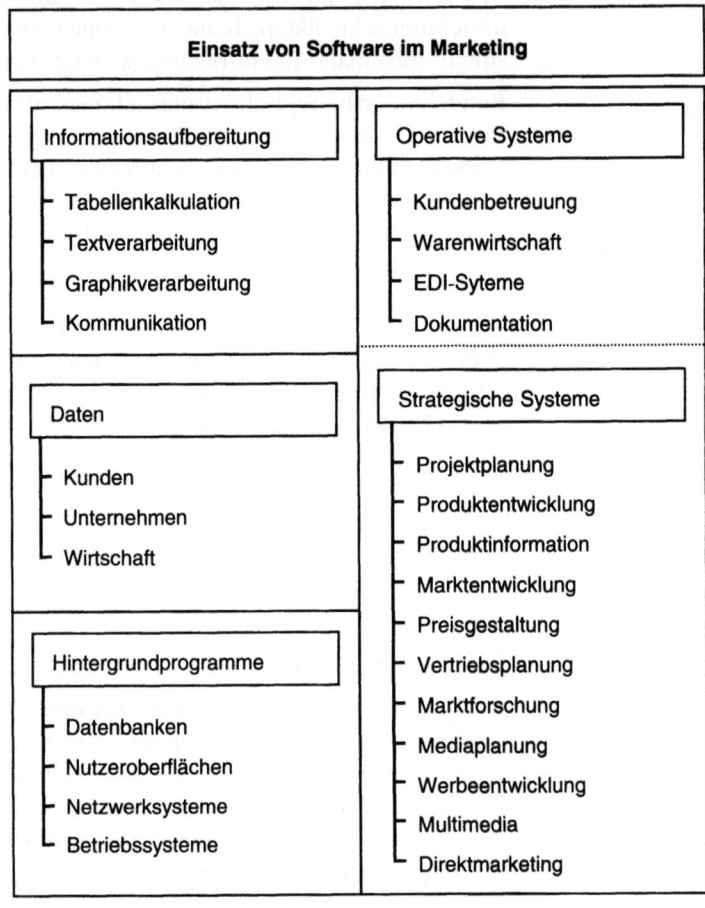

Abb. 4.1: Software-Segmentierung und exemplarische Einsatzfelder im Marketing

4.1 Software-Werkzeuge

Die Komponenten bzw. Schichten, aus welchen eine Anwendung typischerweise besteht, sind damit:

- Präsentationsschicht zum Benutzer
- Anwendungsschicht
- Datenschicht
- Koordinations- und Systemschicht

Architektur-basierte Klassifikation

Gliedert man auf dieser Basis die Programme, welche im Software-Marketing eingesetzt werden können, kann man vier Kategorien unterscheiden (Abbildung 4.1):

- Die allgemeinen Aufbereitungsprogramme beinhalten Tabellenkalkulation, Textverarbeitung, Graphikverarbeitung und Kommunikation.
- Bei den marketing-spezifischen Anwendungen kann unterschieden werden zwischen Programmen die operative Systeme regeln oder steuern oder für strategische Einzelmaßnahmen genutzt werden.
- Die Bereitstellung von externen Daten wird einer eigenen Anwendungskategorie zugeordnet.
- Die allgemeinen Hintergrundprogramme umfassen Koordinations-Software und Komponenten zu Datenbanken, Netzwerksystemen, Betriebssystemen und Nutzeroberflächen.

Nachfolgend beschränkt sich die Diskussion beispielhaft auf ausgewählte Anwendungssysteme mit Bezug zu marketing-relevanten Tätigkeiten. Dies betrifft:

- CSCW-Systeme mit dem Schwerpunkt auf Workflow-Unterstützung, Projektplanung und Dokumentation sowie
- Managementsysteme für das Management von Kunden, digitaler Rechte und Produktlebenszyklusmanagement.

CSCW-Systeme

Unter dem Begriff Computer Supported Cooperative Work werden Werkzeuge zusammengefasst, die verschiedene Aspekte der Koordination und Kooperation von Mitarbeitern in gruppen- oder organisationsübergreifenden Abläufen durch Automation bzw. Teilautomation unterstützt. Diese Systeme lassen sich z. B. bezüglich Ort und Zeitpunkt der Kommunikation sowie den möglichen Nutzungsformen Kooperation, Koordination, Kommunikation und Information klassifizieren (Abbildung 4.2).

Groupware

Für die Hilfsmittel zur Kooperationsunterstützung hat sich der Begriff Groupware eingebürgert [Burg97]. Im Rahmen des hier

4 Einsatz von Software im Software-Marketing

verwendeten Klassifikationsschemas ist die Group Authoring Software (GAS) erwähnenswert. Hierbei handelt es sich im Wesentlichen um Mehrbenutzereditoren zur gemeinsamen Dokumentenerstellung. Diese Systeme sind hauptsächlich im Bereich Forschung und Entwicklung anzutreffen und basieren in der Regel auf Internet-Technologien [ElGR91; SaDe97].

GDSS   Group Decision Support Systems sind eine speziell für die Gruppenarbeit ausgelegte Form von Systemen zur Entscheidungsunterstützung (Decision-Support-Systeme). Diese Systeme sollen spezielle Managementaufgaben unterstützen. Der Begriff wurde

		Zeitpunkt der Kommunikation	
		jetzt	irgendwann
Ort der Kommunikation	hier	Kooperation: • GDSS • GAS • ...	Koordination: • WMS • PMS • ...
	irgendwo	Kommunikation: • EDI • CSVT • ...	Information: • SIS • IA • ...

Abb. 4.2:   Klassifikation von CSCW-Systemen. Eingeordnet sind die typischen Systeme Group Decision Support System (GDSS), Group Authoring Software (GAS), Workflow Management System (WMS), Project Management System (PMS), Electronic Data Interchange (EDI), Computer Supported Video Teleconferences, (CSVT), Shared Information Spaces (SIS) und Intelligent Agents (IA)

4.1 Software-Werkzeuge

in den siebziger Jahren als Reaktion auf die nicht bzw. nur unzureichend erfüllten Erwartungen an Systeme zur Managementinformation geprägt [GoMo71].

Workflow-Management-Systeme

Normale Arbeitsabläufe sind geprägt durch den Umgang mit Ausnahmesituationen [SuWy84]. Des Weiteren unterliegt das Rollenmodell einem gewissen Fluss, vor allem dann, wenn es informell festgelegt wurde [KaPM96]. Hier setzen Workflow-Management-Systeme (WMS) an. Als koordinationsunterstützende Werkzeuge verfolgen sie das Ziel, durch Automation eines Geschäftsvorgangs die Effizienz zu steigern [Kirn95]. Das Workflow-Management-System ist zuständig für die Definition, Verwaltung und Ausführung von automatisierten Geschäftsvorgängen. Es sorgt für die Steuerung der Ausführung, die Verwaltung, die Koordination beteiligter Personen und Ressourcen und entlastet die am Workflow beteiligten von Routinetätigkeiten [Heil94].

Um derartige Systeme zu standardisieren, wurde 1993 die Workflow-Management-Coalition (WfMC) gegründet. Die Ziele der WfMC bestehen darin, die Terminologie, das Referenzmodell sowie seine Schnittstellen festzulegen. Dabei wird der gesamte Prozess von der Entwicklung von WMS bis hin zu ihrem Einsatz betrachtet [Holl95]. Workflow-Management-Systeme werden seit Anfang der achtziger Jahre entwickelt. Zu den bekanntesten Systemen gehören Lotus Notes sowie das Unternehmensmodellierungswerkzeug ARIS [Sche95].

Projektplanungswerkzeuge

Im Projektmanagement werden auf unterschiedlichen Führungsebenen Plan- und Istdaten ausgetauscht und ausgewertet. Es ist daher naheliegend, dass bei den meisten Projekten eine Software zur Projektunterstützung zum Einsatz kommt. Operativ kann (und wird) viel durch den Einsatz von Tabellenkalkulationsprogrammen geleistet. Dies setzt aber einerseits ein fundiertes Wissen sowie andererseits etablierte unternehmensinterne Standards zum Projektmanagement voraus. Die Grenzen dieser Werkzeuge sind bei umfangreichen und komplexen Projekten relativ schnell erreicht, besonders dann, wenn mehrere Projekte gleichzeitig unterstützt werden sollen.

Multi-PMS

Lösungen bieten Multi-Projektmanagement-Werkzeuge, die sich durch eine zentrale Datenbank und Mehrprojektfähigkeit bezüglich Planung, Reporting und Controlling auszeichnen. Das bekannteste Produkt hierzu dürfte Microsoft Office Project Standard mit der Microsoft Office EPM Solution sein. Weitere Beispiele sind Project Insight von Metafuse oder Nesbit von ProMOS.

Diese und weitere gängige PMS-Werkzeuge wurden in einer aktuellen Marktstudie evaluiert und hinsichtlich ihrer Fähigkeit klassifiziert, die verschiedenen Phasen des Produktlebenszyklusses und die beteiligten Führungsebenen zu unterstützen [Ahle04].

Der Trend geht heute, auch aufgrund gesetzlicher Anforderungen bezüglich Controlling und Risikomanagement, hin zu Enterprise-PMS. Zu den Grundfunktionen in diesem Bereich zählen die Erfassung und Bewertung von Projektideen sowie ein Ressourcen- und Budgetabgleich. Des Weiteren ist zu beobachten, dass immer mehr Werkzeuge um Workflow-Funktionalitäten erweitert werden, um Projektprozesse standardisiert und effizient abwickeln zu können. Dies betrifft z. B. Dokumentations- oder Abnahmeprozesse.

Intelligente Agenten

Ein weiteres interessantes Gebiet der CSCW betrifft die kooperierenden intelligenten Software-Agenten. Einen Überblick über die seit Ende der siebziger Jahre entwickelten Grundlagen der Agententechnologie und die Modellierung von Software-Agenten findet sich in [Kirn02; CATO01].

Dokumentenmanagementsysteme

Dokumentenmanagement beschreibt das Erstellen, Bearbeiten, Veröffentlichen und Weiterleiten von Dokumenten verschiedenster Formate, die ständigen Änderungen unterworfen sind. Der Begriff ist abzugrenzen gegen die Document Related Technologies (DRT) und das Enterprise Content Management (ECM). Unter der Bezeichnung DRT werden manchmal sämtliche Systeme und Technologien rund um das Dokument zusammengefasst. Mit ECM sollen Redundanzen in verschiedenen Medien wie Druck, Web, digitale Offline-Medien usw. vermieden werden. Eine gute Marktübersicht hierzu findet sich in einem Artikel von Hoffmann [Hoff03].

Redaktionssysteme

Seit einigen Jahren kommen im Bereich des Redaktionsmanagements spezielle Dokumentenmanagementsysteme zum Einsatz, die das arbeitsteilige Erstellen von redaktionellen, textorientierten Inhalten und deren Layout unterstützt. Diese sog. Redaktionssysteme umfassen die Planung, Recherche, Erfassung, Bearbeitung, Speicherung und die Bündelung von Produkten. Typische Einsatzgebiete sind – neben Medienunternehmen – auch Branchen, wo aufwendige PR-Unterlagen zu pflegen sind oder erklärungsbedürftige Produkte dokumentiert werden müssen, beispielsweise die Software-Branche [HeRa00].

CMS

Ein Content-Management-System (CMS) bietet zusätzlich zu den Funktionalitäten eines DMS die Möglichkeit, Dokumente zu edi-

4.1 Software-Werkzeuge

tieren. Ermöglicht wird dies durch den Einsatz offener Formate wie XML oder SGML. Ein CMS besteht im Wesentlichen aus zwei Komponenten: einem zentralen Bereich, in dem alle medienneutralen Dokumente – die sog. Informationsobjekte – abgelegt und gepflegt werden sowie dem Bereich, in welchem die Informationsobjekte zu Publikationen zusammengesetzt werden.

Am Markt für Anwendungs-Software sind inzwischen Produkte erhältlich, mit deren Hilfe das Content Management wirksam unterstützt wird. Hierzu zählen kommerzielle Standard-Lösungen aber auch eine ganze Reihe Open-Source-Produkte wie z. B. Open CMS oder Typo3 [Somm05].

Die Implementierung eines CMS stellt allerdings eine gewisse organisatorische Herausforderung dar, denn es bietet eine wertvolle Grundlage für darauf aufbauende Nutzungsformen des Intranets wie Content-Workflow und praktiziertes Knowledge Management (KM) [Stei00].

Versionskontrollsysteme

Werkzeuge zur Versionskontrolle (Versionskontrollsysteme) sind aus der Software-Entwicklung nicht mehr wegzudenken. Sie dokumentieren die Historie von Dateiänderungen und stellen damit sicher, dass sich einmal gemachte Änderungen nachvollziehen bzw. rückgängig machen lassen. Im Bereich der Software-Entwicklung spricht man in diesem Zusammenhang oft vom sog. Konfigurationsmanagement.

Verschiedene Konfigurationen und Stände von Software (oder auch Dokumentation) lassen sich konsistent trennen, speichern und wiederherstellen. Dies kann neben Quellcode und Textdateien auch binäre Grafik-, Multimedia- oder sonstige Dateien beinhalten. Mit Hilfe dieser Werkzeuge lassen sich daher Fehler und Probleme, die durch Änderungen in Programmen, Daten oder Dokumentation verursacht wurden, auch ohne ein präzises Wissen seitens der Entwickler eingrenzen und deshalb auch leichter beheben.

Typische Produkte Gängige Werkzeuge in diesem Umfeld sind z. B. [Step05]:

- CVS (Concurrent Version System)
  Im Open-Source-Bereich ist CVS zu einem Quasistandard geworden. Dieses in C entwickelte Client-Server-Werkzeug hat eine lange Historie und kann kostenfrei über die CVS-Homepage heruntergeladen werden [CVS05]. Die Bedienung dieses Werkzeugs ist einfach, die Dokumentation gut. Problematisch ist, dass binäre Dateien komplett gespeichert werden. Beim Einsatz von multimedialen Dateien führt eine ho-

he Änderungsrate deshalb sehr schnell zu umfangreichen Repository-Dateien.

- Perforce
  Perforce ist ein kommerzielles Produkt und nur für den nicht-kommerziellen Einsatz in Open-Source-Projekten oder Bildungseinrichtungen kostenfrei [Perf05]. Das Produkt ist leicht integrierbar sowie leicht zu bedienen. Außerdem stehen eine Vielzahl von Clients und IDE-Plug-ins zur Verfügung.

- Subversion
  Im Rahmen eines Open-Source-Projekts wurde das Produkt Subversion entwickelt [Tigr05]. Rein äußerlich gleicht Subversion in vielem CVS. Es ist als Client-Server-System in C programmiert. Subversion ist hochportabel und bietet eine sehr gute Dokumentation. Vorteilhaft ist, dass Binärdateien nicht komplett, sondern nur ihre Differenzen gespeichert werden.

Managementsysteme für digitale Rechte

Digitale-Rechte-Management-Systeme (DRMS) bieten für Unternehmen der Software- und Medienbranche ein wichtiges Instrument, die unkontrollierte Vervielfältigung und Weitergabe von werthaltigen Inhalten zu unterbinden und direkte Erlösquellen zu sichern. Diese Systeme stellen dem Nutzer die ausgewählten Inhalte zur Verfügung, greifen auf Lizenzdaten zurück und generieren Abrechnungsdaten. Des Weiteren bieten sie Zugangs- und Nutzungssteuerung und unterstützen die Verfolgung von Rechtsverletzungen [HeÜn04]. Im Vergleich zu DRMS sollen konventionelle Rechte-Management-Systeme die Effizienz im Umgang mit Lizenzrechten sowie bei der Abrechnung steigern.

Erhältliche Standardlösungen

Am Markt wird eine Vielzahl von Standardlösungen angeboten [FrKa04]. Populäre proprietäre Systeme sind:

- Electronic-Media-Management-System-Suite (EMMS)
  Dieses System von IBM ist eine Backend-Lösung und bereitet den Inhalt in geschützter und mit Metadaten angereicherter Form zur Auslieferung an ein Frontend-System vor. Das modular aufgebaute EMMS ist Bestandteil der DB2-Content-Management-Produktfamilie [HeÜn04]. Die Ausführungsumgebung ist Java. Die Rechtedefinition erfolgt in XML. Verschlüsselungstechnologien im Verbund mit digitalen Containern, eine Tracking-Funktion und Wasserzeichentechniken für Audio-Inhalte werden ebenfalls unterstützt.

- Microsoft Media Rights Manager
  Der Microsoft Media Rights Manager ist Bestandteil des kos-

tenlos erhältlichen Microsoft Windows Media Player und enthält DRM-Funktionalität [Prun03]. Der Media Rights Manager unterstützt die zeitliche Beschränkung der Nutzung von Inhalten. Die Anzahl der Abspielvorgänge und eine Kopierfreigabe auf CD-Speicher lassen sich festlegen. Funktionen zur Prüfung sowie zum Erwerb von Lizenzen sind ebenfalls enthalten.

- Multimedia Home Plattform (MHP)
  Das European Telecommunications Standards Institute hat mit der Multimedia Home Plattform einen Standard für interaktives Fernsehen mit Internetzugang geschaffen. MHP ist eine auf Java basierende Middleware, die zwischen Betriebssystem und Anwendungs-Software eingebunden ist. Inhalte werden codiert an den Nutzer übertragen und mit Hilfe einer Chipkarte nutzerseitig decodiert. Im Rahmen des MHP-Standards werden Xlets (spezielle Java-Applets) übertragen, die mittels Public-Key-Infrastruktur digital signiert sein können und interaktive Shoppinglösungen oder On-Demand-Dienste ermöglichen [FrKa04].

Kundenmanagementsysteme

CRM (Customer Relationship Management) ist ein ganzheitlicher Ansatz zur Unternehmensführung. Der Kerngedanke ist, unter Einsatz einer Datenbank und Software sowie durch ein systematisches Management der Kundenbeziehungen einen Mehrwert für das Unternehmen zu liefern (Abbildung 4.3).

CRM und Data-Warehouse

Idealerweise erfolgt die Zusammenführung der kundenbezogenen Informationen durch ein Data-Warehouse, dessen Aufgabe darin besteht, Kundendaten aus unterschiedlichen Quellen zu vereinheitlichen und zu integrieren [ChDS04]. Das Data-Warehoue kann deshalb als eine begriffs- bzw. themenbezogene, integrierte, zeitlich veränderliche und hinreichend stabile Datensammlung zur Unterstützung von Entscheidungsprozessen auf der Führungsebene betrachtet werden [Immo92]. In diesem Sinn integriert und optimiert das CRM abteilungsübergreifend alle kundenbezogenen Prozesse in Marketing, Vertrieb und Kundendienst bzw. sonstigen Dienstleistungen.

Für die Einführung eines CRM-Systems ist daher die Integration aller für den Kundenkontakt relevanten Informationssysteme notwendig. CRM-Systeme und ihre Komponenten lassen sich in operative, analytische und kommunikative (bzw. kollaborative) Anwendungen unterteilen [ChDS04]:

4 Einsatz von Software im Software-Marketing

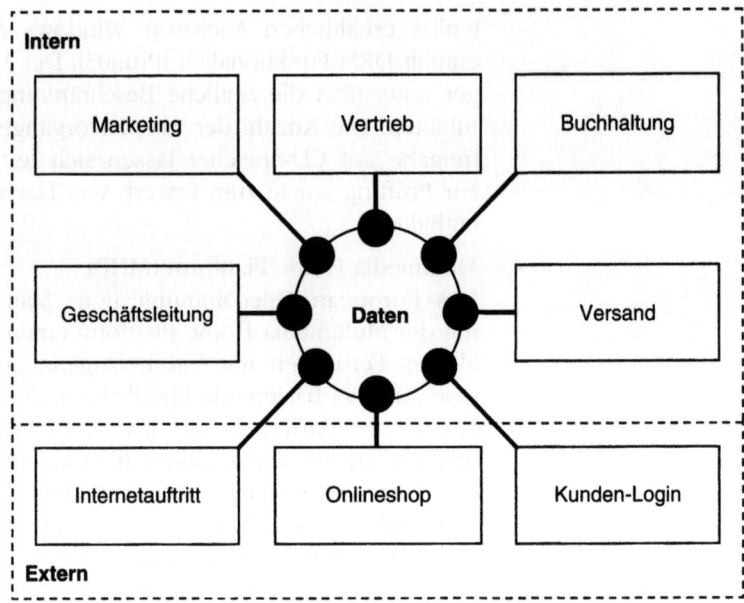

Abb. 4.3: Unternehmensbereiche, die auf zentrale Kundeninformationen zurückgreifen müssen

- Das analytische CRM stellt einen unternehmenseinheitlichen Datenbestand zur Verfügung und liefert Hinweise zur Optimierung einzelner CRM-Maßnahmen.
- Durch das operative CRM werden die durch das analytische CRM gewonnenen Informationen umgesetzt.
- Bei der Umsetzung bedient sich das operative CRM diverser Kommunikationskanäle. Das Management und die Steuerung dieser Kommunikationskanäle wird im Rahmen des kommunikativen bzw. kollaborativen CRM umgesetzt.

Zu beachten ist, dass CRM-Systeme eine hohe Komplexität haben, da verschiedene Datenbanken, Technologien und Anwendungen miteinander verbunden werden. CRM-Standard-Software beinhaltet zahlreiche Funktionen, die man den Bereichen Marketing, Vertrieb und Dienstleistung zuordnen kann.

Marketing-Funktionen

Im Bereich des Marketing sind dies z. B.:

- Kampagnenmanagement zur Planung, Durchführung und Steuerung von Marketing-Maßnahmen;

4.1 Software-Werkzeuge

- Kundenselektion, d. h. die Auswahl bestimmter Adressaten für eine Marketing-Aktion;
- Grundfunktionen zur Durchführung und Auswertung von Marktbeobachtungen sowie
- Pflege der Informationsarchive.

Vertriebsfunktionen

Im Bereich des Vertriebs sind folgende Funktionen hilfreich:

- Verwaltung der Kundenkontakte mit Informationen zu Ansprechpartnern und Organisationsstrukturen;
- Bewertungssystem zum Erkennen und Einordnen von Verkaufschancen inklusive einer Statusverfolgung;
- Unterstützung bei der Angebotserstellung;
- Unterstützung bei Vertriebsplanung und Vertriebsanalyse (Umsatzprognose auf Basis des jeweiligen Aktivitätenstands).

Service-Funktionen

Die Unterstützung im Dienstleistungsbereich kann z. B. erfolgen durch:

- Bereitstellung eines Grundgerüsts für das Beschwerdemanagement;
- Funktionen zur Entgegennahme und Bearbeitung von Kundenanfragen;
- Verwaltung eines Kundenbereichs auf der Website des Unternehmens mit Downloads, Foren, Hilfe usw.

Produkte, Literatur

Für weitere Informationen über CRM-Systeme und deren Konzepte sei auf die zahlreich vorhandene Literatur verwiesen (siehe z. B. [FHMW00; Rapp00; HeUD02; DoHN04]). Auch das Marktangebot von CRM-Produkten ist reichhaltig. Zu den bekanntesten Anbietern von CRM-Produkten gehören Unternehmen wie IBM, Microsoft, PeopleSoft, SAP, SAS oder Siebel [AlNo03].

Product Life Cycle Management

Die Speicherung, Pflege und Bereitstellung von produktdefinierten Daten sowie den bestehenden Abhängigkeiten im Zusammenhang mit Prozessen innerhalb des Produktlebenszyklus wird allgemein als Produktdatenmanagement (PDM) bezeichnet. Erweitert man das klassische PDM um ein durchgängiges Konfigurations-, Anforderungs- und Projektmanagement, spricht man vom Product Life Cycle Management (PLM) [EiSt01]. Im Kern bestehen derartige Systeme daher aus einem umfangreichen Spektrum an Funktionalitäten [FöZi04] wie z. B.:

- verteilte Datenhaltung
- Dokumentenmanagement für diverse Dokumenttypen

- Produktstrukturverwaltung
- Stücklistenmanagement
- Konfigurationsmanagement
- Anforderungsmanagement
- Historien und Versions-Management
- Projektmanagement-Funktionen
- Problemmanagement
- Prozessmanagement
- Workflowmanagement
- Kommunikationsunterstützung
- Benutzermanagement
- Integration (Schnittstellen zu ERP-, SCM und CRM-Systemen)

Entsprechend dieser noch durch weitere Aspekte erweiterbaren Liste unterscheiden sich die am Markt angebotenen Software-Lösungen stark hinsichtlich des angebotenen Funktionsumfangs, ihrer Architektur und ihrer Skalierbarkeit [SeGS03; Murg02].

4.2 Elektronische Medien und Software-Marketing

Menschen mit einer neuen Idee gelten so lange als Spinner, bis sich die Sache durchgesetzt hat.

Mark Twain, amerik. Schriftsteller, 1835-1910.

Hinsichtlich elektronischer Medien lassen sich verschiedene Gruppen unterscheiden [Silb00]:

- PC (Desktop-Systeme)
- Sideboard-Systeme
- Portable Systeme
- Kiosksysteme

Mit Hilfe elektronischer Medien lassen sich verschiedenste Marketing-Instrumente schneller und kostengünstiger realisieren. Daher kann davon ausgegangen werden, das der Einsatz von elektronischen Medien zu einer Verschärfung des Wettbewerbs führt. Zu beachten ist allerdings, dass sich die einzelnen Medien

4.2 Elektronische Medien und Software-Marketing

unterschiedlich nutzen lassen und somit auch unterschiedliche Einflüsse ausüben.

PC — Insgesamt kann der PC als ein zentrales Instrument angesehen werden, denn er eignet sich zur Offline-Nutzung z. B. von CDs, DVDs oder Digitalcameras sowie bei vorhandenem Netzanschluss (Internet, Intranet, Extranet) auch zur Online-Nutzung. Zu den PC-basierten Nutzungsmöglichkeiten im Bereich vernetzter Multimediageräte zählen insbesondere Webcams, Bildtelefonie oder Desktop-Video-Konferenzen.

Sideboard-Systeme — Elektronische Geräte mit Multimediafunktionalität für den Gebrauch im Wohnzimmerbereich werden verschiedentlich als Sideboard-Systeme bezeichnet [Silb00]. Damit wird dem Umstand Rechnung getragen, dass derartige System z. B. in Form eines vernetzten Multimedia-PCs per Fernbedienung vom Sofa aus von mehreren Nutzern gesteuert werden können [Hein04].

Portable Systeme — Die Miniaturisierung der Rechner und Bildschirme hat dazu geführt, dass Multimedia heute in Laptops, Handhelds, Palmtops, Personal Digital Assistants (PDAs) oder auch in Mobiltelefonen zu finden ist. Portable Systeme, wie sie z. B. im Außendienst eingesetzt werden, lassen sich über einfach zu bedienende Schnittstellen zu Multimediasystemen mit Drucker, Telefon, Fax und sonstiger Peripherie ausbauen.

Kioskterminals — Stationäre, teilweise öffentlich zugängliche Terminals mit einfachen und robusten Bedienelementen (i.d.R. Touchscreens) sowie einer entsprechenden Gestaltung der Inhalte und Steuerelemente bezeichnet man als Kioskterminals. Üblich sind derartige Systeme z. B. im Handel (zur Produktauskunft), auf Messen und modernen Zügen (als Informationssystem) oder auch auf Flug- und Bahnhöfen (zur Verbindungs- und Flugauskunft sowie zum Ticketkauf).

Neue Medien im Software-Marketing — Neue Medien und neue Technologien können im Software-Marketing vielseitig verwendet werden (vgl. [KPFB04; MüKa00; MöSc01]). Wichtige Bereiche werden im Folgenden erläutert und betreffen prinzipiell:

- die Marktforschung
- die Produktentwicklung
- die Produktgestaltung
- die Produktpräsentation
- die Werbung

- die Vertriebsunterstützung
- die Produktlieferung
- die Kundenbetreuung und die Nachkaufdienstleistung (Post-Sales-Service)
- die Marketing-Dokumentation

Marktforschung   Verbesserungen der Hardware- und Software-Systeme wirken sich zunächst auf den Bereich der Marktforschung aus [Zou99]. Dabei ist ganz pragmatisch an automatische Auswertungen beim Data-Mining oder Web-Mining (vgl. Kap. 14.2) zu denken, denn Multimedia-Systeme bieten grundsätzlich eine Protokollierungsfunktion der Kundenkontakte [Silb95]. Die gesammelten Daten liefern Informationen über die abgerufenen Inhalte, die Betrachtungsdauer, die Abrufsequenzen und vieles andere mehr.

Neben dieser passiven Komponente der Marktforschung existiert aber auch noch eine aktive Komponente. Hierzu zählen z. B. Befragungen, Experimente oder interaktive Verfahren zur Informationsgewinnung. Durch den Einsatz multimedialer Systeme bei Befragungen lassen sich beispielsweise Filterfragen und Verzweigungen vorprogrammieren. Eine andere Einsatzmöglichkeit ergibt sich im Umfeld von Reaktionsmessungen, etwa bei Angeboten auf einer Internetpräsenz. Durch den Einsatz entsprechender Programme können Interaktionen mit dem Nutzer, z. B. ein Klick oder Tastendruck, gezielt gesteuert und entsprechend ausgewertet werden. Dadurch ergeben sich wertvolle Möglichkeiten der Erfolgsmessung, weil der Zusammenhang zwischen Ansprache, Informationsabruf und ggf. Kauf oder Bestellvorgang gezielt erfasst und analysiert werden kann.

Entsprechende Untersuchungen wurden beispielsweise für die Bannerwerbung durchgeführt [Theu00b]. Beachtet werden sollte aber, dass Wirkungen auch dann erzielt werden, wenn vom Nutzer keine direkte Reaktion ausgeht. Deshalb sollte die Klickrate nicht das einzige Auswertekriterium sein [BrHo97].

Produktentwicklung   Multimedial ausgelegte Informations- und Kommunikationssysteme erlauben eine plastische Visualisierung von Produktideen und Produktentwürfen. In der Regel profitiert die Produktentwicklung beim Austausch von Ideen und Beurteilungen zwischen Entwicklern, Produktmanagern und Nutzern. Je früher die Nutzer in produktnahe Konzepttests einbezogen werden, desto geringer gestaltet sich das Risiko eines Fehlschlags. Der Einsatz multimedialer Systeme hilft, neue Produkte und vor allem Produktinnovationen frühzeitig z. B. hinsichtlich Benutzerfreundlichkeit, Brauchbarkeit oder auch anderer Kriterien zu optimieren. Insofern kann man hierbei vom „virtuellen Prototyping" sprechen.

Prizipiell könnten derartige Ansätze auch im Bereich der Software-Entwicklung verfolgt werden, etwa um die Mensch-Maschine-Schnittstelle zu optimieren oder auch die Erwartungen der Benutzer gerade bei hochpreisigen Software-Produkten zu erfassen. Allerdings ist dies keine gängige Praxis.

Stattdessen liegen typische Einsatzgebiete eines derartigen Vorgehens vor allem im Bereich kostenintensiver materieller Produkte mit vergleichsweise langen Lebenszyklen wie die Automobil- oder Flugzeugbranche. Hier gehören Fahr- bzw. Flugsimulationen oder 3D-Systeme zur Innenraumgestaltung bereits seit langem zum F&E-Alltag. Aber auch bei kurzlebigen Produkten in Verdrängungsmärkten werden derartige Systeme inzwischen verstärkt eingesetzt, beispielsweise in der Textilindustrie. Hier werden mit Simulationen Informationen bezüglich Verarbeitung und Trageigenschaften von Textilien gewonnen [WKKS04].

Verbreiteter ist der Einsatz multimedialer Systeme bei der Dokumentation von Software. Mit geeigneten Capture/Replay-Werkzeugen lassen sich z. B. typische Nutzungssituationen aufzeichnen. Die Mitschnittskripte können anschließend nachbearbeitet und bereinigt werden. Ein erneuter Mitschnitt der bereinigten Session mit einer geeigneten Aufzeichnungs- und Wiedergabe-Software kann dann in multimedialen Dokumenten, Präsentationen, Online-Dokumentationen oder auf der Website integriert werden.

Produktgestaltung Der Einsatz neuer Medien im Bereich der Produktgestaltung von Software-Produkten vollzieht sich hauptsächlich – wie bereits erwähnt – bei der Dokumentation sowie bei der Benutzerschnittstelle. So können heute bereits verschiedene Medien in Online-Handbüchern oder in Online-Hilfe-Systemen von Software-Produkten integriert werden.

Erwähnenswert ist aber auch eine Kombination „klassischer" Software-Produkte mit Edutainment-Komponenten. Edutainment ist eine Verschmelzung der englischen Begriffe *education* (Ausbildung) und *entertainment* (Unterhaltung) [EnDi04]. Es umfasst damit Software, die sowohl lehrreich wie auch unterhaltend sein will (und soll). Heutige Dokumentationen und Schulungsunterlagen zu Produkten sind in der Regel trocken und begeistern wenig. Daher werden wichtige Inhalte und wesentliche Leistungsmerkmale von Produkten häufig nicht wahrgenommen. Edutainment kann hier helfen, denn der Mensch lernt spielerisch. Abgesehen davon sind frühere Computerspieler oft die Nutzer heutiger Software-Produkte. Ihre Gewohnheiten und Ansprüche setzen Trends für einen Wandel in der Wissensvermittlung [Pren01].

Produktpräsentation

Eine zentrale Aufgabe neuer Medien im Marketing besteht sicherlich darin, Produkte und ihre Leistungsmerkmale zu präsentieren. Multimediapräsentationen sind vor allem für den Einsatz im Internet geeignet [GaSc98]. Die Vorteile multimedialer Produktpräsentationen ergeben sich dabei durch:

- Selektion – der Nutzer kann aus verschiedenen Angeboten selbst das für ihn geeignete auswählen;
- Interaktion – der Nutzer kann Art, Umfang, Informationstiefe und Dauer selbst festlegen sowie Abruf und Speicherort bestimmen;
- Infotainment – der Anbieter kann seine Leistungen auf verschiedene Arten präsentieren sowie anschaulich, verständlich und unterhaltend gestalten;
- Transparenz – der Anbieter kann individuelle Konfigurations- und Kalkulationshilfen anbieten und fördert dadurch die Preis- und Leistungstransparenz;
- Personalisierung – der Anbieter kann individuelle Kundenwünsche erfassen und damit maßgeschneiderte Lösungen und individuelle Angebote erstellen;
- Informationsgewinn – jede Registrierung bzw. jeder Aufruf der Präsentation bietet Gelegenheit, Informationen hinsichtlich Nutzungsverhalten zu sammeln, auszuwerten und damit das Angebot weiter zu optimieren.

Werbung

Werbung mit dem Einsatz neuer Medien weist gegenüber der klassischen Werbung hauptsächlich Vorteile hinsichtlich der Gestaltungsvielfalt auf. Die multimediabasierte Werbung kommt dabei vor allem in Werbemitteln zum Ausdruck, die sich im Internet finden. Zwar hat sich sie Werbung von Anfang an neuer Medien bedient, erstaunlich ist allerdings, dass die Werbewirkung von Internet-Präsenzen ein vergleichsweise geringes Maß an Aufmerksamkeit erfährt [BaMF03].

Stattdessen konzentriert man sich bisher eher auf die Promotion von Web-Sites sowie auf die Optimierung der eingesetzten Werbemittel. Beim Einsatz des Internet spielen vor allem folgende Werbeformen eine Rolle:

4.2 Elektronische Medien und Software-Marketing

- die Platzierung von Bannern, Buttons und Sponsorenhinweisen
- die Gestaltung der Web-Site als Informationspaket für Kunden, Lieferanten, Mitarbeiter, Aktionäre usw.
- elektronische Mailings, sofern keine rechtlichen und sonstigen Gründe dagegen sprechen.

Vertriebsunterstützung — Über das Internet lässt sich nicht nur kommunizieren, sondern auch verkaufen. Das Internet kann dabei einziger oder zusätzlicher Vertriebskanal sein. Zentrale Funktionen sind Vertragsanbahnung und Vertragsabschluss.

Produktlieferung — Bei allen digitalisierten Produkten kommt auch die Auslieferung via Internet in Frage. Dies gilt beispielsweise für Software-Produkte, elektronische Publikationen oder Informationsdienste. Empirische Untersuchungen zeigen, dass Online-Angebote vor allem aufgrund der bequemen Bestellmöglichkeiten und kurzen Lieferfristen für die Kunden interessant sind [GuSW04].

Viele Software-Unternehmen zögern allerdings, wenn es darum geht, ihre Produkte online weiterzugeben. Dies hängt u. a. mit der latenten Angst vor unkontrollierter Weitergabe oder Missbrauch zusammen. Durch den Einsatz geeigneter Schutzmechanismen zur Download-Kontrolle und Software-Aktivierung (z. B. durch Passwortschutz und/oder Verschlüsselung) lässt sich dieses Risiko aber gering halten.

Relevanter scheint der Zusammenhang des Kundeneindrucks von Verpackung und Produktaufmachung zur subjektiv empfundenen Produktqualität und der damit verbundenen subjektiven Einschätzung des Produktwertes zu sein. Vor allem bei hochpreisigen Software-Produkten kann sich beim Kunden der Eindruck der Übertreuerung festsetzen, wenn dem nicht marketingtechnisch entgegengewirkt wird.

Post-Sales-Service — Nach erfolgtem Verkauf ist eine weiterhin gute Kundenbetreuung eine wesentliche Voraussetzung für eine erfolgreiche Kundenbindung. Hier bieten neue Medien wertvolle Unterstützungsmöglichkeiten. Im Bereich von Software-Produkten kann dies z. B. ermöglicht werden durch:

- das Download-Angebot von Patches und Produktergänzungen
- das Angebot von Online-Schulungen für Kunden
- einen Zugang zu Kundenforen und Fehlerdatenbanken

- Informationsangebote zu speziellen Nutzungs- und Einsatzmöglichkeiten
- den Online-Zugang zu Handbüchern und technischer Dokumentation.

Marketing-Dokumentation

Elektronische Medien erleichtern auch die Marketing-Dokumentation. Eine entsprechende Archivierung und Aufbereitung der Dokumente und Informationen kann als Materialsammlung, Lehrmaterial oder Informationsmaterial für künftige Marketing-Entscheidungen dienen. Die Wiederverwendung einmal erstellter Dokumente wird unterstützt und steigert damit die Effizenz von Marketing-Prozessen. Des Weiteren bieten derartige Archive verlustfreie Kopiermöglichkeiten, geregelte Zugriffsmechanismen sowie die Mechanismen, den Zugriff ohne großen Aufwand zu protokollieren [Rehm97].

II Rahmenbedingungen und Funktionen im Software-Marketing

Klare Strategievorgaben

Unter den derzeit herrschenden, dynamischen Rahmenbedingungen des Marktes müssen sich viele Unternehmen neu positionieren. Es gilt zu entscheiden, wie die Unternehmen möglichst effizient mit den eigenen Fähigkeiten neue Möglichkeiten der Wertschöpfung generieren können. Das Management benötigt eine klare Strategie, damit sich das Unternehmen behaupten und weiterentwickeln kann. Seitens des Software-Marketing ist diese Strategie mit einem entsprechenden Instrumentarium optimal zu unterstützen und zu begleiten.

Struktur und Inhalt von Teil II

In diesem Kontext gibt zunächst Kapitel 5 einen kurzen Überblick über den Wandel der wirtschaftlichen Rahmenbedingungen und deren Auswirkungen innerhalb und außerhalb der Unternehmen. Die Besonderheiten und Strukturmerkmale des Software-Marktes werden in Kapitel 6 im Hinblick auf die Wertschöpfung und die Aufgaben des Software-Marketing anhand von Ergebnissen aus Marktuntersuchungen und Marktbeobachtungen diskutiert. Grundlagen zur strategischen Analyse und Planung sind Gegenstand von Kapitel 7. Dabei werden grundlegende Verfahren und Konzepte vorgestellt, auf welchen auch viele Methoden des Controlling basieren. Kapitel 8 befasst sich dem Marketing-Mix und den Möglichkeiten zur Gestaltung einzelner Instrumente des Software-Marketing und deren Ausprägungen. Es wird erläutert, wie sich die Besonderheiten immaterieller und erklärungsbedürftiger Produkte auf die klassischen Bestandteile des Marketing-Mix auswirken und welche Möglichkeiten der Gestaltung existieren. Die Auswahl und Gestaltung von Organisations- und Managementstrukturen aber auch die Koordination betrieblicher Funktionsbereiche ist letztlich eine wirtschaftliche Entscheidung. Wie in Kapitel 9 angegeben, sollten verschiedene Aspekte beachtet werden. Software-Marketing besteht aus einer Vielzahl von Maßnahmen und Aktivitäten, die koordiniert, gesteuert und auf ihre Wirksamkeit hin geprüft werden müssen. Hierfür stellt das Marketing-Controlling Konzepte und Instrumente zur Verfügung, die in Kapitel 10 erläutert werden.

Literatur-empfehlungen

Abgesehen von den an E-Commerce, Internet und Multimedia ausgerichteten Werken wie etwa Frosch-Wilke & Raith [FrWi02] oder Fritz [Frit04] findet sich vergleichsweise wenig Literatur, die detailliert auf die Problembereiche der Software-Branche eingeht. Die allgemeine Basisliteratur ist dafür umso vielfältiger. Als Klassiker gelten beispielsweise Kotler [Kotl03], Meffert [Meff98] oder Nieschlag, Dichtl & Hörschgen [NiDH02]. Darstellungen über Wirtschaftsaspekte des Software-Marktes finden sich z. B. bei Kotler [Kotl02] oder Schneider [Schn03a]. Die Wertschöpfung wird u. a. von Albach [Alba02] dargestellt. Die Instrumente des Marketing-Mix werden z. B. in den Werken von Ahlert [Ahle96], Brockhoff [Broc99], Bruhn [Bruh03] oder Diller [Dill03], umfassend dargestellt.

Die speziellen Anforderungen an Organisation und Management in der IT-Branche werden in Werken von Lang [Lang04a] oder Teufel, Götte & Steinert [TeGS04] dargestellt. Zum Thema Controlling sind die Standardwerke von Horváth [Horv03] und Ziegenbein [Zieg04] empfehlenswert. Die Ermittlung von Kennzahlen in der IT und deren Einsatz für Controlling und Management wird in Kütz [Kütz03] diskutiert. Mit Marketing-Controlling befassen sich Ehrmann [Ehrm04] oder auch Hildmann & Vossenbein [HiVo02].

Literatur: Spezialthemen

Ein in jüngerer Zeit immer wichtiger werdendes Spezialthema betrifft die kulturorientierte Ausrichtung der Kommunikationspolitik im Rahmen der Corporate Identity. Hierzu seien die Bücher von Birkigit, Stadler & Funk [BiSF02] sowie von Kroehl [Kroe00] als Einstieg empfohlen. Die Verkaufsförderung und der reine Vertrieb sind heikle Themen, die in der Literatur teils kontrovers diskutiert werden. Für einen Einblick in die Verkaufsförderung und ihre Einbettung in den Marketing-Mix lohnt sich Fuchs & Unger [FuUn03]. Grundlagen zum Vertriebsmanagement sind bei Renker [Renk04] zu finden. Gute Darstellungen zum Thema Public Relations bieten Baines, Egan & Jefkins [BaEJ04], Herbst [Herb03], Hans & Hüser [HaHü01] oder Kuncik [Kunc02]. Empfehlenswert zum Thema Event-Marketing sind die Darstellungen von Erber [Erbe00], Haase [Haas04] oder Hoyle [Hoyl02]. Sponsoring wird bei Bruhn [Bruh98] oder Bortoluzzi-Dubach & Frey [BoFr02] übersichtlich behandelt. Daneben gibt es noch eine Reihe weiterer sehr spezieller Themen, etwa das Viral- [Frey02] oder Guerilla-Marketing [LeGo00], auf die im Rahmen des vorliegenden Buches nicht näher eingegangen werden kann.

5 Rahmenbedingungen des Software-Marketing

Moderne Kommunikationsmittel sind zu einem entscheidenden Gestaltungsfaktor im Verhältnis zwischen Unternehmen und Kunden geworden. Kunden und andere Marktteilnehmer können die operative Effizienz des Unternehmens positiv beeinflussen sowie die Wertschöpfungsprozesse unterstützen, da aufgrund eines mehr oder weniger gesättigten Marktes die Anforderungen des einzelnen Kunden zunehmend an Bedeutung gewinnen. Unternehmen können heute ihre Produktentwicklung zum einen durch die Erweiterung der Kundenziele und Kundenkontexte steuern. Zum anderen können auf Kundenwunsch individuell angepasste Lösungen angeboten werden. Damit kommt dem Software-Marketing die Aufgabe zu, Leistungen zu entwickeln, die den Anforderungen der einzelnen Kunden entsprechen.

5.1 Veränderung der Rahmenbedingungen

Die Schwierigkeit liegt darin, dass wir als Menschen nicht nur Probleme lösen, sondern auch Probleme schaffen.

Edward Teller, ungar.-amerik. Physiker, 1908-2003.

Traditionelle Industrieorganisation

Auch in der IT-Branche ist das Handeln vieler Unternehmen durch Ansätze und Leitbilder der traditionellen industriellen Organisation geprägt. Dabei steht eine funktionierende Arbeitsteilung in der Aufbauorganisation und eine systematisch entwickelte Ablauforganisation der Arbeitsprozesse im Vordergrund. Dieser Ansatz verfolgt das Ziel, durch eine weitestgehende Modularisierung der Arbeit die Koordination der betrieblichen Leistungserstellung für eine bestehende Organisation und Infrastruktur zu optimieren [PiRW03].

Prinzip Leistungserstellung

Diese klassische industrielle Organisation der Wertschöpfungsaktivitäten bezieht sich auf Prinzipien der Leistungserstellung, die auf die Marktbedingungen der ersten acht Jahrzehnte des 20. Jahrhunderts abgestimmt war [RePi03]. Hier herrschten fast paradiesische Zustände: eine weitgehend ungesättigte Nachfrage, lange Produktlebenszyklen, eine begrenzte Zahl von bekannten Wettbewerbern und ein weitgehend anonymer Abnehmerkreis. Der einzelne Kunde existierte bestenfalls als statistische Größe. Zusätzlich wurde das Konzept einer „fabrikmäßigen" Massenfertigung verfolgt, das die Erstellung kundenspezifischer Wirtschaftsgüter nur in Verbindung mit hohen Kosten erlaubte. Analog wurden im Bereich der IT anstelle eines fabrikmäßigen Ansatzes meist Konzepte verfolgt, die auf die Optimierung bestimmter, als wichtig eingestufter Phasen der Software-Erstellung zielten. Auch bezüglich der Einschätzung des Marktes, der Kunden, Wettbewerber und eigenen Fähigkeiten galten in der IT-Branche ähnliche Vorstellungen wie bei der Produktion von Massengütern.

Neue Ansätze

Die Potenziale moderner Technologien eröffneten dann eine Möglichkeit, wesentliche Vorteile von Massenproduktion und Individualanfertigung zu verbinden ohne dabei auf wesentliche Wertschöpfungspotenziale zu verzichten [Alba02]. In der Literatur werden hierzu verschiedene Ansätze beschrieben, die auf mehr oder weniger identischen Annahmen und Bestandteilen beruhen:

- Co-Produktion [GrBr02]
- Dynamische Produktdifferenzierung [Kalu89]
- Modern Manufacturing [MiRo90]
- Agile Manufacturing [Kidd94]
- Mass Customization [Pill03]

Kunden einbeziehen

Wesentliche Gemeinsamkeit dieser Ansätze sind z. B. die innere Marktorientierung, die Aufgabenintegration auf Ebene der Mitarbeiter sowie das neue Rollenverständnis bezüglich der Abnehmer. Der Kunde wird als Instrument zur aktiven Gestaltung der Wertschöpfungsaktivitäten angesehen und nicht mehr nur als passiver Empfänger von erstellten Leistungen.

Leistungspotenziale entwickeln

Die Unternehmen werden von einer „push"-orientierten Vorgehensweise in eine mehr „pull"-gerichtete Handlungsweise überführt. Ansatzpunkt ist zunächst die Entwicklung, Bereitstellung und der Vertrieb von sog. Leistungspotenzialen anstelle von Wirtschaftsgütern und Leistungen. In einem zweiten Schritt können diese Leistungspotenziale in kundenspezifische Lösungen überführt werden (Abbildung 5.1). Dies findet unter Einbeziehung des Kunden, unter Berücksichtigung der Kundenwünsche und auf Basis der vorhandenen Leistungspotenziale statt.

5.1 Veränderung der Rahmenbedingungen

Kommunikation mit Kunden

Diesem Ansatz liegt als die berechtigte These zugrunde, dass sich individuelle Lösungen nur dann wirtschaftlich erstellen lassen, wenn bereits vor der eigentlichen Leistungserstellung zwischen Leistungsersteller und Kunde eine direkte und intensive Kommunikation über die gewünschten bzw. geforderten Produktmerkmale stattfindet [Hild97]. Dies gilt auch für die Entwicklung von Leistungspotenzialen, d. h. die Produktentwicklung [vHip01]. Die gemachten Überlegungen können auf die Erstellung von Dienstleistungen übertragen werden. Auch hier spielen externe Einflussfaktoren eine wichtige Rolle [Cors00; MeBP00]. Allerdings sind diese Konzepte und Ideen im Bereich der Software-Erstellung vergleichsweise wenig verbreitet oder werden oft viel zu spät als wichtig erkannt.

Integration erfordert Kommunikation

Ein möglicher Grund hierfür kann darin liegen, dass die Integration von Kunden über Instrumente der Kommunikation stattfinden muss. Dadurch steigen die Kosten für Information und Kommunikation im Vergleich zu einer rein absatzorientierten Strategie entsprechend stark an. Typische Kostentreiber sind:

- Abgleich und Übermittlung individueller Spezifikationen;

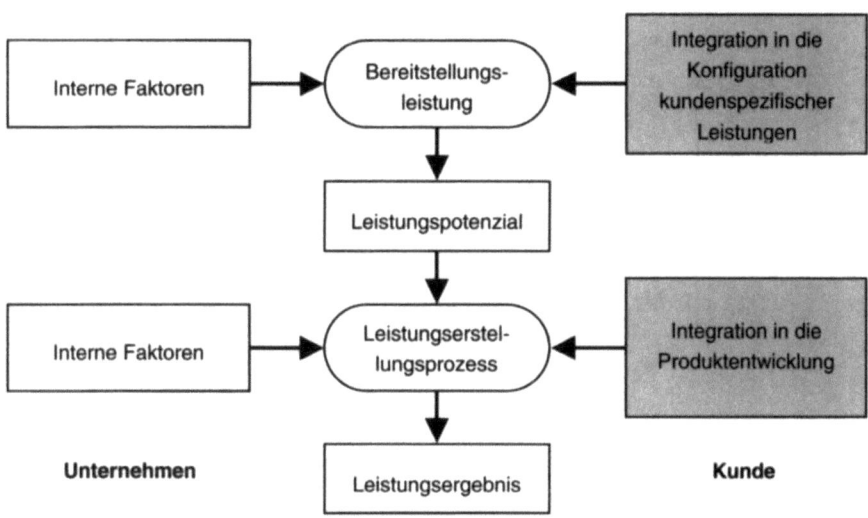

Abb. 5.1: Integration des Kunden in den Leistungserstellungsprozess (nach [RePi03])

- die steigende Komplexität der Produktionsplanung und die Steuerung;
- ein erhöhter Kontrollaufwand.

Schwachpunkt Infrastruktur

Allerdings ist die zentrale Bedeutung der effektiven Lenkung von Informationsflüssen auch einer der Gründe, warum erst in den letzten Jahren eine Modifikation der Wertschöpfungsketten festzustellen ist [HaSi99]. Die entsprechenden informationstechnologischen Infrastrukturen sowie eine leistungsfähige Software-Unterstützung stehen noch nicht sehr lange in der Breite zur Verfügung. So wurde das World Wide Web 1992 am Kernforschungszentrum CERN in Genf erfunden. Der erste Internet-Browser MOSIAC entstand 1993. Erst im Jahre 1995, durch den Rückzug der NSF (National Science Foundation) als Betreiber des Netz-Backbones, wurden private Investoren im Internet zugelassen. Etwa zur selben Zeit begann ein exponentielles Wachstum, was die Zahl der angeschlossenen Host-Rechner betrifft (Abbildung 5.2).

Von einer ausreichenden Verbreitung bzw. Akzeptanz kann man seit etwa 2001 sprechen. So gab es 2001 rund 500 Mio. Internet-

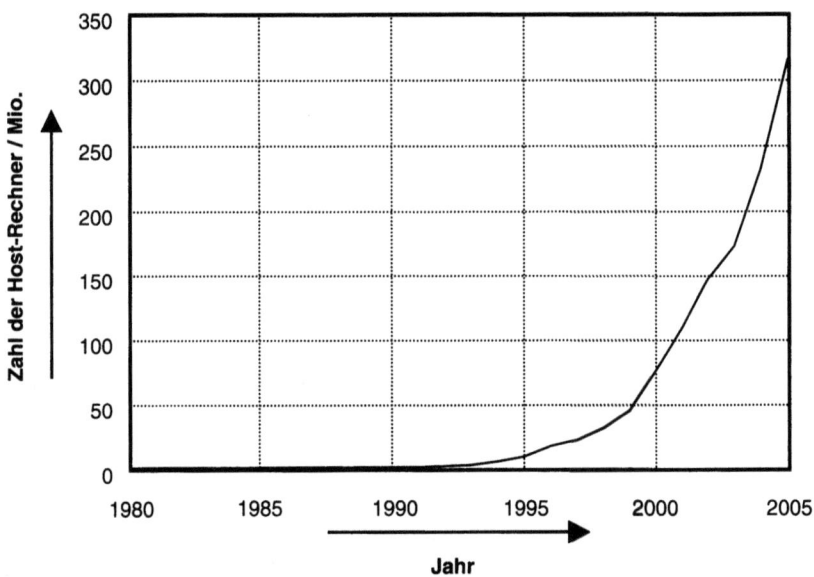

Abb. 5.2: Zuwachs der an das Internet angeschlossenen Host-Rechner nach ISC-Daten [ISC05]

Nutzer im Vergleich zu ca. 6 Mio. im Jahr 1993. Aufgrund des rasanten Anstiegs ist anzunehmen, dass bis zum Jahr 2006 die Milliardengrenze überschritten sein wird [BITK04]. Mit der Verbreitung des Internet stehen auch die damit verbundenen Dienste wie elektronische Post (E-Mail), File Transfer (ftp), remote Login (Telnet), Browsing und Searching oder Peer-to-Peer-Dienste (z. B. Instant Messaging oder File Sharing) in einer für die professionelle Nutzung notwendigen Breite zur Verfügung.

5.2 Relevante Unternehmensbedingungen

Die Klage über die Stärke des Wettbewerbs ist in Wirklichkeit meist nur eine Klage über den Mangel an Einfällen.

Walter Rathenau, dt. Staatsmann, 1867-1922.

Real Time Economy

Durch die gestiegene Verfügbarkeit von Informationen und ihre schnelle, weltweite Verbreitung können sich die Unternehmen ein zeitnahes, objektives Bild von Nachfrage und Marktsituation machen. Damit wird es prinzipiell möglich, ein Unternehmen in unmittelbarer Reaktion auf individuelle Kundenwünsche, die Aktionen der Wettbewerber sowie anderer Gegebenheiten des Marktes auszurichten und zu führen. Dieser Ansatz wird mit dem Schlagwort „*real time economy*" beschrieben [oV02].

Traditionelle Management-Konzepte

Viele Unternehmen müssen allerdings zum Teil noch erhebliche Investitionen in ihre Infrastruktur und organisatorischen Fähigkeiten vornehmen, damit Echtzeitprozesse effektiv eingesetzt werden können. Dies liegt vor allem daran, dass verbreitete Organisations- und Management-Konzepte meist den Schwerpunkt auf eine bezüglich unternehmensinterner Gegebenheiten optimal gestaltete, prozessorientierte Leistungserstellung legen.

Hierzu zählen ISO-9000-basierte Ansätze, das Capability Maturity Model für Software [PCCW93; PWCC95], Bootstrap [Kuva94], GQM [RoBa87] und der als SPICE-Modell bekannte Standard ISO 15504 [Thal98] aber auch Redesign-Konzepte wie Business Process Reengineering [HaCh93] sowie Managementkonzepte wie EFQM [SHSK01] und TQM [Malo96, Mich01] oder Lean Thinking [WoJo96]. Einen Überblick vermittelt Abbildung 5.3.

Aus dieser Aufstellung ist ersichtlich, dass die meisten der etablierten Konzepte und Ansätze nicht wertschöpfungsorientiert sind. Sie betreffen und unterstützen zwar wichtige Bereiche der

Konzept	Jahr	Ziele / Inhalte
TQM (Total Quality Management)	Ende der 70-er	Qualitätsorientierte, auf der Mitwirkung aller Mitarbeiter basierende Führungsmethode, die durch Kundenzufriedenheit auf langfristigen Geschäftserfolg und Nutzen für Mitarbeiter und Gesellschaft abzielt.
GQM (Goal Question Metric)	1984	Dynamisches Vorgehensmodell zur Erstellung eines entwicklungsspezifischen Qualitätsmodells für Software-Prozesse, wobei in sechs Schritten Auswertungsziele, abgeleitete Fragestellungen und Messgrößen festgelegt werden.
CMM (Capability Maturity Model)	1991	Bewertung der Qualität des Software-Entwicklungsprozesses mittels aufeinander aufbauender Qualitätsstufen und zugehöriger Reifegrade.
SPICE (Software Process Improvement and Capability Determination)	1993	Umfassender, ordnender Rahmen zur Bewertung und Verbesserung von Software-Prozessen unter Einbeziehung vorhandener Ansätze wie ISO 9000 und CMM.
Business (Process) Reengineering	1993	Ansatz für fundamentales Überdenken und radikales Redesign von Prozessen mit dem Ziel, in messbaren Leistungsgrößen bei Kosten, Qualität, Service und Zeit Verbesserungen um Größenordnungen zu erreichen.
Bootstrap	1994	Weiterentwicklung des CMM unter Berücksichtigung der ISO 9000, wobei nur externe Audits zugelassen sind und viertelstufige Reifegrade ermittelt werden.
Lean Thinking	1996	Umfassender Managementansatz für fundamentales Umdenken innerhalb von Unternehmen und Neuausrichtung von Produktprozessen über die Unternehmensgrenzen hinaus, der auf den fünf schlanken Prinzipien Wert, Wertschöpfungsstrom, Flow, Pull und Perfektion basiert.
ISO 9000	1987 / 2000	Modelle zur Qualitätssicherung in Design, Entwicklung, Lieferung, Wartung und Kundendienst.

Abb. 5.3: Zusammenstellung einiger Modelle und Managementansätze zur Verbesserung und Optimierung produktbezogener Prozesse und deren Prozessqualität

5.2 Relevante Unternehmensbedingungen

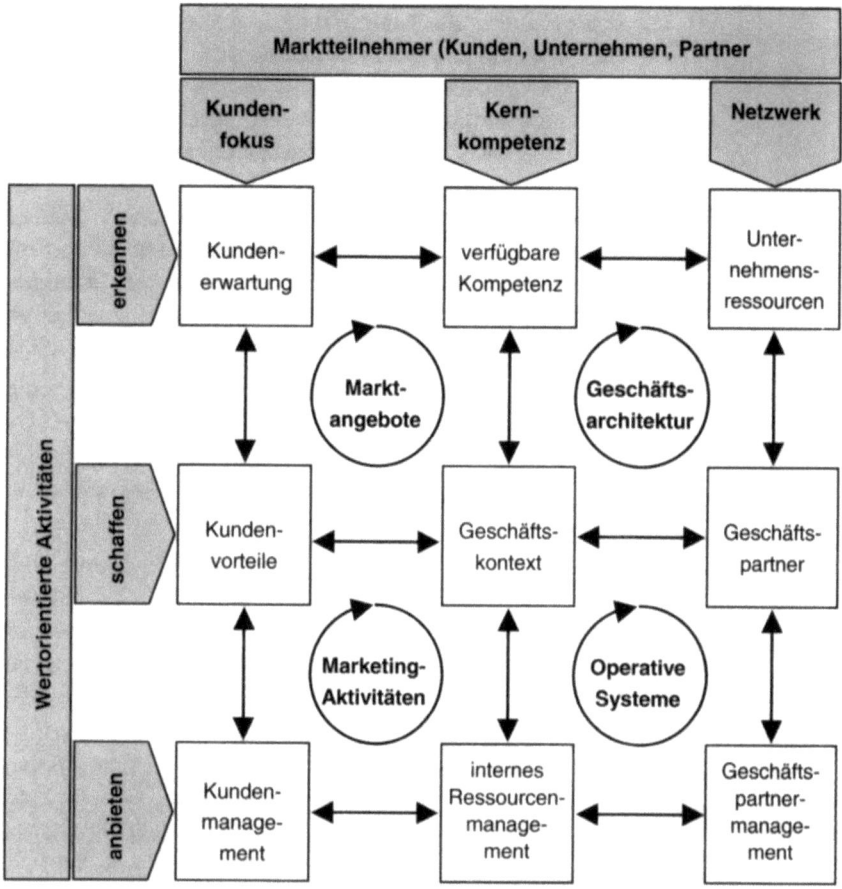

Abb. 5.4: Prinzipieller Aufbau eines ganzheitlichen Marketing-Modells in Anlehnung an Kotler [Kotl02]

Wertschöpfungskette, greifen aber zu spät bzw. berücksichtigen die Konstellation Kunden, eigenes Unternehmen, Wettbewerb nur unzureichend. Des Weiteren benötigen Unternehmen, die in verschiedenen, dynamischen Märkten tätig sind, zusätzlich Partner im Rahmen eines kollaborativen Netzwerks [MeFa95].

Anforderungen an ein Marketing-Modell

Insofern gilt es, die Kundenvorteile aus Sicht und Verständnis des Kunden zu identifizieren, die eigenen Kernkompetenzen im Geschäftskontext zu nutzen sowie mit Partnern ein Netzwerk aufzubauen. Ziel sollte ein ganzheitlicher Managementansatz sein, der es ermöglicht, die Wertschöpfungskette erst dann anzustoßen, wenn ein Kundenauftrag vorliegt. Die Anforderungen an diesen Managementansatz lassen sich aus den Markterfordernissen ableiten. Der Ansatz muss es erlauben, die bestehende Organisationsstruktur bewerten und kurzfristig anpassen zu können, falls dies durch die Marktsituation erforderlich wird. Des Weiteren müssen Abhängigkeiten innerhalb des Unternehmens berücksichtigt und gesteuert werden können. Schließlich sollte das Konzept die Marktteilnehmer sowie die wertorientierten Unternehmensaktivitäten als Impulsgeber berücksichtigen. Ein mögliches Modell, das diesen Anforderungen genügt, ist in Abbildung 5.4 illustriert und geht auf Kotler zurück [Kotl02].

Kundenmanagement

In diesem Modell hilft ein effektives Kundenmanagement herauszufinden, wer die (potenziellen) Kunden sind, was sie wollen, was sie brauchen und wie sie sich verhalten. Diese Informationen werden intern verwendet, um möglichst schnell in angemessener Form auf Marktchancen reagieren zu können.

Ressourcenmanagement

Diese vom Kundenmanagement gesteuerte Flexibilität setzt motivierte Mitarbeiter sowie ein effektives internes Ressourcenmanagement voraus, welches wichtige Geschäftsprozesse und Kompetenzräume wie Auftragsbearbeitung, Buchhaltung, Leistungserstellung, Lohn- und Gehaltsabrechnung usw. integriert.

Netzwerkmanagement

Selbst das beste Unternehmen kann nicht alles sofort leisten, was die Märkte erfordern – vor allem, wenn es sich um verschiedene, global zugängliche Märkte handelt. Das Geschäftspartnermanagement dient deshalb dazu, unter Berücksichtigung von Kundenfokus und eigenen Kernkompetenzen ein kollaboratives Netzwerk zu Unternehmen und Ansprechpartnern aufzubauen und zu unterhalten.

6 Software-Markt und Marktteilnehmer

Fundierte Marketing-Entscheidungen setzen eine genaue Kenntnis des Marktes und des Verhaltens der Marktteilnehmer voraus. Im Folgenden wird daher ein Abriss über die Entwicklung und relevante Strukturmerkmale des Software-Marktes gegeben. In der Software-Branche spielen Netzeffekte eine wichtige Rolle bei Kaufentscheidungen. Ein Verständnis der Kommunikations- und Diffusionsprozesse hilft bei der Ableitung konkreter Marketing-Strategien. Es gilt, einen hohen Identitätsgrad zwischen der angebotenen Marktleistung und den Bedürfnissen der Zielgruppen zu erreichen. Die gewonnenen Informationen bilden deshalb die Grundlage für ein integriertes Konzept der Markterfassung und Marktbearbeitung im Rahmen der Marktsegmentierung.

6.1 Entwicklung und Strukturmerkmale des Software-Marktes

*Immer wenn man die Meinung der Mehrheit teilt,
ist es Zeit, sich zu besinnen.*

Mark Twain, amerik. Schriftsteller, 1935-1910.

Entwicklung des Software-Marktes

Der Software-Markt entwickelte sich in drei Phasen. In der ersten Phase wurde die Software zusammen mit der Hardware ausgeliefert (Bundeling) und diente vor allem dazu, die Hardware zu betreiben. Die Anwendungs-Software wurde zunächst individuell von den Unternehmen in einer der gängigen Programmiersprachen wie z. B. Assembler, COBOL, PL/I oder FORTRAN entwickelt. Mit steigendem Bedarf an eigenentwickelter Software nahm schließlich auch die Nachfrage nach fremdentwickelter Anwendungs-Software zu. Um diese Nachfrage unter Kostengesichtspunkten in den Griff zu bekommen, wurde seitens der Hardwarehersteller damit begonnen, Software zu einer eigenständigen Leistung zu erklären und zu vermarkten (Unbundeling) [Baue91; John98].

Individuallösungen

Die zweite Phase war geprägt von einem steigenden Bedarf an Anwendungs-Software. Da praktisch alle Unternehmensbereiche und die zugehörenden Geschäftsprozesse durch die elektronische Datenverarbeitung unterstützt wurden, entstand in qualitativer, quantitativer und zeitlicher Hinsicht ein entsprechend großer Bedarf [Baue91], der mit den zur Verfügung stehenden Ressourcen der eigenen DV-Abteilungen nicht mehr gedeckt werden konnte. Von den Hardware-Herstellern unabhängige Software-Anbieter begannen dann damit, im Kundenauftrag individuelle Anwendungs-Software zu entwickeln. Mit der wachsenden Verbreitung von Software in den Unternehmen begannen zunehmend Laien Software zu nutzen, sodass die Anbieter ihr Leistungsportfolio um die Bereiche Schulung und Wartung erweitern konnten. Da der Bedarf nach speziellen Anwendungslösungen und Funktionserweiterungen stieg, gingen die Anbieter dazu über, Organisations- und DV-Beratung als Projektgeschäft mit anzubieten.

Kostenreduktion

Nach weiterem Wachstum, aber auch zunehmendem Wettbewerb, wurde in der dritten Phase erkannt, dass einfache Organisations- und Restrukturierungsmaßnahmen, die darauf abzielen mit flachen Hierarchien und kleinen prozessorientierten Einheiten ein schlankes Unternehmen zu schaffen, nicht ausreichen, um dem Wettbewerbsdruck erfolgreich zu begegnen [Grie94]. Der Fokus lag zu sehr auf Maßnahmen zur Kostenreduktion und zu wenig auf einer Anpassung des bestehenden Leistungsangebots. Schließlich wurde die Informationstechnik als Wettbewerbsinstrument entdeckt und als wichtiger Erfolgsfaktor für das gesamte Unternehmen betrachtet. Weitere Informationen über die Geschichte und Entwicklung der Software-Industrie finden sich z. B. in [Ceru00; HRPL00].

Wettbewerbsfaktor Kommunikationsinfrastruktur

Die rasante technische Entwicklung führte zu einer ständigen Senkung der Infrastruktur- und Transaktionskosten wettbewerbsorientierter Organisationsstrukturen [KrRR97; MeFa95]. Insbesondere die weltweite Nutzung des Internet stellt für die Unternehmen eine neuartige Kommunikationsinfrastruktur dar, mit deren Hilfe Informationen wesentlich wirtschaftlicher und zeitnäher ausgetauscht [Bako98] sowie Kunden kostengünstiger erreicht werden können, als dies zuvor der Fall war [WiSt99]. Diese Entwicklung ermöglicht global agierenden Unternehmen die einfache Integration dieser Instrumente sowie eine synergetische Optimierung ihres Wertschöpfungsprozesses [WüPh98].

Weltweiter IT-Markt

Der Markt für Informations- und Kommunikationstechnologie (IuK) stellt einen kritischen Erfolgsfaktor der gesamten Weltwirtschaft dar. Noch vor einigen Jahren (1997) lag sein Wachstum

6.1 Entwicklung und Strukturmerkmale des Software-Marktes

mit 27 % über dem der gesamten Weltwirtschaft [WeWK00]. Derzeit ist das Wachstum mit unter 5 % zwar relativ gering, trotzdem besitzt der weltweite Informationstechnologie-Markt laut Angaben des European Information Technology Observatory (EITO) ein Umsatzvolumen von derzeit etwa 2167 Mrd. Euro [EITO04]. Im Vergleich dazu wurden laut Branchenverband BITKOM und EITO im Jahr 2003 weltweit 2071 Mrd. Euro umgesetzt [BITK04].

Deutscher IuK-Markt

Der deutsche IuK-Markt wächst mit durchschnittlich 2,8 % zwar deutlich langsamer als der von Europa, Japan und dem Rest der Welt, liegt aber immerhin noch etwas vor dem US-amerikanischen Markt mit seiner durchschnittlichen Wachstumsrate von ca. 1,7 %. Interessant ist, dass Deutschland nach den USA und Japan die weltweit drittgrößte Internet-Gemeinde stellt. Mit seinen rund 50 Mio. Nutzern erreichte der über das Internet abgewickelte Online-Handel in Deutschland 2003 ein Volumen von 138 Mrd. Euro [BITK04; oV04e]. Bis zum Jahr 2006 sollen schätzungsweise jährlich weitere 3 Mio. Nutzer hinzu-

Tätigkeit	2002	2003
Versenden / Empfangen von E-Mails	81	73
zielgerichtet bestimmte Angebote suchen	55	52
zielloses Surfen im Internet	54	51
Homebanking	32	32
Download von Dateien	35	29
Gesprächsforen, Newsgroups, Chats	23	18
Audiodateien anhören	0	17
Online-Auktionen, Versteigerungen	13	16
Computerspiele	15	11
Videos ansehen	0	10
Online-Shopping	6	8
live Internet-Radio hören	0	7
Buch- / CD-Bestellungen	7	6
Gewinnspiele	0	4
Kartenservice	0	3
live im Internet fernsehen	0	2

Abb. 6.1: Was Online-Nutzer mindestens einmal in der Woche tun (in Prozent) [oV04a]

Nutzung des Internets durch Unternehmen 2003	%
Informationsbeschaffung	95
Finanzdienstleistungen	64
Marktbeobachtung	43
Kundendienstleistungen	39
Bezug digitaler Produkte	37
Kommunikation mit der öffentlichen Verwaltung	32
Ausbildungszwecke	12

Abb. 6.2: Nutzungsarten des Internets durch deutsche Unternehmen [DeSt04c]

kommen. Bei der Verbreitung liegt Deutschland im Mittelfeld hinter den Skandinavischen Ländern, USA, Großbritannien und Japan. Wie in Abbildung 6.1 dargestellt, wird das Internet in Deutschland hauptsächlich zum Mailen, zum zielgerichteten und ziellosen Surfen oder für das Homebanking verwendet [oV04a].

PC-Installationen In Deutschland sind inzwischen über 30 Mio. PCs installiert. Damit verfügten Anfang 2004 etwa 64 % der Privathaushalte über einen PC [DeSt04a]. Dennoch liegt Deutschland damit ebenfalls lediglich im Mittelfeld. Spitzenreiter ist die USA mit ca. 86 %. Hier sind etwa ein Drittel der weltweit verfügbaren PCs installiert.

E-Commerce Mit einem Marktanteil von etwa 30 % gehört Deutschland zu den Vorreitern beim E-Commerce. Insbesondere beim B2B-Bereich hat sich das Internet als Verkaufs- und Distributionsplattform in Deutschland stärker etabliert als in den europäischen Nachbarländern [BITK04]. Dies spiegelt sich auch bei der Art der Internetnutzung durch die Unternehmen wieder (vgl. Abbildung 6.2). Fast drei Viertel der Unternehmen nutzen in Deutschland das Internet für ihre Geschäftsabläufe und etwa 80 % der über 1,6 Mio. Unternehmen aus den Bereichen verarbeitendes Gewerbe, Baugewerbe, Handel, Beherbergungs- sowie Verkehrsgewerbe, Nachrichtenübermittlung und Dienstleistung setzen Computer ein [DeSt04b]. Außerdem verfügen etwa 40 % aller Unternehmen über ein eigenes Angebot im Internet [DeSt04c].

Software-Branche Der weltweite Markt für Standard-Software wird weitgehend von amerikanischen Unternehmen wie z. B. Microsoft, Oracle und CA

6.1 Entwicklung und Strukturmerkmale des Software-Marktes

Branche	Unternehmen insgesamt	Unternehmen mit SW-Entw.
Primärbranche	35.797	10.568
Sekundärbranche	147.857	8.660
• Maschinenbau	22.340	2.295
• Elektrotechnik	25.053	2.482
• Fahrzeugbau	2.635	124
• Telekommunikation	1.300	229
• Finanzdienstleistungen	96.529	3.530

Abb. 6.3: Struktur der Software-Branche in Deutschland nach [FrBE02]

Computer Associates bestimmt, während sich nur wenige deutsche Unternehmen in diesem Bereich spezialisiert haben [FrBE02]. Die meisten Anbieter haben sich auf die kundenindividuelle Software-Entwicklung bzw. Anpassung sowie Software-Dienstleistungen konzentriert. Interessant ist, dass die am deutschen Markt tätigen Unternehmen überwiegend klein- und mittelständisch geprägt sind [FRSB01; Gfal04]. Allerdings wird die klare Dominanz kleinerer Software-Unternehmen auch bei anderen Märkten, beispielsweise in Österreich und den USA festgestellt [Bern03].

Technizität und Individualität

Insgesamt ist die Software-Branche in Deutschland, bedingt durch den Einfluss einer eher auf das produzierende und verarbeitende Gewerbe ausgerichteten Volkswirtschaft, von einer relativ hohen Technizität und Individualität geprägt. Dies spiegelt sich bei der Strukturierung der Software-Industrie in Deutschland wieder (vgl. Abbildung 6.3). Zudem zeigt sich, dass der durchschnittliche Umsatzanteil mit eigenständigen Software-Produkten in der Primärbranche etwa 60 % und in der Sekundärbranche etwa 35 % beträgt. Im Embedded-Bereich betragen diese Zahlen 7 % für die Primärbranche und etwa 36 % für die Sekundärbranche. In der Sekundärbranche entspricht der Anteil der Embedded Software damit praktisch dem der eigenständig entwickelten Software [FrBE02].

Charakteristika deutscher Software-Produkte

Des Weiteren erwirtschaftet die Sekundärbranche den größten Umsatzanteil mit systemnaher Software, gefolgt von Anwender-Software aus den Bereichen Betriebswirtschaft, technische Anwendungen, Steuerungs- und Regeltechnik sowie Multimedia. In der Primärbranche liegen die Schwerpunkte auf betriebswirtschaftlicher Anwender-Software, gefolgt von Multimedia-Anwendungen und systemnaher Software (Abbildung 6.4). Zudem werden in der Sekundärbranche am häufigsten Kleinserien für bestimmte Kundengruppen entwickelt, während die Primärbranche mehr als ein Drittel ihres Umsatzes aus kundenspezifischen Einzelentwicklungen oder aus Massenprodukten generiert.

Innovationsdynamik

Die Software-Entwicklung ist geprägt von kurzen Lebenszyklen und einem hohen Wettbewerbsdruck. In der Folge werden im Bereich der Software-Branche deutlich mehr (20 %) Produkte entwickelt, als im Bereich unternehmensnaher Dienstleistungen [JEGH01]. Allerdings relativieren sich die Zahlen wieder, wenn es um echte Marktneuheiten geht. So entwickeln die Unternehmen der Primärbranche meist Software, die zwar für das eigene Unternehmen, jedoch nicht für den Markt neu sind. Im Gesamtvergleich unternehmensnaher Dienstleistungen (hier liegt der Anteil von Unternehmen mit Marktneuheiten bei etwa 40 %) erzielt die

Art der Software	Primärbranche	Sekundärbranche
Betriebswirtschaftliche Software	18,5	15,5
Multimedia / Internet	14,5	14,0
systemnahe Software	11,5	19,5
technische Anwender-Software	11,0	11,0
Steuerungs- und Regeltechnik	7,5	14,0
Finanz- und Handel-Software	6,5	8,0
Entwicklungswerkzeuge	5,5	6,5
Büroautomation und Graphik	5,0	3,0
Programm-Bibliotheken	4,0	2,0
sonstige Software	15,0	3,5

Abb. 6.4: Umsatzanteile mit Software in Deutschland nach unterschiedlicher Funktionalität in Prozent [FrBE02]

Software-Branche lediglich durchschnittliche Werte. Inkrementelle Verbesserungen kommen also häufiger vor, als radikale Innovationen.

Umsatzanteil mit neuen Produkten

Ein weiteres Maß zur Erfassung der Innovationsdynamik ist der Umsatzanteil mit neuen Produkten. Hier ist interessant ist, dass zum einen die Mehrzahl der Unternehmen bis zu 30 % ihres Umsatzes mit neuen Produkten generiert und zum anderen aber auch 15 % der Unternehmen über 50 % ihres Umsatzes mit völlig neuen Produkten erzielen können. Die Entwicklung neuer Produkte dauert dabei in über 40 % der Unternehmen typischerweise nicht länger als ein halbes Jahr [FeBE02].

Kurze Lebenszyklen

Zu beachten ist, dass die Mehrzahl der Kunden der Primärbranche (75 %) sowie der Sekundärbranche (ca. 66 %) innerhalb eines Jahres ihre Software durch verbesserte Produkte ersetzen. Allerdings ersetzen auch etwa 40 % der Unternehmen der Primärbranche ihre Software sogar durch völlig neue Produkte. In der Sekundärbranche ist das Nachfrageverhalten etwas weniger dynamisch. Insgesamt zeigen diese Zahlen, dass die Software-Branche von einer hohen Marktdynamik mit entsprechend geringen Entwicklungszeiten geprägt ist. Schnelle Entwicklungszyklen und effektive Software-Erstellungsprozesse können deshalb als Wettbewerbsvorteil angesehen werden. Entsprechend schwer wiegen Hemmnisse und Versäumnisse bei der Durchführung von inkrementellen Produktverbesserungen sowie bei der Entwicklung neuer Produkte.

6.2 Verhalten von Marktteilnehmern

Jeder Mensch hat die Keime aller menschlichen Eigenschaften in sich. Manchmal kommen die einen zum Vorschein, manchmal die anderen.

Leo Nikolajewitsch Tolstoi, russ. Schriftsteller, 1828-1910.

Netzeffekte im IuK-Markt

Märkte für Informations- und Kommunikationstechnologie sind stark von positiven Netzeffekten geprägt, d. h. die Bereitschaft, eine Produktinnovation zu übernehmen steigt mit wachsender Anzahl derjenigen, die das Produkt verwenden [WeWK00]. Derartige Netzeffekte entstehen vor allem aus einem Bedürfnis nach Austausch von Daten bzw. Informationen einerseits (direkte Netzeffekte) sowie aus einem Bedürfnis nach passenden Produkten und Leistungen andererseits (indirekte Netzeffekte)

[Econ96]. Allerdings können auch eine Reihe von Besonderheiten beobachtet werden. Beispielsweise

- können trotz starker Netzwerkeffekte unter Umständen verschiedene Produkte am Markt koexistieren;
- können sich kleine Gruppen von Nutzern bilden, die ein bestimmtes Produkt verwenden, obwohl der Rest des Marktes von einem Konkurrenzprodukt dominiert wird;
- kann durch starke Kommunikationsnetzwerke soviel Druck auf andere Teilnehmer ausgeübt werden, dass diese gezwungen sind, ein bestimmtes Marktangebot auszuwählen.

Diffusionsmodell

In verschiedenen Bereichen wie z. B. Dienstleistungen, Landwirtschaft oder Konsumgütermärkte lassen sich viele Phänomene der Verbreitung von Produkten und Innovationen zumindest ansatzweise durch Diffusionsprozesse beschreiben [Bass69; SuFL90]. Dabei wird meist der Frage nachgegangen, welche Faktoren die Geschwindigkeit und den Verlauf der Verbreitung von Produkten am Markt beeinflussen [Weib93]. Diffusionsprozesse von Innovationen mit positiven Netzeffekten, wie z. B. Software- und Telekommunikationsmärkte wurden erst vor kurzem mit Hilfe von Simulationen sowie empirischen Ergebnissen eingehend untersucht [WeWK00]. Dabei zeigte sich:

Preis als Wechselhindernis

- In hochpreisigen Märkten existiert in der Regel eine größere Vielfalt von Produkten. Dies lässt sich durch die höheren Kosten für den Umstieg erklären. Ein Beispiel ist der weltweite Markt von ERP-Produkten. Hier konnten sich verschiedene große Anbieter stabile Marktanteile erarbeiten, indem sie die jeweils führende Technologie in bestimmten Marktsegmenten entwickelt haben.

Kommunikation als Treiber

- Die Intensität der Kommunikation im Verlauf der Diffusionsprozesse hat einen signifikant positiven Effekt auf die sich ergebende Marktkonzentration. Ein interessantes Beispiel ist der Markt für Office-Software, der vergleichsweise homogen ist [LiMa99]. Trotz einer vergleichsweise geringen kommunikativen Vernetzung können in einem niederpreisigen Markt aufgrund homogener Präferenzen der Kunden monopolistische Strukturen entstehen. Es empfiehlt sich deshalb, bei der Markteinführung mit entsprechenden Marketing-Maßnahmen darauf hinzuwirken, dass ein ausreichender und zielgerichteter Kommunikationsfluss entsteht.

Polarisation durch Gruppendruck	• Sozialer Gruppendruck korreliert positiv mit der Abgeschlossenheit der Netzwerktopologie und negativ mit der Marktkonzentration. Dies bedeutet, dass sozialer Druck einerseits zwar Gruppenkonformität erzeugt, andererseits aber die Konformität zwischen verschiedenen Gruppen verhindert (Polarisation).
Informations-Hubs	• Bedingt durch ihre strukturelle Position können gewisse zentrale Marktteilnehmer einen signifikanten Einfluss auf den Diffusionsprozess ausüben (Multiplikatoren bzw. Hubs). Dabei hat die Macht innerhalb des Netzwerks keinen wesentlichen Einfluss. Entscheidend ist vielmehr die strategische Position des Marktteilnehmers.
Bewertung	Die verschiedenen verfügbaren empirischen und simulativen Ergebnisse liefern wichtige Impulse, um konkrete Marketing-Strategien abzuleiten bzw. vorhandene Strategien kritisch zu hinterfragen und ggf. zu modifizieren. Die Unternehmensgröße oder satte Marktanteile alleine sind kein Garant für langfristigen Erfolg oder eine problemlose Produkteinführung. Vielmehr sollte die Kenntnis der Markttopologie sowohl von kleinen wie auch von großen Anbietern verwendet werden, um geeignete Positionierungsstrategien zu erstellen.

6.3 Marktsegmentierung

Nichts auf der Welt ist so gerecht verteilt wie der Verstand; denn jedermann ist überzeugt, dass er genug davon habe.

René Descartes, franz. Philosoph, 1596-1650.

Definition Marktsegmentierung	Die Marktsegmentierung gilt als eines der am meisten diskutierten Konzepte des Marketing. Unter Marktsegmentierung wird die Aufteilung des Gesamtmarktes in homogene und untereinander heterogene Untergruppen (Segmente) mit jeweiliges gleichen Marktreaktionen sowie die Bearbeitung dieser Segmente verstanden. Die Marktsegmentierung umfasst also nicht nur den Prozess der Marktaufteilung, sondern beinhaltet auch die gezielte Bearbeitung von Marktsegmenten mit Hilfe segmentspezifischer Marketing-Proramme (Abbildung 6.5).
Zweck der Marktsegmentierung	Die Marktsegmentierung dient • der Abgrenzung des relevanten Marktes, der Ermittlung relevanter Marktsegmente und dem Auffinden von Marktlücken;

6 Software-Markt und Marktteilnehmer

- der Befriedigung der Kundenbedürfnisse durch den zielgerichteten Einsatz geeigneter Marketing-Instrumente;
- der Steigerung des Informationsstands über Strukturen und Gesetzmäßigkeiten des Marktes.

Insgesamt erleichtert die Marktsegmentierung die Prognose von Marktentwicklungen sowie die Herleitung von Reaktionsfunktionen des Marktes.

Abgrenzung

Die Durchführung einer Marktsegmentierung erfordert eine Abgrenzung des relevanten Marktes nach sachlichen, personellen, räumlichen und zeitlichen Gesichtspunkten. Die sachliche Abgrenzung erfolgt üblicherweise nach Produkten und Leistungen, die personelle Abgrenzung nach aktuellen und potenziellen Kunden und Wettbewerbern, die räumliche nach Absatzgebieten und die zeitliche nach der Gültigkeitsdauer der vorgenommenen Abgrenzung. Es ist wichtig anzumerken, dass letztlich der Kunde durch die von ihm wahrgenommenen Möglichkeiten bestimmte Produkte und Leistungen durch Konkurrenzangebote ersetzen zu können, den relevanten Markt bestimmt. Daher ist es empfehlenswert, die Abgrenzungen des Marktes kunden- bzw. nachfragebezogen vorzunehmen [BaHe93].

Anforderungen an Kriterien

Die sinnvolle Abgrenzung, Beschreibung sowie Bearbeitung von Teilmärkten setzt die Auswahl geeigneter Merkmale und Kriterien voraus. Typische Anforderungen an diese Kriterien sind [KoBl95; Meff98]:

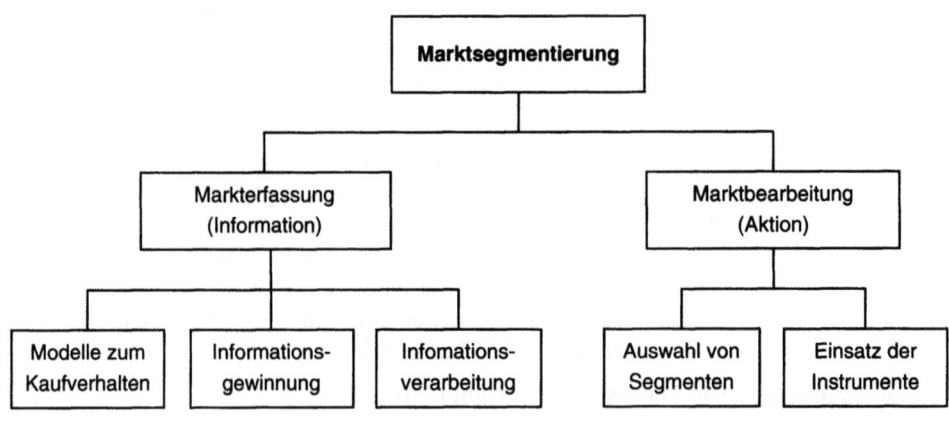

Abb. 6.5:   Komponenten der Marktsegmentierung

- Kaufverhaltensrelevanz

  Durch geeignete Indikatoren sollen die Eigenschaften und Verhaltensweisen erfasst werden, die Aussagen über das künftige Käuferverhalten erlauben.

- Messbarkeit

  Die Segmentierungskriterien müssen mit den vorhandenen Marktforschungsmethoden messbar erfasst werden können.

- Erreichbarkeit

  Die Segmentierungskriterien müssen einen gezielten Zugang zu den Kunden in den mit Hilfe dieser Kriterien abgegrenzten Segmenten erlauben.

- Handlungsfähigkeit

  Nur wenn die Segmentierungskriterien den gezielten Einsatz von Marketing-Instrumenten ermöglichen, können sie für eine Marktsegmentierung als geeignet angesehen werden.

- Wirtschaftlichkeit

  Der sich aus der Segmentierung ergebende Nutzen sollte größer sein als die anfallenden Kosten, damit die Ausarbeitung konkreter Marketing-Strategien gerechtfertigt werden kann.

- Zeitliche Invarianz

  Die Informationen, die mittels der Segmentierungskriterien erhoben werden, müssen mindestens für die Dauer des Planungszeitraums als stabil angesehen werden können.

Klassifikation der Kriterien

Die Vielzahl der entwickelten und empirisch getesteten bzw. in der Praxis eingesetzten Segmentierungskriterien lassen sich nach unterschiedlichen Gesichtspunkten zusammenfassen (Abbildung 6.6). Dabei unterscheidet man:

- Geographische Kriterien

  Häufig erfolgt eine erste Segmentierung auf Basis geographischer Merkmale, z. B. eine Einteilung nach Bundesländern oder Landkreisen.

- Soziodemographische Kriterien

  Zu den demographischen Kriterien zählen Merkmale wie Geschlecht, Alter, Haushaltsgröße usw., während Ausbildung, Beruf und Einkommen zu den sozioökonomischen Merkmalen zählen.

Kriterien	Ausrichtung
• **Verhaltensorientierte Kriterien**	• Preisverhalten • Mediennutzung • Einkaufsstättenwahl • Produkt- bzw. Markenwahl
• **Psychographische Kriterien**	• Allgemeine Persönlichkeitsmerkmale • Produktspezifische Merkmale
• **Soziodemographische Kriterien**	• Demographische Merkmale • Sozioökonomische Merkmale
• **Geographische Kriterien**	• Makrogeographische Merkmale • Mikrogeographische Merkmale

Abb. 6.6: Beispielhafte Kriterien der Marktsegmentierung

- Psychographische Kriterien

   Bei der psychographischen Marktsegmentierung werden nicht direkt beobachtbare Konstrukte des Käuferverhaltens zur Segmentbildung herangezogen. Dies können allgemeine Einstellungen, Persönlichkeitsmerkmale oder auch Nutzenvorstellungen potenzieller Kunden sein.

- Verhaltensorientierte Kriterien

   Diese Kriterien lassen Schlussfolgerungen auf das zukünftige Kaufverhalten zu. Die Verhaltensmerkmale sind von der jeweiligen Marktsituation abhängig und nehmen direkten Bezug auf bestimmte Produkte und Entscheidungsprozesse.

7 Strategische Planung

Notwendigkeit systematischer Analysen

Für grundlegende strategische Entscheidungen sollte das eigene Unternehmen und sein Umfeld einer kritischen Analyse unterzogen werden. Dabei interessiert vor allem, welche Position das Unternehmen derzeit am Markt einnimmt und welche Entwicklungsmöglichkeiten sich für das Unternehmen bieten. Allerdings führt der Druck des laufenden Tagesgeschäfts häufig dazu, dass eigene Schwächen, aber auch eigene Stärken zu wenig wahrgenommen und hinterfragt werden. Zudem lassen manchmal Routine und selektive Wahrnehmung ein Bild der Unternehmens- und Marktsituation entstehen, das nur bedingt mit den tatsächlichen Gegebenheiten übereinstimmt. Im Folgenden wird gezeigt, dass systematische Analysen sowie die Aufbereitung und Verdichtung von Informationen helfen, Entscheidungsprobleme im Software-Marketing transparent zu machen und zu charakterisieren.

7.1 Grundlagen strategischer Analysen

Wer zusieht sieht mehr, als wer mitspielt.

Wilhelm Busch, dt. Zeichner und Dichter, 1832-1908.

Entscheidungen im Marketing

Entscheidungssituationen werden allgemein durch Ziele, Alternativen, Einflussfaktoren und Konsequenzen beschrieben. Daher ist eine der wichtigsten Voraussetzungen für die Lösung eines komplexen Problems seine klare Strukturierung. Dies trifft insbesondere für Entscheidungen im Marketing zu, die in der Regel dadurch gekennzeichnet sind, dass sie unter unvollkommenen Informationen über Prozesse getroffen werden müssen, die sich zudem permanent ändern und gegenseitig beeinflussen.

Marketing-Konzeption

Dementsprechend ist die Marketing-Konzeption das Ergebnis detaillierter Analysen. Sie umfasst Festlegungen auf drei Konzeptionsebenen, nämlich der Ziel-, Strategie und der Instrumentalebene (vgl. Abbildung 7.1). Dabei werden die Ziele als zukunfts-

7 Strategische Planung

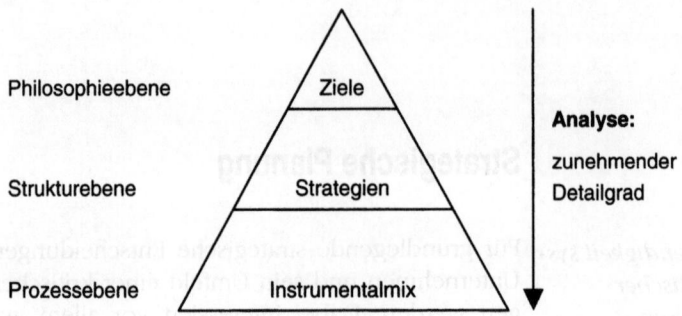

Abb. 7.1: Aufbau und Inhalt der Marketing-Konzeption nach [Baue92]

bezogene Vorgaben für das Unternehmen (Unternehmensphilosophie) angesehen. Die Strategien stellen strukturierende Maßnahmen dar, innerhalb derer die Festlegung des Instrumentalmixes als operativer Prozess stattfindet. Insofern kann die Marketing-Strategie als ein bedingter, langfristiger, globaler Verhaltensplan zur Erreichung der Unternehmens- und Marketing-Ziele charakterisiert werden [Meff80].

Zielfestlegung   Zunächst gilt es, die relevanten Ziele festzulegen. Dies ist nicht trivial, denn einzelne betriebliche Zielsetzungen können durch die individuelle Wahrnehmung geprägt sein und besitzen unterschiedliche Prioritäten. Deshalb ergibt sich selten ein widerspruchsfreies Bild. Generell gilt, dass Ziele so zu formulieren sind, dass die Zielerreichung später objektiv beurteilt werden kann. Es gibt kein vorgeschriebenes Verfahren zur Zielfestlegung, jedoch haben sich in der Praxis folgende Schritte bewährt:

1. Zielmatrix erstellen

   Mit einer Zielmatrix kann festgestellt werden, welche Ziele klar, unklar oder strittig sind.

2. Zielportfolio anfertigen

   Anhand eines Zielportfolios (z. B. mit den Quadranten Ist-Ziel, Soll-Ziel, Änderungen, Aktivitäten) kann festgestellt werden, welche weiteren Schritte einzuleiten sind, um unklare oder umstrittene Ziele zu konkretisieren.

3. Zieleigenschaften verdeutlichen

   Zieleigenschaften lassen sich am besten durch die Methode des Zielkreuzes veranschaulichen (vgl. Abbildung 7.2).

7.1 Grundlagen strategischer Analysen

Wozu?	Für wen?
• Strategie	• Kunde
• neue Produkte	• Unternehmen
• ...	• ...
Was?	**Woran?**
• Konkretisierung	• Erfolgsfaktoren
• Aktionen	• Maßstäbe
• ...	• ...

Abb. 7.2: Schematische Darstellung eines Zielkreuzes

4. Zieleigenschaften verdeutlichen

   Zieleigenschaften lassen sich am besten durch die Methode des Zielkreuzes veranschaulichen (vgl. Abbildung 7.2).

5. Anforderungen überprüfen

   Ziele definieren Inhalte und müssen deshalb einige Anforderungen erfüllen. Sie sollten z. B. spezifisch, messbar, aktionsorientiert, realistisch und terminierbar sein (SMART-Regel).

Zielsystem Die Ziele können z. B. in der Struktur eines Zielsystems abgebildet werden. Wie in Abbildung 7.3 dargestellt, besteht ein Zielsystem im Wesentlichen aus den Attributen eines jeden Zielelements und seinen Zielrelationen [Amsh93]. Jedes Ziel verweist auf ein Basissystem bzw. ein Objekt, legt Inhalte und Messbezüge fest und bestimmt dann das anvisierte Ausmaßniveau sowie den entsprechenden Zielbezug [Jasp97; S. 229].

Des Weiteren ist zu bedenken, dass Ziele mit den zur Verfügung stehenden Mitteln und Instrumenten des Unternehmens beeinflussbar sein müssen. Sie dürfen nicht unrealistisch sein oder außerhalb des Einflussbereichs des Unternehmens liegen. Ziele dürfen sich nicht widersprechen, konkurrierende Ziele sind jedoch erlaubt. Identische Ziele sollten nicht mehrfach durch un-

Strategische Planung

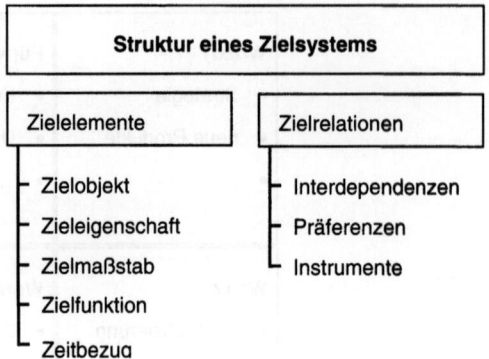

Abb. 7.3:   Struktur eines Zielsystems nach [Amsh93]

terschiedliche Begrifflichkeiten verfolgt werden. Sie sollten auf die jeweilige Marktsituation und Problematik zugeschnitten sein und müssen regelmäßig an die aktuelle Marktsituation und den aktuellen Kenntnisstand angepasst werden.

Situationsanalyse   Im Rahmen der strategischen Analyse wird eine Vielzahl von Denkmodellen vorgeschlagen und in der Praxis verwendet (vgl [Meff98; NiDH02]). Methodisch handelt es sich dabei um Instrumente zur Bestimmung der Ist-Position des Unternehmens. Typischerweise werden das eigene Firmenumfeld, das Wettbewerbs- und Kundenumfeld sowie Umweltfaktoren betrachtet. Als Instrumente der strategischen Diagnose dienen beispielsweise die Stärken-Schwäche-Analyse (SWOT-Analyse), die Chancen-Risken-Analyse oder die Portfolioanalyse. Eine Übersicht über das System der strategischen Analyse bietet Abbildung 7.4 [NiDH02].

Umweltanalyse   Unter dem Begriff Unternehmensanalyse versteht man eine spezifische Vorgehensweise zur Gewinnung betriebswirtschaftlich relevanter Informationen über das soziotechnische System Unternehmung [Schn02]. Untersucht werden beispielsweise Unternehmensführung, Organisation, Leistungsbereiche, Informationssysteme, Risikomanagement sowie das Controlling. Ziel ist es, Schwachstellen aufzudecken, welche behoben werden müssen.

SWOT-Analyse   Nach Erhebung und Aufarbeitung relevanter Informationen über die Unternehmens-, Umwelt- und Marktsituation, werden diese Informationen aufbereitet in Form weiterer Analysen zusammengeführt. Bei der SWOT-Analyse (*strengths, weaknesses, opportu-*

7.1 Grundlagen strategischer Analysen

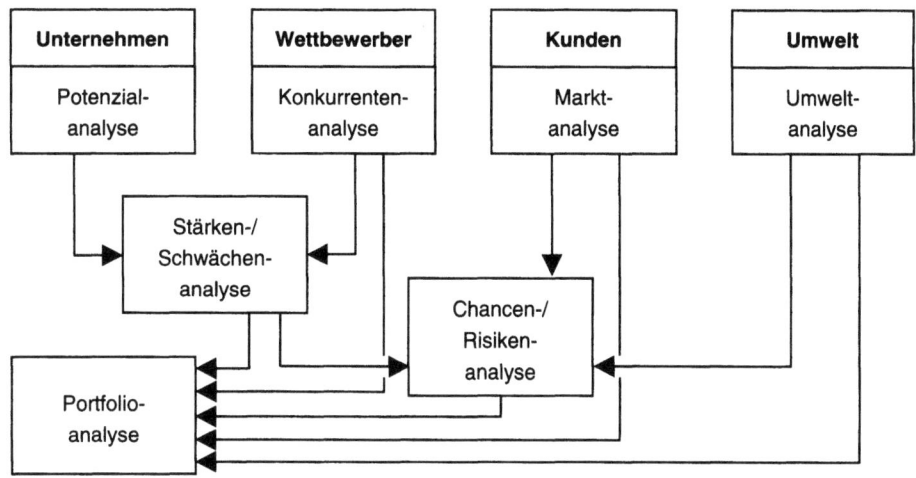

Abb. 7.4: System der strategischen Situationsanalyse nach [NiDH02]

nities, threats) erfolgt die Bewertung des eigenen Unternehmens hinsichtlich wettbewerbsrelevanter Kriterien im Vergleich zu den wichtigsten Konkurrenten. Dabei ist es ratsam, so weit wie möglich objektiv nachprüfbare Daten zu verwenden, damit die SWOT-Analyse durch den Zugang zur systematischen Selbst- und Fremdeinschätzung brauchbare Anregungen für Diskussion und Entwicklung von Strategiekonzepten liefern kann [Schn02].

Für die praktische Erstellung eines Stärken-Schwächen-Profils kann die Profilmethode verwendet werden. Durch die Gewichtung der einzelnen Kriterien nach ihrer strategischen Relevanz und die Multiplikation von Gewichtung und Bewertung für jedes Unterkriterium können Punktwerte für die Hauptkriterien ermittelt werden. Ein Beispiel hierfür zeigt Abbildung 7.5.

Chancen-Risiken-Analyse

Da Strategien in die Zukunft gerichtet sind und sich die Umwelt- und Marktverhältnisse relativ schnell ändern können, ist die SWOT-Analyse für die strategische Planung alleine nicht ausreichend. Beispielsweise kann sich eine vermeintliche Stärke sehr schnell zu einem Nachteil entwickeln, wenn sich das Kundenverhalten dementsprechend ändert. Aus diesem Grund sollte man zusätzlich eine Chancen-Risiken-Analyse vornehmen, mit Hilfe der hinterfragt wird, wie sich Änderungen von Markt und

7 Strategische Planung

Hauptkriterium / Unterkriterium	Gewicht	Bewertung	Beurteilung 0 — 10
Leistungserstellung			6,35
Kundenorientierung	0,30	7	
Prozessorientierung	0,10	9	
Wirtschaftlichkeit	0,35	6	
Termintreue	0,25	5	
Führungsqualität			7,20
Mitarbeiterfokus	0,40	6	
Kompetenz	0,60	8	
Software-Produkt 1			5,10
Marktdurchdringung	0,50	3	
Nutzerakzeptanz	0,20	9	
Wartbarkeit	0,30	6	
...	...	...	...

Abb. 7.5: Beispiel eines Stärken-Schwächen-Profils mit gewichteten Einzelkriterien und einer Bewertungsskala von 0-10 (Konkurrenz: ◇)

Umwelt unter Berücksichtigung der eigenen Stärken und Schwächen auswirken.

Mit der Chancen-Risiken-Analyse soll das Unternehmen so auf Veränderungen von Markt und Umwelt vorbereitet werden, dass es im Wettbewerb eine möglichst günstige Position einnehmen kann. Die Chancen und Risiken sollen erkannt werden, damit sich das Unternehmen planerisch anpassen kann. Des Weiteren sollen Möglichkeiten identifiziert werden, wie negative Einflüsse aktiv verhindert werden können (z. B. durch Lobbyismus oder Allianzen). Zudem sind die Hauptrisiken und Hauptchancen im Rahmen der strategischen Analyse regelmäßig zu überprüfen [Meff98].

Portfolio-Modell Im Portfolio-Modell wird die Beziehung von Objekten in einem Achsenkreuz abgebildet. Neben den zwei Dimensionen der Koordinaten wird üblicherweise eine dritte dargestellt, indem pro Objekt kein Punkt, sondern ein Kreis eingetragen wird, dessen

7.1 Grundlagen strategischer Analysen

Radius mit der dritten Dimension korreliert. Mit diesem Verfahren kann z. B. die innerbetriebliche Leistung analysiert oder überbetriebliche Marktbeziehungen verschiedener Unternehmen dargestellt werden (vgl. z. B. [Beck92; KoBl95; Meff98]. Die bekannte Darstellung mit vier Feldern und den Dimensionen zukünftiges Marktwachstum (Marktattraktivität), relativer Marktanteil (Wettbewerbsstärke) und als Radius Umsatz oder Gewinn wurde von der Boston Consulting Group entwickelt [Hedl77]. Ein illustratives Beispiel zeigt Abbildung 7.6. Dabei können jedem der vier Quadranten (Fragezeichen, Sterne, Milchkühe und arme Hunde) typische Merkmale, Strategieziele und Gestaltungsmaßnahmen zugeordnet werden:

Fragezeichen
- In der Einführungsphase bzw. in der frühen Wachstumsphase befinden sich die Fragezeichen. Sie haben einen hohen Finanzbedarf und der Netto-Cash-Flow ist negativ. Der Marktanteil aussichtsreicher Produkte im Fragezeichen-Bereich muss gesteigert (Offensiv-Strategie) und der aussichtsloser Produkte gesenkt werden (Defensiv-Strategie).

Sterne
- Sterne befinden sich in der Wachstumsphase. Der Finanzbedarf kann aufgrund der Marktposition selbst erwirtschaftet werden. Der Produktpflege kommt eine große Bedeutung

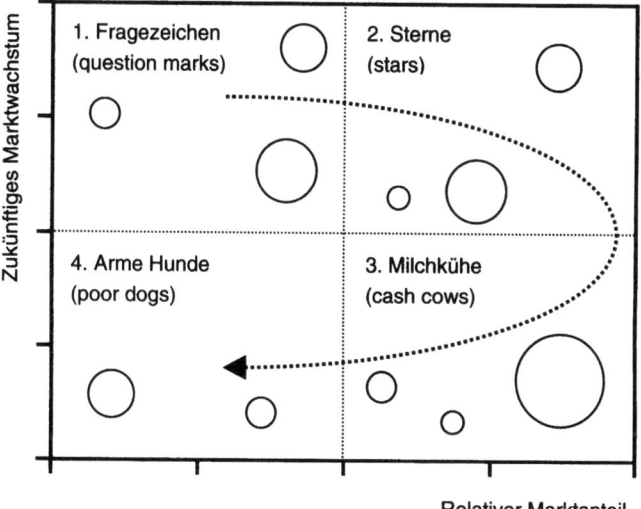

Abb. 7.6: Schema eines Portfolio-Modells mit vier Quadranten und dem Lebenszyklusverlauf

7 Strategische Planung

zu. Beispiele sind das Datenbanksystem Oracle 10g oder das Betriebssystem AIX. Damit Marktanteile gehalten bzw. ausgebaut werden können, sind ggf. Produktvariationen oder Produktdifferenzierungen notwendig.

Milchkühe
- Produkte in der späten Wachstums- und Reifephase mit einer starken Marktstellung gelten als Milchkühe. Aufgrund ihrer Finanzüberschüsse sind sie die Zahlmeister des Unternehmens. Typischerweise werden im Rahmen einer Gewinnstrategie Maßnahmen ergriffen, um die Marktanteile zu halten bzw. leicht zu senken, falls dies zu Gewinnen führt. Analog zu den Sternen können wieder Produktvariationen oder Produktdifferenzierungen notwendig sein. Das Datenbanksystem DB2 oder das Host-Betriebssystem z/OS von IBM können hier eingeordnet werden.

Arme Hunde
- Arme Hunde haben ein geringes Marktwachstum oder befinden sich in der Abstiegsphase und haben dementsprechend eine schwache Marktstellung. Beispiele sind das Betriebssystem GCOS8 von Bull oder CODASYL-Datenbanksysteme. Nach Möglichkeit sollten diese Produkte aus dem Programm eliminiert bzw. die Marktanteile weiter gesenkt werden (Desinvestitionsstrategie).

Insgesamt liegen die Vorteile der Portfolio-Methode in ihrer Anschaulichkeit, leichten Einsetzbarkeit und Handhabung und ihrem hohen Kommunikationswert. Problematisch ist, dass Einflüsse auf die Objekte eines Portfolios nur anhand von zwei Einflussfaktoren diskutiert werden. Zudem wird die Abgrenzung der Quadranten meist relativ willkürlich vorgenommen und die Entwicklung des Cash-Flows als Funktion der Zeit kann nicht ausreichend konkretisiert werden [Koch80].

7.2 Kennzahlenanalyse

Phantasie ist wichtiger als Wissen, denn Wissen ist begrenzt.
Albert Einstein, dt. Physiker und Nobelpreisträger, 1879-1955.

Entscheidungen und Fakten
Die Beschreibung der Eigenschaften, Zustände und Zustandsänderungen von Dingen und Erscheinungen unserer Umwelt basiert in der Regel auf quantitativen Angaben, indem Eigenschaften von Objekten in Beziehung gesetzt werden oder gleichartige Ereignisse bzw. Zustände gezählt werden. Diese Beschreibungen

7.2 Kennzahlenanalyse

sind die Voraussetzungen für Entscheidungen, die wiederum die Basis für das unternehmerische Handeln darstellen. Dabei ist es fast selbstverständlich geworden, dass die in der Praxis eingesetzten Entscheidungsmodelle auf einem alphanumerischen Zeichenrepertoire basieren und daher eine erhebliche abstrakte Distanz zur betrieblichen Umwelt aufweisen. Die Sammlung, Interpretation und Bewertung von Daten für das Software-Marketing stellen sich heute aufgrund der Größe der verfügbaren Informationsmengen und der Datenart als komplexe Verfahren dar.

Skalentypen

Der Einsatz der Methoden für die Erhebung und Auswertung von Datensätzen ist zunächst einmal abhängig vom Skalenniveau der einzelnen Daten. Wie in Abbildung 7.7 dargestellt, werden dabei

- Nominalskalen,
- Ordinalskalen,
- Intervallskalen und
- Rationalskalen

unterschieden (vgl. z. B. [Zuse98]). Nominalskalen lassen lediglich die Bestimmung von Gleichheit und Ungleichheit zu. In der Ordinalskala kann zusätzlich eine Rangfolge festgelegt werden. Die Intervallskala erlaubt darüber hinaus Intervallvergleiche. Mit der Rationalskala können zudem Verhältnisse von metrischen Daten gebildet werden. Es lassen sich unterschiedliche Maßzahlen bilden, wobei Ordinal-, Intervall- und Rationalskala durch das zunehmende Skalenniveau die Bildung weiterer Maßzahlen mit zunehmender Qualität erlauben. Allerdings wird das Verfahren durch die Daten mit dem niedrigsten Niveau bestimmt.

Kennzahlen

Für unternehmerische Entscheidungen sind insbesondere Intervall- oder Rationalzahlen wichtig, die in konzentrierter Form einen Überblick über die Leistung des Unternehmens oder einiger seiner Teilbereiche geben. Durch diese sog. Kennzahlen soll die Datenflut zu wenigen zentralen Größen verdichtet werden. Dabei müssen die zu bestimmenden Kennzahlen so ausgewählt werden, dass sie auch tatsächlich relevante Indikatoren für die Entwicklung kritischer Erfolgsgrößen darstellen [Meff98].

Kennzahlensystem

Der Zusammenhang zwischen Kennzahlen wird in Kennzahlensystemen abgebildet [Lach76]. Das Kennzahlensystem soll einen vorgegebenen Sachverhalt mittels einer strukturierten Darstellung von Kennzahlen möglichst vollständig und übersichtlich abbilden. Allerdings werden häufig Kennzahlenkonzepte mit nur schwach ausgeprägten Korrelationen verwendet [ItLa04]. Viele

Eigenschaften	Skalentyp			
	Nominal	Ordinal	Intervall	Rational
Operationen	Bestimmung von Gleichheit und Ungleichheit	Bestimmung einer Rangfolge (x < y < z)	Nullpunkt willkürlich festgelegt; gleiche Intervalle	absoluter Nullpunkt; Bestimmung gleicher Verhältnisse
Transformation	Umbenennung	nur monoton steigend	lineare Transformationen	Ähnlichkeitstransformationen
Maßzahlen	Häufigkeit, Modalwert	zusätzlich: Median, Quadrille, Prozentrangwerte	zusätzlich: arithmetisches Mittel, Standardabweichung, Schiefe, Exzess	zusätzlich: geometrisches Mittel, Variationskoeffizient
Beispiele	Kontonummern, Typenklassen	Schulnoten, Präferenzdaten	Temperatur nach Celsius, Intelligenzquotient	Temperatur nach Kelvin, Länge

Abb. 7.7: Übersicht über Skalentypen

Kennzahlensysteme stützen sich primär auf finanzielle Kennzahlen, die zu den verbreitetsten Kennzahlen überhaupt gehören. Sie lassen sich zudem in den meisten Unternehmen hinreichend einfach und genau ermitteln und genießen aufgrund ihres direkt nachvollziehbaren wirtschaftlichen Bezugs eine hohe Akzeptanz. Zur Entwicklung eines Kennzahlensystems sind folgende Schritte empfehlenswert:

- Ausgehend von den Anforderungen von Markt und Kunden werden zunächst die Anforderungen an das Unternehmen und seine Produkte definiert.
- Anschließend werden aus den verschiedenen Anforderungen Messkriterien und Kennzahlen zur Überprüfung unternehmensinterner Prozesse abgeleitet.
- Die Kennzahlen werden dann zu einem Kennzahlensystem verbunden.

7.2 Kennzahlenanalyse

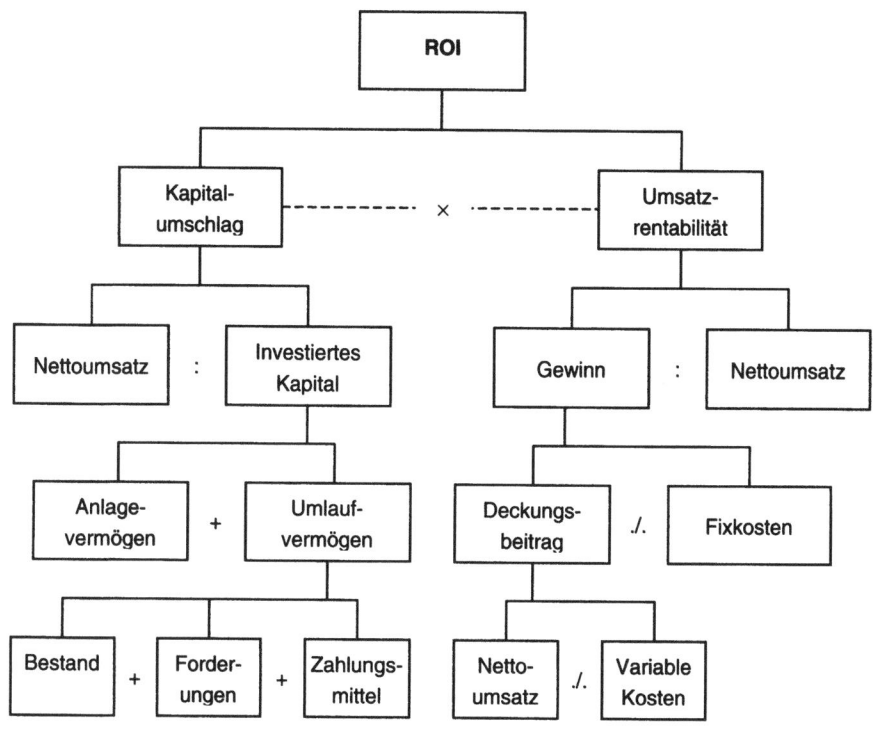

Abb. 7.8: Oberste Ebenen des ROI-Kennzahlensystems

- Im letzten Schritt werden Kontroll- und Steuerungsmaßnahmen etabliert, um eine zielgerichtete Umsetzung der aus den Kennzahlen gewonnenen Informationen zu gewährleisten.

Du Pont-System
Ein weit verbreitetes, auf das gesamte Unternehmen bezogene Kennzahlensystem ist das bereits 1919 entwickelte Du Pont-System of Financial Control (Abbildung 7.8), welches ein Verfahren zur Verfügung stellt, wie der Return of Investment (ROI) als prozentuales Verhältnis von Gewinn zu Kapitaleinsatz ermittelt werden kann. Alle benötigten Zahlen ergeben sich aus einem dafür eingerichteten, objektbezogenen Berichtssystem [Meff94].

Anforderungen an Kennzahlensysteme
Bereits vor einiger Zeit wurde erkannt, dass eine Zunahme der zur Verfügung stehenden Informationen aufgrund kognitiver Beschränkungen des Menschen nicht automatisch zu einer Verbesserung des Entscheidungsprozesses führt [Simo81; Ling01]. Dementsprechend sollte eine mehrdimensionale Messung der Auswirkungen von Entscheidungen mit Hilfe von Kennzahlen unter

7 Strategische Planung

Berücksichtigung deren gegenseitiger Abhängigkeiten und Unterdrückung von Detailinformationen ein geeignetes Instrument zur Unterstützung von Entscheidungen sein. Gleichzeitig sollte dieses Instrument eine Kopplung mit der Strategieebene aufweisen. Eine der derzeit meistdiskutierten Möglichkeiten, die genannten Anforderungen zu erfüllen, stellt die Balanced Scorecard (BSC) dar.

Balanced Scorecard

Einfach beschrieben ist die Balanced Scorecard ein Instrument, welches die Unternehmensstrategie in ein Kennzahlensystem übersetzt. Die Konzeption dieses Instruments basiert auf einer Studie von Kaplan & Norton, die zwölf US-Unternehmen hinsichtlich der Ausgestaltung der verwendeten Informations- und Steuerinstrumente untersuchten [KaNo92; KaNo01].

Die BSC wird aus vier Perspektiven zusammengesetzt, die ein ausgewogenes Kennzahlensystem bilden sollen, welches Ergebniskennzahlen (Spätindikatoren) und Leistungstreiber (Frühindi-

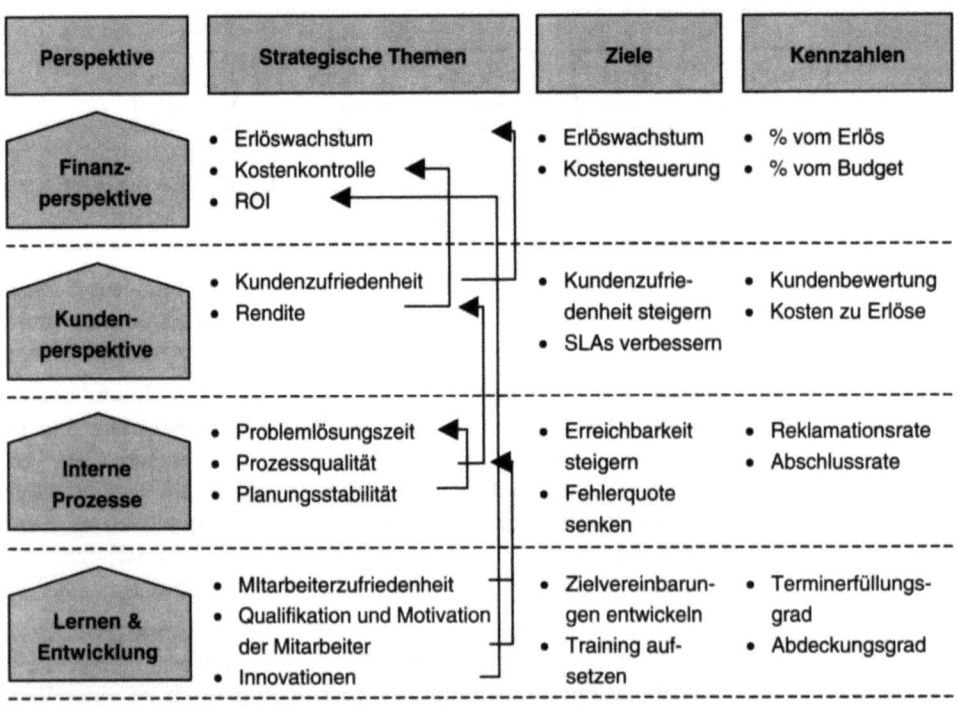

Abb. 7.9: Beispiel für die prinzipielle Struktur einer Balanced Scorecard

7.2 Kennzahlenanalyse

katoren) zusammenführt. Die Perspektiven sind um die aus der Unternehmensvision (oder -mission) abgeleitete Unternehmensstrategie angeordnet (vgl. z. B. [WaDü03]). Sie decken die finanzielle Perspektive, die Kundenperspektive, die interne Prozessperspektive sowie die Lern- und Wachstumsperspektive ab. Dabei werden sowohl kurz- als auch langfristige Ziele abgebildet.

Strategie als zentraler Bestandteil

Die BSC wird häufig als eine Gruppierung von Kennzahlen missverstanden, bei der die üblichen finanziellen Kennzahlen um weitere, nicht-finanzielle ergänzt werden [Wefe00]. Tatsächlich besteht das Konzept der Balanced Scorecard darin, die Kennzahlen entsprechend einer definierten Unternehmensstrategie zielgerichtet nach Ursache-Wirkungs-Beziehungen aufzubauen, welche die Zusammenhänge zwischen Leistungstreibern und Ergebnissen als Hypothesen aufzeigen [JLMM04]. Vor der Entwicklung einer BSC für das Marketing stellt sich die Frage, welche Strategie verfolgt wird und welche Rolle das Software-Marketing und damit in Verbindung stehende Aktivitäten haben.

Wichtig ist, dass die zu entwickelnden BSC-Kennzahlen die Komplexität der Organisationsstrukturen und Prozesse widerspiegeln. Bei zu hoher Komplexität können kaskadierende Scorecards verwendet werden [Wefe00]. Die Bildung der Wirkungszusammenhänge erfolgt in der Regel sowohl aufgrund eigener Erfahrungen als auch mittels logischer Schlussfolgerungen und empirischer Ergebnisse [Wall01]. Ein einfaches Beispiel zeigt Abbildung 7.9. Hier ist u. a. angenommen, dass sich Innovationen direkt auf den ROI auswirken oder dass das Erlöswachstum mit der Kundenzufriedenheit korreliert.

Integration von Intangibles

Die BSC bietet aufgrund ihrer Struktur die Möglichkeit, das firmenbezogene Wissen oder auch andere immateriellen Vermögenswerte (sog. Intangible Assets), welche zur Wertschöpfung beitragen, beispielsweise in den Perspektiven „lernen und Entwicklung" oder „interne Prozesse" zu berücksichtigen. Dabei können je nach Messansatz verschiedene Methoden unterschieden werden (vgl. [Beck03]). Zu beachten ist dabei, dass eine Bewertung von Intangibles oft auf prozentualen Angaben basiert, jeder einzelne Wert aber ein eigentlich der Fuzzy-Logik unterliegt. In einer entsprechend gestalteten BSC sollten derartige Werte dementsprechend über Fuzzy-Logik verknüpft werden, um aussagefähige Ergebnisse zu erhalten [Bisc05].

Bewertung der BSC

Bei genauerer Betrachtung der BSC ergibt sich, dass ihre Anwendung eine entsprechende organisatorische Reife voraussetzt [Bern00]. Als nachteilig sind zudem die häufig intuitiv getroffenen Annahmen zu sehen, welche vorgenommen werden müssen, um Ursache-Wirkungs-Beziehungen zwischen den einzelnen strategischen Zielen bilden zu können. Die verwendeten Beziehungen sind aufgrund zahlreicher Abhängigkeiten und Rückkopplungen auch empirisch schwer nachweisbar [Glei97; Reic01]. Des Weiteren werden regelmäßig die hohe Zeitintensität sowie die damit verbundenen Kosten während der Einführungsphase genannt.

Vorteilhaft an der BSC ist, dass sie durch ihren holistischen und integrativen Charakter in der Lage ist, eine Verbindung von strategischer Ausrichtung und operativem Handeln – etwa bei der Wertschöpfung durch firmenbezogenes Wissen der Beschäftigten – herzustellen. Zudem können mit Hilfe der Balanced Scorecard kausale Zusammenhänge zwischen den einzelnen Kennzahlen aufgedeckt werden.

8 Entscheidungsfelder im Software-Marketing

Marketing-Instrumente

Im Rahmen des Marketing stehen verschiedene Instrumente zur Verfügung. Klassisch sind dies Produktpolitik, Distributionspolitik, Kontrahierungspolitik und Kommunikationspolitik (*product, price, place, promotion*). Je nach Unternehmensumfeld müssen diese Instrumente modifiziert oder ergänzt werden. So spricht man beispielsweise beim Handel von Sortimentspolitik anstelle von Produktpolitik [Hans90; Bere95]. Aufgrund der Besonderheiten immaterieller Produkte bei Dienstleistungen aber auch beim Marketing für technologieintensive Produkte, wo das Angebot in aller Regel aus einem komplexen Bündel von Produkten und Dienstleistungen besteht, hat sich der Begriff Leistungspolitik eingebürgert [Meff98; Schn02]. Eine sinnvolle Ergänzung für das Software-Marketing ist die Servicepolitik, die meist der Produktpolitik zugeordnet wird. Beim Dienstleistungsmanagement werden z. B. Personalpolitik, Ausstattungspolitik und Prozesspolitik zusätzlich betrachtet [Magr86].

Marketing-Mix

Unabhängig davon, welche Instrumente gewählt und eingesetzt werden, dürfen diese nicht isoliert voneinander betrachtet wer-

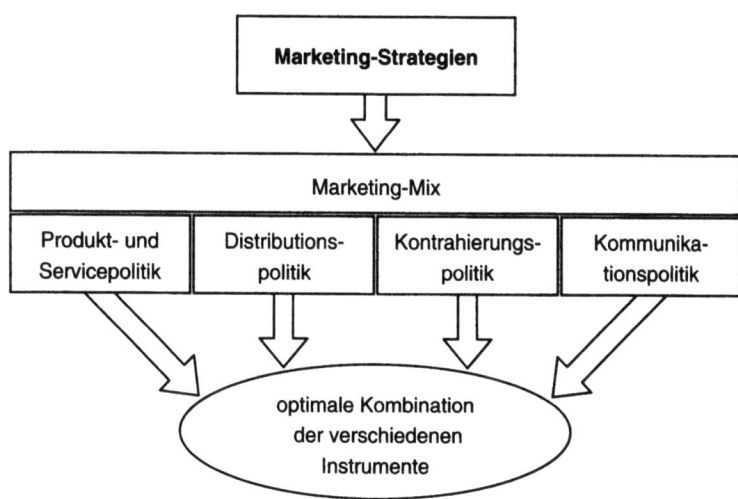

Abb. 8.1: Klassischer Marketing-Mix (4 P's)

den. Stattdessen müssen sie aufeinander abgestimmt sein, um die Unternehmens- und Marketing-Ziele zu verfolgen (vgl. Anhang E.2). Wie in Abbildung 8.1 dargestellt, sind die optimale Kombination des Einsatzes der Instrumente des Marketing, ihre Ausgestaltung und die zugehörigen quantitativen Aspekte Gegenstand des Marketing-Mix [Simo92a].

Einflussfaktoren auf den Marketing-Mix

Zu beachten ist, dass die Zusammensetzung des optimalen Mix sehr stark von Einflussfaktoren wie Marktsegment, Phase des Lebenszyklusses, Art des Produktes, Käuferverhalten usw. abhängt [Ritz93]. Im Folgenden werden daher die Auswirkungen der Besonderheiten von Software auf wichtige Instrumente des Software-Marketing-Mix umrissen.

8.1 Produktpolitik

> *Die Politik ist keine Wissenschaft, wie viele der Herren Professoren sich einbilden, sondern eine Kunst.*
>
> Otto von Bismarck, preuß. Staatsmann, 1815-1898.

Will ein Unternehmen seinen Umsatz langfristig maximieren, muss das Angebot seiner Produkte und Dienstleistungen an die sich im Laufe der Zeit ändernden Bedürfnisse der Nachfrager angepasst werden. Dieser Anpassungsprozess kann darin bestehen, neue Produkte zu entwickeln, die Eigenschaften bereits angebotener Produkte zu modifizieren oder auch das Produktprogramm zu straffen.

Software und Produktpolitik

Software ist ein immaterielles und technologisch komplexes Produkt. Insofern haben die in Kapitel 2 diskutierten Besonderheiten von Software direkte Auswirkungen auf die Gestaltung von Software-Produkten und die Produktpolitik. Insbesondere sind Eigenschaften und Leistungsmerkmale von Software-Produkten in der Regel nur während des Betriebs unmittelbar wahrnehmbar. Es ist deshalb von Bedeutung, den Leistungsumfang durch installierte Vorführsysteme oder Testsysteme nachvollziehbar zu machen, sowie eine ausführliche Dokumentation und Leistungsdarstellung zur Verfügung stellen zu können.

Sachgut oder Dienstleistung?

Des Weiteren ist die Frage relevant, ob es sich bei Software um ein immaterielles Sachgut oder eine Dienstleistung handelt. Diese Diskussion ist in der Literatur bereits mehrfach geführt worden [BaLa93; Lipp98; Baue91; Prei92; Schi92] und geht auf den immateriellen Charakter von Software zurück. Von Bedeutung ist, dass

8.1 Produktpolitik

der Begriff der Dienstleistung eindeutig geregelt ist und Dienstleistungen die folgenden Merkmale aufweisen [Sche92]:

Merkmale von Dienstleistungen

- Sie besitzen einen immateriellen Charakter;
- sie entstehen aus Handlungen an Personen oder Sachen;
- sie können nur als ein zukünftiges Ereignis bzw. als ein im Rahmen einer Tätigkeit entstehender, künftiger Zustand versprochen werden.

Auf Software angewendet, ergeben diese Kriterien:

- Die Immaterialität ist gegeben;
- die Handlungen werden an der entstehenden Software selbst vollzogen;
- das Merkmal der Zukünftigkeit ist für Individual-Software gegeben – sie unterliegt damit Dienstleistungskriterien. Für Standard-Software und kommerzielle Massen-Software gilt dies nicht, sodass diese Software eher den immateriellen Sachgütern zugeordnet werden sollte.

Zudem erfüllt der Produktionsprozess von Software selbst alle Kriterien einer Dienstleistung. Software- und Computer-Unternehmen zählen daher zur Dienstleistungsbranche.

Dienstleistungsanteil von Software

Software wird in aller Regel mit einem Dienstleistungsanteil vermarktet, um das Produkt attraktiver zu machen [Meye85]. Dieser Dienstleistungsanteil kann z. B. in Beratungsleistungen, Zusammenstellung kundengerechter Angebotsprogramme, Nutzung von Informationen im Kundenbereich einer Website usw. bestehen. Der Dienstleistungsanteil an der Gesamtangebotsleistung hängt von verschiedenen Faktoren ab, beispielsweise:

- von der Komplexität des Produktes aus Kundensicht
- von der Art der Software (gewerbliche Standard-Software, Individual-Software, kommerzielle Massen-Software etc.)
- vom Wert der Software und dem vom Kunden empfundenen Risiko, das er beim Erwerb eingeht
- von der Marktsituation (Zusammenhänge zwischen Unternehmen, Wettbewerb, Kunde)
- von den Kundenanforderungen und Kundenerwartungen
- von der Wettbewerbsstrategie des Unternehmens
- von Geschäftsmodell und Geschäftstyp
- vom Marketing-Konzept

8 Entscheidungsfelder im Software-Marketing

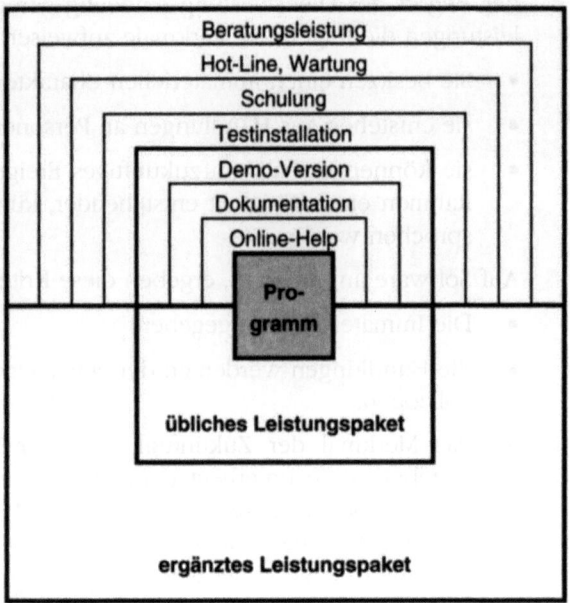

Abb. 8.2: Leistungspakete für Software in Anlehnung an [Lipp98]

Das eigentliche Programm kann demzufolge, wie Abbildung 8.2 zeigt, als Kern eines umfangreicheren Leistungspakets angesehen werden, das zusätzliche Angebote wie Informationsmaterial, Schulungen, Hot-Line, Beratungsleistungen oder Wartung beinhaltet [Lipp98].

Die Gestaltung der Produktpolitik erfolgt über die zugehörigen Instrumente wie in Abbildung 8.3 dargestellt:

Produktentwicklung
- Die Produktentwicklungsplanung umfasst Überlegungen, wer die Entwicklung durchführt und welchen Neuigkeitsgrad das Produkt besitzt. Mögliche Ausrichtungen betreffen die Eigen-, Dritt-, Partner-, Neu-, oder die Weiterentwicklung. Die Eigenentwicklung kommt dann in Frage, wenn das Unternehmen über entsprechendes Fachwissen und Kapazitäten verfügt und diese Kapazitäten frei sind. Fehlen Kapazitäten oder das Fachwissen, kann ein auf die jeweilige Entwicklung spezialisiertes Drittunternehmen mit der Entwicklung beauftragt werden.

Wenn beide Unternehmen von der Entwicklung profitieren wollen, sich bezüglich Kapazität und Fachwissen ergänzen und ein Know-How-Transfer stattfinden soll, empfiehlt sich eine Partnerentwicklung. Neuentwicklungen haben primär Forschungs- oder Studiencharakter, beinhalten aber Potenzial für ein zukünftiges Wachstum bzw. eine Neuausrichtung der Produktpalette.

Die Weiterentwicklung ist auf die Produktverbesserung ausgerichtet und ist vor allem im Hinblick auf die Bindungswirkung zu den Kunden interessant.

Produktgestaltung • Die Produktgestaltungsplanung erfasst die Freiheitsgrade und Markierungsaspekte eines Produkts. Wesentliche Ausrichtungen betreffen Gestaltungs- und Leistungsvorschriften sowie die Produktanpassung und die Produktintegration. Die Gestaltungsvorschriften haben eher Forderungscharakter. Sie werden üblicherweise im Pflichtenheft vorgegeben.

Die Leistungsvorschriften bzw. die zu erbringenden Leistungen sind meist im Lastenheft enthalten. Seitens des Software-Herstellers wächst damit der Freiheitsgrad der Gestaltung.

Bei der Produktanpassung passt der Hersteller das Produkt individuell an die Wünsche des Kunden an. Bei der Produktintegration wird vom Kunden nicht nur eine einzeloptimale Lösung gefordert, sondern eine Bezugnahme zu anderen bestehenden Komponenten. Der Hersteller hat in diesem Fall auf das Zusammenpassen mit anderen Komponenten besonders zu achten.

Produktherstellung • Die Produktherstellungsplanung ist relativ eng auf Herstellungsprozesse, Werkzeugunterstützung sowie die Prozess- und Produktqualität ausgerichtet. Der Hersteller sorgt mit geeigneten Maßnahmen dafür, dass der Erstellungsprozess durch geeignete Vorgehensmodelle und Werkzeuge nach dem Stand der Technik unterstützt wird, und dass gewisse Standards (z. B. Normen und Programmierrichtlinien) klar eingehalten werden. Oft werden Besonderheiten der Herstellung mit Zertifikaten, beispielsweise nach ISO 9000 oder CMM(I) nach außen zum Kunden kommuniziert.

Produktmodifikation • Die Produktmodifikationsplanung beschreibt eine Veränderung des Bestehenden. Mögliche Ausrichtungen beinhalten die Vereinheitlichung, Differenzierung, Veränderung oder die Leistungsentwicklung bestehender Produkte.

Produktpolitik	
Instrument	**Ausrichtung**
• Produktentwicklungsplanung	• Eigenentwicklung • Drittentwicklung • Partnerentwicklung • Neuentwicklung • Weiterentwicklung
• Produktgestaltungsplanung	• Gestaltungsvorschriften • Leistungsvorschriften • Produktanpassung • Produktintegration
• Produktherstellungsplanung	• Werkzeugunterstützung • Herstellungsprozesse • Produktqualität
• Produktmodifikationsplanung	• Produktvereinheitlichung • Produktdifferenzierung • Produktveränderung • Produktleistungsentwicklung
• Produktprogrammplanung	• Produktselektion • Produktmix • Programmbreite • Programmtiefe
• Produktverwendungsplanung	• Gestaltungszusagen • Verwendungszusagen • Leistungszusagen

Abb. 8.3: Produktpolitische Instrumente und einige beispielhafte Ausrichtungen

Bei der Vereinheitlichung werden verschiedene spezielle Produkte durch eine standardisierte Produktpalette ersetzt. Hierdurch sind Kostensenkungen sowie ein flexibleres agieren am Markt möglich. Im Gegensatz dazu werden bei der

8.1 Produktpolitik

Produktdifferenzierung mehrere Produkte leistungsspezifisch angeboten. Für den Kunden werden dadurch Leistungsumfang und Nutzen transparenter, der Hersteller muss aber in der Lage sein, verschiedene Ausführungen herzustellen, zu pflegen und zu unterstützen.

Bei der Veränderung wird das bestehende Produkt durch eine neue Ausführung (Version) mit zusätzlichen oder erweiterten Nutzungsmerkmalen ersetzt. Die Leistungsentwicklung betrifft schließlich die auf die Leistungsmerkmale des Produktes abzielende Veränderung. Dabei müssen nicht unbedingt neue Nutzungsmerkmale implementiert werden. Eine Leistungsentwicklung kann z. B. auch durch bessere Performanz oder Ergebnisqualität des Produktes sowie durch eine höhere Flexibilität vorhandener Nutzungsmerkmale erreicht werden.

Produktprogramm
- Die Produktprogrammplanung ist ebenfalls in ihren Ausprägungen noch nicht besonders differenziert. Die wesentliche Ausrichtung der Produktprogrammplanung erfolgt im Hinblick auf Produktselektion, Produktmix, Programmbreite sowie auf die Programmtiefe.

Bei der Selektion werden aus dem verfügbaren Produktprogramm nur einzelne, für den Markt besonders interessante Produkte ausgewählt („Rosinenpickerei"). Bei Produktmixansätzen werden größere Bestandteile eines Produktangebots auf dem Markt angeboten. Oft ergänzen sich die einzelnen Produkte nach dem Baukastenprinzip.

Der Produktbreitenansatz ist dadurch gekennzeichnet, dass möglichst viele Produkte für eine komplexe Lösung aus „einer Hand" bezogen werden können. Aus Sicht des Software-Marketing ist die Programmbreite oft mit kommunikationspolitischen Maßnahmen hinsichtlich fachlicher oder emotionaler Kompetenz verknüpft. Ähnlich verhält es sich mit der Programmtiefe. Der hohe Spezialisierungsgrad erleichtert den Aufbau eines Bekanntheitsgrads am Markt. Die Marktmacht kann so gestärkt werden, es besteht aber auch die Gefahr einer Nischenpositionierung verbunden mit einem Nachfrage- und Imageverlust seitens der Marktteilnehmer.

Produktverwendung
- Die Produktverwendungsplanung zielt hauptsächlich auf Gestaltungszusagen, Verwendungszusagen und Leistungszusagen ab. Dabei soll die Kaufunwilligkeit des Kunden durch das Wecken von Interesse, einer besonderen Kundenorientierung, einer individuellen Anpassung der Produktleistun-

gen ö. ä. umgestimmt werden. Dies spielt insbesondere im Bereich der Branchen- und Individual-Software sowie bei speziellen Dienstleistungen eine wichtige Rolle.

Servicepolitik

Dienstleistungen hängen vor allem bei komplexen Produkten eng mit dem Produkt zusammen. Deshalb wird im Absatzbereich die Service-Politik auch häufig unter dem Stichwort Produktpolitik abgehandelt. Man kann Service auch als die Dienstleistungskomponente des zugehörigen Produkts bezeichnen. Hierzu zählen etwa Distributionsunterstützungsplanung, Auslieferungsplanung, Kundendienstplanung, Garantieplanung und Leistungssicherungsplanung (vgl. Abbildung 8.4).

Bei der Ergänzung von Produkten durch Dienstleistungen ist zu bedenken, dass die Leistungspakete so zusammengesetzt werden, dass sie den Anforderungen der Kunden möglichst gut entsprechen. Des Weiteren sollte sich das Gesamtpaket in jenen Bereichen vom Wettbewerb positiv unterscheiden, die für die Kunden eine hohe Priorität besitzen, etwa bei Qualität und Markenimage.

Standardisierung vs. Individualisierung

Innerhalb der gegebenen Freiräume stellt sich aus Sicht des Unternehmens die Frage, ob die Gestaltung von Produkt- und Servicepolitik weitgehend individualisiert oder standardisiert erfolgen soll, bzw. wie eine geeignete Mischform auszusehen hat. Dabei erfolgt bei der Individualisierung ein weitestgehendes Eingehen auf die Kundenprobleme mit einer aus Kundensicht maßgeschneiderten Lösung, während das Ziel der Standardisierung die Erstellung eines möglichst einheitlichen Produkts für eine größere Zahl von potenziellen Abnehmern ist.

Entscheidungsprozess

Die Entscheidung über die zu wählende Form erfolgt meist über einen einfachen Regelkreis:

- Die Unternehmensleitung gibt die Leitlinien der Produktpolitik in den einzelnen Geschäftsfeldern klar vor. Der Spielraum zwischen Individualisierungs- und Standardisierungsentscheidungen ist damit zunächst einmal umrissen.

- Die Korrektheit dieser Entscheidung ist dann regelmäßig anhand von konkreten Kundenanfragen und Auftragsverhandlungen zu überprüfen, zu analysieren und zu dokumentieren. Dabei sind Faktoren wie die generelle Marktsituation, die Marktposition der potenziellen Kunden, Auftragswert, Chancen, Kosten, Prestigegesichtspunkte usw. entsprechend zu berücksichtigen.

8.1 Produktpolitik

Servicepolitik	
Instrument	**Ausrichtung**
• **Distributionsunterstützungsplanung**	• Entwicklungshilfen • Gestaltungshilfen • Absatzhilfen • Finanzhilfen • Beschaffungshilfen
• **Auslieferungsplanung**	• Zustellen / Abholen • Lieferzuverlässigkeit • Abnahmezuverlässigkeit • Qualitätseinhaltung
• **Kundendienstplanung**	• Anpassung • Wartung • Support • Personalhilfen • Hot-Line
• **Garantieplanung**	• Garantieumfang • Garantiedauer • Garantieleistung • Kulanz
• **Leistungssicherungsplanung**	• Qualitätsmanagement • Auditierung • Zertifizierung • Markierung

Abb. 8.4: Servicepolitische Instrumente und zugehörige Ausrichtungen dieser Instrumente

- Die Unternehmensleitung muss aufgrund der vorliegenden Faktenlage eine Entscheidung darüber treffen, ob und wie die Produktpolitik anzupassen ist. Dabei sind auch die Auswirkungen auf die anderen Bestandteile des Marketing-Mix zu berücksichtigen.

Qualität   Aus Sicht des Marketing ist Qualität ein Gesamteindruck, der sich aus dem Zusammenspiel verschiedener Qualitätsmerkmale eines

Produkts oder einer Dienstleistung ergibt. Der Fokus liegt dabei auf der Frage, ob und in welchem Umfang die angebotene Leistung des Unternehmens dem Anforderungsprofil der Kunden entspricht. Qualitätsmerkmale sind daher notwendige – aber keine hinreichenden – Voraussetzungen, dass aus Sicht des Kunden hochwertige Marktleistungen entstehen.

Im Rahmen der Produktpolitik ist daher zu ermitteln und zu berücksichtigen, welche Anforderungen und welche gewünschten Ausprägungen Kunden an eine Marktleistung haben. Die Qualität ergibt sich dann als Maß dafür, inwieweit die Leistungsrealisation den Kundenanforderungen entspricht. Dabei sind nicht mehr nur normkonforme technische Qualitätsmerkmale relevant, sondern auch vom Kunden eher subjektiv wahrgenommene Aspekte wie:

- Meinungen und Einschätzungen der Marktteilnehmer
- Designqualität und Ästhetik des Leistungsangebots
- empfundener Nutzwert des Angebots
- Kundenorientierung des Anbieters
- Beratungs- und Schulungskompetenz des Anbieters
- wirtschaftliche Situation und Marktposition des Anbieters

Markierung

Die Produktivität ist in den vergangenen Jahren schneller gewachsen als die Nachfrage. Dies führte zu einem umfangreicheren Angebot von Leistungen bei gleichzeitig sinkender Übersichtlichkeit der Märkte. Zudem werden die Marktsegmente zunehmend enger. Bei der Bewertung und Auswahl von Leistungsangeboten durch den Kunden – und damit auch bei Kaufentscheidungen – spielen deshalb Marken eine wichtige Rolle [MeBK02]. Sie helfen, die Marktleistung eines Unternehmens unverwechselbar zu machen und positiv aus der Menge der Vergleichsangebote herauszuheben.

Die Marke kann zunächst als ein marktleistungsbezogenes Bündel von Charakteristiken wie etwa Symbolen, Produkt- oder Firmennamen, typische Design- und Konstruktionsmerkmale usw. zur eindeutigen Unterscheidung durch den Kunden angesehen werden. Des Weiteren dient eine Marke kundenbezogen der Vermittlung eines möglichst klaren Vorstellungsbildes (Markenimage) der angebotenen Leistung.

Markenimage

Der Aufbau von Markenimages ist ein langwieriger Prozess, der durch den Einsatz aller verfügbaren Marketing-Instrumente zustande kommt und die Produktpolitik wesentlich unterstützt.

Produkte mit einem Markenimage oder Pakete, die in Teilen auf Marken basieren, lassen sich leichter adressieren. Deshalb positionieren die Anbieter investiver oder innovativer Leistungen die spezifischen technologischen Besonderheiten und Leistungsmerkmale bestimmter Produkte in der Regel als Einzelmarken. Gemeinsames Know-how oder Leistungsvermögen bzw. Produktgruppen mit gemeinsamen Qualitätsmerkmalen werden dagegen als Familienmarken und unverwechselbare Kernkompetenzen eines Unternehmens als Dach- oder Firmenmarke aufgebaut [MTPL04].

8.2 Distributionspolitik

*Der Mensch bedarf des Menschen sehr
zu seinem großen Ziele;
Nur in dem ganzen wirket er,
Viel Tropfen geben erst das Meer,
Viel Wasser treibt die Mühle.*

Friedrich Schiller, dt. Dichter, 1759-1805.

Internationale Distribution

Software wird in der Regel nicht nur auf dem jeweiligen Heimatmarkt, sondern auch international vertrieben. Dies hängt mit den oft engen Marktsegmenten und den kürzer werdenden Produktlebenszyklen zusammen. Ein Unternehmen kann es sich – auch aufgrund des Verhaltens des Wettbewerbs – praktisch nicht mehr leisten, Auslandsmärkte nicht zu erschließen. Dies führt zu einer Internationalisierung der Marketing-Aktivitäten und zu einer international ausgerichteten Distributionspolitik.

Absatz, Vertrieb, Verkauf

Manche Begriffe der Distributionspolitik sind miteinander verwandt und werden in der Praxis teilweise gerne synonym verwendet, obwohl sie unterschiedliche Sachverhalte und Aspekte beschreiben. Hierzu zählen die Begriffe Absatz, Vertrieb und Verkauf:

- Das Ziel des Absatzes ist es, die produzierten Leistungen dem Nachfrager am Ort und Zeitpunkt des Bedarfs in ausreichenden Mengen zur Verfügung zu stellen. In diesem Sinn schließt der Absatz den betrieblichen Wertkreislauf, indem er über den Verkauf von Leistungen den Rückfluss von Geldmitteln einleitet und damit die Fortsetzung der Produktion ermöglicht.

- Der Vertrieb unterscheidet sich vom Absatz dadurch, dass der Begriff Vertrieb diejenigen Tätigkeiten umfasst, die den Absatz bewirken. Damit ist der Absatz sowohl das Ziel als auch das Ergebnis des Vertriebs.

- Der Verkauf ist eine Teilfunktion des Absatzes und bezieht sich auf die Absatzdurchführung. Verkauf beinhaltet die Verkaufsabschlüsse, die Auftragsbearbeitung, die Bearbeitung von Reklamationen usw. Anders ausgedrückt führt der erfolgreiche Absatz zum Verkauf, d. h. die effektive Veräußerung der Leistung.

Die Distributionspolitik umfasst alle Maßnahmen, welche die Übermittlung von Leistungen vom Hersteller bzw. Anbieter zum Endkunden betreffen [MeBr97]. Grundsätzlich sind dies:

- die Formulierung von Distributionszielen,
- die Ableitung von Absatz- und Vertriebsstrategien sowie
- die Planung, Durchführung und Kontrolle der Distributionsprozesse.

Strategische Dimension

Die Distributionspolitik ist eng mit der Unternehmenspolitik verbunden. So beeinflussen die Geschäftsfelder, das Marktumfeld und die gewählten Markteintrittsstrategien, die Corporate Identity sowie die eingeschlagene Wettbewerbsstrategie die Distributionspolitik unmittelbar und nachhaltig. Beispielsweise wird eine branchen- oder nischenmarktorientierte Verdrängungsstrategie darauf abzielen, mit einem dichten Vertriebsnetz eine intensive Marktabdeckung zu erreichen. Die branchenweite Profilierungsstrategie arbeitet mit einem marktsegment-orientierten Vertrieb und entsprechend gestalteten Vertriebskanälen. Dagegen wird ein Nischenanbieter mit Profilierungsstrategie über einen qualitativ hochwertigen Vertrieb enge Kundensegmente mit hoher Preisbereitschaft bearbeiten.

Absatzkanäle

Die Wahl und Ausgestaltung der Distributionspolitik beeinflusst nachhaltig den Markterfolg eines Unternehmens. Von zentraler Bedeutung sind dabei die Absatzkanäle [Ahle96]. Sie werden von den Institutionen gebildet, die zusammenwirken, um ein Produkt bzw. eine Leistung vom Hersteller zum Abnehmer zu transferieren. Einmal gemachte Fehlentscheidungen sind kurz- und mittelfristig nur sehr schwer zu revidieren. Folglich lohnen sich eine sorgfältige Analyse der Distributionsziele sowie eine entsprechend angestimmte Planung der Distributionspolitik. Als Zielgrößen eignen sich z. B.:

8.2 Distributionspolitik

Zielgrößen
- Vertriebskosten

  Kostengünstige Absatzkanäle oder Absatzkanäle mit hohem Absatzvolumen helfen, die Vertriebskosten zu reduzieren.

- Image des Absatzkanals

  Die Produktpositionierung wird erleichtert, indem exklusive Produkte über spezielle Vertriebskanäle vertrieben werden.

- Beeinflussbarkeit und Kontrollierbarkeit des Absatzkanals

  Je besser ein Absatzkanal zu beeinflussen und zu kontrollieren ist, desto leichter und schneller kann auf die Reaktionen des Marktes reagiert werden. Dies kann z. B. durch eine besondere Machtstellung oder besondere Kompetenzen wie Beratungsleistungen für die Absatzorgane begründet sein.

- Aufbaudauer und Flexibilität

  Die Absatzkanäle müssen bezüglich ihres Zeit- und Leistungsverhaltens auf den Produktlebenszyklus abgestimmt sein. Bei kurzlebigen Produkten gilt es, schnell die volle Leistung eines Absatzkanals zu erreichen. Problematisch zu positionierende Produkte (z. B. Verkörperung von Ideen, die sich am Markt noch nicht durchgesetzt haben, oder die Bearbeitung von neuen Märkten im Ausland) benötigen dagegen ausdauernde Vertriebskanäle.

Kategorien der Distributionspolitik

Abhängig von den Merkmalen des Zielmarktes kann die Gestaltung der Distributionspolitik entsprechend der Kategorien

- Marktgröße
- Marktkonzentration
- Logistik und
- Kaufverhalten

erfolgen [Spec92]. Dabei ist es erforderlich, sowohl die Marktgröße wie auch das Marktpotenzial abzuschätzen, denn die Distribution muss permanent an die aktuellen Erfordernisse des Marktes angepasst werden. Allerdings kann der Markt nicht unabhängig von der Produktpolitik betrachtet werden. Beispielsweise kann ein Unternehmen mit einem neuen Produkt auf einen bekannten Markt gehen oder auch mit einem bestehenden Produkt auf einen neuen Markt. Im ersten Fall kennt das Unternehmen zwar die Marktteilnehmer aber nicht das Kaufverhalten der Kunden in Bezug auf das neue Produkt. Im zweiten Fall sind sowohl die Kunden als auch ihr Kaufverhalten unbekannt.

8   Entscheidungsfelder im Software-Marketing

Distributionspolitik	
Instrument	**Ausrichtung**
• **Marktplanung**	• Marktentwicklung • Marktdurchdringung • Produktentwicklung • Diversifikation • Gebietsaufteilung • Segmentierung
• **Absatzorganplanung**	• Leistungsträger • Absatzkanäle • Partnerkonzept
• **Absatzmodalitäten- planung**	• Vertriebssysteme • Stimulierungsansatz
• **Absatzlogistikplanung**	• Lieferservice

Abb. 8.5: Distributionspolitische Instrumente zusammen mit einigen beispielhaften Ausrichtungen dieser Instrumente

Analogieschlüsse aus vergleichbaren Märkten helfen zwar, aber deren Aussagekraft muss unbedingt hinterfragt werden. Es ist also sinnvoll, bei der Gestaltung der Distributionspolitik dynamische Instrumente einzusetzen (Abbildung 8.5):

Marktplanung
- Mit der Marktplanung soll hauptsächlich das Absatzvolumen vergrößert werden. Betrachtet man zunächst die Abhängigkeiten von Produkt und Markt, ergeben sich vier wichtige Situationen:
  1. Produkt alt, Markt alt
  2. Produkt alt, Markt neu
  3. Produkt neu, Markt alt
  4. Produkt neu, Markt neu

  Diese Konstellationen werden als Marktdurchdringung, Marktentwicklung, Produktentwicklung und Diversifikation bezeichnet [Beck92]. Bei der Marktdurchdringung handelt es sich um einen Minimalansatz, da lediglich ein bestehendes Produkt an neue Kundenkreise adressiert wird. Sowohl die potenziellen Kunden als auch ihre Einstellung zu dem angebotenen Produkt sind bekannt. Die Marktentwicklung ist ein Abrundungsansatz (Arrodierung). Neue potenzielle Kunden werden mit einem alten Produkt angesprochen. Bei der Produktentwicklung wird mit einem neuen Produkt und einem alten Markt ein Innovationsansatz verfolgt. Bei der Diversifikation werden neue potenzielle Kunden mit einem neuen Produkt angesprochen.

Bei konstantem Leistungsangebot kann eine Veränderung des Absatzvolumens auch durch eine Gebietsveränderung erreicht werden. Dazu können beispielsweise in Ballungszentren jeweils Vertriebsschwerpunkte gesetzt werden, von denen aus das jeweilige Umfeld vertrieblich bearbeitet wird (Inselansatz). Ein Distributionsgebiet kann aber auch von einer zentralen Stelle aus gleichmäßig (konzentrischer Ansatz) oder entlang bevorzugter Bereiche (Selektionsansatz) bearbeitet werden.

Eine weitere Form die Marktplanung auszurichten, ergibt sich aus der Segmentierung. Dabei ist zu beachten, dass ein auf bestimmte Marktsegmente hin ausgerichtetes Marketing zwar zu höheren Gesamtumsätzen führt, aber auch höhere Kosten verursacht [KoBl95]. Es ist deshalb empfehlenswert, eine gezielte Marketing-Strategie zu verfolgen, deren Effizienz ständig mit geeigneten Controlling-Instrumenten geprüft werden muss. Prinzipiell stehen die folgenden Segmentierungsstrategien zur Verfügung [Bruh02]:

1. Marktnischenansatz (Teilmarktspezialisierung)
2. Produktspezialisierung (der Schwerpunkt liegt auf einem Produktbereich
3. Marktspezialisierung (mit mehreren Produkten konzentriert sich das Unternehmen auf einem Teilmarkt)
4. selektive Spezialisierung (in lukrativen Nischen werden ausgewählte Produkte ausgewählten Kundengruppen vorgestellt)
5. vollständige Marktabdeckung (der Markt wird mit einer Vielzahl von Produkten für sämtliche Kundengruppen bearbeitet; im Software-Marketing spielt diese Strategie praktisch keine Rolle)

Zu beachten ist, dass ein Unternehmen nicht alles machen sollte, was es kann. Stattdessen sollte es sich auf das Leistungsangebot konzentrieren, wo die größten Chancen bestehen, sich vom Wettbewerb abzuheben bzw. wo das Leistungsangebot am stärksten an den Kunden ausgerichtet ist (Alleinstellungsmerkmale und Kundenorientierung sind dem Maximaldenken vorzuziehen).

Absatzorganplanung

- Die Absatzorganplanung zielt auf die Gestaltung der Absatzwege und die Auswahl ihrer Leistungsträger ab. Bei den Leistungsträgern können zehn typische Verkaufsorgane unterschieden werden [NiDH02]:
    1. Mitglieder der Geschäftsführung
    2. Reisende (angestellte Vertriebsbeauftragte)
    3. Handelsvertreter
    4. Verkaufsniederlassungen
    5. werksgebundene Unternehmen
    6. Kommissionäre
    7. Verkaufssysndikate
    8. Makler
    9. Großhandel
    10. Einzelhandel

    Die Auswahlentscheidung zwischen Handelsvertretern oder Reisenden ist eines der klassischen Entscheidungsprobleme des Marketing. Der Unterschied zwischen selbständigem Handelsvertreter und angestelltem Handelsreisendem ist vor allem rechtlicher Natur. Daher ist aus Unternehmenssicht zu entscheiden, welches der beiden Vertriebsorgane die anstehenden Aufgaben im Hinblick auf die Marketing- und Distributionsziele besser umsetzen kann [AlKr96].

    Bei den Absatzkanälen unterscheidet man prinzipiell den direkten und den indirekten Absatzweg. Beim direkten Absatzweg übernimmt der Hersteller die Verteilerfunktion seines Produktes. Beim indirekten Absatzweg verteilt der Hersteller sein Produkt mit Hilfe betriebsfremder Organe wie z. B. Handelsvertreter oder Kommissionäre.

    Partnerschaften gewinnen im Software-Bereich gerade bei international operierenden Unternehmen immer mehr an Bedeutung [EgES99]. Dies liegt unter anderem daran, dass aufgrund der Komplexität von Software-Lösungen und der Viel-

8.2 Distributionspolitik

seitigkeit der am Markt vorhandenen Problemstellungen eine Politik der vollständigen Marktabdeckung nicht realisierbar ist. Andererseits favorisieren gerade die Firmenkunden Anbieter mit einer breiteren Angebots- und Dienstleistungspalette. Bei den Partnerschaften kann unterschieden werden zwischen [Vers03a]:

1. Strategischen Partnerschaften
   Dies sind Partnerschaften zwischen international tätigen Unternehmen, um einen internationalen Markt mit einer gemeinsamen Vorgehensweise zu erschließen.

2. Produktpartnerschaften
   Ergänzen sich die Software-Produkte verschiedener Hersteller, erschließen sich durch Produktpartnerschaften Möglichkeiten des Cross-Selling.

3. Consulting-Partnerschaften
   Producthersteller „zertifizieren" Beratungsunternehmen, um offizielle Dienstleistungen rund um das Produkt vornehmen zu können.

4. Vertriebs- und Marketing-Partnerschaften
   Diese Partnerschaften basieren aus einer losen Zusammenarbeit z. B. hinsichtlich des Informationsaustauschs zu gemeinsamen Kundenprojekten oder der Koordination gemeinsamer PR-Aktivitäten.

Absatzmodalitätenplanung
- Die Absatzmodalitätenplanung bestimmt die Vertragsgestaltung. Dabei werden das Absatzobjekt, die Rahmenbedingungen und seine Konditionen festgelegt sowie Termine spezifiziert.

Des Weiteren kann über den Aufbau von vertraglichen Vertriebssystemen versucht werden, bestimmte Abnehmer von der Belieferung auszuschließen. Das Unternehmen kann dadurch ausgewählte Absatzmittler vertraglich in die gewählte Vertriebskonzeption einbinden. Bei einem Alleinvertriebssystem verpflichtet sich das Herstellerunternehmen in einem bestimmten Absatzgebiet nur den alleinvertriebsberechtigten Händler zu beliefern. Dieses Vertriebssystem ist vor allem bei Verfolgung von exklusiven Vertriebskonzepten von großer Bedeutung. Als typische Einsatzfelder gelten etwa die Neueinführung von Produkten oder auch eine bessere Motivation der Absatzmittler durch Steigerung der anteiligen Umsatzquote. Bei einem Vertriebsbindungssystem besteht eine vertragliche Verpflichtung zur Einhaltung eines bestimmten

Absatzweges, beispielsweise in räumlicher, personeller oder zeitbezogener Art.

Die zielgerichtete Beeinflussung von Absatzmittlern (Stimulierungsansatz) umfasst die Konzeption und den Einsatz von monetären und nicht-monetären Anreizen zur Absatzmittlerakquisition und Absatzmittlerstimulierung. Unter monetären Gesichtspunkten sind vor allem die Handelsspanne sowie Rabatte bedeutsam. Monetäre Anreize können auch als Finanzhilfen gestaltet sein, etwa um die Wettbewerbsposition eines Absatzmittlers zu stärken. Ein nicht-monetärer Anreiz ist z. B. die Vergabe von exklusiven Vertriebsrechten.

Absatzlogistikplanung

- Aufgabe der Absatzlogistik ist es, dem Nachfrager das gewünschte Produkt im richtigen Zustand zur richtigen Zeit am richtigen Ort zu möglichst geringen Kosten bereit zu stellen. Der Output von logistischen Systemen wird als Lieferservice bezeichnet und beinhaltet Komponenten wie die Lieferzeit, Lieferzuverlässigkeit, Lieferbeschaffenheit und Lieferflexibilität. Im Rahmen der physischen Distribution oder Marketing-Logistik geht es darum, wie die Produkte durch Transportmittel und die entsprechenden Transportvorgänge zu den Nachfragern gelangen (vgl. Anhang E.3).

Für das Software-Marketing ist hier vor allem das Internet interessant, da digitale Wirtschaftsgüter prinzipiell im Internet bis zum Nachfrager online übertragen werden. Trotzdem werden digitale Produkte vielfach noch auf konventionelle Art vertrieben, d. h. auf einem Datenträger oder in gedruckter Form (bei Handbüchern). Selbst führende Software-Unternehmen vertreiben ihre Programme noch herkömmlich, wobei meist eine Ausdehnung des Internet-Vertriebs geplant ist, um Kosten zu sparen [OV00].

8.3 Kontrahierungspolitik

Alles im Leben hat seinen Preis; auch die Dinge, von denen man sich einbildet, man kriegt sie geschenkt.

Theodor Fontane, dt. Schriftsteller, 1819-1898.

Ziel der Kontrahierung

Die Kontrahierungspolitik umfasst alle vertraglich fixierten Vereinbarungen über das Entgelt des Leistungsangebots, mögliche Rabatte sowie darüber hinausgehende Lieferungs-, Zahlungs- und Kreditbedingungen.

8.3 Kontrahierungspolitik

Ziel der Kontrahierungspolitik ist es, unter Berücksichtigung der Kosten im Unternehmen und des preispolitischen Verhaltens des Wettbewerbs sowie der Nachfrager, langfristig zur Sicherung und Steigerung des Unternehmensgewinns beizutragen. Die Kontrahierungspolitik muss in die Unternehmensphilosophie bzw. in die allgemeinen Zielsetzungen des Unternehmens eingebunden sein. Die Ausgestaltung erfolgt über einen Mix der zugehörigen, relevanten Instrumente (vgl. Abbildung 8.6):

Preisplanung
- Vor dem Hintergrund des Wettbewerbsdrucks durch die Globalisierung und einer stagnierenden Entwicklung des Marktvolumens in verschiedenen Wirtschaftsbereichen sowie der damit verbundenen Investitionszurückhaltung hat die Bedeutung der Preisplanung in den letzten Jahren insgesamt zugenommen [Dola95; Simo95]. Dies gilt auch für die Software-Branche, denn mehr als zuvor bildet heute der Preis den wertmäßigen Konsens von zwei Marktteilnehmern für die Bewertung der transferierten Leistung. Der Käufer vergleicht stets Preis und Nutzen. Letztlich bestimmt oft der Preis, ob ein Produkt gekauft wird und welches unter den konkurrierenden Produkten den Vorzug erhält [Simo92b].

Dabei entscheidet nicht, wie vielfach angenommen, automatisch das billigste Angebot. Preisdruck entsteht durch den Markt. Das Unternehmen versucht mit einem geeigneten Preisdrucksansatz entgegen zu wirken. Wichtig ist hierbei ein Verständnis bezüglich der Ursachen des Preisdrucks. So versucht zum einen der Nachfrager die Angebotspreise derart zu reduzieren, dass für ihn günstige Tiefstpreise entstehen. Andererseits entsteht Preisdruck auch durch die Preisgestaltung der Wettbewerber, die versuchen, durch interessante Preise im Rahmen eines Preissogansatzes (Anreizmaßnahme) die Kaufunwilligkeit der Nachfrager zu beseitigen.

Beim Leistungspreisansatz werden Änderungen der Produktleistung durch Preisanpassungen aufgefangen und umgekehrt.

Der Konkurrenzpreisansatz spielt vor allem im direkten Wettbewerb um Kunden und Aufträge, etwa bei Beratungsleistungen und der Erstellung von Individual-Software eine große Rolle. Hierbei wird versucht, die Akzeptanz des eigenen Angebots im Vergleich zum Wettbewerb durch günstige Preise zu erhöhen.

8   Entscheidungsfelder im Software-Marketing

Kontrahierungspolitik	
Instrument	**Ausrichtung**
• **Preisplanung**	• Preisdruckansatz • Preissogansatz • Leistungspreisansatz • Konkurrenzpreisansatz • Festpreisansatz • Preisanpassungsansatz
• **Rabattplanung**	• Mengenrabatt • Treuerabatt • Sonderleistungsrabatt • Skonto
• **Prämienplanung**	• Mengenprämie • Zeitprämie • Sonderleistungsprämie
• **Zahlungsmodalitäten-planung**	• Zahlungsorgankonzept • Zahlungswegekonzept • Zahlungsterminkonzept • Zahlungsmittelkonzept
• **Kreditplanung**	• Kapitalbeteiligung • Kreditgewährung • Kreditforderung

Abb. 8.6: Kontrahierungspolitische Instrumente zusammen mit beispielhaften Ausrichtungen

Bei der Festpreisansätzen wird der Preis über einen fixen Zeitraum unabhängig von den Markteinflüssen vereinbart. Damit wird die Preisplanung sowohl beim Anbieter wie auch beim Kunden gesichert.

Im Gegensatz dazu soll der Preisanpassungsansatz einen Modus liefern, nach welchem der Preis an veränderte Marktbedingungen angepasst wird.

8.3 Kontrahierungspolitik

Rabattplanung
- Rabatte sind Preisnachlässe vom Bruttopreis, die dazu dienen, individuell vereinbarte Preise zu differenzieren, ohne die Orientierung am Bruttopreis aufzugeben. Die Rabattpolitik spielt vor allem im Handel eine Rolle. In der Software-Branche werden ansonsten meist mengenabhängige Staffelpreise genannt (z. B. wenn es um eine größere Anzahl von Software-Lizenzen für ein nachfragendes Unternehmen geht).

  Typische Rabattarten sind Mengenrabatt, Treuerabatt Sonderleistungsrabatt und Skonto. Beim Mengenrabatt werden Abschläge für die Abnahme großer Mengen vereinbart. Langjährigen oder guten Kunden bzw. externen Absatzmittlern können bei Bestellung Treuerabatte als Instrument der Kundenbindung gewährt werden. Bei Sonderleistungsrabatten handelt es sich um Abschläge für von Absatzmittlern erbrachte Sonderleistungen. Skonti sind entsprechend den Zahlungsbedingungen gewährte, prozentuale Nachlässe, die an die kurzfristige Zahlung gekoppelt sind.

Prämienplanung
- Prämien sind zusätzliche Zahlungen des Unternehmens an die Absatzmittler. Denkbar sind z. B. eine Mengenprämie für ungeplante Absatzsteigerungen, Zeitprämien für das Erreichen kurzer Vertriebszyklen oder auch Sonderleistungsprämien für zusätzliche, nicht vereinbarte aber sich auf den Absatz positiv auswirkende Leistungen.

Zahlungsmodalitätenplanung
- Vor allem bei internationalen Geschäftsaktivitäten spielt das Instrumentarium der Zahlungsmodalitäten eine Rolle. Mit dem Zahlungsorgankonzept werden die Zahlungsorgane (Banken) festgelegt. Im Rahmen des Zahlungswegekonzepts wird festgelegt, über welche Zahlungswege das Unternehmen sein Geld erhält. Mit dem Zahlungsterminkomzept werden die Zahlungstermine bestimmt. Beim Zahlungsmittelkonzept werden Art der Zahlung und Währung festgelegt.

Kreditplanung
- Nicht immer ist die Finanzsituation bei Unternehmen, Kunden und Absatzorganen ideal. Für diese Fälle ist das Instrument der Kreditplanung gedacht. Sie beschreibt beispielsweise das Vorgehen zur Kapitalbeteiligung bei bestimmten Verkaufsorganen wie Handel, Vertriebsniederlassungen, zur Kreditgewährung oder zur Kreditforderung.

8.4 Kommunikationspolitik

*Jeder glaubt gern, was er wünscht,
die Dinge aber sind oft anders beschaffen.*
Demosthenes, griech. Redner und Staatsmann, 384-322 v. Chr.

Kommunikation Als Kommunikation wird der Austausch von Informationen bzw. Nachrichten zwischen zwei Akteuren, Sender und Empfänger, bezeichnet. Durch Reaktion oder Beantwortung wird aus diesem, zunächst einseitigen Informationsfluss, ein beiderseitiger Austausch von Nachrichten mit Beziehungen zwischen Sender und Empfänger. Die Beziehungen ergeben sich zunächst aus dem Sachaspekt der Nachricht und werden dann durch die Preisgabe von Hintergrundinformationen beider Seiten stabilisiert.

Ziel der Kommunikation ist es, durch bestimmte Nachrichten gezielt Reaktionen auszulösen, welche das Wissen vergrößern oder auch das Verhalten, die Einstellungen, Erwartungen, Emotionen, und Wünsche beeinflussen und ggf. steuern [Essl03]. Dabei gilt es, die Sprache des Kunden zu sprechen. Obwohl der Kommunikationsprozess an sich sehr einfach strukturiert ist, liegen genau hier die häufigsten Ursachen für das Scheitern von vielen Marketing-Aktivitäten. Dementsprechend stellt die Kommunikationspolitik eines der wichtigsten und sichtbarsten Einsatzfelder im Marketing dar.

Vorbereitung ist entscheidend Gute Kommunikation bedarf einer guten Vorbereitung und Planung. Empfehlenswert ist folgendes Vorgehen:

1. Zusatzinformationen sammeln
   Welche zusätzlichen, verwertbaren Informationen sind über potenziellen den Empfänger der Nachricht zu erhalten?
2. Kenntnisstand ermitteln
   Über welche Kenntnisse und allgemeine Voraussetzungen verfügen die Ansprechpartner?
3. Empfängergruppe ermitteln
   Wie können die Empfänger hinsichtlich der für eine Vermarktung erforderlichen Kriterien klassifiziert werden?
4. Informationsmittel auswählen
   Was sind die von den Empfängern bevorzugten und akzeptierten Informationsmittel und Darstellungsformen?
5. Interessenlage einschätzen
   Wie sieht das mutmaßliche Interesse der Empfänger und ihre Einstellung zum Sachaspekt der Nachricht aus?

6. Entscheidungskriterien eingrenzen
   Was sind die mutmaßlichen Kriterien und Maßstäbe für Entscheidungen der Empfänger?
7. Kommunikationsblocker ermitteln
   Welches sind heikle Themen und Tabus der Empfängergruppe?
8. Reaktionen vorhersehen
   Welches sind mögliche Fragen, Einwände und Reaktionen seitens der Empfänger?

Bereiche der Kommunikationspolitik

Die Gestaltung der Kommunikationspolitik hat sich in den letzten Jahren erheblich gewandelt. Vor allem in der IT-Branche sind neuere Instrumente wie das Event-Marketing oder Sponsoring inzwischen fest etabliert. Als typische Bereiche der Kommunikationspolitik gelten Werbung, Verkaufsförderung, Public Relations, Direkt-Kommunikation, Sponsoring, Event-Marketing, Messen und Ausstellungen sowie die Multimedia-Kommunikation:

- Mit der klassischen Werbung sollen durch einen zielgerichteten Einsatz spezieller Massenkommunikationsmittel Verhaltensänderungen bei den Adressaten bewirkt werden [Rogg04].

- Bei der Verkaufsförderung handelt es sich um Kommunikationsmaßnahmen zur Stärkung der Absatzwege und eigenen Absatzorgane [Kell82].

- Die Öffentlichkeitsarbeit (Public Relations) beinhaltet die Gestaltung von Beziehungen zwischen Unternehmen und der nach Adressatengruppen gegliederten Öffentlichkeit [Jefk92].

- Die Direkt-Kommunikation umfasst alle Kommunikationsmaßnahmen, die eine persönliche Ansprache der Kunden vorsehen oder durch die Bereitstellung von Rückmeldemöglichkeiten einen direkten Kontakt zum Kunden herstellen können [KiSo89].

- Das Sponsoring befasst sich mit der systematischen Förderung (Einsatz monetärer und nicht-monetärer Mittel) von Organisationen, Personen und Veranstaltungen beispielsweise im sportlichen, kulturellen oder sozialen Umfeld [Bruh91].

- Unter Event-Marketing wird die erlebnisorientierte Inszenierung von firmen- oder produktbezogenen Ereignissen sowie deren Planung, Organisation und Kontrolle im Rahmen der Kommunikationspolitik verstanden [AuDi93].

8   Entscheidungsfelder im Software-Marketing

- Messen und Ausstellungen sind Veranstaltungen mit Marktcharakter, auf welchen dem Besucher ein größeres Leistungsangebot eines oder mehrerer Wirtschaftszweige angeboten wird. Für die Aussteller werden gute Präsentationsmöglichkeiten geboten [Meff93].

- Die Multimedia-Kommunikation zeichnet sich durch den Einsatz verschiedener, miteinander verknüpfter elektronischer Medien aus, die Möglichkeiten zur interaktiven Nutzung bieten [Stei00b].

Paradigma der Kommunikation

Obwohl die Instrumente der Kommunikationspolitik sehr vielseitig sind, kann deren Gestaltung anhand eines einfachen Paradigmas erfolgen, das sich lediglich auf die Prinzipien des Kommunikationsmodels und einen einfachen Regelkreis stützt [Meff98]:

- Wer (Unternehmen, Sender)
- kommuniziert was (Nachricht)
- unter welchen Bedingungen (Situation)
- über welche Kanäle (Medien, Kommunikationsträger)
- zu wem (Empfänger, Zielperson, Zielgruppe)
- unter Anwendung welcher Abstimmungsmechanismen (Integrationsinstrumente)
- mit welcher Wirkung (Kommunikationserfolg, Image, Einstellung).

Corporate Identity

In jüngerer Zeit wird die Kommunikationspolitik verstärkt unter Gesichtspunkten einer kulturorientierten Integration betrachtet und ausgerichtet. Dabei wird zunächst durch ein festgeschriebenes System von Wertvorstellungen und Verhaltensweisen ein einheitliches Verhalten hinsichtlich der Außenwirkung erreicht (Corporate Behaviour). Hinzu kommt eine einheitliche optische Gestaltung der Unternehmensdarstellung und Produkte sowie von Präsentations-, Kommunikations- und Arbeitsmitteln mit Außenwirkung (Corporate Design). Der Corporate Communications kommt die Aufgabe zu, interne und externe Kommunikationsprozesse zu integrieren und den einheitlichen Auftritt des Unternehmens zu wahren. Zusammengefasst bilden diese Konzepte die Corporate Identity. Die Corporate Identity kann als ein strategisches Kommunikationskonzept zur Positionierung eines klar strukturierten, einheitlichen Selbstverständnisses eines Unternehmens nach innen und außen und damit als ein Instrument zur Unternehmensführung aufgefasst werden.

8.4 Kommunikationspolitik

Kommunikationspolitik	
Instrument	**Ausrichtung**
• Werbeplanung	• Insertionswerbung • Funk- und Filmwerbung • Internet-Werbung
• Verkaufsförderungsplanung	• Verkäuferunterstützung • Absatzmittlerunterstützung • Kundenansprache
• Planung zu Public Relations	• Presse- und Medienarbeit • Unternehmenskommunikation • Placements
• Planung zur Direkt-Kommunikation	• E-Mail-Kommunikation • Tele-Marketing • Direkt-Mailing • Face-to-Face-Ansprache
• Planung des Sponsoring	• Kultursponsoring • Sportsponsoring • Mediensponsoring • Content-Sponsoring
• Planung zum Event-Marketing	• Seminare • Anwenderkonferenzen • Roadshows
• Planung zu Messen und Ausstellungen	• Kongressbeteiligung • Messebeteiligung
• Planung der Multimedia-Kommunikation	• Virtuelle Communities • Virtuelle Ausstellungen • Webinare

Abb. 8.7: Kommunikationspolitische Instrumente zusammen mit beispielhaften Ausrichtungen

Die Auswahl der Instrumente der Kommunikationspolitik und ihrer möglichen Ausrichtungen (vgl. Abbildung 8.7) erfolgt auf Basis der Kommunikationsstrategie:

Werbung

- Von allen Kommunikationsinstrumenten hat die Planung der klassischen Werbung in Wissenschaft und Praxis die stärkste Beachtung gefunden (vgl. z. B. [Alth93]).

Der Einsatz von Insertionsmedien (Zeitungen, Publikums- und Fachzeitschriften sowie Außenwerbung) bietet vielfältige Möglichkeiten der Zielgruppenansprache. Zeitungen zählen zu den ältesten Werbeträgern. Die Vorteile der Zeitung liegen in ihrer kurzfristigen Disponierbarkeit, der genauen zeitlichen Planbarkeit sowie der räumlich differenzierbaren Ansprache (kommunal, regional, überregional, international). Nachteilig sind vor allem die eingeschränkte Zielgruppenselektion sowie die Beschränkungen hinsichtlich der Gestaltung. Publikumszeitschriften wie z. B. Illustrierte und Nachrichtenmagazine wenden sich an breit definierte Lesergruppen, sodass eine spezifische Zielgruppenansprache mit vergleichsweise hohen Streuverlusten verbunden ist. Dagegen können die Zielgruppen durch Fach- oder Special-Interest-Zeitschriften deutlich präziser und mit einem höheren Wahrnehmungsgrad angesprochen werden. Außenwerbung (Plakate, Lichtwerbung, Aufschriften auf Verkehrsmitteln usw.) eignet sich vor allem zur Steigerung der Markenbekanntheit. Wichtig sind dabei kurze und prägnante Botschaften, d. h. wenig Text mit hohem Bildanteil [HeDP86; NeHo85]. Als nachteilig sind vor allem die fehlenden Reichweitedaten sowie die problematische Wirkungsmessung anzusehen [Meff84].

Der Vorteil von Funk- und Filmwerbung (Hörfunk, Fernsehen, Kino) gegenüber Insertionsmedien ist ihre größere Realitätsnähe, die zum einen durch verschiedene Sinneswahrnehmungen aber auch durch die instantane Informationsvermittlung hervorgerufen wird. Allerdings ist die Aufmerksamkeit bei Hörfunk oder Fernsehen als eher gering einzustufen [Dahm83]. Im Gegensatz dazu bietet Kinowerbung einen größeren Spielraum der Spotlänge sowie eine höhere Kontaktwahrscheinlichkeit in Verbindung mit einer hohen Kontaktintensität [Götz82]. Allerdings ist der Zielgruppenbereich eingeschränkt. Funkwerbung wird mit ungerichteter Aufmerksamkeit wahrgenommen. Dem Funk kommt zudem die primäre Aufgabe einer raschen Bekanntmachung von Produkt und Botschaft zu [Meff98].

Die Werbung im Internet unterscheidet sich von der herkömmlichen Werbung vor allem durch eine Reihe neuer Werbemittel. Dazu zählen z. B. die unternehmenseigene Web-Site, spezielle Marketing-Sites mit elektronischen Katalogen, Werbebanner oder Werbebuttons (vgl. [Frit04, S. 216]).

Verkaufsförderung
- Die Verkaufsförderungsplanung zielt auf unterstützende, motivierende und absatzfördernde Wirkungen ab. Dabei können verkaufs-, personal-, handels- und kundengerichtete Maßnahmen unterschieden werden [Meff98, Kap. 5.42]. Bei den verkaufspersonalorientierten Maßnahmen stehen die Verbesserung der Verkaufsqualität sowie die Erhöhung der Verkäufermotivation im Vordergrund. Dies kann z. B. durch Entlohnung und Prämiensysteme, Informationsmaterial für Verkäufer, Schulungsmaßnahmen oder Argumentationshilfen erfolgen. Zur Unterstützung der Absatzmittler können z. B. Anzeigen und Beilagen in Insertionsmedien, Fachausstellungen, Partneraktionen, Sonderkonditionen, Seminare oder interessant gestaltete Verkaufsbeigaben eingesetzt werden. Kundenorientierte Maßnahmen zur Verkaufsförderung sollen vor allem die Aufmerksamkeit wecken und den kurzfristigen Absatz forcieren [PfEi93]. Erreicht werden kann dies etwa mit Handzetteln, Prospekten, Ausstellungen, Rabatten und Sonderkonditionen, Zugaben oder auch Gutscheinen.

Public Relations
- Die Planung der Öffentlichkeitsarbeit beschreibt Werbemaßnahmen für das Unternehmen als Ganzes [Naun93]. Damit übernimmt sie eine Reihe wichtiger Funktionen wie die Vermittlung von Informationen nach innen und außen, die Kontaktpflege zu relevanten Gruppen, die Imagepflege, die Förderung der Kaufbereitschaft oder die Vermittlung sozialökonomischer Unternehmensleistungen. Zur Erreichung dieser Ziele stehen verschiedenste Instrumente und Ansätze wie etwa die Presse- und Medienarbeit, Presseagenturen, die Kommunikation mit audiovisuellen und Print-Medien, die Aktions- und Veranstaltungskommunikation oder unternehmensinterne Kommunikationsinstrumente zur Verfügung.

Die Presse- und Medienarbeit gehört zu den wichtigsten Aufgaben im Marketing, da sie den Bekanntheitsgrad des Unternehmens nachhaltig steigern und positiv prägen kann. Die Presse- und Medienarbeit umfasst u. a. die Kontaktpflege

8   Entscheidungsfelder im Software-Marketing

zu Redaktionen sowie deren regelmäßige Information, die Datenbeschaffung und Analyse, das Verfassen von Leserbriefen, Pressemeldungen, Newletter, Fachartikeln, Case Studies und Success Stories, sowie die regelmäßige Erfolgskontrolle [Vers03c].

Die Unternehmenskommunikation bezieht sich sowohl auf interne (z. B. Mitarbeiter, Aktionäre, Betriebsrat, Außendienst) wie externe Zielgruppen (z. B. Kunden, Wettbewerber, Fachwelt, Behörden, Presse, Bevölkerung). Zu den wichtigsten Aufgaben in diesem Bereich zählen beispielsweise die Erstellung von Geschäftsberichten, Imagebroschüren, Hausmitteilungen, das Schwarze Brett, Mitarbeiterzeitungen, die Pflege des Intranet- und Internet-Auftritts oder die Zusammenstellung von Informationsmaterial für neue Mitarbeiter [UnFu99].

Product Placement besteht in der entgeltlichen Plazierung von Produkten oder Marken in der Handlung eines Spielfilms oder einer Fernsehsendung [Silb89]. Werden Informationen oder Beiträge eines Unternehmens gegen Zahlung eines Entgelts auf einer anderen Website veröffentlicht, spricht man von Content Placement bzw. Site Placement, falls komplette Webseiten gebucht werden [Krau99].

Direkt-Kommunikation

- Im Software-Marketing spielt die persönliche Kommunikation mit dem Kunden – Face-to-Face, per Telefon oder E-Mail – eine wichtige Rolle. Neben der Gewinnung von Neukunden ist vor allem die intensive Betreuung der aktuellen Kunden ein zentrales Ziel der Planung der Direkt-Kommunikation. Dabei wird die Verbesserung der Kundennähe und die Erhöhung der Kundenbindung angestrebt, was sich wiederum positiv auf die Effizienz der Kundenansprache auswirkt [Dall89].

  Im Rahmen der Direkt-Kommunikation bzw. Direktwerbung kann unterschieden werden zwischen schriftlichen Werbesendungen, Telefon-Marketing, E-Mail-Marketing und der Direktwerbung mit Rückantwortmöglichkeit (z. B. Couponanzeigen, Beilagen, Online-Werbung) [Hilk93].

Sponsoring

- In der Praxis ist eine Vielzahl unterschiedlicher Erscheinungsformen des Sponsoring anzutreffen (vgl. [Bruh98]). Je nach Sponsoringform und Planung sind die Zielprioritäten unterschiedlich ausgeprägt. So steht im Sportbereich die Steigerung des Bekanntheitsgrades im Vordergrund. Im Kulturbereich dreht sich das Sponsoring um die Kontaktpflege

8.4 Kommunikationspolitik

zu unternehmensrelevanten Gruppen und die Mitarbeitermotivation. Beim sozioökonomischen Sponsoring steht die Darstellung der gesellschaftlichen Verantwortung des Unternehmens im Mittelpunkt [AuDi93]. Eine für Software-Unternehmen interessante Art des Sponsoring ist die gezielte Bereitstellung von Software für Unterricht, Lehre oder Forschung an Schulen, Hochschulen oder öffentlichen Forschungseinrichtungen.

Das Internet erweitert die klassischen Kategorien des Sponsoring. Beim Content-Sponsoring wird z. B. das Logo oder ein Hyperlink eines Sponsors in eine Träger-Website integriert, um eine Verknüpfung zur Website des Sponsors zu schaffen [Bruh97; Frit04]. Diese Form des Sponsoring wird als zunehmend wichtiger eingestuft, wie der starke Anstieg der Werbeausgaben in diesem Bereich belegt [MFJP04].

Event-Marketing
- Eine der ältesten Event-Arten, die im Marketing eingesetzt werden, sind Seminare. In neuerer Zeit haben sich vor allem ganztägige, kostenpflichtige Veranstaltungen mit moderater Teilnahmegebühr (ca. 50 Euro) methodischen oder fachlichen Inhalten sowie interessanten Vorträgen durch unabhängige Experten (Hochschullehrer, Analysten, Praktiker) bewährt [Vers03b].

Roadshows sind kurze Seminarreihen, Tutorials oder Produktpräsentationen im Rahmen von Vorträgen, die in verschiedenen Städten kurz hintereinander jeweils zum gleichen Thema stattfinden. Der Erfolg einer Roadshow hängt vor allem von der Themenstellung und der Intensität der Bewerbung ab.

Anwenderkonferenzen sind in der IT-Branche sehr beliebt, da sie das Cross-Selling fördern. Kunden berichten über ihre positiven Erfahrungen und wirken so als Multiplikatoren. Allerdings sind Anwenderkonferenzen – selbst bei einer geringen Teilnehmerzahl – mit erheblichem Aufwand verbunden [Vers03b].

Messen und Ausstellungen
- Messen, Kongresse und Ausstellungen gehören zu den klassischen Kommunikationsmitteln der Investitionsgüterindustrie [NiDH02, S. 1002]. Sie für die IT-Branche von großer Bedeutung, da sie eine direkte Kundenansprache ermöglichen. Messen und Ausstellungen richten sich an ein breiteres Publikum während Kongresse ein bestimmtes Zielpublikum haben [FrvO01]. Bei Kongressen ist die Teilnehmerzahl zwar deutlich geringer als bei Messen, dafür sind die Streuverluste

für Aussteller wesentlich geringer und die Möglichkeiten zum direkten Kontakt vielfältiger. Beim Erstellen der Planung sollte berücksichtigt werden, dass die Hauptmotivation für einen Messebesuch das Informationsbedürfnis über Neuheiten ist [oV03]. Außerdem spielt die Qualität der Vor- und Nachbereitung mit Mitteln der Direktwerbung eine zentrale Rolle [Spry85]. Allgemein ist deshalb zu beobachten, dass vor allem Dienstleistungsanbieter mit erklärungsbedürftigen Leistungen dazu tendieren, lieber mehrere kleine Kongresse zu besuchen als sich auf einen Großauftritt zu konzentrieren [Vers03b].

Multimedia-Kommunikation

- Die Planung der Multimedia-Kommunikation ist durch ihre vielfältigen Ausprägungen nicht unproblematisch. Eine besondere Herausforderung internetbasierter Kommunikationspolitik stellt etwa der Aufbau virtueller Communities dar. Zur Verfolgung dieses Ziels werden beispielsweise Chatrooms und Diskussionsforen eingerichtet, aber auch vorhandene Communities gezielt angesprochen [StEF03]. Besonders wichtig sind die vom Anbieter direkt eingerichteten und kontrollierten Kommunikationsplattformen (elektronische Kundenclubs), die zur Marktforschung oder für Werbung und Vertrieb genutzt werden können [Zerb03]. Des Weiteren stärken sie die Kundenbindung [KoKi04] und unterstützen die Beziehungspflege zu Mitarbeitern und Geschäftspartnern [BuFM03].

  Virtuelle Ausstellungen und virtuelle Messen werden zunehmend populärer [Back03, S. 453]. Im Internet treten Messen in unterschiedlicher Form auf, etwa als temporäre oder permanente Messen, als Begleitmessen zur Unterstützung konventioneller Messen oder als Substitutionsmessen zum Ersetzen traditioneller Messen [Frit04, S. 237].

  Webinare sind virtuelle Seminare, bei welchen ein Vortrag über das Internet audiovisuell präsentiert wird. Dabei haben Teilnehmer die Möglichkeit, in einem Chatroom direkt während der Präsentation Fragen zu stellen. Allerdings bestehen bei Webinaren zurzeit noch erhebliche Akzeptanzprobleme [Vers03b].

9 Management und Organisation des Marketing

In der IT-Branche gibt es die unterschiedlichsten Management- und Organisationsansätze. Zudem existiert eine Vielzahl unterschiedlicher Typologien hinsichtlich der Führungs- und Organisationskultur (vgl. z. B. [DeKe82; FMLL85; Hand93; Harr72; Scho87; TrHa97]).

Organisation und Koordination

Im Rahmen der Marketing-Organisation werden absatzspezifische Aufgaben unter Einsatz der Marketing-Instrumente konzipiert, gesteuert und als koordinierendes Moment in die gesamtbetriebliche Struktur eingebracht. Wesentliche Aspekte, Ansätze und Erfordernisse für eine erfolgreiche Strukturierung der Marketing-Organisation sowie zur Koordination des Aufgabenspektrums des Software-Marketing werden im Folgenden erläutert. Detaillierte Darstellungen finden sich in der einschlägigen Fachliteratur sowie in den angegebenen Quellen.

9.1 Organisation und Aufgabengliederung

Organisation ist die Kunst, andere für sich arbeiten zu lassen.
Überorganisation ist die Kunst, andere von der Arbeit abzuhalten.

Jonathan Zenneck, dt. Physiker, 1871-1959.

Organisations-begriff

In der betriebswirtschaftlichen Literatur existiert hinsichtlich des Organisationsbegriffs im Detail kein einheitliches Bild. Beispielsweise definiert Wöhe Organisation als einen Prozess zur Entwicklung einer Ordnung aller betrieblichen Tätigkeiten (Strukturierung) in Verbindung mit der Gesamtheit der Regelungen, die zur Realisierung der geplanten Ordnung der betrieblichen Prozesse und Erscheinungen dienen [Wöhe02]. Grochla versteht unter Organisation die Strukturen von Systemen zur Erfüllung von Daueraufgaben [Groc72], während Blohm Organisation als eine methodische Zuordnung von Menschen und Sachen definiert, sodass durch ein bestmögliches Zusammenwirken gesetzte Ziele dauerhaft erreicht werden können [Bloh77]. Teilweise werden in den Begriff der Organisation auch die Planung der Ordnung oder die gestaltenden Kräfte eines Unternehmens einbezogen. Ganz allgemein kann Organisation als dauerhaftes Strukturieren bzw. Regeln von Verhaltenserwartungen in einem Unternehmen verstanden werden.

Planung, Organisation, Führung

Zwischen Planung, Organisation und Führung bestehen wechselseitige Beziehungen. Grundsätzlich müssen alle betrieblichen Aktivitäten geplant werden, sodass es auch eine Planung der Organisation gibt. Organisieren bedeutet durch formale Regelungen – d. h. schriftlich und unabhängig von bestimmten Individuen – eine längerfristig gültige Struktur des Unternehmens bzw. seiner Teilbereiche festzulegen. Beim Führen werden Verhaltenserwartungen nicht durch formale Regelungen durchgesetzt, sondern es findet eine persönliche Beeinflussung des Verhaltens eines Individuums oder einer Gruppe bezüglich gemeinsamer Ziele statt.

Struktur und Kultur

Die getroffenen Regelungen werden letztlich durch ein soziales System strukturiert. Die Ordnung erfolgt über die zum System gehörenden Menschen, den Einsatz von Mitteln und die Verarbeitung von anfallenden Informationen. Die formale Organisation, d. h. die Organisationsstruktur, kann man sich dabei als Spitze eines Eisbergs vorstellen; sie schwimmt nur so lange, wie sie vom unsichtbaren Teil, der Organisationskultur, getragen wird [FrBe82].

Organisationskultur

Bezüglich des Begriffs der Organisationskultur existieren in der Fachliteratur ebenfalls unterschiedliche Definitionen [Brow95]. Verbreitet ist die Auffassung von Schein, wonach ein in sich logischer Satz allgemein akzeptierter und verwendeter Grundannahmen die Organisationskultur in einem Unternehmen ausmacht [Sche85]. Für die IT-Branche stellt die Organisationskultur einen zentralen Erfolgsfaktor dar. Dies begründet sich durch die Projektarbeit, wo ein bestimmtes Ergebnis mit unterschiedlichen Ressourcen innerhalb einer gewissen Zeit erzielt werden soll [Clel88; FiKr91]. Anderseits ergibt sich durch die zunehmende Internationalisierung die Notwendigkeit, interkulturelle Teams im In- und Ausland erfolgreich zu leiten [Stah98; Rath03].

Kultureller Unterschied reduziert Erfolg

Mangelnder wirtschaftlicher Erfolg technisch geprägter Unternehmen kann daher häufig kulturell bedingt sein. Kritisch sind vor allem Disharmonien im Verhältnis zwischen Technikern und Kaufleuten [Soud81]. Dabei lassen sich die folgenden Problembereiche identifizieren:

- Zwischen technischen Bereichen und dem Marketing – aber auch zu anderen kaufmännischen Bereichen – besteht eine

9.1 Organisation und Aufgabengliederung

zu geringe Kommunikation. Marktinformationen werden von Technikern und Entwicklern nicht ausreichend berücksichtigt. Technische Informationen seitens der Entwickler können im Marketing oft nur schwer aufgenommen und weiterverarbeitet werden.

- Eine unzureichende konstruktive Interaktion zwischen Entwicklung und Marketing führt zu Abstimmungsproblemen und Reibungsverlusten bei Planungen zur Produktentwicklung und Produkteinführung.

- Der Mangel an gegenseitiger Wertschätzung reduziert die Problemlösungsqualität und wirkt einer besseren Übereinstimmung von Werten und Zielen von Individuen, Gruppen und Unternehmen entgegen.

- Fehlendes gegenseitiges Vertrauen – eine Folge mangelnder Kooperation – verstärkt bestehende Disharmonien, Vorurteile und Fehleinschätzungen.

Ursachen für Disharmonien

Diese Problembereiche können oft auf die folgenden Auslöser zurückgeführt werden [Soud81]:

- Dem technischen Denken von Ingenieuren und Software-Entwicklern steht das markt- bzw. betriebswirtschaftlich orientierte Denken des Marketing gegenüber;

- Arbeitsleistungen und Wertschöpfungsbeiträge der einzelnen Mitarbeitergruppen werden unterschiedlich wahrgenommen und bewertet;

- es existieren unterschiedliche Anreizsysteme für die einzelnen Mitarbeitergruppen.

Marketing-Organisation

Aufgabe der Marketing-Organisation ist es, in diesem Spannungsfeld dauerhafte Strukturen zu schaffen, die eine möglichst optimale markt- und wertschöpfungsorientierte Entscheidungsfindung und Arbeitsweise ermöglichen. Nach Lewin sollte hierfür möglichst ein Veränderungsbedürfnis der betroffenen Mitarbeitergruppen entwickelt werden [Lewi47]. Des Weiteren ist zu klären, welche Priorität und welcher Stellenwert dem Marketing innerhalb des Unternehmens zukommt, wie die innere Aufbaustruktur des Marketing-Bereichs auszusehen hat, wie einzelne Funktionsbereiche strukturiert werden sollen und welche organisatorischen Regelungen zur Erreichung von Zwecken und Zielen des Unternehmens gelten müssen [Bidl73; KoBl95]. Dabei sollten folgende Grundsätze berücksichtigt werden (vgl. [Wagn75]):

- Die Aufbauorganisation muss eine innerbetriebliche Abstimmung sowie eine effiziente Koordination der Marketing-Aktivitäten erlauben.
- Die Marketing-Organisation muss auf konkrete Marktanforderungen flexibel und leistungsfähig reagieren können.
- Kreativität und Innovationsbereitschaft der involvierten Mitarbeiter müssen durch die gewählte Organisationsform gefördert werden.
- Die festgelegten Strukturen müssen eine sinnvolle Spezialisierung nach Funktionen, Produkten, Märkten, Absatzgebieten etc. erlauben.

Grundformen der Organisation

Je nach Anforderung und Komplexität der zu lösenden Aufgaben und Zielsetzungen des Unternehmens sind in der Praxis verschiedene Grundformen der Marketing-Organisation bzw. Kombinationen dieser Grundformen anzutreffen (vgl. z. B. [Böck88; Bühn04; HiFU94; LaLi93; Meff98]):

- Im Rahmen der Aufbauorganisation erfolgt die Gliederung in funktionsfähige Einheiten beispielsweise nach Funktionen, Produkten oder Absatzmärkten.
- Bei einer Ablauforganisation erfolgt die organisatorische Gestaltung anhand konkreter Arbeitsprozesse.
- Ziel der internen Marketing-Organisation ist die Strukturierung der Absatzaufgaben innerhalb des Unternehmens.
- Die externe Marketing-Organisation ist wichtig, wenn ein Unternehmen im Rahmen strategischer Allianzen und virtueller Organisationsformen mit externen Partnern kooperiert.
- Bei der zentralen Marketing-Organisation wird die Entscheidungsbefugnis auf einen oder wenige Entscheidungsträger fokussiert.
- Bei der dezentralen Organisation erfolgt eine weitgehende Delegation der Entscheidungskompetenz auf tiefere, mehr operative Hierarchieebenen.
- Bei eindimensionalen Organisationsformen werden Marketing-Aufgaben auf Geschäftsleitungsebene nach einem einzigen Gliederungskriterium zusammengefasst.
- Mehrdimensionale Organisationsformen sind dadurch gekennzeichnet, dass die Strukturierung nach mehr als einem Kriterium erfolgt. Hier liegt in der Regel eine Matrix- oder Tensororganisation vor.

9.1 Organisation und Aufgabengliederung

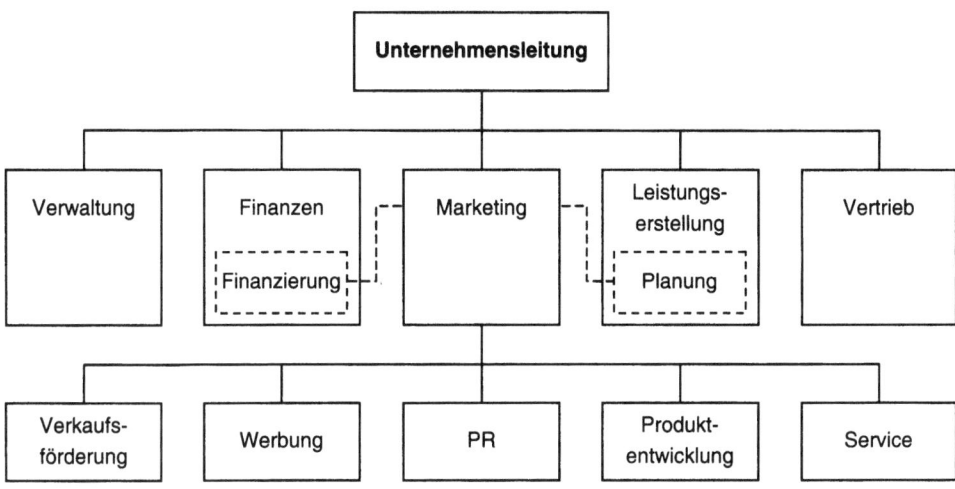

Abb. 9.1: Integrierte Marketing-Organisation mit Dotted Lines (in Anlehnung an [Bidl73])

- Temporäre Organisationsformen, wie z. B. Projekte oder Task-Forces, bieten sich an, wenn eine bestimmte Aufgabe priorisiert innerhalb einer gewissen Zeit gelöst werden muss.

Transaktionskosten
Einen Ansatzpunkt zur Auswahl geeigneter Organisationsformen bietet die Transaktionskostentheorie [Coas37; PiSc02]. Sie liefert einen theoretischen Rahmen für die Identifikation von Möglichkeiten des Leistungsaustauschs sowie zur Bewertung ihrer Effizienz. Markt und Unternehmen bilden dabei Pole eines Kontinuums, zwischen denen hybride Organisationsformen liegen, die sowohl marktorientierte als auch hierarchische Koordinationsmechanismen nutzen [Sydo92]. Aufgrund der Innovationsdynamik und dem geforderten Fachwissen eignen sich für die Software-Industrie vor allem hybride Organisationsformen [vBBu04].

Flache Hierarchie in der IT-Branche
In der IT-Branche existieren in den meisten Marketing-Abteilungen nur zwei Hierarchieebenen [HäPV03]. Allerdings existieren zahlreiche Schnittstellen innerhalb der einzelnen Organisationseinheiten. Oft hat ein Mitarbeiter daher gleichzeitig zwei verschiedene Vorgesetzte; einen, dem er disziplinarisch unterstellt ist und einen, an den er fachlich berichtet (Dotted Line). Abbildung 9.1 zeigt ein Beispiel für die integrierte Aufhängung des Marketing innerhalb einer Organisationsstruktur.

9.2 Koordination des Software-Marketing

> *Eines Tages wird alles gut sein, das ist unsere Hoffnung.*
> *Heute ist alles in Ordnung, das ist unsere Illusion.*
>
> Voltaire, frz. Philosoph, 1694-1778.

Arbeitsteilung erfordert Koordination

Durch Strukturierung im Rahmen der Organisation werden die zu erfüllenden Aufgaben in Teilaufgaben zerlegt und verschiedenen Aufgabenträgern zugeordnet (Differenzierung). Die Spezialisierung führt zwar zu einer Steigerung der Arbeitsproduktivität, allerdings ergibt sich das Problem, diese Teilaufgaben aufeinander abzustimmen und zu einer Gesamtleistung zusammenzuführen. Die Notwendigkeit zur Koordination von Aktivitäten und Tätigkeiten ist somit eine direkte Folge der Arbeitsteilung und der damit verbundenen Zerschneidung bestehender Interdependenzen im Unternehmen [Adam96; BrHa93].

Reduktion des Koordinationsbedarfs

Durch die Zerlegung einer Gesamtorganisation in spezialisierte Teileinheiten entsteht vor allem für das Marketing eine Vielzahl organisatorischer Schnittstellen. Es ist deshalb wichtig, den Koordinationsbedarf zwischen Marketing und anderen Funktionsbereichen durch geeignete Maßnahmen zu reduzieren [Meff98; KiKu92]. Dies kann beispielsweise durch die Bildung von organisatorischen und disziplinarischen Teileinheiten (z. B. Abteilungen oder Teams) erfolgen. Dabei bündeln sich die Abstimmungstätigkeiten auf der jeweiligen Leistungsebene und es findet eine Entkopplung zwischen den Mitarbeitern innerhalb und außerhalb der betrachteten Organisationseinheit statt.

Key Accounting

Dieses Prinzip wird auch beim Aufbau einer kundenorientierten Marketing-Organisation im Rahmen des Key Account Management verfolgt. Dabei wird ein Key Account Manager eingesetzt, der für die individuelle Betreuung bestimmter Kunden oder Kundengruppen zuständig ist („One face to the customer"). Bei der Einführung spezieller Marketing-Programme übt der Key Accounter einen koordinierenden Einfluss auf andere Organisationseinheiten innerhalb des Unternehmens aus. Umgekehrt ist ein Key Account Manager für die Organisationseinheiten eine direkte Schnittstelle zum Kunden, sodass Kundenanforderungen zielgerichtet aufgenommen werden können.

Deckung des Koordinationsbedarfs

Der verbleibende Koordinationsbedarf innerhalb der Organisation muss mit geeigneten Instrumenten möglichst wirtschaftlich gedeckt werden:

- Persönliche Weisung
  Die Koordination erfolgt über einen direkten Vorgesetzten. Es findet ein vertikaler Informations- und Kommunikationsfluss statt. Der Vorgesetzte entscheidet Konfliktsituationen und koordiniert die anstehenden Aufgaben durch das Setzen von Prioritäten [Meff98].

- Selbstbestimmung
  Die Selbstkoordination kann durch die Schaffung teamorientierter Strukturen erreicht werden [Werm94]. Die interne Abstimmung erfolgt durch offizielle Gruppenentscheidungen im Rahmen eines kooperativen Führungsstils. Den Vorteilen einer höheren Motivation der Teammitglieder stehen Nachteile wie ein erhöhter Zeitaufwand für Abstimmungen oder auch Qualifikationsprobleme gegenüber.

- Programme
  Die Koordination über Programme basiert auf Lern- und Entwicklungsprozessen im Unternehmen. Gemachte Erfahrungen werden in Handbüchern, Verfahrensanweisungen oder Wissensdatenbanken zusammengefasst und zugänglich gemacht. Dies ist insbesondere bei standardisierten Koordinationsaufgaben ein geeigneter Ansatz.

- Pläne
  Bei der Koordination über Pläne erhalten die Mitarbeiter in regelmäßigen Abständen Vorgaben, die ihre Aufgaben koordinieren. Die Vorgaben werden dabei im Rahmen eines geregelten und institutionalisierten Prozesses erarbeitet und dokumentiert. Von Vorteil ist, dass die Führung weder über persönliche Weisungen noch über Selbstkoordination, sondern anhand von Ziel- und Zeitvorgaben sowie durch sachliche Rahmenvorgaben erfolgt. Die Detailgestaltung kann dann wieder im Team erfolgen. Dieser Ansatz bedient sich klassischer Konzepte des Projektmanagements und ist deshalb sehr gut für die Koordination von Aktivitäten in komplexeren und dynamischen Marktsituationen geeignet. Des Weiteren werden der Controlling-Prozess sowie Planungskorrekturen erheblich vereinfacht, da zu jeder Zeit Soll-/Ist-Vergleiche vorgenommen werden können.

- Unternehmenskultur
  Bei der Koordination über die Unternehmenskultur erfolgt der Abstimmungsprozess ohne formal vorgegebene organisatorische Regelungen. Bei diesem Ansatz wird ausgenutzt, dass gemeinsame Werte und gegenseitiges Vertrauen unter

bestimmten Umständen die informelle Abstimmung zwischen den Organisationseinheiten positiv beeinflussen [BiSF02; Sche85]. Entscheidend dabei ist, dass entweder möglichst viele Organisationseinheiten gleiche Vorstellungen und Überzeugungen haben, oder dass die Organisationsstruktur relativ klein ist (beispielsweise bei einem Startup).

Komplexität Die Vielschichtigkeit der Aufgaben des Marketing sowie die Auswirkungen der Koordination und Kommunikation führen dazu, dass die unternehmensinterne Komplexität zunimmt. Dies schlägt sich z. B. in komplexen Produkten und Produktprogrammen sowie in komplexen Prozessen und Organisationsstrukturen nieder, wodurch letztlich unnötige Mehrkosten entstehen [AdRo96]. Typische Komplexitätstreiber sind (vgl. [Meff98; Fres95]):

- die Anzahl der bei einer Entscheidung zu berücksichtigenden Variablen bzw. Einheiten (Eigenkomplexität),
- die Anzahl der Beziehungen oder Schnittstellen zwischen den Variablen bzw. Einheiten (Relationenkomplexität) sowie
- die Variabilität der zu berücksichtigenden Aspekte und Beziehungen (dynamische Komplexität).

Reduktion der Komplexität Die Komplexität von Organisationsstrukturen kann mittels graphischer Darstellungen über das Verhältnis der Anzahl von bestehenden Verbindungen zur Anzahl der beteiligten Einheiten ermittelt werden [DiTT99]. Beispielsweise ist die Komplexität einer einzigen Einheit ohne Verbindungen Null. Bei zwei miteinander verbundenen Einheiten beträgt sie 0,5. Bei einer vollständigen Vermaschung von fünf Einheiten ergibt sich bereits eine Komplexität von 2,0. Bei vollständiger Vermaschung steigen die Komplexität und der Koordinationsbedarf proportional zur Anzahl von Einheiten (~ Einheiten/2 – 1/2). Daher kann der Koordinationsbedarf auf verschiedenen Ebenen durch eine Vereinfachung der strukturellen Abhängigkeiten reduziert werden:

- Auf Programmebene greift z. B. die Programmbereinigung [Wild90]
- Die Vereinfachung von Produktkonzepten, z. B. durch Produktlinienansätze [BKPS04], hilft auf der Produktebene.
- Auf Prozessebene erfolgt die Reduktion der Prozesskomplexität z. B. durch Segmentierung [Wild95], Entkopplung [ReBe95], Outsourcing und Dezentralisierung [PiRW03] sowie durch Kundenintegration [Klei96].

10 Marketing-Controlling

Das Konzept des Controlling hat in den vergangenen Jahrzehnten eine starke Aufgabenausweitung erfahren. Das Controlling entwickelt sich zunehmend zu einem Konzept zur informationellen Sicherung der ergebnisorientierten Unternehmensführung, wobei die Aufgaben der Informationsversorgung, Planung, Koordination und Kontrolle auf den unterschiedlichen Ebenen miteinander in Beziehung gesetzt werden.

Gegenstand und Besonderheiten

Wie im Folgenden kurz dargestellt wird, bestehen die Besonderheiten des Marketing-Controlling hauptsächlich in der Notwendigkeit zur Kombination von Daten des internen Rechnungswesens mit externen Marktforschungsinformationen unter der Berücksichtigung definierter Zielgrößen des Unternehmens [Meff98]. Das Marketing-Controlling leistet zudem den betriebswirtschaftlichen Service an der Schnittstelle zwischen Unternehmen und Markt, indem es beispielsweise durch Soll-Ist-Vergleiche oder Abweichungsanalysen grundlegende Daten und Methoden für zukunftsgerichtete Steuerungsfunktionen zur Verfügung stellt [Köhl76; Ehrm04].

10.1 Controlling für das Software-Marketing

Who controls the past controls the future.
George Orwell, eng. Schriftsteller, 1903-1950.

Abgrenzung

Die Ermittlung und Bewertung relevanter Daten für das Marketing ist nicht unproblematisch, da sich die relevanten Bereiche Marketing, Rechnungswesen und Controlling inhaltlich sehr unterscheiden. Während das Rechnungswesen hauptsächlich quantitative Unternehmensdaten erfasst und auswertet und sich das Controllling in der Regel stark auf diese Daten fokussiert, stützt sich das Marketing schwerpunktmäßig auf verhaltenswissenschaftliche Erklärungsansätze. Dementsprechend übernimmt das Marketing-Controlling die Transparenzverantwortung im Marketing, indem es relevante Unternehmens- und Marktdaten für das

Marketing zugänglich macht und dadurch Wirtschaftlichkeit sowie eine zielgerichtete Koordination der Marketing-Aktivitäten gewährleistet. Die wichtigsten Ziele des Marketing-Controlling sind die wirksame Unterstützung der Aufgaben zur Steuerung und Koordination des Marketing sowie die Überprüfung der geplanten Marketing-Maßnahmen. Das Marketing-Controlling kann daher nicht mit bloßer Kontrolle gleichgesetzt werden [Böck90; Klos03b].

Gestaltungsaufgaben

Bei der Gestaltung des Marketing-Controlling sind die Rahmenbedingungen zu beachten, welchen das Marketing in den jeweiligen Unternehmen unterliegt. Hierzu zählen die branchenspezifische Marktdynamik, der eingesetzte Marketing-Mix, die Unternehmensstrukturen oder die Unternehmensstrategie. Grundsätzlich kann bei der Ausgestaltung des Marketing-Controlling zwischen der Art der Marketing-Controlling-Funktionen (systemgestaltend sowie systemnutzend) und dem Gegenstand dieser Funktionen (Information, Planung, Kontrolle, Koordination) unterschieden werden [Meff98].

Die Funktionen beinhalten im Wesentlichen die Sicherstellung der Koordination von Marketing-Entscheidungen und Marketing-Maßnahmen durch die Entwicklung und Implementierung von Marketing-Informationssystemen [Moor94] sowie organisatorischen Richtlinien, Planungsinstrumenten und Kontrollinstrumenten. Hinzu kommt die kontinuierliche Abstimmung von Informationsversorgung, Planung und Kontrolle [Horv03]:

Informationsversorgung

- Im Rahmen der Informationsversorgung ist das Marketing-Controlling für die Erfassung und Bereitstellung aller planungs-, entscheidungs- und kontrollrelevanten Informationen zuständig. Zur Gewinnung der benötigten Marktinformationen greift das Controlling auf Methoden und Verfahren der Marktforschung zurück (vgl. z. B. [DaHo02]).

Planung

- Die Planungsfunktionen des Marketing-Controlling liegen in der Unterstützung des Managements auf allen Ebenen des Planungsprozesses [Meff98].

Kontrolle

- Die Kontrollfunktionen umfassen die systematische und objektive Überprüfung der Produkt-Marktbeziehungen, der Organisationseinheiten des Marketing sowie der einzelnen Marketing-Aktivitäten [Köhl93]. Typische Bezugsgrößen sind beispielsweise Kosten, Erlöse, Deckungsbeiträge, Umsatzrenditen oder Absatzmengen.

10.1 Controlling für das Software-Marketing

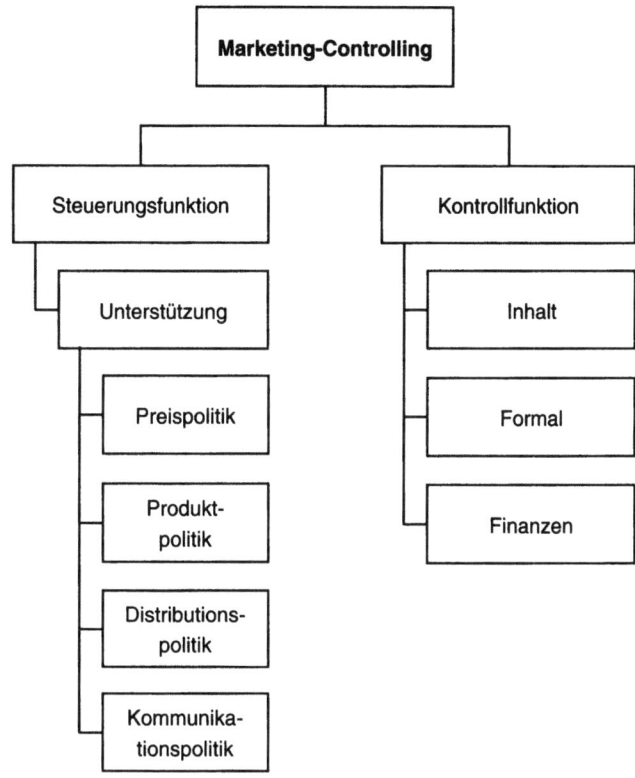

Abb. 10.1:   Kernbereiche des Marketing-Controlling

Koordination
- Die Koordinationsfunktion resultiert vor allem aus der zunehmenden Verteilung und Modularisierung der am Marketing beteiligten Organisationseinheiten [PiRW03]. Hierdurch wächst der Abstimmungs- bzw. der Koordinationsbedarf.

Wie in Abbildung 10.1 dargestellt, können dem Marketing-Controlling vier Kontroll- und Unterstützungsfelder zugeordnet werden (vgl. z. B. [Ehrm04; LiGV00; Zerr00]):

Formales
- Das formale Controlling zielt auf die Einhaltung gesetzlicher, vertraglicher und unternehmensinterner Vorschriften, Vereinbarungen und Festlegungen. Dies beinhaltet beispielsweise die Einhaltung von Gestaltungs- und Dokumentationsvorgaben oder die formalen Aspekte der Marketing-Planung.

Inhalt
- Das inhaltliche Controlling bezieht sich im wesentlichen auf die Zielerreichung, die Qualitätskontrolle, die sachliche De-

finition von Marketing-Strategie und Marketing-Konzeption sowie auf Termineinhaltung und Personaleinsatz.

Finanzen
- Das finanzielle Controlling hat die Budgetierung, die Steuerung und Überwachung von Ressourcenverbrauch sowie die Überwachung marktbezogener Investitionen zum Gegenstand. Des Weiteren werden im Rahmen des finanziellen Controlling Risiken durch entsprechende Umfeldanalysen bewertet und geeignete Präventivmaßnahmen ausgearbeitet.

Unterstützungsfelder
- Das Controlling der Unterstützungsfunktionen bezieht sich auf die Steuerung und Überwachung der Maßnahmen zum Marketing-Mix. Im Rahmen preispolitischer Konzepte sind Informationen der betrieblichen Kostenrechnung und des Marketing-Controlling insbesondere dann unverzichtbar, wenn kurzfristige preis- und konditionenpolitische Maßnahmen unterstützt werden sollen. Beispielsweise ist bei einer Entscheidung hinsichtlich einer kundengerechten Rabattgewährung sicherzustellen, dass die Folgen aufgezeigt werden.

Die Unterstützung produktpolitischer Maßnahmen ist vor allem darauf ausgerichtet, wie welches Produkt an der Wertschöpfung beteiligt ist. Hierzu ist eine strukturierte Erfassung und Auswertung von Kosten und Leistungen auf Basis der vorhandenen Informationen aus der betrieblichen Kostenrechnung notwendig. Im Idealfall erfolgt die Aufbereitung der Informationen durch den Aufbau eines Systems für das Marketing-Accounting.

Die Unterstützung distributionspolitischer Entscheidungen bezieht sich vor allem auf die Bereitstellung von Informationen zur Bewertung der Wirtschaftlichkeit der Vertriebsaktivitäten. Die Hauptinformationsquelle ist die betriebliche Kosten- und Leistungsrechnung. Für eine erfolgsorientierte Vertriebssteuerung ist zudem eine Erfassung der durch die unterschiedlichen Erfolgsträger verursachten Kosten erforderlich, beispielsweise im Rahmen einer Deckungsbeitragsrechnung. Um Entscheidungsträgern einen schnellen und konzentrierten Überblick über die jeweiligen Absatz-, Kunden-, Wettbewerbs- und Marktbedingungen zu liefern, sollte ein aussagefähiges Kennzahlensystem bereit gestellt werden.

Ein weiterer, relevanter Unterstützungsbereich betrifft die Aufbereitung und Lenkung von Informationen des vertrieblichen Berichtswesens.

10.1 Controlling für das Software-Marketing

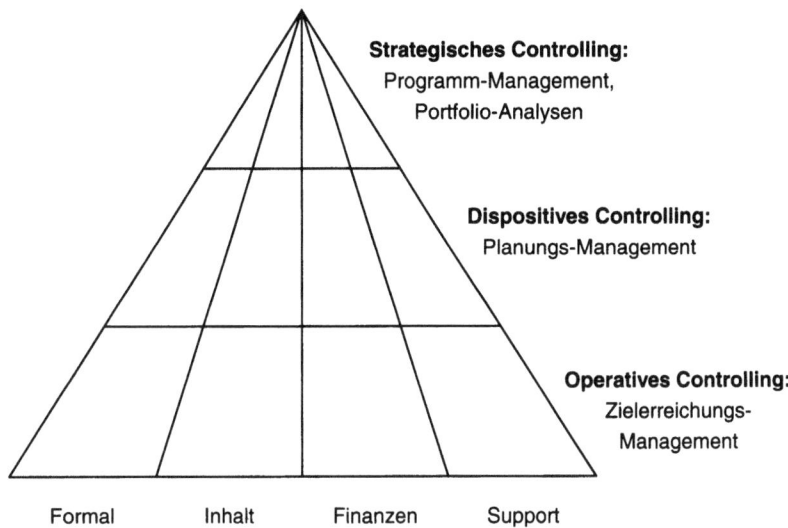

Abb. 10.2: Management-Aktivitäten des Controlling

Im Bereich der Kommunikationspolitik beschränkt sich das Marketing-Controlling im wesentlichen auf die Programmplanung der Kommunikationsmaßnahmen und die Erfolgskontrolle der durchgeführten Maßnahmen. Das Kommunikationsbudget wird entsprechend der gesammelten und aufbereiteten Informationen festgelegt und nach diversen Zuordnungsgesichtspunkten verteilt. Eine zentrale Rolle spielen hier Kennzahlensysteme sowie Regressionsanalysen zur Bestimmung des Kommunikationserfolgs.

Strukturierung des Marketing-Controlling

Grundsätzlich ist das Marketing-Controlling als Bestandteil des Unternehmens-Controlling zu betrachten. Dadurch ergibt sich die Notwendigkeit zur Einbettung des Marketing-Controlling in die Unternehmensorganisation (vgl. [Prei99]). Ordnet man das Spektrum der Aktivitäten des Marketing-Controlling einer Management-Pyramide [Kore99, S. 156] zu, ergibt sich das in Abbildung 10.2 dargestellte System des Programm-, Planungs- und Zielerreichungs-Controlling. In der Literatur werden überwiegend das strategische und das operative Marketing-Controlling als die beiden wesentlichen Erscheinungsformen diskutiert.

Marketing-Controlling

Strategisches Marketing-Controlling

Das strategische Marketing-Controlling zielt auf die systematische Schaffung und Erreichung zukünftiger Erfolgspotenziale ab, die der langfristigen Existenzsicherung des Unternehmens dienen. Zur Abgrenzung des Aufgabenspektrums werden systemgestaltende und systemnutzende Funktionen des Marketing-Controlling unterschieden [Meff98]. Im Rahmen der Systemgestaltung wird vor allem die informelle Basis zur Anwendung strategischer Instrumente wie z.B. die SWOT-Analyse, das Portfolio-Management oder die Lebenszyklusanalyse geschaffen.

Bei den systemnutzenden Funktionen kommt der Informationsversorgung eine besondere Bedeutung zu, da sich strategische Chancen und Risiken vor allem aus den Veränderungen auf den Absatzmärkten ableiten lassen. Aufgrund der im Marketing vorherrschenden Prognoseunsicherheit müssen strategisch bedeutende Veränderungen oder Diskontinuitäten marktrelevanter Faktoren möglichst frühzeitig erkannt werden. Weitere Aspekte der systemnutzenden Funktionen betreffen Kontroll- und Koordinationsaufgaben. Im Rahmen der Kontrollfunktion gilt es vor allem die Annahmen und Voraussetzungen zu verifizieren, welche bei der Ableitung der strategischen Marketing-Ziele eine Rolle spielten. Eine wichtige Koordinationsaufgabe des strategischen Marketing-Controlling liegt im marktorientierten Zielkostenmanagement, dem sogenannten Target Costing [Horv93; Muss01; Seid93].

Dispositives Controlling

Im Mittelpunkt des Planungs-Management steht die organisatorische und prozessurale Abstimmung der Marketing-Pläne. Dies beinhaltet die Initiierung der Planungsprozesse, die kontinuierliche Überwachung des Planungsfortschritts, die laufende Terminabstimmung, die Synchronisation mit den operativen Plänen, sowie die Koordination und Priorisierung der unterschiedlichen Planungsinhalte [Meff98].

Operatives Marketing-Controlling

Die Hauptaufgabe des operativen Marketing-Controlling besteht in der Sicherstellung des Erfolgs und der Wirtschaftlichkeit der Marketing-Prozesse. Im Rahmen der Kontrolle der Marketing-Aktivitäten werden sowohl der gesamte Marketing-Mix als auch die einzelnen Instrumente einer Prüfung unterzogen [Prei99]. Häufig eingesetzte Verfahren sind die Abweichungsanalyse oder auch die Deckungsbeitragsflussrechnung. Des Weiteren ist es Aufgabe des operativen Marketing-Controlling Abweichungsursachen zu ermitteln sowie notwendige Anpassungsmaßnahmen zu initiieren.

10.2 Risiken im Software-Marketing

Jede Krise birgt nicht nur Gefahren, sondern auch Möglichkeiten.

Martin Luther King, amerik. Theologe und Bürgerrechtler, 1929-1968.

Ziele und Aufgaben
Ziel des Risikomanagements ist es, die Wechselbeziegungen zwischen Risiken und Erfolg zu formalisieren und in anwendbaren Konzepten und Verfahren umzusetzen. Aufgabe des Risikomanagements ist es daher, Risiken zu identifizieren und zu beseitigen, bevor sie zu einer potenziellen Gefahr für die Marketing-Aktivitäten des Unternehmens werden.

Definition
Ein Risiko beschreibt die Möglichkeit, dass ein Vorfall mit einer gewissen Wahrscheinlichkeit einen materiellen, wirtschaftlichen, körperlichen usw. Schaden zur Folge hat. Im Rahmen einer quantitativen Risikobewertung wird das Risiko demnach als eine Funktion eines bestimmten Szenarios (was kann passieren?), seiner Eintrittswahrscheinlichkeit und dem daraus resultierenden Schadenzustand beschrieben werden. Für einfache Szenarien ohne innere Abhängigkeiten und komplexe Wechselwirkungen kann das Risiko für jedes Szenario näherungsweise als Produkt von Auswirkung (Schadenhöhe) und Häufigkeit (Eintrittswahrscheinlichkeit) H dargestellt werden:

$$\text{Risiko} \left[\frac{\text{Folgen}}{\text{Zeit}}\right] = \text{Auswirkung} \left[\frac{\text{Folgen}}{\text{Vorfall}}\right] \times H \left[\frac{\text{Vorfälle}}{\text{Zeit}}\right]$$

Subjektives Empfinden
Risiken können zwar hinreichend einfach berechnet werden, allerdings ist die kognitive Wahrnehmung von Risiken sehr komplex. So haben Arbeiten von Starr gezeigt, dass beim empfundenen Risiko hauptsächlich die Schadenhöhe eine Rolle spielt und weniger die Eintrittswahrscheinlichkeit [Star69]. Beispielsweise wird weltweit ein Flugzeugabsturz mit 300 Toten wesentlich stärker wahrgenommen als die weltweiten Verkehrsunfälle mit Todesfolge eines einzigen Tages. Zudem besteht die Tendenz, dass bei einer persönlichen Beteiligung an einer Aktivität deutlich höhere Risiken (manchmal bis zum Hundertfachen) akzeptiert als bei Fremdeinwirkungen [Starr69].

Einflussfaktor Markt
Dies ist für die Gestaltung des Risikomanagements von Bedeutung, denn viele Risiken im IT-Bereich werden maßgeblich vom Markt beeinflusst. So besteht das Risiko in der Software-Branche

unter anderem in der Ungewissheit darüber, ob das Unternehmen mit seinen Entwicklungen und Leistungen

- den technologischen, politischen und wirtschaftlichen Herausforderungen gewachsen ist,
- auf Technologien, Partner und Lösungen setzt, die sich auf dem Markt durchsetzen können,
- Produkte und Leistungen rechtzeitig auf den Markt bringt,
- das vom Wettbewerb vorgegebene Innovationstempo mithalten kann,
- die Aufmerksamkeit potenzieller Nutzer auf sich ziehen und zur Gewinnung von Marktanteilen nutzen kann,
- die potenziellen Nutzer davon überzeugen kann, dass sich der Kapitaleinsatz für die angebotenen Produkte und Leistungen lohnt.

Managementprozess

Kernstück des Risikomanagements ist ein aus sechs Schritten bestehender Prozess [Boeh89; Boeh91; Gaul02] bestehend aus:

1. Risikoerkennung
   Die wichtigste Aufgabe des Risikomanagements liegt in der Identifikation von Risiken (vgl. [Fran97]). Dabei geht es in erster Linie darum, beispielsweise mittels Checklisten, Kreativitäts- oder Prognosetechniken mögliche Risiken zu finden. Das Ergebnis der Risikoerkennung ist eine Liste marktspezifischer Risikoelemente, welche den Markterfolg gefährden können.

2. Risikoanalyse
   Die Eintrittswahrscheinlichkeit und das Schadenausmaß wird für jedes erkannte Risikoelement geschätzt. Um zu einer quantitativen Aussage zu kommen, wird der Risikofaktor (d. h. Eintrittswahrscheinlichkeit mal Schadenausmaß) berechnet bzw. bestimmt.

3. Risikoprioritätenbildung
   Um zu verhindern, dass die wirklich relevanten Risiken nicht übersehen bzw. die Verhältnismäßigkeit zwischen Schadenhöhe und Kapitaleinsatz gewahrt bleibt, müssen die Risiken nach ihren Prioritäten geordnet werden. Eine Möglichkeit besteht darin, die Risiken nach ihren Risikofaktoren sowie ggf. weiteren Kriterien zu ordnen. Als unterstützende Methoden können beispielsweise die ABC-Analyse oder die Portfolio-Technik zur Anwendung kommen.

4. Risikomanagementplanung
Nachdem die Hauptrisikoelemente und ihre Prioritäten bestimmt sind, müssen Management- und Kontrollaktivitäten etabliert werden. Für jedes Hauptrisikoelement werden daher Maßnahmen geplant und dokumentiert, die dazu dienen die Risikoelemente unter Kontrolle zu bringen.

5. Risikoüberwindung
Die in der Risikomanagementplanung festgelegten Maßnahmen werden ausgeführt.

6. Risikoüberwachung
Die Fortschritte der Risikoverminderung werden überwacht. Bei Abweichungen werden korrigierende Maßnahmen eingeleitet.

Risikogruppen

Um den Einsatz geeigneter Maßnahmen und Instrumente für das Risikomanagement besser lenken und kontrollieren zu können, ist es hilfreich die folgenden Risikogruppen zu unterscheiden (vgl. z. B. [Meff98; Schn02, UrHa93]):

- Entwicklungsrisiken:
  Das Entwicklungsrisiko resultiert daraus, dass man den technologischen Entwicklungsprozess im Unternehmen sowie die Technologieentwicklung im relevanten Marktumfeld nur schwer prognostizieren kann.

- Eintrittsrisiken:
  Das Eintrittsrisiko beschreibt den Grad der Unsicherheit über das Einsatzpotenzial bzw. die Akzeptanz eines herzustellenden Produkts. (Es besteht die Möglichkeit, mit dem falschen Produkt rechtzeitig am Markt zu sein oder auch mit dem richtigen Produkt zur falschen Zeit.)

- Technische Risiken:
  Problemlösungen werden mit zunehmender Komplexität schwieriger, wodurch die Planungssicherheit hinsichtlich Produktivität oder Leistungsfähigkeit größer wird. Diese Tatsache wird durch technische Risiken beschrieben.

- Politische Risiken:
  Mögliche Maßnahmen eines Staates und seiner Organisationen, die sich negativ auf die Wertschöpfung auswirken können, wie z.B. Einfuhr- oder Exportbeschränkungen, gelten als politische Risiken.

- Rechtliche Risiken:
  Die rechtlichen Risiken entstehen dadurch, dass die eigene

Rechtsposition beispielsweise aufgrund unterschiedlicher Rechtssysteme im Ausland oder Rechtsunsicherheiten falsch eingeschätzt wird.

- Währungsrisiken:
  Im internationalen Waren- und Dienstleistungsverkehr entstehen Währungsrisiken z. B. aufgrund von möglichen Veränderungen von Währungsrelationen nach Vertragsabschluss.

- Wirtschaftliche Risiken:
  Die wirtschaftlichen Risiken beziehen sich auf die Bonität der Abnehmer und werden z. B. durch Zahlungsunfähigkeit, Vertragsrücktritt oder ungerechtfertigte Mängelrügen in Verbindung mit einer nachträglichen Minderung des vereinbarten Zahlungsumfangs ausgelöst.

- Sonstige Risiken:
  Risiken infolge von Informationsdefiziten, Finanzierungsnotwendigkeiten, unvorhergesehenen Änderungen im Verhalten der Marktteilnehmer usw. werden unter sonstigen Risiken erfasst.

Risiko-Controlling   Im Rahmen einer Risikosteuerung empfiehlt sich eine Visualisierung der zentralen Parameterentwicklungen anhand von Eintrittswahrscheinlichkeit und Auswirkung. Es lässt sich dann ein Risiko-Portfolio bzw. eine Risk-Map erstellen [HoRD99] wie in Abbildung 10.3 dargestellt. Für alle Kombinationen oberhalb der Diagonalen bestehen überdurchschnittlich hohe Verlustwahrscheinlichkeiten. Diese Risiken sind deshalb unmittelbar berichtsrelevant und bedürfen einer kontinuierlichen Überwachung. Die sekundäre Risikozone ist durch Kombinationen charakterisiert, die unterhalb der Diagonalen liegen und in einer der beiden Variablen Eintrittswahrscheinlichkeit oder Auswirkung eine hohe Ausprägung besitzen. Risiken in diesen Bereichen sind potenziell berichts- bzw. überwachungswürdig, wobei jedoch unternehmensbezogene Präferenzen gesetzt werden können.

Bewertung durch Vergleichsmaßstab   Die dominante Risikofokussierung des Portfolios ist für eine objektive Bewertung der Risiken als problematisch anzusehen [Fröh00]. Eine sinnvolle Aussage über die tatsächliche (z. B. materielle) Relevanz eines Risikos und der Wirtschaftlichkeit der zugehörigen Kontrollaktivitäten kann erst dann getroffen werden, wenn ein qualitativer Vergleichsmaßstab berücksichtigt wird. Dementsprechend ist die Berücksichtigung eines Ergebnis- oder

10.3 Target-Costing

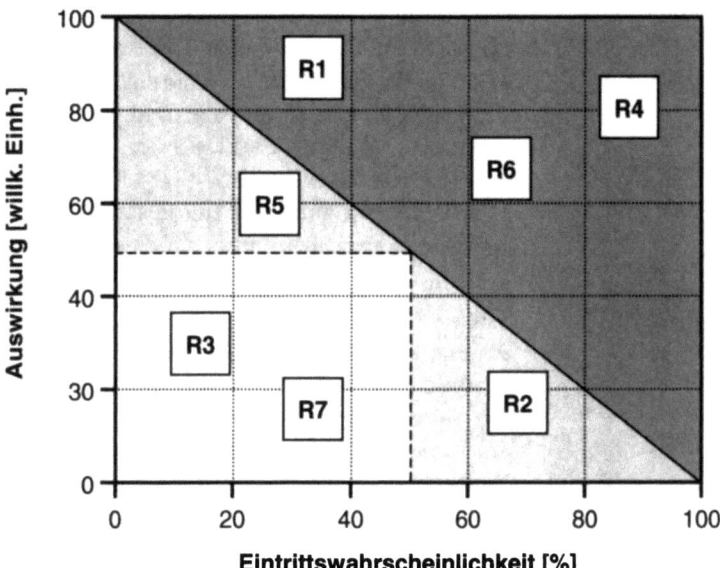

Abb. 10.3: Beispiel für ein Risiko-Portfolio. Oberhalb der Diagonalen besteht besteht eine überdurchschnittlich hohe Verlustwahrscheinlichkeit. Risiken im linken unteren Quadranten besitzen sowohl geringe Eintrittswahrscheinlichkeiten als auch geringe Auswirkungen und sind damit nicht relevant

Nutzenpotenzials erforderlich. Auswirkung, Eintrittswahrscheinlichkeit und Nutzen können dann für jedes Risiko in einen dreidimensionalen Zusammenhang gebracht werden, um die Planung und Durchführung von Sicherungsmaßnahmen bewerten zu können [Horn98].

10.3 Target-Costing

Heute kennt man von allem den Preis, von nichts den Wert.
Oscar Wilde, eng.-irischer Erzähler und Dramatiker, 1854-1900.

Intern ausgerichtete Kostenstruktur

Die Software-Branche, aber auch andere Wirtschaftszweige, praktizierten jahrelang erfolgreich folgendes Vorgehen: Neue oder verbesserte Produkte wurden durch Software-Entwickler entworfen. Diese versuchten gleichzeitig, die Erstellungsprozesse sowie die Produktqualität etwa durch neue Werkzeuge oder neue Vorgehensmodelle zu optimieren. Auf der Grundlage mittelfristiger Umsatzprognosen und dem durch die Entwickler geschätzten Arbeitsaufwand wurden dann zentrale Unternehmensbereiche wie Entwicklung, Vertrieb, Marketing, Verwaltung usw. personell und finanziell ausgestattet. Die Ermittlung des Verkaufspreises erfolgte durch Zuschlagskalkulation [Rau95].

Marktdaten berücksichtigen

Diese Vorgehensweise vernachlässigt allerdings die Gegebenheiten und Anforderungen des Marktes an das jeweilige Produkt. Zudem können mit klassischen Verfahren der Kostenrechnung nur sehr eingeschränkt Daten für die Steuerung von Maßnahmen zur Ergebnisverbesserung bereitgestellt werden. Beispielsweise sind wichtige Marktdaten wie Preis- und Kostenstrukturen der Wettbewerber in der Regel nicht verfügbar. Gerade in wettbewerbsintensiven Märkten mit hohem Kostendruck oder hoher Dynamik kann es deshalb dazu kommen, dass der ursprünglich ermittelte Preis zu Lasten der Gewinnspanne reduziert werden muss, um das Produkt am Markt halten zu können.

Target Costing

Um dieser Problematik aus dem Weg zu gehen, müssen die maximalen Kosten, die ein Produkt verursachen darf, durch eine externe Betrachtung über Marktdaten ermittelt werden. Hier setzt das Konzept des Target Costing an, das Mitte der sechziger Jahre in Japan aus der Erkenntnis heraus entwickelt wurde, dass bei komplexen Produkten die Herstellungskosten größtenteils bereits vor Produktionsbeginn bekannt sein müssen [YIMT93]. Beim Target Costing werden marktinduzierte Zielkosten als Maximalkosten abgeschätzt sowie die Kostenplanung und -kontrolle in den Herstellungs- bzw. Lebenszyklus integriert. Alle an der Wertschöpfung beteiligten Unternehmensbereiche richten sich dadurch an diesen Zielkosten aus und berücksichtigen durchgängig die Marktsituation. Target Costing eignet sich besonders für das Produktkostenmanagement bei der Erstellung komplexer und hoch technologischer Produkte [CoFS97].

Vorgehensmodell

Das typische Vorgehen beim Target Costing ist in Abbildung 10.4 dargestellt und kann wie folgt beschrieben werden (vgl. z. B. [ScBä92; CoFS97]):

- Zunächst wird auf Basis einer Markt- und Wettbewerbsstrategie eine Preis-Absatz-Funktion erstellt sowie ein Marktpreis und die absetzbare Menge festgelegt. Gleichzeitig wird eine Prioritätenliste angelegt, welche die Ausprägung und Wich-

10.3 Target-Costing

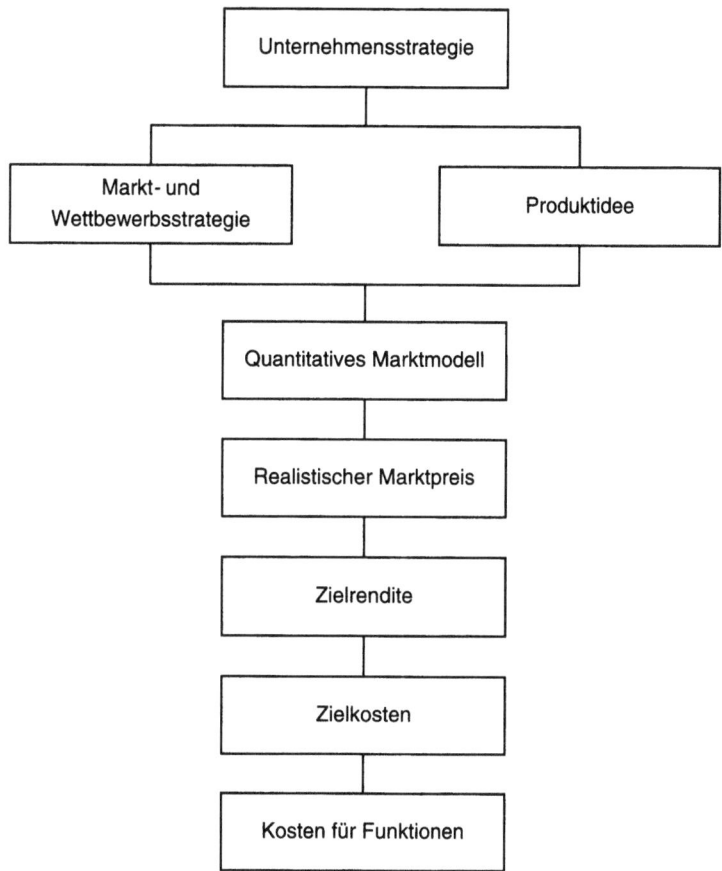

Abb. 10.4:   Modell des Target Costing nach [ScBä92]

tigkeit einzelner Produktmerkmale aus Sicht der Marktteilnehmer beschreibt. Alle Informationen fließen in ein quantitatives Modell aus welchem ein realistischer Marktpreis und die geforderte Zielrendite folgen.

- Aus der Differenz von erwartetem Umsatz und Zielrendite werden die Kosten abgeleitet, die man sich leisten kann, um die vorgegebenen Unternehmensziele zu erreichen. Diese Kosten stellen die maximalen Kosten dar, die verteilt über den gesamten Lebenszyklus des Produkts anfallen. Sie stellen eine Markteintrittsbarriere dar.

- Als nächstes folgt die Kostenaufteilung der Gesamtkosten auf die einzelnen Funktionen und Kostenkomponenten des Produkts. Diese Kosten werden den einzelnen Abteilungen und Fachbereichen zugeordnet und bilden die Grundlage für die Budgetplanung. Dabei ist zu beachten, dass global angelegte Budgets zu flexibleren Handlungsspielräumen führen, während lokal angelegte Budgets die Steuerungsmöglichkeiten des Managements erhöhen [YIMT93, S. 39].

- Schließlich ergibt sich aus den vom Markt präferierten Wünschen und Anforderungen an das Produkt und den im Unternehmen vorhandenen Lösungstechnologien eine Kostenschätzung für einzuplanende Kostensteigerungen (*drifting costs*). Maßnahmen zur Kostenreduktion werden dann notwendig, wenn die geschätzten Gesamtkosten über den erlaubten Maximalkosten liegen.

Fazit

Insgesamt kombiniert das Target Costing eine sehr früh einsetzende Kostenkontrolle und Kostenplanung mit einer konsequenten Kunden- und Marktorientierung. Preis und Leistung werden deshalb bereits in der Entwicklungsphase durch das Unternehmen und nicht erst bei der Produkteinführung durch die Marktsituation gestaltet. Durch Target Costing wird das gesamte Unternehmen stärker am Markt ausgerichtet, wodurch wiederum Wettbewerbs- und Wertschöpfungsorientierung steigen. Zudem unterstützt es das Management bei Zielfindungs- und Strategiefindungsprozessen. Des Weiteren werden die Voraussetzungen geschaffen, die Produktrentabilität auch bei steigender Wettbewerbsintensität halten bzw. sogar steigern zu können. In der Praxis findet das Target Costing – auch wenn es kein geschlossenes Kostenrechnungssystem ist – aufgrund seines kundenorientierten Ansatzes vor allem bei Großunternehmen starken Zuspruch [FrKa97].

10.4 Messung der Kundenzufriedenheit

Den Fortschritt verdanken wir den Nörglern.
Zufriedene Menschen wüschen keine Veränderungen.
Herbert G. Wells, eng. Schriftsteller, 1866-1946.

Wertschöpfung durch Kundenzufriedenheit

In den letzten Jahren haben immer mehr Unternehmen damit begonnen, die Zufriedenheit der Kunden systematisch zu bestimmen und zu bewerten. Zufriedene Kunden gelten als Wie-

10.4 Messung der Kundenzufriedenheit

derkäufer bzw. Käufer weiterer Produkte und Dienstleistungen des Unternehmens, empfehlen das Unternehmen und seine Leistungen weiter und gelten als weniger preisempfindlich [MaSt00]. Trotzdem ist es möglich, dass ein Unternehmen mit einer hohen Kundenzufriedenheit lediglich eine geringe Kundenbindung aufweist und umgekehrt [Rapp94; Töpf99; WiRo98].

Anpassung der Prozesse erforderlich

Daher ist es sinnvoll, die einzelnen Geschäftsprozesse aus Sicht des Kunden kritisch zu betrachten, mittels Kennzahlen zu bewerten und an die aktuellen Bedürfnisse anzupassen [HiHM03]. Der Erfolg der Kundenorientierung davon ab, wie gut es gelingt, die Strukturen im Unternehmen anzupassen und die Prozesse am Kunden auszurichten. Deshalb erfordert Kundenzufriedenheitsmanagement ein kundenorientiertes Prozessmanagement sowie entsprechende Controlling-Instrumente [HaSt00].

Ermittlung der Kundenanforderungen

In der Literatur werden verschiedene Ansätze diskutiert, um Kundenzufriedenheit zu erklären [KoBl95; MeDo95; Rapp95; ScKi98]. Generell wird angenommen, dass von einem Differenzansatz zwischen wahrgenommener Realität und Erwartungsniveau des Kunden auszugehen ist (vgl. [Hütt97; KrWe99]). Insofern ist eine sorgfältige Ermittlung der Kundenanforderungen eine wesentliche Voraussetzung für eine kundenorientierte Ausrichtung der Geschäftsprozesse. Hierzu existieren verschiedene Verfahren. Sie reichen von einfachen Kundenproblemanalysen über Interviews, Beschwerdeanalysen, Problem-Detecting-Methoden, Frequenz-Relevanz-Analysen von Problemen bis hin zur Critical Incident Technique (CIT) [MaBa04; MeBr97; Töpf99; Scha94].

Critical Incident Technique

Vor allem für Dienstleistungen eignet sich die Critical Incident Technique gut. Vom Kunden als außergewöhnlich positiv oder negativ aufgenommene Vorfälle gelten bei diesem Verfahren als kritische Ereignisse [Flan54]. Sie werden im Rahmen von Befragungen ermittelt, wobei die Kunden gebeten werden, sich an Ereignisse zu erinnern, die sie mit positiven oder negativen Reaktionen verbinden. In der Regel liegt dann eine Reihe von Erlebnissen vor, die in einem aufwändigen Prozess strukturiert, auf inhaltliche Auffälligkeiten untersucht und mit den Kundenerwartungen in Beziehung gebracht werden müssen. Das Ergebnis kann als Balkendiagramm dargestellt werden, wie in Abbildung 10.5 exemplarisch gezeigt. Die Balken auf der rechten Seite geben an, wie oft eine Leistungseigenschaft positiv wahrgenommen wurde, und die der rechten Seite zeigen, wie oft diese Eigenschaften negativ wahrgenommen wurden.

10 Marketing-Controlling

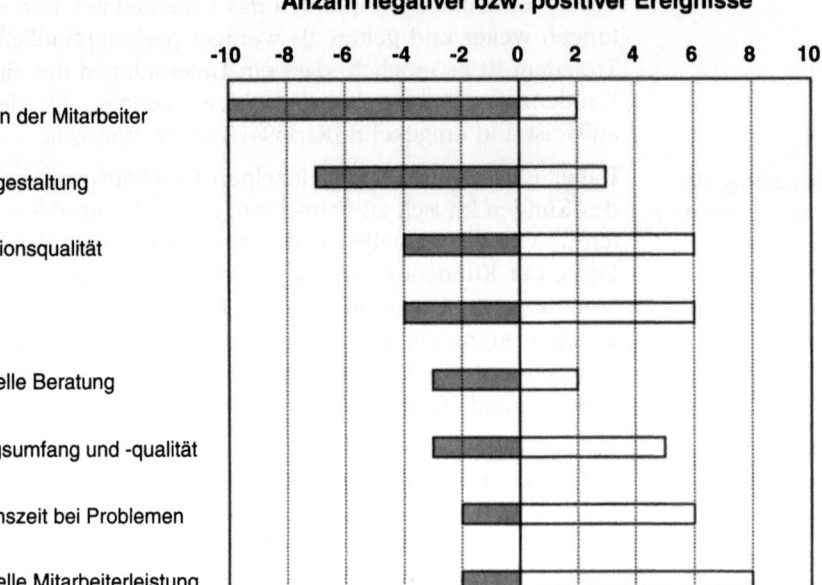

Abb. 10.5: Exemplarische Darstellung der Kundenerwartung bei einem Projekt zur Entwicklung und Einführung einer komplexen Software-Anwendung

Kano-Modell

Zur Interpretation dieser Ergebnisse bietet sich das Kano-Modell der Kundenzufriedenheit an [Kano84; BHMS96]. Es unterscheidet drei Arten von Kundenerwartungen, die jeweils einen unterschiedlichen Einfluss auf die Kundenzufriedenheit haben:

- Basisanforderungen:
  Diese Anforderungen werden vom Kunden als selbstverständlich vorausgesetzt und müssen immer erfüllt werden. Ist dies nicht der Fall, entsteht eine große Enttäuschung. Werden sie erfüllt oder sogar übertroffen, führt dies allerdings nicht automatisch zu Zufriedenheit.

- Leistungseigenschaften:
  Die Leistungseigenschaften umfassen die konkreten Kundenerwartungen. Werden sie nicht erfüllt, sinkt die Zufriedenheit der Kunden. Werden sie erfüllt oder übertroffen, steigt sie.

- Begeisterungseigenschaften:
  Merkmale und Eigenschaften, die der Kunde nicht fordert oder erwartet, gehören zu den Begeisterungseigenschaften. Werden sie angeboten, steigt die Gesamtzufriedenheit. Werden sie nicht angeboten, führt dies nicht automatisch zu Unzufriedenheit. Sind die Basisanforderungen erfüllt und schneiden die Leistungseigenschaften im Vergleich zum Wettbewerb gut ab, führt diese Kategorie zu Kundenbegeisterung. Sie eignet sich daher gut zur Differenzierung vom Wettbewerb sowie zur Bildung von Kundenloyalität.

Klassifikation und Zuordnung

Diese Einteilung ist vor allem dann hilfreich, wenn Prioritäten festgelegt werden sollen. Bei Kategorien, die besonders häufig zu negativen Ergebnissen führen, handelt es sich um Basisanforderungen. Die Kategorien, die auffallend häufig zu positiven Ereignissen führen, gehören in der Regel zu den Begeisterungsfaktoren. Bei den restlichen Kategorien muss dann im Einzelfall geprüft werden, ob es sich um Leistungsfaktoren handelt, oder ob sie besser einer der den Basisanforderungen bzw. den Begeisterungseigenschaften zuzuordnen sind.

Kennzahlen ermitteln

Um sicherzustellen, dass die Erwartungen der Kunden erfüllt werden können, müssen Kennzahlen abgeleitet werden, welche die Grundlage für das Controlling bilden sollen. Dabei gilt es, Kundenerwartungen, die im Widerspruch zu den strategischen Zielen des Unternehmens stehen, zu identifizieren und zu eliminieren, sofern es sich dabei nicht um Basisanforderungen handelt. Gegebenenfalls kann auch eine Änderung der strategischen Ziele erfolgen, sofern dies objektiv begründbar ist. In jedem Fall müssen die Kennzahlen eine Verknüpfung von Kundenerwartungen und internen Prozessen erlauben, da nur dadurch sichergestellt werden kann, dass Kundenwünsche und -erwartungen in den einzelnen Phasen der Leistungserstellung berücksichtigt werden.

Spannungsfelder zwischen Software-Marketing und Recht

Der Einsatz moderner Software-Anwendungen und IT-Systeme hat den Geschäftsverkehr revolutioniert. Durch das Internet entstand die Möglichkeit, sehr einfach auch über staatliche Grenzen hinweg in vertragliche Beziehungen treten zu können. Waren und Dienstleistungen können teilweise selbst in den entlegensten Gebieten des Globus in Sekundenschnelle bestellt und geliefert werden. Natürlich wirft diese Entwicklung eine Vielzahl rechtlicher Fragestellungen auf.

Grundlegende Rechtsfragen

Auch die Herstellung und Vermarktung von Software wird zunehmend von juristischen Sachverhalten geprägt. Dies betrifft rechtliche Voraussetzungen bei der Wahl von Markennamen genauso wie die Rechtsformwahl eines Unternehmens und seiner Niederlassungen oder die Rechtsvorschriften für den Verkauf von Produkten und Dienstleistungen. Erfolgreiches Software-Marketing setzt daher neben einem Verständnis allgemeiner nationaler und internationaler Rechtsgrundlagen auch tiefergehende Kenntnisse zu speziellen Bereichen des Sonderprivatrechts voraus.

BGB und Sonderprivatrecht

Zunächst geht es dabei in Kapitel 11 um die Vermittlung der juristischen Arbeitsmethode und des Strukturdenkens. Der Schwerpunkt liegt auf den Grundlagen des Privatrechts sowie der Einordnung einschlägiger Sonderprivatrechte. Einflüsse des europäischen Rechts werden ebenso kurz diskutiert wie die für das Marketing relevanten Grundzüge des Gesellschaftsrechts sowie zugehörige Fragen zur Haftung von Managern und Angestellten.

Datenschutz

Für die Anbieter auf einem globalen Markt, der sich zudem dynamisch entwickelt, ist es von großer Bedeutung, die aktuellen und die zukünftigen Bedürfnisse der Marktteilnehmer zu kennen. Mögliche Ansatzpunkte zur Informationsgewinnung ergeben sich vor allem dadurch, dass durch das Medium Internet verschiedenste Wirtschaftsregionen miteinander verbunden werden und mit unterschiedlichen Informations- und Kommunikationstechniken eine große Zahl unterschiedlicher Daten erhoben und verarbeitet wird. Kapitel 12 befasst sich deshalb mit der Problematik des Datenschutzes.

Wettbewerb und Schutzrechte	Wer einmal ein marktfähiges Software-Produkt entwickelt oder für ein internationales Unternehmen eine Internet-Präsenz erstellt hat, kann sich ein ungefähres Bild vom zeitlichen und finanziellen Aufwand machen, der in professionellen Lösungen eingeflossen ist. Damit stellt sich natürlich auf verschiedenen Ebenen die Frage nach dem rechtlichen Schutz vor unbefugter Nutzung, Vervielfältigung oder Nachahmung. Dies ist unter den Gesichtspunkten von Urheber-, Wettbewerbs-, Patent- und Markenrecht Gegenstand von Kapitel 13.
Vertrag und Haftung	Die Möglichkeiten privatautonomer Gestaltung und die erforderliche Abgrenzung zwischen zwingendem Recht (*ius cogens*) und nachgiebigem Recht (*ius dispositivum*) bilden, wie in Kapitel 14 dargestellt, die Grundlage der Vertragsrechts und beeinflussen die Produkthaftung.
Steuerrecht und Internationalität	Den Abschluss der Darstellungen zu den typischen Problembereichen des Spannungsfelds zwischen Software-Marketing und Recht bildet Kapitel 15 mit einem kurzen Überblick zu steuerrechtlichen Fragen des elektronischen Handels sowie Haftungsfragen im internationalen Umfeld.
Literaturempfehlungen	Bei allen rechtlichen Fragen ist natürlich ein Blick in die jeweiligen Gesetze hilfreich. Eine Zusammenstellung der einschlägigen Gesetzestexte bietet z. B. der Online-Dienst der Juris GmbH in Zusammenarbeit mit dem Bundesministerium der Justiz [Juri05]. Grundlagen des Bürgerlichen Rechts und des Privatrechts werden in einschlägigen Werken wie Bähr [Bähr04], Klunzinger [Klun04], Palandt [Pala02], Emmerich [Emme03a], Kallwaas [Kall04] oder Hemmer [Hemm03] behandelt. Grundlagen zum Handelsrecht sind beispielsweise in Klunzinger [Klun03], Jung [Jung04] oder Brehm, Mihm & Scheel [BrMS04] dargestellt. Darstellungen zum Gesellschaftsrecht finden sich in Grundmann [Grun04], Hueck & Windbichler [HuWi03] oder Hüffer [Hüff03]. Das Datenschutzrecht ist bei Roßnagel dargestellt [Roßn03], das Bundesdatenschutzgesetz ist in Simitis [Simi03] kommentiert. Ausführliche Darstellungen zum Urheberrecht finden sich z. B. bei Ernsthaler [Erns03] oder Ilzhöfer [Ilzh04]. Zum Thema Wettbewerbsrecht seien Berlit [Berl02] und Lehr [Lehr04] sowie als Einstieg Eisenmann & Jautz [EiJa04] oder Hubmann & Götting [HuGö02] empfohlen. Einen guten Überblick über das Kartellrecht gibt Emmerich [Emme01]. Produkthaftung und Vertragsrecht werden bei Vogel [Voge02], Langenfeld [Lang04b] und Riesenhuber [Ries03] behandelt. Darstellungen zu steuerrechtlichen Fragen finden sich z. B. bei Rose [Rose04] und Lüdicke [Lüdi04].

11 Rechtsgrundlagen

Als juristischer Laie einen Blick in die Gesetzestexte der Bundesrepublik Deutschland zu werfen, kann durchaus abschreckend sein. Der Satzbau ist kompliziert und viele Begriffe abstrakt. Missverständnisse sind also vorprogrammiert. Zudem wirkt die Sprache antiquiert. Als Beispiel hierfür sei § 98 BGB für gewerbliches und landwirtschaftliches Inventar angeführt: „... insbesondere bei einer Mühle einer Schmiede, einem Brauhaus, einer Fabrik, die zu dem Betrieb bestimmten Maschinen und sonstigen Gerätschaften ...".

Spannungsfeld Bürger und Jurist

Noch schwieriger ist es, einen etwas komplexeren Urteilsspruch intersubjektiv verstehen oder nachvollziehen zu wollen – ein fast aussichtsloses Unterfangen, weil nicht zum Bürger, sondern zum Juristen gesprochen wird. Die Fachleute bleiben unter sich und bedienen sich einer eigenen Terminologie. Die Gesetze sind also von Juristen für Juristen gemacht. Leider entsteht hierdurch ein erhebliches Spannungspotenzial, weil die Gesetze einerseits von einem mündigen Bürger ausgehen, andererseits aber Kenntnisse zur Fachterminologie sowie zu speziellen Methoden benötigt werden, die das systematische juristische Arbeiten gerade erst ermöglichen. Erschwerend kommt hinzu, dass die einschlägigen Rechtsnormen auf verschiedene Gesetze verteilt und deshalb nicht in einfacher Weise aufzufinden sind.

Alte Gesetze, neue Technologie

Besonders kritisch ist dies im Software-Umfeld, denn die meisten Rechtsnormen sind zu einer Zeit entstanden, als es noch keine Informationstechnologie gab oder viele der damit verbundenen Möglichkeiten noch als utopisch klassifiziert wurden. Im Bereich des Software-Marketing kommen daher die verschiedensten Gesetze zum Tragen. Auch können sich die juristischen Sachverhalte extrem komplex gestalten und sind darüber hinaus einer starken gesellschaftspolitischen Dynamik unterworfen. Internationales Recht, wie z. B. europäische Richtlinien zum Verbraucherschutz beeinflussen zusätzlich die ohnehin schon schwierige Rechtslage im Umfeld des Marketing.

Recht: haben und bekommen

Ein rechtskonformes Handeln bei der strategischen Planung, die Umsetzung schutz- und wettbewerbsrechtlicher Aspekte sowie eine effiziente und adressatengerechte Kommunikation mit juristischen Fachleuten erfordert somit ein gewisses Verständnis bezüglich juristischer Terminologie sowie Umgang und Auslegung einschlägiger Rechtsnormen. Wesentliche Grundlagen, welche die juristische Arbeitsmethodik, nationales Privates und Öffentliches Recht sowie den Einfluss internationalen Rechts betreffen, werden daher in den folgenden Kapiteln kurz dargestellt und aus Sicht des Software-Marketing betrachtet.

11.1 Juristische Arbeitsmethodik

Etwas ist nicht recht, weil es Gesetz ist, sondern es muss Gesetz sein, weil es recht ist.

Charles de Montesquieu, frz. Staatstheoretiker, 1689-1755.

Juristische Denk- und Handlungsweise

Die juristische Arbeitsmethodik ist stark analytisch geprägt und lässt sich in die drei Phasen

- Sachverhalt erfassen
- Fallfrage konkretisieren
- Zutreffende Rechtsnorm identifizieren

untergliedern. Unter dem Begriff Sachverhalt werden dabei ganz allgemein Ereignisse im Leben eines Menschen verstanden. Die Aufgabe eines Juristen besteht darin, eine rechtskonforme Verhaltensempfehlung abzugeben.

Im ersten Schritt der juristischen Vorgehensweise wird der Sachverhalt mit Hilfsmitteln wie Skizzen oder zeitlich geordneten Listen erfasst.

Strukturierung der Rechtslage

Ist der Sachverhalt ausreichend festgestellt, wird im zweiten Schritt die sog. Fallfrage konkretisiert. Eine Fallfrage ist hierbei diejenige juristische Problemstellung, welche ein Erkennen der jeweiligen Ansprüche und Rechte beinhaltet. Es geht also darum, zu erfassen, *wer was von wem woraus* will (Abbildung 11.1).

Diese Fragestellung führt im dritten Schritt über das „*woraus*" zum Auffinden einer einschlägigen Rechtsnorm. Es ist also eine möglichst eindeutige Anspruchsgrundlage zu ermitteln, die geeignet ist, das aus dem Sachverhalt ermittelte Begehren zu stützen. Derartige Rechtsnormen sind in den Gesetzestexten leider sehr verstreut. Zu erkennen sind sie typischerweise anhand von Formulierungen wie „kann...verlangen" oder „ist...verpflichtet".

Wer	Rechtssubjekt	Beteiligte
will was	Anspruch bzw. Forderung	Was wird gefordert? (z. B. vertraglicher Anspruch, Besitz, Schutzrecht, deliktischer Anspruch, ...)
von wem	Anspruchsgegner	Welche Beteiligten können etwas schulden?
woraus	Anspruchsnorm	Aufgrund welcher Anspruchsnorm könnte gefordert werden?

Abb. 11.1: Strukturierung der juristischen Fallfrage in ihre Bestandteile

Aufbau von Gutachten

Hier beginnt das eigentliche, inhaltlich aus den drei folgenden Punkten bestehende, juristische Gutachten:

- These
- Untersuchung
- Ergebnis

In der These wird festgelegt, was rechtlich zu prüfen ist. Die daran anschließende Untersuchung ist der eigentliche Kern des Gutachtens, den Abschluss bildet das Ergebnis.

11.2 Grundstruktur des Bürgerlichen Gesetzbuches

Wenn man alle Gesetze studieren sollte,
so hätte man gar keine Zeit, sie zu übertreten.
Johann Wolfgang von Goethe, dt. Dichter, 1749-1832.

In der Bundesrepublik Deutschland besteht das Rechtssystem aus einer Vielzahl verschiedener Rechtsgebiete, welche sich teilweise nicht immer in eindeutiger Weise voneinander abgrenzen lassen. Dabei wird in Anlehnung an Teile des römischen Rechts – das *ius publicum* sowie das *ius privatum* – zwischen Öffentlichem und Privaten Recht unterschieden (Abbildung 11.2).

11 Rechtsgrundlagen

Privatrecht	Öffentliches Recht
Bürgerliches Recht • Allgemeiner Teil • Schuldrecht • Sachenrecht • Familienrecht • Erbrecht	**Staats- und Verfassungsrecht**
	Europäisches Recht und Völkerrecht
	Kirchenrecht
Nebengesetze zum BGB • WEG • Haftpflichtgesetz • Unterlassungsklagegesetz • EGBGB • ...	**Verwaltungsrecht** • Polizei- und Ordnungsrecht • Baurecht • Kommunalrecht • Gewerberecht • Subventionsrecht • ...
Sonderprivatrechte • Handelsrecht • GmbH-Recht • Aktienrecht • Unternehmenswettbewerbsrecht • Gewerbliche Schutzrechte • ...	**Steuer- und Abgaberecht**
	Sozialrecht
	Strafrecht
	Prozessrecht

Abb. 11.2: Grobstruktur des deutschen Rechtssystems

Privatrecht Das Privatrecht umfasst alle Normen, welche die Rechtsbeziehungen von Bürgern (lat.: *cives*, woraus sich der Bergriff Zivilrecht ableitet) sowie von privatrechtlichen Vereinigungen wie z. B. Vereinen oder Gesellschaften untereinander regeln. Das öffentliche Recht beinhaltet alle Normen, die das hoheitliche Handeln des Staates und seiner Organisationen betreffen.

BGB und Sonderprivatrechte Das am 1. Januar 1900 in Kraft getretene Bürgerliche Gesetzbuch (BGB) bildet den Kern des Privatrechts. Es regelt die wichtigsten allgemeinen Rechtsbeziehungen zwischen Privatpersonen. Ein guter und knapper Überblick über Aufbau, Entstehung und Weiterentwicklung findet sich in [Köhl03].

Ergänzt wird das BGB durch Nebengesetze wie z. B. das Haftpflichtgesetz sowie diversen Sonderprivatrechten. Hierzu zählen insbesondere das Handels- und Gesellschaftsrecht, das Unternehmenswettbewerbsrecht, das Urheberrecht oder auch das Arbeitsrecht. Die Sonderprivatrechte beziehen sich auf besondere Lebensbereiche oder Berufsgruppen, welche aufgrund ihrer komplexen Struktur gesonderte Regelungen benötigen. Sonderprivatrechte entwickeln sich aus dem Bürgerlichen Recht als Reaktion auf technische, wirtschaftliche oder soziale Entwicklungen in bestimmten Lebensbereichen.

Historie des BGB

Aufgrund der Entstehungsgeschichte spiegeln Inhalt und Grundprinzipien des BGB die geltenden Anschauungen der im 19. Jahrhundert tonangebenden Schicht – dem Bürgertum – wieder. Die Notwendigkeit, einen einheitlichen Rechtsrahmen zu schaffen entstand sowohl durch politische wie auch durch wirtschaftliche Gründe. Die politische Notwendigkeit ergab sich durch den Zusammenschluss der deutschen Staaten zum Deutschen Reich. Wirtschaftliche Zwänge ergaben sich vor allem durch die damalige Fülle unterschiedlichster Privatrechte, denn die hierdurch verursachte Rechtszersplitterung behinderte Industrie, Handel und Verkehr im aufstrebenden Wirtschaftsraum des Deutschen Reiches.

Wirtschaftspolitische Rechtseinheit als Basis

Beim Verfassen des BGB stand in erster Linie die Schaffung einer wirtschaftspolitischen Rechtseinheit im Vordergrund. Die Ordnungsaufgabe des Gesetzes besteht also darin, einen rechtlichen Rahmen für den Güteraustausch in einer Marktwirtschaft zu schaffen und Haftungsrisiken zuzuweisen. Dafür stellt das Gesetz geeignete Handlungsformen – vor allem den Vertrag – zur Verfügung. Rechtspolitisch stellt das Gesetz die Ergebnisse der Rechtsentwicklung des gesamten 19. Jahrhunderts dar [Köhl03].

Schwerpunkte des BGB

Die Schwerpunkte sind aus heutiger Sicht teils sehr unterschiedlich geprägt. So spiegelt z. B. das Vertrags- und Vermögensrecht die damals ausgeprägt liberale Einstellung wieder, während das Vereinsrecht obrigkeitsstaatliche Merkmale aufweist. Insgesamt ist aber durch das Leitbild des eigenverantwortlichen und selbständigen Bürgers Freiheit und Gleichheit im BGB verankert. Außerdem wird von einer Rechtsgleichheit aller Bürger ausgegangen. Der Staat greift damit nicht mehr gestaltend in die Privatrechtsordnung ein, sondern legt lediglich die rechtlichen Grundlagen und Grenzen fest. Damit bleibt es aber auch dem einzelnen Bürger überlassen, ob und wie er seine Ansprüche geltend macht. Nach heutigem Verständnis kommt dem BGB und seinen Nebengesetzen allerdings zunehmend die Aufgabe zu, den wirtschaftlich Schwächeren zu schützen.

11 Rechtsgrundlagen

Das BGB besteht aus den fünf Büchern:

1. Buch – Allgemeiner Teil (§§ 1-240)
2. Buch – Schuldrecht (§§ 241-853)
3. Buch – Sachenrecht (§§ 854-1296)
4. Buch – Familienrecht (§§ 1297-1921)
5. Buch – Erbrecht (§§ 1922-2385)

EGBGB Zum BGB wurde zudem ein Einführungsgesetz (EGBGB) erlassen. Hierin ist, neben der Abgrenzung des BGB zu den Landesgesetzen, auch das „internationale Privatrecht" geregelt. Das internationale Privatrecht kommt zum Tragen, wenn ein Sachverhalt Auslandsberührung hat. In diesem Umfeld sind die grundsätzlich vorrangigen völkerrechtlichen Verträge oder andere internationale Abkommen besonders zu beachten.

Allgemeiner Teil Der Allgemeine Teil des BGB enthält die allgemeinen Regeln für das gesamte bürgerliche Recht. Die Einteilung der Vorschriften erfolgt entsprechend der römisch-rechtlichen Einteilung zu *personae, res* und *actiones*. Den Vorschriften für natürliche und juristische Personen folgen Grundregeln für Sachen und Rechtsgeschäfte (z. B. Willenserklärung und Vertrag) sowie schließlich die sonstigen allgemeinen Vorschriften wie z. B. Fristen, Verjährung oder Sicherheitsleistung.

Schuldrecht Das Recht der Schuldverhältnisse wird im zweiten Buch in einem allgemeinen Teil und einem besonderen Teil geregelt. Ein Schuldverhältnis ergibt sich nach § 241 Abs. 1 S. 1 BGB aus der Verpflichtung zur Leistung:

„Kraft des Schuldverhältnisses ist der Gläubiger berechtigt, von dem Schuldner eine Leistung zu fordern."

Schuldverhältnis D. h. ein Schuldverhältnis liegt dann vor, wenn eine Person einer anderen etwas schuldet. Schuldverhältnisse können durch Vertrag oder durch gesetzliche Anordnung entstehen. Bis auf wenige Normen, welche die Rechte und Interessen einer bestimmten Vertragspartei, Dritter oder der Verbraucher schützen, können die Parteien nach Bedarf grundsätzlich vom Gesetz abweichende Vereinbarungen treffen.

Gegenstand des Sachenrechts sind Eigentum und Besitz sowie weitere Rechte an Sachen im Sinne § 90 BGB, d. h. nur körperlichen Gegenständen. Diese Normen sind grundsätzlich zwingend, weil sie für klare Rechtsverhältnisse bei Sachen und damit für Sicherheit im Rechtsverkehr sorgen sollen. Nach § 854 BGB ist Besitzer, wer die tatsächliche Gewalt über die Sache innehat, unabhängig davon, ob sie ihm auch tatsächlich gehört. Bei den Rechten an einer Sache unterscheidet das Gesetz zwischen unbeschränktem dinglichen Recht (Eigentum) und beschränktem dinglichen Recht (z. B. Pfandrecht und Niesbrauch).

Familienrecht   Das Familienrecht regelt die mit der Eheschließung und dem Zusammenleben der Ehepartner und deren Kinder zusammenhängenden Fragen, wie z. B. Namensgestaltung, Güterrecht usw.

Erbrecht   Das Erbrecht regelt schließlich die Fragen, wer das Vermögen einer Person nach ihrem Todesfall erhält, wie es verwendet werden soll und wer für die Verbindlichkeiten haftet.

11.3 Rechtssubjekte und Rechtsobjekte

Freiheit bedeutet Verantwortlichkeit. Das ist der Grund, weshalb die meisten Menschen sich vor ihr fürchten

George Bernard Shaw, irischer Dramatiker, 1856-1950.

Rechtssubjekte und Rechtsfähigkeit   Die Rechtssubjekte (Personen) sind durch die Rechtsfähigkeit gekennzeichnet. Darunter versteht man die Fähigkeit, Träger von Rechten und Pflichten zu sein sowie am Rechtsverkehr teilnehmen zu können. Sie kommt jedem Menschen zu (§ 1 BGB), der als *natürliche Person* bezeichnet wird. Unter bestimmten Bedingungen sind den Menschen allerdings auch Personenvereinigungen gleichgestellt, die dann als *juristische Personen* bezeichnet werden. Man unterscheidet damit juristisch die folgenden Personen:

- Natürliche Personen
  d. h. alle Menschen

- juristische Personen des Privatrechts
  z. B. Vereine, GmbH, AG, Genossenschaften

- juristische Personen des öffentlichen Rechts
  z. B. Gebietskörperschaften, IHK, Handwerkskammer, Anstalten (z. B. Universitäten)

Zu beachten ist aber, dass die offene Handelsgesellschaft und die Kommanditgesellschaft nicht zu den juristischen Personen des Privatrechts gezählt diesen aber gleichgestellt werden.

Die Kunstschöpfung der juristischen Person vereinfacht den Rechtsverkehr in der Praxis erheblich. Anstelle von vielen Mitgliedern tritt die juristische Person als Vertragspartner und Träger von Rechten und Pflichten auf. Allerdings können juristische Personen als solche nicht handeln, sondern benötigen durch Gesetze festgelegte Organe. Durch die Umsetzung von Europäischen Richtlinien in nationales Recht im Bereich der Verbraucherschutzgesetzgebung ist neben einer Unterscheidung von juristischen und natürlichen Personen die Unterscheidung zwischen Verbraucher (§ 13 BGB) und Unternehmer (§ 14 Abs. 1 BGB) notwendig geworden.

Handlungsfähigkeit

Von der Rechtsfähigkeit ist die Handlungsfähigkeit als die Fähigkeit zu rechtlich relevantem Handeln zu unterscheiden. Diese beinhaltet auch die Geschäftsfähigkeit (§§ 104-115 BGB). Hierbei handelt es sich um Schutzvorschriften für bestimmte Personengruppen. Gesetzlich gelten Kinder unter sieben Jahren und Geisteskranke wegen der mit dem Rechtsverkehr verbundenen Gefahren als geschäftsunfähig (§ 104 BGB).

Jugendliche zwischen sieben und achtzehn Jahren sind beschränkt geschäftsfähig (§ 106 BGB). Damit Personen, welche selbst nicht oder nur eingeschränkt geschäftsfähig sind, am Rechtsverkehr teilnehmen können, sieht das Gesetz die Möglichkeit der Stellvertretung vor (§§ 164-181 BGB). So werden beispielsweise Kinder in der Regel durch ihre Eltern oder in bestimmten Fällen durch einen Vormund gesetzlich vertreten. Bei juristischen Personen sind dies die jeweiligen gesetzlichen Vertreter wie z. B. der Vorstand einer Aktiengesellschaft.

Rechtsobjekte

Von den Rechtssubjekten sind die Rechtsobjekte zu unterscheiden. Dies sind nicht rechtsfähige Gegenstände – Sachen (§ 90 BGB, Tiere (§ 90a BGB) und Rechte – welche den Handlungen der Rechtssubjekte unterworfen werden. Man unterscheidet:

- körperliche Gegenstände
  - bewegliche Sachen (z. B. Computer)
  - unbewegliche Sachen (z. B. Grundstücke)
- unkörperliche Gegenstände
  - absolute Rechte (z. B. Eigentums- und Urheberrechte)
  - relative Rechte (z. B. Kaufpreisforderungen)

Bei beweglichen und unbeweglichen Sachen unterscheidet man noch zusätzlich zwischen vertretbaren und nicht vertretbaren Sachen. Zu den vertretbaren Sachen zählen Naturprodukte, Geld, Wertpapiere oder industrielle Serienprodukte. Vertretbare Sachen sind im Rechtsverkehr gekennzeichnet durch Angaben wie Zahl, Maß oder Gewicht (§ 91 BGB). Im Gegensatz hierzu sind nicht vertretbare Sachen nach bestimmten Wünschen des Bestellers hergestellte Produkte sowie nicht oder nur schwer anderweitig absetzbare Produkte.

Bei den unkörperlichen Gegenständen sind die absoluten Rechte dadurch gekennzeichnet, dass sie gegenüber jedem wirken. Bei relativen Rechten besteht die Wirksamkeit dagegen lediglich zwischen bestimmten Personen.

11.4 Sonderprivatrechte

Wir wissen aber, dass das Gesetz gut ist,
wenn es jemand recht gebraucht.

1. Timotheus 1, 8.

Die Sonderprivatrechte werden dem Privatrecht zugeordnet. Aus Unternehmenssicht sowie im Hinblick auf das Software-Marketing sind hierbei vor allem

- das Handelsrecht
- das Gesellschaftsrecht
- das Urheberrecht
- die gewerblichen Schutzrechte
- das Wettbewerbsrecht

von Bedeutung.

Handelsrecht   Das Handelsrecht basiert im Wesentlichen auf dem Handelsgesetzbuch (HGB) und enthält in Bezug auf Rechtsklarheit, Rechtssicherheit und Vertrauensschutz des Handelsverkehrs ausgelegte Sondernormen für Kaufleute. Für Kaufleute werden die im BGB geltenden Vorschriften teilweise modifiziert und ergänzt. Liegt beispielsweise ein Handelskauf vor, d. h. beide Vertragsparteien sind Kaufleute, trifft den Käufer eine sofortige Untersuchungs- und Rügepflicht (§ 377 HGB). Bei Privatpersonen gelten lediglich die Vorschriften des BGB (*lex generalis*).

Gesellschaftsrecht   Das Gesellschaftsrecht beinhaltet das Recht der Personengesellschaften und der Kapitalgesellschaften. Die zugehörigen Rechtsnormen finden sich teilweise im BGB sowie anderen Gesetzen. So regelt das BGB die Gesellschaft des bürgerlichen Rechts (§§ 705 ff.), das HGB die Offene Handelsgesellschaft (OHG) und die Kommanditgesellschaft (KG), während die Gesellschaft mit beschränkter Haftung (GmbH) im GmbH-Gesetz (GmbHG) und die Aktiengesellschaft (AG) im Aktiengesetz (AktG) verankert sind [Emme03b; Hopt03]. Letztere – GmbH und AG – sind Kapitalgesellschaften mit Beschränkung der Haftung auf das Gesellschaftsvermögen, d. h. die Gesellschafter haften nicht mit ihrem Privatvermögen.

Urhebergesetz

Das Urhebergesetz (UrhG) räumt dem Urheber eigentumsähnliche Rechte für gegenwärtige und zukünftige Verwendungsmöglichkeiten an seinem schutzgegenständlichen Werk ein. Dies betrifft wissenschaftliche, literarische und künstlerische Werke wie z. B. Romane, Kompositionen oder auch Software. Zu beachten ist allerdings die Rechtslage für Urheber in Arbeits- und Dienstverhältnissen, wobei nach § 69b UrhG im Regelfall ausschließlich der Arbeitgeber zur Ausübung aller vermögensrechtlichen Befugnisse berechtigt ist. Das Urheberrecht ist vererblich (§ 28 UrhG) und nicht übertragbar (§ 29 UrhG). Allerdings können Nutzungsrechte, bei Software beispielsweise in Form von Lizenzen, eingeräumt werden (§ 31 UrhG).

Gewerbliche Schutzrechte

Patentrecht, Gebrauchsmusterrecht, Geschmacksmusterrecht und Markenrecht sowie Teile des Wettbewerbsrechts zählen zu den gewerblichen Schutzrechten.

Patentrecht

Erfindungen werden durch das Patentgesetz geschützt. Dabei kann es sich sowohl um Produkt- wie auch um Prozessinnovationen handeln. In Deutschland werden die patentrechtlichen Voraussetzungen im Rahmen des Anmeldeverfahrens von Sachverständigen des Deutschen bzw. des Europäischen Patentamtes in München geprüft. Patente können veräußert oder vererbt werden.

Ein Sonderfall ist die Arbeitnehmererfindung, d. h. die Erfindung eines Arbeitnehmers, welche zu seinem Tätigkeitsbereich gehört oder auch auf seinen am Arbeitsplatz gewonnenen Erfahrungen basiert. Hier verpflichtet das Arbeitnehmererfindungsgesetz (ArbEG) den Arbeitnehmer seine Erfindung dem Arbeitgeber gegen Zahlung einer angemessenen Vergütung zur Verfügung zu stellen (§§ 9-10 ArbEG).

Gebrauchs- und Geschmacksmusterrecht

Das Gebrauchsmusterrecht schützt kleinere Erfindungen wie z. B. elektrische Schaltungen oder bereits der Öffentlichkeit vorgestellte Erfindungen, für welche daher kein voller Patentschutz geltend gemacht werden kann.

Das Geschmacksmusterrecht zielt auf die ästhetischen Gestaltungsformen oder auch das Design einer Sache ab.

Markenrecht

Von zentraler Bedeutung für das Software-Marketing ist das Markenrecht [Nave04]. Es schützt Markennamen einer Ware, welche aus einem Wort oder aus Zeichen oder auch aus beidem bestehen können. Der Schutz setzt grundsätzlich die Eintragung in das Markenregister des Patentamts sowie den Nachweis des markenmäßigen Gebrauchs voraus. Werden die ausschließlichen Nutzungsrechte der Inhaber der Schutzrechte oder der Lizenznehmer verletzt, kann ein Unterlassungsanspruch sowie ein Schadenersatzanspruch geltend gemacht werden. Eine weitergehende Stärkung des Schutzes geistigen Eigentums wird durch das Produktpirateriegesetz und der darin enthaltenen Regelungen zur Verfolgung und Ahndung von Schutzrechtsverletzungen erreicht

Wettbewerbsrecht

Das Wettbewerbsrecht wird im Gesetz gegen den unlauteren Wettbewerb (UWG) sowie im Gesetz gegen Wettbewerbsbeschränkungen (GWB) geregelt. Das UWG schützt Wettbewerber und Kunden vor unfairen Wettbewerbspraktiken. Zu beachten ist, dass das UWG durch die generellen Formulierungen zu offenem Recht und damit überwiegend zu Richterrecht wird. Der Tatbestand wird auf die guten Sitten im Wettbewerb bezogen – was als lauter oder unlauter zu gelten hat, ergibt sich damit in der Regel erst durch Richterspruch.

Das Gesetz gegen Wettbewerbsbeschränkungen will den Bestand des freiheitlichen Wettbewerbs aller Marktbeteiligten gewährleisten. Es stellt damit gewissermaßen das Grundgesetz der deutschen Wirtschaft dar, auch wenn einige wichtige Teile wie Landwirtschaft, Verkehrs- und Energiewirtschaft, sowie Bank- und Versicherungswirtschaft, ganz oder teilweise ausgeklammert sind (§§ 99 ff. GWB). Zu beachten ist allerdings, dass eine Überarbeitung des GWB (siebte GWB-Novelle) derzeit in Vorbereitung ist. Grundlage bildet die Verordnung des Rates Nr. 1/2003 vom 16. Dezember 2002 zur Durchführung der in den Artikeln 81 und 82 des Vertrages niedergelegten Wettbewerbsregeln.

11.5 Öffentliches und Europäisches Recht

Wenn über das Grundsätzliche keine Einigkeit besteht, ist es sinnlos, miteinander Pläne zu schmieden.

Konfuzius, chin. Philosoph, 551-479 v. Chr.

Hoheitliches Handeln

Die Unterscheidung zwischen Öffentlichem Recht und Privatrecht hat historische Gründe und ist vor allem für den Rechtsweg

Rechtsgrundlagen

und die Gesetzgebung wichtig. Öffentliches Recht umfasst jene Rechtsnormen, welche das hoheitliche Handeln eines Staates sowie die staatliche Organisation betreffen. Der Staat kann durch Anordnung – auch mit Zwang – handeln und dadurch seinen Bürgern Beschränkungen und Verpflichtungen auferlegen. Dies kann durch Gesetze, Verordnungen oder Verwaltungsakt erfolgen. Der Staat ist dabei an die Rechtsnormen des Grundgesetzes gebunden.

Grundgesetz

Das Grundgesetz (GG) beinhaltet die wichtigsten Normen des deutschen Verfassungsrechts. Das Grundgesetz ist die Verfassung der Bundesrepublik Deutschland und regelt die staatliche und politische Grundordnung. Die Grundrechte sind in den Artikeln 1-19 enthalten und sind für Legislative, Exekutive und Rechtsprechung verbindlich (Art. 1 Abs. 3 GG). Wird ein Bürger in seinen Grundrechten verletzt, kann er diese Verletzung mit einer Verfassungsbeschwerde vor dem Bundesverfassungsgericht rügen.

Bereiche Öffentlichen Rechts

Wichtige Bereiche des Öffentlichen Rechts sind das Strafrecht, welches gewisse sozialschädliche Verhaltensweisen unter Strafe stellt, das Sozialrecht zur sozialen Sicherung der Bürger, das Steuer- und Abgaberecht zur Regelung von Umfang und Art der Besteuerung der Bürger sowie das Prozessrecht zur Regelung der gerichtlichen Verfahrensweisen. Das Verwaltungsrecht beinhaltet u. a. Polizeirecht, Gewerberecht, Kommunalrecht und Subventionsrecht und regelt Aufgaben und Kompetenzen der öffentlichen Verwaltung.

Einfluss durch Europäisches Recht

Das Privatrecht und das öffentliche Recht werden durch das Europäische Recht beeinflusst, denn nach Artikel 3h des EG-Vertrags (EGV) wird die Angleichung der Rechtsvorschriften in den Mitgliedsstaaten angestrebt, sofern es im Sinne des freiheitlich-demokratisch ausgelegten Binnenmarkts erforderlich ist. Im GG ist dies in Art. 23 verankert. Der EG-Vertrag stellt auf EU-Ebene Primärrecht und damit die vorrangige Rechtsquelle dar. Er enthält festgeschriebene Grundfreiheiten wie

- Warenverkehrsfreiheit
- Dienstleistungsfreiheit
- Freizügigkeit des Personenverkehrs
- Freiheit des Kapital- und Zahlungsverkehrs

Gemeinschaftsrecht

Auf der Grundlage des EGV kann von den Organen der EU durch Verordnung, Richtlinie und Entscheidung Gemeinschaftsrecht geschaffen werden. Die Verordnung hat unmittelbare Wirkung in den Mitgliedsstaaten (ist also quasi Europäisches Recht), während die Richtlinie einen verbindlichen Rechtsakt ohne grundsätzliche direkte Wirkung darstellt.

Allerdings sind Richtlinien in der Regel innerhalb einer gesetzten Frist in nationales Recht umzusetzen, ansonsten gelten sie nach Ablauf der Frist auch ohne Umsetzung unmittelbar. Ein Beispiel einer Richtlinie, welche nationales Recht im Bereich des Marketing unmittelbar betrifft, ist die Richtlinie 89/104/EWG des Rates vom 21.12.1998 zur Angleichung der Rechtsvorschriften der Mitgliedsstaaten über die Marken. Richtlinien betreffen aber auch zunehmend das bürgerliche Recht. Insbesondere die Nebengesetze zum Verbraucherschutz (beispielsweise die Regelungen über Fernabsatzverträge, §§ 312 b ff.) basieren auf EU-Richtlinien.

11.6 Rechtsformen und Gesellschaftsrecht

Wer nicht kann, was er will, muss das wollen, was er kann.
Denn das zu wollen, was er nicht kann, wäre töricht.

Leonardo da Vinci, ital. Maler und Forscher, 1452-1519.

Der Gesetzgeber stellt verschiedene Rechtsformen für ein Unternehmen zur Verfügung (Abbildung 11.3). Die Entscheidung für eine bestimmte Rechtsform hängt natürlich von unterschiedlichsten Kriterien ab, wie z. B.:

- Haftungsfragen
- Steuerrecht
- Vermögensordnung
- Publizitätspflichten
- Finanzierungsformen
- Kontrollmöglichkeiten
- Organisation und Unternehmensführung

Bei Personengesellschaften gilt der Grundsatz der Selbstorganschaft, d. h. Geschäftsführungs- und Vertretungsbefugnis sind mit der Person der Gesellschafter verbunden. Leitenden Angestellten sowie nicht persönlich haftenden Kommanditisten kann allerdings Prokura oder Handlungsvollmacht erteilt werden.

GmbH und AG   Die Kapitalgesellschaften GmbH und AG sind in eigenen Gesetzen (GmbHG und AktG) geregelt. Bei diesen Gesellschaften

11 Rechtsgrundlagen

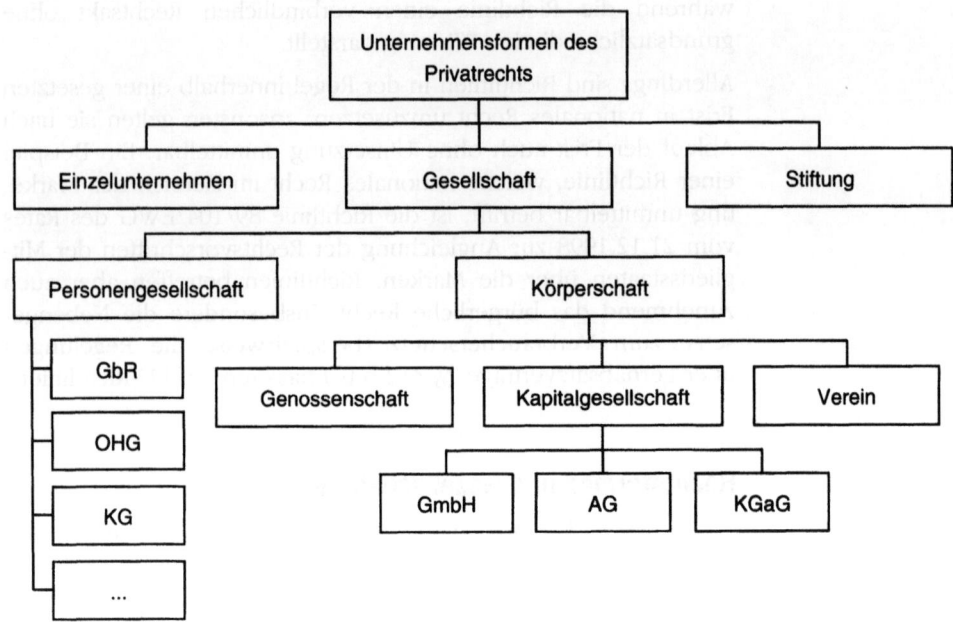

Abb. 11.3: Einige wichtige Rechtsformen im Überblick

kann auch ein Nichtgesellschafter zum gesetzlichen Vertreter, d. h. zum Geschäftsführer oder zum Vorstand bestellt werden. Hier gilt das Prinzip der Fremdorganschaft.

Organe der GmbH und AG

Notwendige Organe einer GmbH sind zum einen der Geschäftsführer (§ 6 GmbHG) und zum anderen die Gesellschaftsversammlung (§§ 45 ff. GmbHG). Die GmbH zählt zu den beliebtesten Rechtsformen in Deutschland. Die Vorteile einer GmbH sind vor allem die einfache Gründung. Bei GmbH und AG können Gesellschafterstellung und Management getrennt sein, was im Hinblick auf eine Nachfolgeregelung günstig ist. Das Mindeststammkapital einer GmbH beträgt 25.000 Euro, kann aber auch in Form von immateriellen Wirtschaftsgütern oder auch Patenten mit entsprechendem Gegenwert erbracht werden. Das Grundkapital der AG beträgt mindestens 50.000 Euro und wird in Aktien (§ 8 AktG) zerlegt. Die Organe der AG umfassen das Leitungsorgan Vorstand (§§ 76 ff. AktG), das aus Aktionärs- und Arbeitnehmervertretern bestehende Kontrollorgan Aufsichtsrat (§§ 95 ff. AktG) sowie das Mitgliederforum einer AG, die Hauptversammlung (§§ 111 ff. AktG).

Haftung der Gesellschafter

In Bezug auf die Haftung ist zu beachten, dass die Gesellschafter bei Personengesellschaften grundsätzlich persönlich unbeschränkt und unbeschränkbar mit ihrem Privatvermögen für Verbindlichkeiten haften. Bei Kapitalgesellschaften ist die Haftung auf das Vermögen der Gesellschaft beschränkt. Die Gesellschafter bzw. Aktionäre haften also nicht persönlich.

Kapitalaufnahme

Die AG ist heute die typische Rechtsform für große Unternehmen. Vor allem im Bereich der IT wurde sie in den letzten Jahren allerdings auch für kleinere und mittlere Unternehmen zunehmend interessant, denn es besteht die Möglichkeit eines Börsengangs zur Aufnahme größerer Geldbeträge über den Kapitalmarkt.

Veröffentlichungspflicht

Ein wichtiges Kriterium für die Wahl einer Rechtsform ist ggf. die Pflicht zur Veröffentlichung von Bilanzen oder Geschäftsberichten sowie die Eintragung in das Handesregister. Für GmbH und AG gilt die Pflicht zur Veröffentlichung von Bilanzen und Geschäftsberichten sowie deren Detaillierungsgrad in Abhängigkeit von der Unternehmensgröße. Vor allem in den letzten Jahren hat sich die Publizitätspflicht zu einem wichtigen kommunikationspolitischen Marketing-Instrument entwickelt. Auch das 1998 erlassene Gesetz zur Kontrolle und Transparenz im Unternehmensbereich (KonTraG) hat zu einer Verbesserung der Publizität der Gesellschaften sowie der Information von Aktionären geführt.

11.7 Relevanz für das Software-Marketing

Wenn Sie einen Dollar in Ihr Unternehmen stecken wollen, müssen Sie einen zweiten bereithalten, um das bekanntzugeben.

Henry Ford, amerik. Industrieller, 1885-1945.

Bei der Wahl einer geeigneten Rechtsform für ein Unternehmen gibt es aus Sicht des Marketing keine optimale Lösung. Allerdings hat sich gezeigt, dass bei der Rechtsformwahl für Software- und IT-Unternehmen vor allem die Kapitalbeschaffung sowie die Unternehmensleitung ausschlaggebend sind.

Startups

Gerade junge Unternehmen und Startups versuchen, durch die konsequente Umsetzung einer Idee von ihrer Entstehung bis zur erfolgreichen praktischen Anwendung einen differenzierten Kundennutzen und damit eine für das Unternehmen günstige Marktposition zu erzielen. Dies erfordert eine enge Abstimmung von Technologie- und Absatzstrategien. Zugleich ist der Kapitalbedarf in der Regel hoch und nicht immer ausreichend verfügbar. Die AG wird hier mit ihrer Zugangsmöglichkeit zum Kapitalmarkt bevorzugt, wie die Unternehmensgründungen im Zuge der „New Economy" und der damit verbundenen Börsengänge zeigen.

Vertriebsorientierte Unternehmen

Für vertriebsorientierte Unternehmen, die relativ wenig Kapital benötigen, aber andererseits flexibel und schnell am Markt reagieren müssen, eignet sich beispielsweise die OHG. Die Vorteile der OHG liegen im Einsatz der persönlichen Fähigkeiten, des persönlichen Vermögens und der Leistungskraft der Gesellschafter. Unter diesen Voraussetzungen ist eine Finanzierung durch den Kapitalmarkt nicht erforderlich. Abzuwägen bleibt aber das Risiko der unbeschränkten Haftung der Gesellschafter mit ihrem Privatvermögen. Kapital kann bei der OHG durch die Aufnahme neuer Gesellschafter beschafft werden.

Mittelstand

Die Rechtsform der Kommanditgesellschaft findet sich häufig im mittelständigen Bereich sowie bei Familienunternehmen. Interessant ist die KG vor allem durch die beiden Arten von Gesellschaftern, den Komplementären und den Kommanditisten. Der Komplementär haftet nach §§ 124, 128 HGB vollumfänglich für die Schulden der Gesellschaft, während der Kommanditist nur bis zur Höhe seiner Einlage haftet (§ 171 Abs. 1 HGB).

Wegen des größeren Haftungsrisikos ist nur der Komplementär zur Geschäftsführung nach außen hin berechtigt. Der Kommanditist ist nur dann zur Geschäftsführung berechtigt, wenn dies der Gesellschaftervertrag ausdrücklich vorsieht. Die Aufnahme von neuen Gesellschaftern gestaltet sich bei der KG wesentlich leichter, da die Haftung auf die Einlage begrenzt ist.

Auch die GmbH & Co KG ist eine Kommanditgesellschaft, wobei eine GmbH als Komplementärin beteiligt ist. Die unbeschränkte Haftung der Komplementärin wird dadurch auf das Stammkapital der GmbH beschränkt.

11.8 Haftung von Managern und Arbeitnehmern

Wer einen Fehler gemacht hat und ihn nicht korrigiert, begeht einen zweiten.

Konfuzius, chin. Philosoph, 551-479 v. Chr.

In den letzten Jahren haben sich Managementfehler in deutschen Unternehmen gehäuft. Dies hatte nicht nur für Aktionäre und Gesellschafter schmerzliche finanzielle Folgen, es fügte auch der deutschen Wirtschaft erheblichen Schaden zu.

Corporate Governance Kodex

Im September 2001 etablierte die Bundesregierung daher eine Regierungskommission mit dem Auftrag, einen Deutschen Corporate Governance Kodex zu erarbeiten [DCGC05]. In der Folge legte die Bundesregierung zunächst Anfang 2003 einen Maßnahmenkatalog zur Stärkung des Anlegerschutzes und der Integrität von Unternehmen vor. Etwa ein Jahr später, Anfang 2004, folgte ein Gesetzentwurf zur Umsetzung des Maßnahmenkatalogs. Die Verabschiedung des Gesetzes zur Unternehmensintegrität und Modernisierung des Anfechtungsrechts (UMAG) erfolgte am 17.11.2004 [BMJ04]. Das Gesetz soll 2005 in Kraft treten. Hintergrund des Gesetzes ist unter anderem die Verbesserung des Klagerechts von Aktionären deutscher Aktiengesellschaften im Hinblick auf Pflichtverletzungen im Sinne des § 93 AktG.

Persönliche Haftung

Zwar sind mit diesem Paragraphen ein hohes Maß an Verantwortlichkeit und als Folge immer eine Schadenersatzpflicht gegenüber dem Unternehmen bescheinigt, aber eine persönliche Haftung gegenüber Anlegern für fahrlässige bzw. grob fahrlässige Falschinformationen des Kapitalmarktes kann regelmäßig hieraus nicht geschlossen werden.

Bei mehreren Vorständen können Ressorts gebildet werden. Dies bewirkt zwar eine weitgehende Entlastung der jeweils nicht zuständigen Vorstandsmitglieder, aber die Pflicht zur allgemeinen Beaufsichtigung bleibt bestehen. Der Aufsichtsrat ist verpflichtet, das Vorhandensein von Schadenersatzansprüchen der AG gegenüber Vorstandsmitgliedern zu prüfen. Ein pflichtwidriges Verhalten eines Vorstandsmitglieds schränkt den zur Verfügung stehenden Handlungsspielraum des Aufsichtsrats bereits sehr ein [BGH97].

Ansprüche der Aktionäre

Die Aktionäre haben zurzeit keinen unmittelbaren Anspruch auf Schadenersatz gegen den Vorstand. Gemäß § 112 AktG kann der Aktionär den Aufsichtsrat auffordern, Schadenersatzforderungen gegen den Vorstand geltend zu machen. Allerdings kann der einzelne Aktionär Druck über die Wirtschaftsprüfungsgesellschaft ausüben und 5 % der Aktionäre können eine Sonderprüfung in Gang bringen, wenn der Aktivposten Ersatzansprüche gegen den Vorstand unterbewertet ist (§ 25 ff. AktG).

Es besteht eine steigende Tendenz, Vorstände zur Haftung heranzuziehen. Der BGH stellte kürzlich in einem Urteil erstmals eine unmittelbare Schadenersatzpflicht eines Vorstandes gegenüber einem durch fehlerhafte Ad-hoc-Mitteilung zum Kauf veranlassten Aktionär fest [BGH04a].

Haftung von Arbeitnehmern

Aufgrund ihres Arbeitsvertrages haben Arbeitnehmer die Pflicht, in ihrem Aufgabenbereich Schäden vom Unternehmen abzuwenden. Für die Haftungsgrundsätze gilt, dass Schäden, die ein Arbeitnehmer bei gefahrgeneigter Arbeit nicht grob fahrlässig verursacht, in aller Regel zwischen Arbeitgeber und Arbeitnehmer zu teilen sind [BAG90]. Die Haftung des Arbeitnehmers ist dabei nicht allgemein auf grobe Fahrlässigkeit begrenzt, sondern wird im Einzelfall zur Beschränkung gegen das Betriebsrisiko abgewogen.

Bei Arbeitnehmern bleibt damit ein gewisses Haftungsrisiko bestehen. Allerdings erheben Arbeitgeber Haftungsansprüche in der Regel nur im Zusammenhang mit Kündigungen – entweder zur Stützung der Kündigung, oder aber um Abfindungsansprüche abzuwehren. Bei leitenden Angestellten gibt es keine Sonderregeln. Allerdings richtet sich die Sorgfaltspflicht und damit die Haftung nach der gestellten Aufgabe und der typischerweise hierfür erforderlichen Ausbildung. Ein Marketing- oder EDV-Leiter unterliegt daher einer hohen Sorgfalts- und Fürsorgepflicht und auch einem entsprechend hohen Haftungsdruck.

12 Datenschutz und Marketing

Internet und Datenschutz

Aus datenschutzrechtlicher Sicht birgt das Internet ein erhebliches Gefahrenpotenzial. Anbieter von Online-Diensten, Unternehmen mit eigenem Internet-Auftritt, aber auch Privatpersonen verfügen aufgrund der Basistechnologie des Internet über vielfältige Möglichkeiten, personenbezogene Daten zu sammeln und zu verwerten. Es ist beispielsweise sehr einfach, über Auswertung der Log-Dateien, Cookies oder kleine Mitschnittskripte das Nutzungsverhalten von Kunden oder Interessenten bezüglich einer Web-Site zu verfolgen, ohne dass die Betroffenen hiervon Kenntnis erlangen [BeWe99].

Durch Nutzung speziell für das Internet entwickelter Software wie z. B. das DNS-Resolving und Java-Skripte oder PHP-Skripte ist es möglich, Informationen bezüglich der Nutzung von angebotenen Diensten durch einen Benutzer, aber auch zu seiner Firmenzugehörigkeit, E-Mail-Adresse, Anschrift oder Telefonnummer zu erhalten. So lassen sich nicht nur Persönlichkeitsprofile erstellen, sondern auch individuelle Angebote übermitteln.

Datenschutz als vertrauensbildende Maßnahme

Daher ist es von Bedeutung sich klar zu machen, dass der Erfolg eines Unternehmens, das in einem derartigen Umfeld personenbezogene Daten verarbeitet und nutzt, stark vom Vertrauen der Nutzer in die Seriosität und Transparenz von Anbieter und Angebot abhängt. Dieses Vertrauen gilt es zu schützen. Der Schutz soll in erster Linie durch datenschutzrechtliche Maßnahmen gewährleistet werden. Aus Sicht der Unternehmen stellt eine vollständige Umsetzung der gesetzlichen Vorgaben im Zusammenhang mit aufklärenden Informationen für den Kunden eine ganz wesentliche, vertrauensbildende Maßnahme dar.

Das Problem des Datenschutzes ist geprägt durch die Vielschichtigkeit der gesetzlichen Regelungen und Rechtsinstitutionen [Schn04; Holz03]. Zudem werden die Gesetze in relativ kurzen Abständen modifiziert und angepasst. Aus diesem Grund beschränkt sich die Darstellung und Diskussion der Problematik im Folgenden auf wesentliche Aspekte des Datenschutzes und die Auswirkungen auf das Software-Marketing.

12 Datenschutz und Marketing

12.1 Datenverarbeitung und Schutzbereiche

Persönlichkeit fängt dort an, wo der Vergleich aufhört.
Karl Lagerfeld, dt. Modedesigner, *1938.

Schutzebenen im Datenschutz

Grundsätzlich umfasst das deutsche Datenschutzrecht drei verschiedene Schutzebenen, die sich durch die Art der angebotenen Dienste unterscheiden:

- Transportdienste
  Dies sind die Dienste auf der reinen Transportebene wie z. B. E-Mail-Transport, DSL oder Online-Telefonie.

- Tele- und Mediendienste
  Teledienste wie z. B. e-Banking sind für eine individuelle Nutzung bestimmt. Bei Mediendiensten steht die redaktionelle Bearbeitung im Hinblick auf viele Kunden im Vordergrund.

- Offline-Dienste
  Die Offline-Dienste umfassen die Verarbeitung erhobener Daten, soweit sie nicht bereits im Rahmen von Transport- und Telediensten erfasst wurden.

Gesetzliche Vorschriften

Für jede Schutzebene gelten bestimmte gesetzliche Vorschriften. Dies sind vor allem das Telekommunikationsgesetz (TKG) und die Telekommunikationsdienstunternehmens-Datenschutzverordnung (TDSV), das Teledienstegesetz (TDG), das Teledienstedatenschutzgesetz (TDDSG) sowie der Mediendienstestaatsvertrag (MDStV) und das Bundesdatenschutzgesetz (BDSG). Diese Gesetze differenzieren wiederum nach den jeweils zugrunde liegenden Datentypen der Dienste wie in Abbildung 12.1 dargestellt.

Hintergrund der gesetzlichen Vorschriften ist es, den Einzelnen davor zu schützen, dass er durch den Umgang mit seinen personenbezogenen Daten in seinem Persönlichkeitsrecht beeinträchtigt wird.

Begriffe nach BDSG

Die Datenschutzvorschriften umfassen dabei nicht nur die Verarbeitung von Daten, sondern auch deren Erhebung und Nutzung. Die einschlägigen Begriffe sind in § 3 BDSG (weitere Begriffsbestimmungen) definiert:

- Erhebung
  Unter Erhebung wird das Beschaffen von Daten über den Betroffenen verstanden.

12.1 Datenverarbeitung und Schutzbereiche

Schutzebenen	Gesetzliche Vorschrift	Datentypen
Transportdienste	TKG, TDSV, BDSG	Bestandsdaten, Verbindungsdaten
Teledienste, Multimediadienste	TDG, TDDSG, MDStV, BDSG	Bestandsdaten, Nutzungsdaten, Abrechnungsdaten
Offline-Dienste	BDSG	Inhaltsdaten

Abb. 12.1: Datenschutzrechtliche Ebenen, zugehörige Vorschriften und Datentypen

- Verarbeitung
  Die Verarbeitung von Daten umfasst fünf verschiedene Aktivitäten: speichern, verändern, übermitteln, sperren, löschen.

- Nutzung
  Nutzung ist jede Verwendung personenbezogener Daten, soweit es sich nicht um Verarbeitung handelt.

- Anonymisieren
  Namen und andere Identifikationsmerkmale werden so verändert, dass die Einzelangaben nur noch mit einem unverhältnismäßig hohen Aufwand einer bestimmten oder bestimmbaren Person zugeordnet werden können.

- Pseudonymisieren
  Namen und andere Identifikationsmerkmale werden durch ein Kennzeichen ersetzt, um die Bestimmung des Betroffenen auszuschließen oder wesentlich zu erschweren.

- personenbezogene Daten
  Dies sind alle Einzelangaben über persönliche oder sachliche Verhältnisse einer bestimmten oder bestimmbaren natürlichen Person.

Datenkategorien Prinzipiell kann man je nach ihrem Personenbezug drei verschiedene Datenkategorien unterscheiden:

- Daten mit direktem Personenbezug
  Bei diesen Daten ist die Identität einer Person direkt und unmittelbar bestimmbar.

- Daten mit indirektem Personenbezug
  Die Identität einer Person ist bei diesen Daten mit einem gewissen Aufwand indirekt bestimmbar.

- Daten ohne Personenbezug (anonyme Daten)
  Hier ist die Identität einer Person nur mit einem unverhältnismäßig hohen Aufwand an Zeit, Kosten und Arbeitskraft bestimmbar, oder aber überhaupt nicht erkennbar.

12.2 Nationale Datenschutzgesetze

Wie bereits erwähnt, ist der Datenschutz durch eine Vielzahl von gesetzlichen Regelungen geprägt und umfasst die drei Bereiche:

- Datenschutzgrundlagen
  Inhaltlich ist der Datenschutz vor allem durch das BDSG sowie verschiedene Landesdatenschutzgesetze und zahlreiche spezielle Verordnungen wie z. B. TDDSG, TKD, TDSV und MDStV geprägt.

- Materieller Datenschutz
  Der materielle Datenschutz bezieht sich auf die informationelle Selbstbestimmung, die im verfassungsrechtlichen Datenschutz begründet ist.

- Allgemeine Persönlichkeitsrechte
  Die allgemeinen Persönlichkeitsrechte bilden die Schnittstelle zu den verwandten Bereichen, vor allem aber zum Medienrecht.

Dort, wo der formelle Datenschutz nicht greift, besteht nach wie vor das Recht auf informationelle Mitbestimmung mit den zugehörigen Maßgaben, die auch in den privaten Bereich hineinwirken. Ausgangspunkt ist eine Entscheidung des Bundesverfassungsgerichts zum Volkszählungsgesetz von 1983.

Bundesdaten-schutzgesetz

Diese Entscheidung hat das heutige Bundesdatenschutzgesetz (BDSG) ins Leben gerufen. Dabei urteilten die Karlsruher Richter, dass das Grundgesetz aufgrund von Art. 2 Abs. 1 in Verbindung mit Art. 1 Abs. 1 das Grundrecht des Einzelnen gewährleistet, grundsätzlich selbst über die Preisgabe und Verwendung seiner persönlichen Daten zu bestimmen. Dies gilt auch unter den Bedingungen der modernen Datenverarbeitung in Bezug auf unbefugte Erhebung, Speicherung, Verwendung und Weitergabe personenbezogener Daten.

12.2 Nationale Datenschutzgesetze

Präventivverbot mit Erlaubnisvorbehalt

Das BDSG regelt, also ob und wie mit personenbezogenen Daten umgegangen werden darf. Dabei gilt ein sog. präventives Verbot mit Erlaubnisvorbehalt. Die Verarbeitung und Nutzung dieser Daten ist also ohne die ausdrückliche Erlaubnis des Betroffenen grundsätzlich verboten (§ 4 BDSG). Damit sind Erhebung, Verarbeitung und Nutzung personenbezogener Daten also nur zulässig, wenn eine gesetzliche Erlaubnis oder eine Einwilligung des Betroffenen vorliegt. Dies kann entweder durch eine freie Willenserklärung in Schriftform, einer wegen besonderer Umstände in angemessener anderer Form oder durch gesetzliche Verordnung erfolgen (§ 4a BDSG).

Territorialprinzip

Das BDSG ist aufgrund des Territorialprinzips nur dann anwendbar, wenn die datenverarbeitende Stelle ihren Sitz in Deutschland hat. Da die internationale Vernetzung in Bezug auf die Datenverarbeitung ständig zunimmt, führt nationales Recht zu ernst zu nehmenden rechtlichen Sicherheitslücken. Insbesondere durch das Internet können Daten sehr einfach ins Ausland transferiert und dadurch staatlichen Kontrollen und Regularien, welche persönliche Grundrechte oder auch den Verbraucherschutz betreffen, entzogen werden.

Die nationalen Datenschutzgesetze sind letztlich aufgrund des Territorialprinzips nur in ihrem jeweiligen Gültigkeitsbereich anwendbar. Auf europäischer Ebene bestand daher Bedarf an einer Angleichung der unterschiedlichen datenschutzrechtlichen Vorschriften. Dies hat schließlich zum Erlass der EG-Datenschutzrichtlinie (Richtlinie 95/46/EG zum Schutz natürlicher Personen bei der Verarbeitung personenbezogener Daten zum freien Datenverkehr) und damit zur Novellierung des BDSG geführt.

Zu bemerken ist, dass in Deutschland niedergelassene Diensteanbieter den Anforderungen des deutschen Rechts auch dann unterliegen, wenn sie Dienste im Sinne des TDG oder MDStV in einem anderen Staat innerhalb der EU geschäftsmäßig anbieten oder erbringen (§ 4 TDG, § 5 MDStV).

TDG und TDDSG

Zum Datenschutz im Internet hat der Gesetzgeber bereits vor der Novellierung des BDSG spezielle Zusatzgesetze erlassen [EnPG00]. Besonders hervorzuheben sind das Teledienstegesetz und das Teledienstedatenschutzgesetz, welche Regelungen zur Marktforschung im Internet festlegen. Nach § 2 Abs. 2 findet das TDG z. B. Anwendung bei:

- Angeboten im Bereich der Individualkommunikation (z. B. Telebanking, Datenaustausch),

- Angeboten zur Information oder Kommunikation, soweit nicht die redaktionelle Gestaltung im Vordergrund steht (z. B. Umweltdaten, Börsendaten, Verarbeitung von Informationen über Waren und Dienstleistungsangebote),
- Angeboten zur Nutzung des Internet und anderer Netze,
- Angeboten zur Nutzung von Telespielen sowie
- Angeboten von Waren und Dienstleistungen in elektronisch abrufbaren Datenbanken mit interaktivem Zugriff und unmittelbarer Bestellmöglichkeit.

Wichtig ist vor allem, dass die erhobenen Daten nur dann für die Marktforschung verwendet werden dürfen, wenn der Benutzer seine ausdrückliche Einwilligung erteilt hat (§ 3 TDDSG). Im Gegensatz dazu erlaubt das BDSG generell die Datenverarbeitung für Marketing-Zwecke (§§ 28, 29 BDSG). Dem Betroffenen wird lediglich das Recht eingeräumt, der Verwendung seiner Daten für das Direkt-Marketing zu widersprechen. Anbieter von Multimediadiensten werden dadurch viel stärker eingeschränkt als Offline-Anbieter.

TKD und TDSV   Das Telekommunikationsgesetz regelt die Datenverarbeitung bei Telekommunikationsdiensten. Der Geltungsbereich umfasst dabei neben den klassischen Telekommunikationsdiensten auch den Transport von E-Mails und andere technische Kommunikationsvorgänge wie z. B. den Datenaustausch mittels Telnet oder FTP.

Der Anbieter von Telekommunikationsdiensten unterliegt dem Fernmeldegeheimnis. Er hat daher sicherzustellen, dass Dritten eine Kenntnis der Daten nicht möglich ist. Logfiles, die Verbindungsdaten enthalten, müssen daher gegenüber Dritten geheimgehalten werden. Im Übrigen gilt der Datenschutz des Telekommunikationsrechts, wie er in der TDSV festgelegt ist.

MDStV   Der Datenschutz bei Mediendiensten wird im Mediendienstestaatsvertrag der Länder geregelt. Die Regelungen von TDDSG und MDStV sind allerdings weitgehend identisch [Goun97].

Datentypen   Die verschiedenen Gesetze zum Datenschutz beziehen sich auf die Verarbeitung von Daten der jeweiligen Dienste. Unterschieden wird dabei nach:

- Abrechnungsdaten
Nutzungsdaten, die für die Abrechnung von Diensten erforderlich sind, werden Abrechnungsdaten genannt (z. B. § 19 MDStV). Sie sind ausschließlich für den Zweck der Abrech-

12.2 Nationale Datenschutzgesetze

nung erlaubt. Eine weitergehende Verwendung, etwa zu Marketing-Zwecken, ist unzulässig und setzt eine explizite Einwilligung voraus.

- Bestandsdaten
  Die erforderlichen Daten für die Begründung, inhaltliche Ausgestaltung bzw. Änderung eines Vertragsverhältnisses oder Daten für die Nutzung sind Bestandsdaten (§ 5 TDDSG, § 19 MDStV). Sie dürfen nicht für andere Zwecke verwendet werden. Eine Verwendung für Marketing-Zwecke setzt also eine Einwilligung des Betroffenen voraus. Bestandsdaten sind aufgrund ihrer Zweckbindung am Ende der Vertragsbeziehung zu löschen.

- Nutzungsdaten
  Nutzungsdaten sind personenbezogene Daten, die dem Nutzer die Inanspruchnahme von Telediensten ermöglichen (§ 6 TDDSG). Sie sind am Ende der jeweiligen Nutzung zu löschen bzw. zu anonymisieren, falls sie nicht für Abrechnungszwecke benötigt werden.

- Verkehrsdaten
  Nach § 4 TDSV sind Verkehrsdaten Daten, die der Bereitstellung von Telekommunikationsdiensten dienen (Rufnummer, Standortdaten, Anrufzeiten, Anrufdauer). Diese Daten sind mit Ende der Verbindung grundsätzlich zu löschen, es sei denn, sie werden noch für Abrechnungszwecke benötigt. Dann können die Daten bis zu maximal 6 Monaten aufbewahrt werden (§ 7 Abs. 3 TDSV).

Rechtsfolgen Verstöße gegen die Regelungen des Datenschutzes können umfangreiche Folgen haben. Neben Beanstandungen durch die Datenschutzaufsichtsbehörde (§ 38 BDSG) sind Strafanträge und eine Anzeige bei der Gewerbeaufsicht möglich. Zudem besteht die Möglichkeit, Bußgelder zu verhängen. Das BDSG sieht beispielsweise je nach Schwere der Ordnungswidrigkeit bzw. des Verstoßes Geldbußen bis 25.000 Euro oder 250.000 Euro sowie Freiheitsstrafen bis zu zwei Jahren vor (§§ 43, 44 BDSG). TDG und TDDSG sehen Geldbußen bis zu 50.000 Euro, der MDStV in Höhe von 50.000 Euro bzw. 250.000 Euro vor.

Weitere Rechtsfolgen können auf Verstößen nach UWG begründet sein und Unterlassungs- und Schadenersatzansprüche zur Folge haben.

12.3 Praktische Bedeutung

> *Nichts ist so erschreckend, wie nicht wissen und doch handeln.*
> Johann Wolfgang von Goethe, dt. Dichter, 1749-1832.

Im Zusammenhang mit der Auswertung von Datenbanken (Data-Mining) sowie der durch die Nutzung des Internet entstehenden Datenquellen (Web-Mining) kommt den Datenschutzregelungen aus Sicht des Software-Marketing eine besondere Bedeutung zu. Prinzipiell lassen sich die Aufgabenbereiche der gezielten Suche und Verwertung von Daten je nach Datentyp in die folgenden drei Aufgabenbereiche unterteilen:

Inhalt

- Content-Mining
  Beim Content-Mining werden die Inhalte von Datenbanken (Database-Content-Mining) und Internet-Seiten (Web-Content-Mining) untersucht. Dabei können speziell entwickelte Techniken zum Data- und Text-Mining (z. B. Harvester) oder auch Abfragesprachen wie SQL, WebQL oder XQL eingesetzt werden. Generell fällt die inhaltliche Auswertung von Datenbanken und Web-Seiten in den Anwendungsbereich des Datenschutzes, falls diese personenbezogene Daten enthalten oder diese Möglichkeit besteht. Sind diese Daten öffentlich zugänglich und besteht außerdem kein schutzwürdiges Interesse seitens der Betroffenen, dürfen diese Daten weiterverarbeitet werden.

Struktur

- Structure-Mining
  Das Structure-Mining bezieht sich auf Struktur und Aufbau der Datenbestände. Bei Internet-Seiten wird vor allem die Linkstruktur untersucht, daher fehlt es am Personenbezug der untersuchten Daten. Das Structure-Mining fällt somit nicht unter die Regelungen des Datenschutzes. Zur Datenerhebung werden im Internet spezielle Programme, die sog. Web-Spider eingesetzt.

Nutzerverhalten

- Usage-Mining
  Das Usage-Mining beschäftigt sich mit der Datenerhebung hinsichtlich des Nutzerverhaltens bei Datenbanken oder Internet-Seiten. Da hier der Nutzer im Vordergrund steht, ist zunächst einmal grundsätzlich davon auszugehen, dass es sich bei den erhobenen Daten um personenbezogene Daten handelt.

12.3 Praktische Bedeutung

Anwendungsgebiete des Usage-Mining

Sowohl aus datenschutzrechtlichen Aspekten wie auch unter Gesichtspunkten des Software-Marketing ist also das Usage-Mining besonders bedeutsam. Hauptanwendungsgebiete sind [ArKo02; DCDT00]:

- Personalisierung
  Aus dem Nutzerverhalten im Internet werden Informationen abgeleitet, um einen persönlichen Service zu gestalten.

- Systemverbesserung
  Die Systemverbesserung zielt auf einen leistungs- und kostenoptimalen Aufbau sowie die Gestaltung des eigenen Internet-Angebots ab.

- Auftrittmodifizierung
  Die Datenauswertung im Hinblick auf die Modifizierung des Internet-Auftritts zielt auf Steigerung dessen Attraktivität ab.

- Business Intelligence
  Die „Business Intelligence" beschäftigt sich mit der Gewinnung und Nutzung von für die Unternehmensstrategie relevanter Informationen und Daten.

- Charakterisierung des Nutzerverhaltens
  Beim Charakterisieren des Nutzerverhaltens stehen die allgemeinen Verhaltensmuster der Nutzer von Internet-Angeboten im Vordergrund.

Beliebte Instrumente und Techniken zum Sammeln von Nutzerdaten sind z. B. Session-IDs, Cookies oder Spyware [CoMS99; SpBe01; Spil00].

Session-IDs

Die Session-ID bietet eine einfache Methode, zusammenhängende Nutzungsvorgänge von Web-Seiten erfassen zu können. Dabei erhält jeder Besucher einer Web-Seite vom Server eine eindeutige Kennung zugeteilt. Beim Aufruf weiterer Seiten innerhalb der selben Sitzung wird diese Kennung zusammen mit der Anfrage an den Server übermittelt. Allerdings wird bei einem erneuten Zugriff auf die Seiten im Rahmen einer neuen Sitzung auch eine neue Session-ID zugeteilt. Das Erstellen individueller Nutzerprofile ist mit dieser Technologie also nicht möglich.

Cookies

Cookies sind Informationen im ASCII-Format, die z. B. durch CGI oder Java-Skripte generiert werden. Mit ihnen werden verschiedene Informationen, die während einer Online-Sitzung gesammelt wurden, lokal gespeichert und an den Server, der sie ursprünglich gesetzt hat, zurückgeschickt. Über das Auslesen der zugehörigen Cookie-ID lässt sich das Wiederkehrverhalten der Nutzer bestimmen.

Ein großer Nachteil von Cookies ist ihr schlechtes Image aufgrund von zahlreichen Rechtsverletzungen der Privatsphäre von Unternehmen vor allem in den USA. Dies ist mit ein Grund, warum die gängigen Web-Browser mittlerweile über verschiedenste Einstellungen verfügen, mit welchen Cookies abgelehnt, akzeptiert oder bedingt zugelassen werden können.

Wenn mit Hilfe von Cookies personenbezogene Daten erhoben werden, ist es nach geltender Gesetzeslage zunächst unbedingt erforderlich, nach § 3 TDDSG die Einwilligung des Nutzers einzuholen. Des Weiteren ist der Nutzer noch vor Beginn der Nutzung der Technologie über Art, Umfang, Ort und Zweck der Erhebung, Verarbeitung und Nutzung zu informieren.

Spyware

Spyware sind Programme, die immer dann, wenn ein Nutzer online ist, Informationen über den Rechner, die Surfgewohnheiten, Downloads usw. aufzeichnen. Dies ermöglicht den Aufbau großer Datenbanken, die wesentlich mehr und detailliertere Informationen liefern können als Cookies [Prio02]. Aus rechtlicher Sicht gelten die zu Cookies gemachten Aussagen ebenfalls für Spyware.

Channel-Techniken

Bei den Channel-Techniken können Nutzer mit Hilfe von Registrierungsformularen (Push-Technologie) Informationen quasi abonnieren und jederzeit selbst abrufen [Säub01]. Der Nutzer hat das Angebot selbst bestellt und kann es auch wieder kündigen. Rechtliche Probleme können sich allerdings ergeben, wenn der Nutzer vorher nicht über Art, Umfang, Ort und Zweck der Erhebung, Verarbeitung und Nutzung in Kenntnis gesetzt wurde. Außerdem ist darauf zu achten, dass nur die unbedingt erforderlichen persönlichen Daten (etwa Name, E-Mail-Adresse, Postanschrift etc.) erhoben werden. Nachfragen nach Alter, Geburtstag und Beruf oder akademischem Grad übersteigen bereits die Mindesterfordernisse. Nach Möglichkeit sollte deshalb auf diese Daten verzichtet werden.

Auswertung von Nutzungsprofilen

Insgesamt dürfen Nutzungsprofile also nur erstellt werden, falls

- eine Einwilligung des Nutzers vorliegt, oder

- relevante Daten wie Namen und IP-Adressen anonymisiert oder zumindest pseudonymisiert wurden, oder

- personenbezogene Daten durch entsprechende Einstellungen getrennt gespeichert und verarbeitet werden, sodass später eine eindeutige Zuordnung nicht mehr möglich ist.

12.4 Gestaltung von Internet-Auftritten

Alles Große und Edle ist einfacher Art.
Gottfried Keller, dt. Dichter, 1819-1890.

Werden Verstöße gegen Datenschutzgesetze oder -verordnungen bekannt, kann dies zum Teil extrem negative Auswirkungen auf das Image der Unternehmen haben. Da das Internet in den vergangenen Jahren stark an Bedeutung gewonnen hat, sollte dies bei der Gestaltung von Internet-Auftritten entsprechend berücksichtigt werden. Nach einer Studie von ARD und ZDF nutzen etwa 73 Prozent der Online-Nutzer mindestens einmal pro Woche E-Mail-Dienste. Zielgerichtet oder ziellos surfen je etwas über 50 Prozent der Nutzer mindestens einmal wöchentlich [oV04a].

Vorbehalte der Nutzer

Allerdings zählen die fehlende Möglichkeit zur physischen Produktbeurteilung vor dem Kauf, die Angst vor Datenmissbrauch sowie Unsicherheiten bezüglich der Vertrauenswürdigkeit der Anbieter und der Online-Abwicklung finanzieller Transaktionen zu den am häufigsten geäußerten Vorbehalten gegenüber dem Internet-Kauf [HeSu01; PoLW00]. Der Kauf im Internet scheint aus der Sicht des Nutzers mit vergleichsweise hohen Risiken verbunden zu sein. Psychologische Barrieren haben demnach eine große Bedeutung.

Transparenz schafft Vertrauen

Vor diesem Hintergrund ist es naheliegend, dass die Angst der Nutzer auf die mangelnde Transparenz bei den angebotenen Diensten sowie auf die Komplexität des Internet insgesamt zurückgeführt werden kann. Aus Sicht der Unternehmen kann dem entgegen gewirkt werden, wenn eine Vertrauensbasis geschaffen wird, die sich für längerfristige Kundenbindungen eignet. Wichtig ist dabei vor allem, dass Vertrauen auf Transparenz beruht, denn wer kann schon mit gutem Gewissen auf etwas Vertrauen, was man nicht versteht? Die vertrauensbildenden Maßnahmen seitens des Unternehmens müssen deshalb möglichst verständlich und direkt kommuniziert werden. Dabei bieten sich vor allem folgende Möglichkeiten an (vgl. auch Anhang E.4):

Vertrauensbildende Maßnahmen

- Privacy Statements
  Die sog. „Privacy Statements" bieten eine elegante Möglichkeit, die Datenschutzpolitik (z. B. Umgang mit personenbezogenen Daten, Verzicht auf Cookies und Spyware usw.) eines Unternehmens individuell vorzustellen.

- Erhebung personenbezogener Daten minimieren
  Jeder Anbieter von Internet-Seiten ist durch das Gesetz verpflichtet, Angebot, Gestaltung und technische Komponenten so aufeinander abzustimmen, dass möglichst wenige personenbezogene Daten verarbeitet werden (§ 3a BDSG).

- Anonymisierung und Pseudonymisierung
  Von den Möglichkeiten der Anonymisierung und der Pseudonymisierung sollte unbedingt Gebrauch gemacht werden, soweit dies möglich ist und der Aufwand hinsichtlich des Schutzzwecks angemessen ist. Zu beachten ist, dass sich die gesetzlichen Verpflichtungen sowohl auf die Speicherung von IP-Adressen als auch auf den Einsatz von Cookies oder Spyware usw. beziehen.

- Struktur der Web-Site
  Die Struktur einer Internet-Präsenz sollte möglichst kompakt und übersichtlich wirken. Einige Kriterien sind sogar gesetzlich vorgeschrieben. Nach § 6 TDG muss bei Unternehmen die Anbieterkennzeichnung (Impressum) – Name und Anschrift des Unternehmens, die Vertretungsberechtigten, die Kontaktdaten mit E-Mail-Adresse, der Registereintrag mit Registernummer, die Umsatzsteuernummer sowie ggf. zusätzliche Vorgaben für bestimmte Berufe – leicht erkennbar, unmittelbar erreichbar und stets verfügbar sein. Maximal zwei Klicks gelten derzeit als statthaft [Hoff04]. Für Mediendienste gibt es in § 10 MDStV eine gleichlautende Bestimmung.

- Einwilligung des Nutzers
  Bei Tele- und Mediendiensten reicht es nicht aus, dem Nutzer die Möglichkeit des Widerspruchs nach BDSG einzuräumen. Vielmehr muss der Nutzer in die Verwendung seiner Daten ausdrücklich einwilligen, vor allem wenn die Daten zu Werbezwecken an Dritte übermittelt werden. Eine pauschale Einwilligung des Nutzers in den allgemeinen Geschäftsbedingungen (AGB) ist gesetzlich nicht ausreichend.

13 Urheber- und Wettbewerbsrecht

Schutz von Software

Zunächst scheint es naheliegend zu sein, dass Software oder eine Website dem Patent- oder Gebrauchsmusterrecht unterliegt. Nach Deutschem Recht sind Patente und Gebrauchsmuster allerdings nur technischen Erfindungen vorbehalten, die neu sind, einen erfinderischen Schritt beinhalten und gewerblich verwertbar sind. Hierunter fällt Software nicht.

Doch auch wenn Patent- und Gebrauchsmusterrecht nicht greifen, bedeutet dies nicht, dass Software oder Websites rechtlich ungeschützt dastehen. Gerade bei Software ist es so, dass diese rechtlich sehr weitgehend geschützt ist, was aber in der Bevölkerung immer noch weitgehend unbekannt ist. Dabei wurde bei der Umsetzung einer EU-Richtlinie durch das Einfügen der §§ 69a-69g in das Urheberrecht der Schutz von Computerprogrammen vom Gesetzgeber sehr umfänglich festgelegt.

Der Schutz von Software – genauer gesagt vom technischen Teil der Software, den Programmen – ist dabei sogar umfassender als der Schutz vor der Nachahmung anderer Produkte. Der informative Teil der Software, die Dokumentation sowie andere schriftliche Unterlagen, sind nach den allgemeinen Normen des Urhebergesetzes geschützt.

Webseiten

Für Webseiten fehlt bislang eine ausdrückliche gesetzliche Regelung. Eine Website ist kein Programm, sondern eine Sammlung von Daten und Informationen. Unter gewissen Voraussetzungen kann aber der Schutz des Urheberrechts greifen.

Diese Problemstellungen werden in diesem Kapitel zunächst anhand von Rechtsgrundlagen aus juristischer Sicht und schließlich unter Marketing-Gesichtspunkten kurz betrachtet und diskutiert. Ausführliche Darstellungen zu dem Themenkomplex in Verbindung mit dem Computerrecht finden sich bei Schneider [Schn03b], Ernsthaler [Erns03], oder Ilzhöfer [Ilzh04]. Eine Zusammenstellung der einschlägigen Gesetzestexte bietet z. B. Hefermehl [Hefe03] oder der Online-Dienst der Juris GmbH in Zusammenarbeit mit dem Bundesministerium der Justiz [Juri05].

13 Urheber- und Wettbewerbsrecht

13.1 Urheberrecht

Genie ist zu 10 % Inspiration und zu 90 % Transpiration.
Thomas Alva Edison, amerik. Erfinder, 1847-1931.

Schutzbereich

Das Urheberrechtsgesetz (UrhG) erfasst literarische, künstlerische und wissenschaftliche Werke. Ein Werk liegt immer dann vor, wenn es sich um eine persönliche, geistige Schöpfung handelt (§ 2 UrhG). Zu geschützten Werken zählen nach § 2 Abs. 1 UrhG Sprachwerke, Schriftwerke, Reden, Musikwerke, Computerprogramme, pantomimische Werke einschließlich Tanzkunst sowie Werke der bildenden Künste, Lichtbildwerke, Filmwerke sowie wissenschaftliche und technische Darstellungen aller Art, wie Zeichnungen, Pläne, Karten, Skizzen, Tabellen oder Plastiken.

Die EG-Richtlinie über den Schutz von Computerprogrammen (91/250/EWG) wurde als Block in das UrhG aufgenommen (§§ 69a ff. UrhG). Ergänzt wird das Urheberrecht durch den Urheberrechtsvertrag der Weltorganisation für geistiges Eigentum (WIPO), sowie Regelungen des TRIPS-Übereinkommens (Trade Related Aspects of Interlectual Property) für den Bereich E-Commerce.

Schutzumfang

Das Urheberrecht schützt lediglich die Form eines Werkes, d. h. die Art und Weise seiner Zusammenstellung, Strukturierung und Darstellung. Die dem Werk zugrunde liegende Idee wird nicht geschützt. Gleiches gilt für die Prinzipien und Grundsätze auf welchen ein Computerprogramm oder eine Internet-Seite basiert [OLGM86]. Ungeschützt sind außerdem z. B. auch Werbemethoden, als Allgemeingut anzusehende Informationen und wissenschaftliche Lehren.

Vor allem für Unternehmen, deren Kreativität allein auf Ideen beruht, stellt die freie Nutzbarkeit von Ideen ein unlösbares Problem dar. Die Ideen sind gegen die Übernahme durch Dritte praktisch ungeschützt.

Rechte des Urhebers

Die Rechte des Urhebers sind in §§ 11 ff. UrhG geregelt. Man unterscheidet zwischen Urheberpersönlichkeitsrechten (§§ 12-14 UrhG) und Verwertungsrechten (§§ 15 ff. UrhG). Der Urheber (Schöpfer des Werkes) hat wie folgende Rechte:

- Veröffentlichungsrecht
  Der Urheber entscheidet, ob und wie sein Werk veröffentlicht wird (§ 12 Abs. 1 UrhG).

- Recht auf Urheberbezeichnung
  Der Urheber kann bestimmen, ob und wie sein Werk mit einer Urheberbezeichnung zu versehen ist (§ 13 UrhG).

- Verbot von Entstellungen
  Der Urheber kann Entstellungen oder andere Beeinträchtigungen seines Werkes verbieten, wenn dadurch seine berechtigten Interessen an seinem Werk verletzt werden (§ 14 UrhG).

- Vervielfältigungsrecht
  Der Urheber hat das Recht zu entscheiden, ob und wie sein Werk für den Menschen wiederholt wahrnehmbar gemacht wird (§ 16 UrhG).

- Verbreitungsrechte
  Die Verbreitungsrechte sind in den §§ 17-22 UrhG geregelt. Nach § 17 UrhG ist das Verbreitungsrecht das Recht, Vervielfältigungsstücke des Werkes der Öffentlichkeit anzubieten oder in Verkehr zu bringen. Der Urheber hat zudem das ausschließliche Ausstellungsrecht sowie das Recht, sein Werk öffentlich wiederzugeben.

- Bearbeitung und Umgestaltung
  Die Bearbeitung eines Werkes bedarf vor einer Veröffentlichung oder Verwertung der Einwilligung des Urhebers (§ 23 UrhG). Bei Datenbankwerken bedarf allerdings bereits die Bearbeitung einer Einwilligung der Urhebers (§ 23 UrhG). Liegt dagegen eine freie Benutzung vor, d. h. das ursprüngliche Werk ist Ausgangspunkt der Entwicklung eines völlig neuen und eigenständigen Werkes, so ist dies vom Urheber zu dulden (§ 24 Abs. 1 UrhG). Hiervon ausgenommen sind allerdings musikalische Werke (§ 24 Abs. 2 UrhG) sowie Software (§ 69c Nr. 2 UrhG).

Computerprogramme

Für Computerprogramme sind zudem die besonderen Bestimmungen §§ 69a-69g UrhG wichtig. Sie regeln insbesondere:

- Schutzgegenstand
  Geschützt sind nach § 69a UrhG Computerprogramme einschließlich des Entwurfsmaterials, sofern sie das Ergebnis einer geistigen Schöpfung des Urhebers sind. Ideen und Schnittstellen sind nicht geschützt. Ansonsten finden die Bestimmungen für Sprachwerke Anwendung [BGH01a; BGH02a].

- Urheberrechtsschutz im Arbeitsrecht
  Der Arbeitgeber gilt nach § 69b UrhG als Urheber, wenn ein

Angestellter ein Computerprogramm nach Weisung oder in Wahrnehmung seiner Aufgaben erstellt (vgl. [Junk04]).

- Handlungsrechte
  Der Rechtsinhaber hat nach § 69c UrhG das ausschließliche Recht der Vervielfältigung, der Bearbeitung, der Verbreitung sowie der öffentlichen Wiedergabe. Ausnahmen regelt § 69d UrhG. Wenn keine besonderen vertraglichen Bestimmungen vorliegen, bedürfen Vervielfältigung und Bearbeitung nicht der Zustimmung, wenn es für die bestimmungsgemäße Benutzung oder die Fehlerbeseitigung erforderlich ist. Des Weiteren kann ein Computerprogramm ohne Zustimmung des Rechtsinhabers beobachtet, untersucht und getestet werden, sofern dies durch Handlungen zum Laden, Anzeigen, Ablaufen, Übertragen oder Abspeichern erfolgt, für welche eine Berechtigung vorliegt.

- Dekompilierung
  Die Zustimmung des Rechtsinhabers für die Dekompilierung oder die dauerhafte Vervielfältigung ist nach § 69e UrhG unter bestimmten Bedingungen nicht erforderlich, wenn dies für die Herstellung der Interoperabilität mit anderen Programmen notwendig ist und sich auf das Notwendigste beschränkt.

Sperren, CPU- und Upgrade-Klauseln

Technische Schutzmaßnahmen, wie z. B. Zugangskontrollen, Verschlüsselungen, Kopiersperren oder ähnliches werden durch §§ 95a-95d und § 108b UrhG vor Umgehung geschützt. Der Urheberschutz kann damit zwar dazu berechtigen, einen gewissen Schutz in Form von Programmsperren einzubauen [BGH81]. Allerdings darf die Programmsperre nicht als Druckmittel zur Erzwingung eines dem Anbieter genehmen Vertrags eingesetzt werden [BGH87]. Des Weiteren darf die Benutzbarkeit durch die technischen Vorkehrungen nicht eingeschränkt werden, da ansonsten ein schwerer Mangel vorliegt.

Vertraglich vorgesehene Sperren müssen transparent erläutert werden, um wirksam vereinbart zu sein. Insbesondere sollte klar dargestellt sein, worauf sich die Einschränkung bezieht und wann mit welchen Konsequenzen die Sperre einsetzt [BGH01b].

CPU- und Upgrade-Klauseln sind hardware-bezogene Verwendungsbeschränkungen. Die CPU-Klausel bindet das Recht zur Nutzung an eine bestimmte CPU des Rechners. Die Upgrade-Klausel verbietet im Allgemeinen nicht die Übertragung der Programme auf eine andere, gleich starke oder auch leistungsfähige-

13.1 Urheberrecht

re CPU. Allerdings fallen bei der Übertragung auf eine leistungsstärkere CPU weitere Vergütungen an.

Ansprüche bei Rechtsverletzung

Die Ansprüche bei Rechtsverletzung ergeben sich aus §§ 97 ff. UrhG. Diese beinhalten Ansprüche auf Beseitigung der Beeinträchtigung, bei Wiederholungsgefahr auf Unterlassung und ggf. Schadenersatz. Die Ansprüche auf Beseitigung aller rechtswidrig hergestellten, verbreiteten oder zur rechtswidrigen Verbreitung bestimmten Kopien können strafrechtlich durchgesetzt werden.

Bei Vorsatz oder Fahrlässigkeit kann Schadenersatz gefordert oder in Anspruch genommen werden (§ 97 Abs. 1 UrhG). Da sich die Höhe des genauen Schadens meist nur schwer feststellen lässt, steht den Verletzten ein Anspruch auf Auskunft über den Umfang der Rechtsverletzung sowie auf Herausgabe des Gewinns und Rechnungslegung zu (§ 97 Abs. 1 UrhG).

Es besteht auch Anspruch auf Vernichtung oder Überlassung der Vervielfältigungsstücke (§ 98 UrhG). Die Verjährung der Ansprüche richtet sich nach dem BGB (§ 102 UrhG). Damit verjähren die Ansprüche nach drei Jahren ab Kenntniserlangung (§ 195 BGB, § 199 BGB).

Die Straf- und Bußgeldvorschriften bei unerlaubter Verwertung sowie bei unerlaubtem Eingreifen in Schutzrechte sind in § 106 UrhG bzw. in § 108 UrhG geregelt und sehen Geldstrafen oder auch Freiheitsstrafen bis zu drei Jahren vor. Bereits der Versuch ist strafbar (§ 106 Abs. 2 UrhG, § 108 Abs. 2 UrhG).

Urheberrecht im Internet

Das Internet macht Informationen und schöpferische Werke von praktisch jedem Punkt der Erde aus jederzeit abrufbar. Nationale Grenzen spielen keine Rolle mehr. In diesem Zusammenhang stellt sich die Frage, ob und wann das deutsche Urheberrecht im Internet anwendbar ist.

Zunächst ist zu beachten, dass ein Vertrag nach § 27 EGBGB vorrangig dem durch die Parteien durch eine Rechtswahlklausel bestimmten materiellen Recht unterliegt. Mangels Rechtswahl findet § 28 EGBGB Anwendung. Danach kommt, vereinfacht gesagt, das Recht des Staates zur Geltung, in dem die die Leistung erbringende Partei ihren gewöhnlichen Aufenthalt oder Geschäftssitz hat. Allerdings enthält das deutsche Urheberrecht auch verbindliche Regelungen zum Schutz des Urhebers, welche nicht durch eine Rechtswahlklausel umgangen werden können.

Schutz von Datenbanken

Der Urheber eines Datenbankwerks wird ähnlich den Urhebern von anderen Werken geschützt. Dabei ist nach § 4 Abs. 2 UrhG ein Datenbankwerk ein Sammelwerk, dessen Elemente systematisch oder methodisch angeordnet und einzeln mit Hilfe elektronischer Mittel oder auf andere Weise zugänglich sind. Um Urheberrechtsschutz zu genießen, muss die Auswahl oder Anordnung der Elemente der Datenbank eine persönliche geistige Schöpfung sein.

Dem Urheber stehen damit die üblichen Persönlichkeits- und Verwertungsrechte zu. Dem Hersteller einer Datenbank bieten §§ 87a ff. UrhG ein Leistungsrecht. Ein Hersteller ist dabei nicht die natürliche Person, welche die Elemente der Datenbank beschafft hat, sondern die Person, die in die Datenbank investiert hat (§ 87a Abs. 2 UrhG). Der Investor hat nach § 87b UrhG das ausschließliche Recht, die Datenbank zu vervielfältigen, zu verbreiten und öffentlich wiederzugeben. Die Rechte des Datenbankherstellers erlöschen nach § 87d UrhG 15 Jahre nach der Veröffentlichung bzw. Herstellung.

13.2 Wettbewerbsrecht

Die Japaner erobern den Weltmarkt mit unlauterem Wettbewerb:
Sie arbeiten während der Arbeitszeit.

Ephraim Kishon, israel. Satiriker, 1924-2005.

Das Urheberrecht regelt den Schutzbereich von schöpferischen Werken in den Bereichen Literatur, Kunst und Wissenschaft. Insofern ergibt sich die Notwendigkeit eines wettbewerbsrechtlichen Schutzes erst durch das Auftreten besonderer, zusätzlicher Umstände. Aus Sicht des Wettbewerbsrechts geht es dabei weniger um den Schutz der Leistung sondern vielmehr darum, ein unlauteres Verhalten am Markt zu unterbinden. Das Wettbewerbsrecht ist im Gesetz gegen Wettbewerbsbeschränkungen oder Kartellgesetz (GWB) [Bech98] sowie im Gesetz gegen den unlauteren Wettbewerb (UWG) geregelt [Lehr04].

UWG

Das UWG wurde im Juli 2004 anlässlich der Umsetzung der EU-Richtlinie 2002/58/EG zur Verarbeitung personenbezogener Daten und Schutz der Privatsphäre in der elektronischen Kommunikation grundlegend novelliert [BGBl04]. Die Struktur ist jetzt:

- Allgemeine Bestimmungen (§§ 1-7 UWG 2004)
- Rechtsfolgen (§§ 8-11 UWG 2004)
- Verfahrensvorschriften (§§ 12-15 UWG 2004)

13.2 Wettbewerbsrecht

- Strafvorschriften (§§ 16-19 UWG 2004)
- Schlussbestimmungen (§§ 20-22 UWG 2004)

An die Stelle der früheren großen und kleinen Generalklauseln §§ 1, 3 UWG tritt jetzt das Verbot unlauteren Wettbewerbs (§ 3 UWG 2004): „Unlautere Wettbewerbshandlungen, die geeignet sind, den Wettbewerb zum Nachteil der Mitbewerber, der Verbraucher, oder sonstigen Marktteilnehmer nicht nur unerheblich zu beeinträchtigen, sind unzulässig."

Ob eine Handlung als zulässig oder unzulässig zu gelten hat, lässt sich nur unter Berücksichtigung von Form und Schutzzweck des Wettbewerbsrechts beantworten [LiGW02]. Meist ist hierzu ein Richterspruch erforderlich. Als Faustregel gilt:

- Der Umfang der Anforderungen bezüglich der im Wettbewerbsbereich liegenden besonderen Umstände sinkt, wenn die individuellen Eigenarten eines nachgebildeten Produktes zunehmen.

Wettbewerb

Grundvoraussetzung für einen funktionierenden Wettbewerb ist, dass Leistungen von im Wettbewerb stehenden Unternehmen (Mitbewerber) am Markt frei zur Entfaltung kommen können und die Kunden frei zwischen den angebotenen Leistungen wählen können. Dafür ist es erforderlich, dass die Wettbewerber ihre Leistungen am Markt frei anbieten und für sie werben können. Die Kunden sollen aufgrund eines Vergleichs der Angebote z. B. nach Preis, Leistung, Qualität oder Kundenorientierung etwas für sie geeignetes auswählen können.

Echte Leistungsvergleiche sind nur möglich, wenn die Wettbewerber gewisse Verhaltensregeln am Markt einhalten, der Wettbewerb frei und lauter ist. Wettbewerbswidriges Verhalten ergibt sich z. B. dadurch, dass die angebotene Leistung verfälscht wird oder aber wenn der Wettbewerb gezielt daran gehindert wird, den Kunden die Leistung zum Vergleich zu stellen. Im ersten Fall spricht man von kundenbezogener Unlauterkeit, im zweiten Fall von mitbewerberbezogener Unlauterkeit.

Regeln des freien Wettbewerbs

Ein freier Wettbewerb schafft eine hohe Marktdynamik, aber führt auch dazu, dass im Wettbewerbsrecht keine zu starren Regeln gelten können. Wie in Abbildung 13.1 dargestellt, besteht das Wettbewerbsrecht aus dem Kartellrecht und dem Wettbewerbsrecht im engeren Sinne (UWG). Die §§ 4-8 UWG 2004 enthalten einige Beispiele unlauteren Wettbewerbs, wozu Angaben zu irreführender und vergleichender Werbung sowie unzumutbare Belästigungen zählen. Von Bedeutung sind folgende Punkte:

13 Urheber- und Wettbewerbsrecht

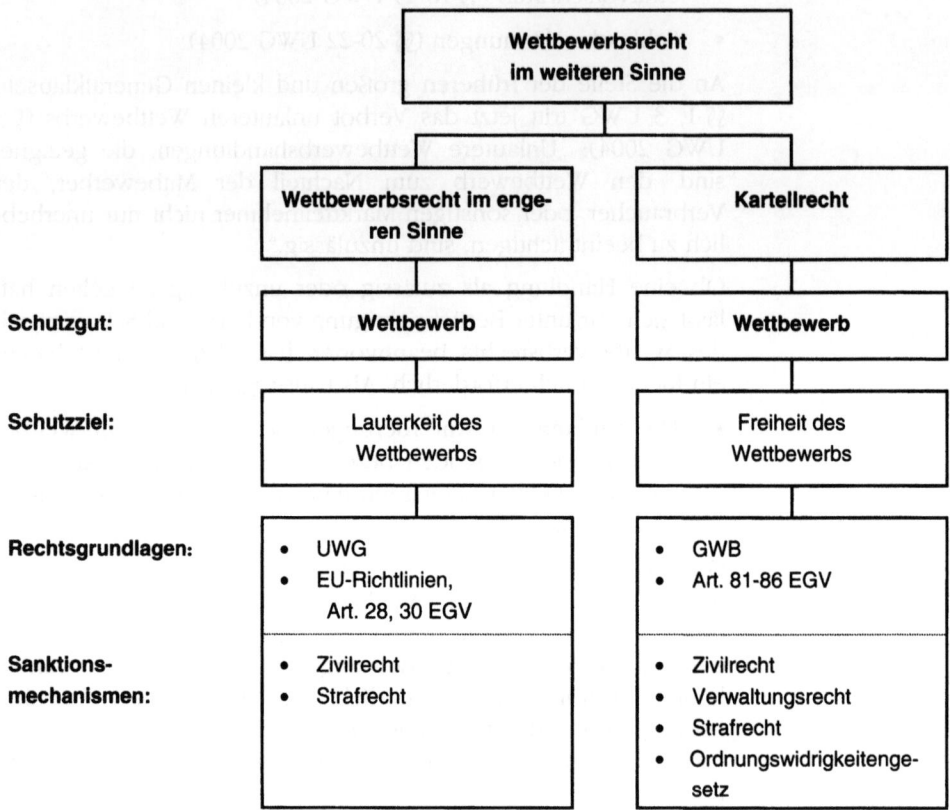

Abb. 13.1: Prinzipielle Struktur des Wettbewerbsrechts

- Wahrheitsgebot
  Wettbewerbshandlungen, die Kunden irreführen, sind wettbewerbswidrig. Ein Wettbewerber darf keine falschen Angaben über die eigene Leistung oder das geschäftliche Umfeld der Mitbewerber machen. Ziel ist, dass der Kunde frei entscheiden kann, ob er ein Angebot annimmt oder ablehnt.

- Unbehinderte Mitbewerber
  Eine Behinderung der Mitbewerber, die darauf abzielt, dass diese ihre Leistungskraft nicht entfalten können, ist unlauter. Verkäufe zu Dumping-Preisen, welche die Konkurrenz schwächen sollen, sind ebenfalls wettbewerbswidrig.

- Nachahmung
  Nicht geschützte Leistungen eines Wettbewerbers können im

13.2 Wettbewerbsrecht

Rahmen des § 4 Nr. 9 UWG grundsätzlich nachgeahmt und für das eigene Unternehmen ausgenutzt werden.

- Gesetzes- und Vertragstreue
  Gesetzliche und vertragliche Bindungen, die für alle Mitbewerber gelten, dürfen nicht missachtet werden, um sich einen Wettbewerbsvorteil zu verschaffen.

- Achtung der Persönlichkeitsrechte
  Unerwünschte Werbung gleich welcher Art (Telefon, Fax, E-Mail) stellt eine unzumutbare Belästigung dar und ist untersagt. Die Unerfahrenheit, die Leichtgläubigkeit oder Ängste und Zwangslagen von Marktteilnehmern auszunutzen, stellt ebenfalls eine unlautere Handlung dar.

Anspruch auf Unterlassung

Der klassische Anspruch des Wettbewerbsrechts zielt auf die Beseitigung und Unterlassung einer unerlaubten Handlung (§ 8 UWG 2004). Schadenersatz kann nur bei einer vorsätzlichen Zuwiderhandlung geltend gemacht werden (§ 9 UWG 2004).

Aufbau des GWB

Das deutsche Kartellrecht ist stark vom amerikanischen Recht geprägt. Das GWB wurde 1998 grundlegend reformiert, um das Wettbewerbsprinzip zu stärken und das nationale Kartellrecht mit dem Europäischen Kartellrecht zu harmonisieren [Bech98]. Eine weitere Novelle ist derzeit in Vorbereitung. Das Gesetz gliedert sich in die Teile:

- Wettbewerbsbeschränkungen (§§ 1-47 GWB)

- Kartellbehörden (§§ 48-53 GWB)

- Verfahren (§§ 54-96 GWB)

- Vergabe öffentlicher Aufträge (§§ 97-129 GWB)

- Anwendungsbereich des Gesetzes (§ 130 GWB)

- Übergangs- und Schlussbestimmungen (§ 131 GWB)

Kernstück des Gesetzes ist der erste Teil „Wettbewerbsbeschränkungen". Wesentliches Merkmal einer Beschränkung ist es, dass sich die Unternehmen nicht mehr wie Wettbewerber verhalten, sondern Absprachen treffen oder aber, dass Unternehmen aufgrund ihrer marktbeherrschenden Stellung in der Lage sind, ohne Rücksicht auf den Markt zu handeln. In diesem Fall ist die freie Entscheidung der Kunden stark eingeschränkt und das Regulativ Wettbewerb entfällt. Genau dies soll das GWB verhindern und definiert vier Tatbestandsgruppen:

Tatbestandsgruppen

- horizontale Kartellvereinbarungen, Kartellbeschlüsse und abgestimmtes Verhalten (§§ 1-13 GWB)

- Vertikalvereinbarungen (§§ 14-18 GWB)
- Marktbeherrschung und wettbewerbsbeschränkendes Verhalten (§§ 19-23 GWB)

Horizontale und vertikale Vereinbarungen

Als „horizontale" Wettbewerbsbeschränkungen unterscheiden sich die Kartellvereinbarungen von den „vertikalen" Vereinbarungen dadurch, dass es sich um Vereinbarungen zwischen Mitbewerbern handelt. Diese Unternehmen stehen also auf der gleichen Wirtschaftsstufe. Dementsprechend werden Vertikalvereinbarungen zwischen Unternehmen auf verschiedenen Wirtschaftsstufen getroffen. Sie betreffen also die Beziehungen zu Lieferanten und Absatzvermittlern. Diese Vertikalvereinbarungen beschränken einen Vertragsbeteiligten in seiner Freiheit, Verträge mit Dritten abzuschließen sowie ihren Inhalt zu gestalten. Die §§ 14-18 GWB regeln dabei die Bereiche

- Preisbindung,
- Konditionenbindung,
- Ausschließlichkeitsbindung und
- Lizenzverträge.

Die Vorschrift § 1 GWB enthält ein echtes Kartellverbot. Mit diesem Kartellverbot sind zivilrechtliche und kartellbehördliche Rechtsfolgen verbunden.

Marktbeherrschende Unternehmen

Neben horizontalen Vereinbarungen und Vertikalvereinbarungen geht es im GWB auch um die Marktbeherrschung und das wettbewerbsbeschränkende Verhalten durch Marktbeherrschung. Von Bedeutung ist, dass marktbeherrschende Unternehmen, die allein auf Grund ihrer Existenz den Wettbewerb beschränken, nicht verboten sind. Allerdings besteht nach § 35 GWB eine Zusammenschlusskontrolle. Marktbeherrschende Unternehmen unterliegen der Kontrolle durch die Kartellbehörde.

Prinzipiell gilt nach § 19 Abs. 2 GWB ein Unternehmen als marktbeherrschend, wenn es als Anbieter oder Nachfrager von bestimmten Produkten oder Leistungen

- ohne Wettbewerber ist oder keinem nennenswerten Wettbewerb ausgesetzt ist,
- oder eine im Verhältnis zu seinen Wettbewerbern beispielsweise aufgrund seines Marktanteils, seiner Finanzkraft oder seiner Geschäftsbeziehungen überragende Marktstellung besitzt.

13.2 Wettbewerbsrecht

Marktanteile für marktbeherrschende Unternehmen

Die zur Marktbeherrschung führenden Marktanteile sind ebenfalls im Gesetz festgelegt. Bei Einzelunternehmen gilt ein Marktanteil von mindestens einem Drittel als marktbeherrschend, bei Zusammenschlüssen von bis zu drei Unternehmen ein Marktanteil von 50 %. Bei fünf Unternehmen und weniger liegt die Grenze bei zwei Dritteln (§ 19 Abs. 3 GWB).

Das Vorliegen einer marktbeherrschenden Stellung wird widerleglich vermutet, d. h. die Unternehmen können nachweisen, dass zwischen ihnen wesentlicher Wettbewerb zu erwarten ist oder aber, dass sie im Verhältnis zu den übrigen Wettbewerbern keine überragende Marktstellung haben.

Feststellung des Missbrauchs

Zur Feststellung des Missbrauchs einer marktbeherrschenden Stellung werden in § 19 Abs. 4 GWB die folgenden vier Bereiche genannt:

- Beeinträchtigung der Wettbewerbsmöglichkeiten (Behinderung)
- marktunübliche Entgelte und Geschäftsbedingungen (Preis- und Konditionenmissbrauch)
- Preis- und Konditionenspaltung
- Verweigerung des Zugangs zu Netzen und anderen Infrastruktureinrichtungen

Zweck des Behinderungsverbots ist es, die Wettbewerber marktbeherrschender Unternehmen auf derselben Marktstufe sowie Anbieter und Nachfrager zu schützen. Ebenfalls verboten ist der Boykott (§ 21 GWB). Danach darf ein Unternehmen andere Unternehmen nicht zu Liefer- und Bezugssperren gegenüber anderen Unternehmen auffordern.

Fusionskontrolle

In der heutigen Zeit erhalten viele Unternehmen durch Beteiligungen, Zusammenschlüsse (§ 37 GWB) oder Übernahmen eine marktbeherrschende Stellung. Die Zusammenschlusskontrolle ist in den §§ 35-43 GWB geregelt. Danach findet die Zusammenschlusskontrolle Anwendung, wenn

- die beteiligten Unternehmen insgesamt weltweit Umsatzerlöse von über 500 Millionen Euro erzielt haben und
- mindestens ein Unternehmen im Inland Umsatzerlöse von über 25 Millionen Euro erzielt hat.

Des Weiteren werden Regeln definiert, welche die Zusammenschlusskontrolle auf die wettbewerbspolitisch bedeutsamen Fälle beschränken. Die Fusionskontrolle greift nach § 35 Abs. 2 GWB nicht, wenn

- das Unternehmen nicht ein im Sinne des § 17 AktG abhängiges Unternehmen oder ein Konzernunternehmen im Sinne von § 18 AktG ist und weltweit weniger als 10 Millionen Euro Umsatzerlöse erzielt hat,
- oder ein Markt betroffen ist, der seit mindestens fünf Jahren existiert und auf dem im letzten Kalenderjahr weniger als 15 Millionen Euro umgesetzt wurden.

Europäisches Wettbewerbsrecht

Auf europäischer Ebene wird der Schutz vor Wettbewerbsbeschränkungen durch die Art. 81 ff. EGV geregelt:

„Mit dem gemeinsamen Markt unvereinbar und verboten sind alle Vereinbarungen zwischen Unternehmen, Beschlüsse von Unternehmensvereinigungen und aufeinander abgestimmte Verhaltensweisen, welche den Handel zwischen Mitgliedsstaaten zu beeinträchtigen geeignet sind und eine Verhinderung, Einschränkung oder Verfälschung des Wettbewerbs innerhalb des Gemeinsamen Marktes bezwecken oder bewirken ..."

Art. 81 EGV nicht nur bei Kartellen und Verträgen, sondern auch bei aufeinander abgestimmten Verhaltensweisen (z. B. bei Preisabsprachen), sofern sie eine spürbare Wettbewerbsbeeinträchtigung des gemeinsamen Marktes innerhalb der EU bezwecken oder bewirken können. Im Einzelfall kann die EU-Kommission Freistellungen von diesem Verbot erklären, wenn dies z. B. zur Förderung des technischen oder wirtschaftlichen Fortschritts beitragen kann (Art. 81 Abs. 3 EGV).

Der Missbrauch einer marktbeherrschenden Stellung ist in Art. 82 EGV geregelt. Danach ist die missbräuchliche Ausnutzung einer beherrschenden Stellung auf dem gemeinsamen Markt verboten, soweit dies dazu führen kann, dass der Handel zwischen den Mitgliedsstaaten beeinträchtigt werden kann. Für die Feststellung der Marktbeherrschung werden wie beim GWB sachliche, räumliche oder sonstige Kriterien herangezogen. Im Gegensatz zu § 19 GWB enthält der EGV jedoch keine Begriffsbestimmungen für die Marktbeherrschung. Die zivilrechtlichen Folgen bei Verstößen richten sich nach dem jeweiligen nationalen Recht.

Strategische Allianzen

Zwischen einem unternehmerischen Alleingang und Zusammenschlüssen bieten sich strategische Allianzen als eine vielversprechende Alternative an, um sich den Herausforderungen der Globalisierung und des technologischen Fortschritts zu stellen. Aus

Marketing-Gesichtspunkten sind zentrale Überlegungen hierbei u. a.

- das Erzielen von Kostenvorteilen durch Synergieeffekte,
- das Erhöhen von Marktzutrittschancen durch Vertriebskooperationen,
- das Ausgleichen von Kompetenzdefiziten durch entsprechende Kooperationen sowie
- die Verkürzung von Entwicklungszeiten durch unternehmensübergreifende Forschungs- und Entwicklungsaktivitäten.

Strategische Allianzen werden als marktwirtschaftliche Antwort auf die Herausforderung des internationalen Wettbewerbs betrachtet, wenn die beteiligten Unternehmen darauf abzielen, ein Leistungsniveau zu erreichen, das ihnen alleine zu erreichen nicht möglich wäre [Zerr02, S. 217].

Wettbewerbsrechtlich gesehen stehen strategische Allianzen außerhalb der üblichen kartellrechtlichen Systematik. Sie enthalten hauptsächlich Verhaltensabstimmungen, aber auch strukturelle Anpassungen, etwa in Form von Unternehmensbeteiligungen.

13.3 Patentrecht

Erfinder sind wahre Wohltäter der Menschheit und verdienen größere Ehre als die, welche beweinenswerte Schlachten lieferten und große Länder eroberten, ohne zu verstehen, ihr eigenes Land glücklich zu machen.

Karl Julius Weber, dt. Schriftsteller, 1767-1832.

Bedeutung von Innovationen

Das Hauptproblem der heutigen Wirtschaft ist, dass die traditionellen Absatzmärkte weitgehend gesättigt sind. Die meisten Branchen leiden unter Überkapazitäten. Die Produkte sind ausgereift und Entwicklungspotenziale sind in der Regel recht gering. Innovationen kommt daher sowohl einzelwirtschaftlich als auch gesamtwirtschaftlich eine große Bedeutung zu. Innovationen bedeuten in der Regel einen Wettbewerbsvorteil, der sich in Bezug auf Zeit, Kosten oder Qualität auswirken kann.

Gesamtwirtschaftlich profitieren Verbraucher von besseren Produkten. Steigende Absatzchancen wiederum wirken sich positiv auf das volkswirtschaftliche Wachstum und damit auf den Arbeitsmarkt aus. Besonders Hochlohnländer profitieren von Maßnahmen, welche Innovationsfähigkeit und Innovationsschutz fördern, da hier die Wettbewerbsfähigkeit praktisch nicht durch Kostenvorteile erreicht werden kann. Es liegt daher auch in staatlichem Interesse, durch gezielte Innovationsförderung und geeignete rechtliche Rahmenbedingungen die Innovationsfreudigkeit der Wirtschaft zu unterstützen. Ein wichtiges Instrument ist hierbei der Schutz jeder Innovation und ihrer Vermarktung gegen Nachahmer. In rechtlicher Hinsicht wird dies durch die gewerblichen Schutzrechte gewährleistet. Neben dem Markengesetz, dem Verbrauchsmustergesetz sowie dem Geschmacksmustergesetz ist hier vor allem das Patentgesetz von Bedeutung [Hubm02].

Patentgesetz

Die wichtigste Rechtsgrundlage des Patentrechts ist das Patentgesetz (PatG). Es enthält die Rechtsnormen und das Verfahrensrecht zum deutschen Patent. Weitere relevante Gesetze und Rechtsvereinbarungen sind u. a. das Arbeitnehmererfindungsgesetz (ArbEG), das Europäische Patentübereinkommen (EPÜ), das Erstreckungsgesetz (ErstrG), die Pariser Verbandsübereinkunft zum Schutz des gewerblichen Eigentums (PVU), der Patentzusammenarbeitsvertrag (PTC), das Gesetz über internationale Patentübereinkommen sowie das Gemeinschaftspatentübereinkommen (GPÜ).

Das Patent als ein gewerbliches Schutzrecht bewirkt, dass allein der Rechtsinhaber befugt ist, die patentierte Erfindung zu benutzen (§ 9 PatG). Patentrechte, also das Recht auf das Patent, der Anspruch auf Erteilung sowie das Recht aus dem Patent sind vererbbar (§ 15 PatG) oder können beschränkt durch Lizenzen übertragen werden (§ 15 Abs. 2 PatG). Ein deutsches Patent entsteht durch Anmeldung und Registrierung beim Deutschen Patentamt in München.

Patent und Erfindung

Ein Patent bezieht sich auf technische Geräte und deren Teile, chemische Erzeugnisse sowie bestimmte Verfahren zu deren Herstellung. Die Erfindung bezeichnet die technische Leistung, während das Patent das Resultat eines staatlichen im Patentgesetz festgelegten Verwaltungsaktes ist, anhand welchem die Erfindung bewertet wird. Eine patentfähige Erfindung muss drei Voraussetzungen erfüllen:

- Neuheit (§ 3 PatG)
  Neuheit im Sinne des Patentgesetzes bedeutet, dass eine Erfindung nicht zum Stand der Technik gehört. Die Erfindung darf vor dem Anmeldeverfahren der Öffentlichkeit weder schriftlich noch mündlich durch eine Vorveröffentlichung

- Erfindungshöhe (§ 4 PatG)
  Mit der Erfindungshöhe wird gefordert, dass eine Erfindung aus erfinderischer Tätigkeit hervorgegangen sein muss und einen sprunghaften Fortschritt in der technischen Entwicklung darstellt, welcher auch für einen durchschnittlichen Fachmann auf diesem Gebiet nicht naheliegend ist.

- Gewerbliche Anwendbarkeit (§ 5 PatG)
  Die gewerbliche Anwendbarkeit bedeutet, dass nur solche Erfindungen patentfähig sind, die eine gewerbliche Anwendung zulassen. Dabei reicht es aus, wenn eine Erfindung eine technische Verwendung findet oder in einem Gewerbebetrieb produziert werden kann.

Patentanmeldung Für eine Patentanmeldung sind eine technische Beschreibung der Erfindung sowie die zugehörigen Patentansprüche einzureichen. Zu beachten ist, dass nach Abgabe des Antrags nicht mehr nachgebessert werden kann – beispielsweise durch Einreichung weiterer Dokumente. Nach erfolgreicher Prüfung entsteht das Patent durch Veröffentlichung im Patentblatt mit einer maximalen Schutzdauer von 20 Jahren. Im Gegensatz dazu beträgt die Schutzdauer eines Gebrauchsmusters drei Jahre. Sie kann allerdings zunächst um weitere drei und dann um weitere zwei Jahre verlängert werden.

Da im gewerblichen Schutzrecht das Territorialprinzip gilt, kann mit einem deutschen Patent nur gegen die unbefugte Benutzung des geschützten Gegenstands in Deutschland vorgegangen werden, nicht aber gegen Herstellung und Vertrieb in anderen Ländern. Für die Sicherung von Schutzrechten im Wirtschaftsraum der Vertragsstaaten des Europäischen Patentübereinkommens (EPÜ) bietet sich eine Europäische Patentanmeldung beim Europäischen Patentamt in München an. Durch das EPÜ wurde ein einheitliches Patenterteilungsverfahren etabliert, das es einem Erfinder ermöglicht, durch eine einzige Patentanmeldung in mehreren benannten europäischen Staaten nationale Patente zu erhalten. Auf dem EPÜ baut das geplante Gemeinschaftspatentübereinkommen (GPÜ) auf. Hierin soll auch die Laufzeit der Patente einheitlich geregelt werden.

Patentrechtliche Stellung von Software Für Software darf es nach § 1 Abs. 2 Nr. 2 PatG (ästhetische Formschöpfungen) per Gesetz keinen Patentschutz geben. Analoges gilt für das EPÜ (Art. 52 Abs. 3). Demzufolge bejaht die

Rechtsprechung die Anwendung des Patentrechts bei Software nur in Ausnahmefällen [BGH00; BGH02b; BPat02].

Damit eine Erfindung als patentierbar gilt, sollte sie einen technischen Charakter haben und folglich auch einem Gebiet der Technik zuzuordnen sein. Für Erfindungen gilt zudem ganz allgemein die Voraussetzung, dass sie einen technischen Beitrag zum Stand der Technik leisten sollen. Software, bzw. eine „computerimplementierte" Erfindung, erfüllt zunächst nicht das Kriterium der erfinderischen Tätigkeit, weil ihr in der Regel die Technizität fehlt.

Was meist bleibt, ist der Schutz nach dem Urheberrecht. Von vielen Unternehmen wird dies als problematisch angesehen, denn durch das Urhebergesetz ist lediglich die Darstellung eines Produkts oder einer Innovation geschützt, jedoch nicht die zugrunde liegende Idee. Dies leistet nur das Patentgesetz. Immerhin ist die Spruchpraxis des Europäischen Patentamtes tendenziell patentfreundlich gegenüber Software. Daher wundert es nicht, dass die Anzahl der erteilten Software-Patente in den vergangenen Jahren auf europäischer Ebene zugenommen hat [BeHo04].

Richtlinienvorschlag Software-Patente

Die Europäische Union hat die Problematik über die Patentierbarkeit von Software aufgegriffen. Im Zuge der Vereinheitlichung des Binnenmarktes sollen ja Wettbewerbsbeschränkungen beseitigt und ein Umfeld geschaffen werden, welches Innovationen und Investitionen begünstigt. Daher ist es erforderlich, dass computerimplementierte Erfindungen in allen Mitgliedsstaaten einheitlich und transparent geschützt sind. Zur Vereinheitlichung der Rechtsvorschriften für die Patentierbarkeit von Software haben das Europäische Parlament und der Rat der Europäischen Union einen viel diskutierten Richtlinienentwurf verabschiedet. Das besondere an diesem – inzwischen abgelehnten – Richtlinienvorschlag ist, dass sich Patent- und Urheberschutz ergänzen sollen [Schn04]. Was Software im Einzelnen patentfähig macht, sollte Art. 2a des Richtlinienvorschlags regeln. Dabei gilt:

Computerimplementierte Erfindung

„Eine computerimplementierte Erfindung ist eine Erfindung, zu deren Ausführung ein Computer, ein Computernetz oder eine sonstige programmierbare Vorrichtung eingesetzt wird und die mindestens ein Merkmal aufweist, das ganz oder teilweise mit einem oder mehreren Computerprogrammen realisiert wird."

Art. 2b definierte den technischen Beitrag einer computerimplementierten Erfindung als einen „Beitrag zum Stand der Technik auf einem Gebiet der Technologie, der neu und für eine fachkundige Person nicht naheliegend ist. Bei der Ermittlung des technischen Beitrags sollte beurteilt werden, inwieweit sich der Gegenstand des Patentanspruchs in seiner Gesamtheit, der technische Merkmale umfassen muss, die ihrerseits mit nichttechnischen Merkmalen versehen sein können, vom Stand der Technik abhebt."

Patentierbarkeit Als Voraussetzung für die Patentierbarkeit sollte nach Art. 4 der technische Beitrag einer Erfindung bestehen bleiben:

„Um patentierbar zu sein, müssen computerimplementierte Erfindungen neu sein, auf einer erfinderischen Tätigkeit beruhen und gewerblich anwendbar sein. Um das Kriterium der erfinderischen Tätigkeit zu erfüllen, müssen computerimplementierte Erfindungen einen technischen Beitrag leisten."

Dies ist als klare Absage an die Patentierbarkeit von Geschäftsprozessen zu werten, die auch in den Folgevereinbarungen aufgegriffen werden dürfte.

Arbeitnehmer erfindung Das Arbeitnehmererfindungsgesetz (ArbEG) findet Anwendung, wenn ein Arbeitnehmer eine Erfindung macht, die entweder zu seinem Tätigkeitsbereich gehört oder maßgeblich auf Erfahrungen oder Arbeiten des Betriebes beruhen. Diese Erfindungen sind sog. gebundene Erfindungen. Alle sonstigen Erfindungen von Arbeitnehmern sind freie Erfindungen (§ 4 Abs. 2 ArbEG).

Der Arbeitnehmer ist verpflichtet, dem Arbeitgeber seine gebundene Erfindung unverzüglich schriftlich zu melden und dabei kenntlich zu machen, dass es sich um die Meldung einer Erfindung handelt. Bei freien Erfindungen muss über die Entstehung soviel mitgeteilt werden, dass der Arbeitgeber beurteilen kann, ob die Erfindung frei ist. Die Meldepflicht besteht nicht, wenn die Erfindung offensichtlich im Arbeitsbereich des Betriebs des Arbeitgebers nicht verwendbar ist (§ 18 ArbEG). Der Eingang der Meldung muss vom Arbeitgeber unverzüglich schriftlich bestätigt werden (§ 4 Abs. 2 ArbEG).

Fristen Innerhalb von vier Monaten nach Eingang der ordnungsgemäßen Meldung kann der Arbeitgeber die Erfindung unbeschränkt oder beschränkt in Anspruch nehmen. Äußert er sich nicht, steht die Erfindung ausschließlich dem Arbeitnehmer zu. Nimmt der Arbeitgeber die Erfindung unbeschränkt in Anspruch, gehen alle Rechte an der Erfindung auf den Arbeitgeber über. Dieser ist verpflichtet, eine Patent- oder Gebrauchsmustermeldung einzureichen. Bei einer beschränkten Inanspruchnahme erwirbt der Arbeitgeber nach § 7 Abs. 2 ArbEG nur ein nichtausschließliches Benutzungsrecht. Die Rechte bleiben beim angestellten Erfinder.

13   Urheber- und Wettbewerbsrecht

Der Arbeitgeber hat aber die Möglichkeit, die gemeldete Erfindung gegen Zahlung einer Lizenzgebühr ebenfalls zu verwerten. In jedem Fall hat der Erfinder einen Anspruch auf eine angemessene Vergütung, die in entsprechenden Vergütungsrichtlinien geregelt ist (§§ 9-12 ArbEG).

13.4 Markenschutz

Es ist nicht der Unternehmer, der die Löhne zahlt, er übergibt nur das Geld. Es ist das Produkt, das die Löhne zahlt.

Henry Ford, amerik. Industrieller, 1885-1945.

Marken können als ein in der Psyche des Kunden verankertes, unverwechselbares Vorstellungsbild von einem Produkt oder einer Dienstleistung beschrieben werden [Meff98, S. 784 ff.].

Funktionen der Markierung

Die Markierung von Produkten erfüllt eine Reihe wichtiger Funktionen, die es einem Unternehmen ermöglichen die vorhandene Marktanonymität zu durchbrechen, um mit einem potenziellen Kunden direkt in Kontakt zu treten und ein Angebot klar darstellen zu können. Hierzu gehören Unterscheidungs-, Herkunfts-, Vertrauens-, Qualitäts- und Suggestivfunktionen:

- Durch die Bekanntheit einer Marke soll für den Kunden die Identifikation mit der Marke erleichtert werden.
- Bei der Auswahl von Leistungen bietet den Kunden die Marke eine Orientierungshilfe.
- Aufgrund ihrer Bekanntheit und Reputation wird einer Marke Vertrauen entgegengebracht.
- Für den Kunden ergibt sich aus der Qualitätsvermutung im Zusammenhang mit Markenprodukten Sicherheit bzw. der Beweis von Kompetenz.
- Für den Kunden soll die Marke eine Image- bzw. Prestigefunktion in seinem Umfeld erfüllen.

Die Markierung von Produkten stellt ein produktpolitisches Instrument dar, womit das Verhalten der Kunden und damit Stellung und Erfolg am Markt entscheidend beeinflusst werden kann. Für das Marketing eines Unternehmens sind Marken von entscheidender Bedeutung. Sie sollten daher entsprechend geschützt sein. Dieser Schutz wird durch das Markengesetz gewähr-

13.4 Markenschutz

leistet. Dies gilt insbesondere bei Markenbezeichnungen im Internet [LGM01].

Rechtsgrundlagen der Markenpolitik

Rechtliche Grundlage für die Markenpolitik ist das 1995 in Kraft getretene Gesetz über den Schutz von Marken und sonstigen Kennzeichen (MarkenG). Es setzt die Richtlinie 89/104/EWG des Rates vom 21.12.1988 zur Angleichung der Rechtsvorschriften der Mitgliedsstaaten über die Marken in deutsches Recht um [Schm99; Rohn03]. Geschützt sind nach § 1 MarkenG Marken, geschäftliche Beziehungen und geographische Herkunftsangaben. Einen Überblick über die Kennzeichen-Terminologie des MarkenG gibt Abbildung 13.2.

Marke

Nach § 3 Abs. 1 MarkenG sind Marken alle Kennzeichen, die geeignet sind, Waren oder Dienstleistungen eines Unternehmens von denen anderer Unternehmen zu unterscheiden. Dies können Zeichen, Wörter, Personennamen, Abbildungen, Buchstaben, Zahlen, Hörzeichen, dreidimensionale Gestaltungen, die Form oder Verpackung eines Produkts sowie sonstige Aufmachungen einschließlich Farben oder Farbzusammenstellungen sein.

Geschäftliche Beziehungen

Als geschäftliche Beziehungen werden nach § 5 MarkenG Unternehmenskennzeichen und Werktitel geschützt. Unter die Unternehmenskennzeichen fallen dabei Zeichen, die im geschäftlichen Verkehr als Name, Firma oder als besondere Bezeichnung eines

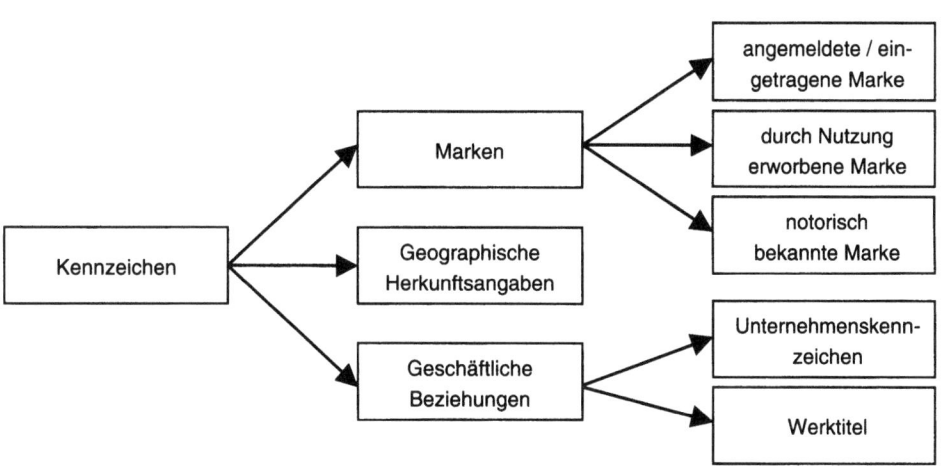

Abb. 13.2: Kennzeichen-Terminologie des MarkenG in Anlehnung an [Zerr02]

Geschäftsbetriebs oder Unternehmens benutzt werden. Werktitel sind die Namen oder besonderen Bezeichnungen von Druckschriften, Tonwerken, Filmwerken, Bühnenwerken oder vergleichbaren Werken.

Geographische Herkunftsangaben

Geographische Herkunftsangaben sind nach § 126 Abs. 1 MarkenG die Namen von Orten, Gegenden, Gebieten oder Ländern sowie sonstigen Angaben oder Zeichen, die im geschäftlichen Verkehr zur Kennzeichnung der geographischen Herkunft von Waren oder Dienstleistungen benutzt werden. Im Vergleich zu den Markenrechten, die Ausschließlichkeitsrechte zugunsten eines bestimmten Inhabers sind, handelt es sich bei den geographischen Herkunftsangaben um Rechtspositionen, die allen Unternehmen eines bestimmten Gebiets in Bezug auf ihre Waren und Dienstleistungen zustehen.

Von geographischen Herkunftsangaben sind nach § 126 Abs. 2 MarkenG die Gattungsbezeichnungen zu unterscheiden, die zwar eine Angabe über die geographische Herkunft haben, aber ihre ursprüngliche Bedeutung verloren haben und zur Kennzeichnung bestimmter Eigenschaften oder Merkmale von Produkten und Dienstleistungen dienen.

Markenregister

Der Markenschutz entsteht nach § 4 Ziff. 1 MarkenG regelmäßig durch Anmeldung und Eintragung in das beim Deutschen Patentamt geführte Markenregister. Häufige Erscheinungsformen sind die Wortmarke und die Wort-Bild-Marke als Verbindung von Wörtern mit Abbildungen. Des Weiteren kann Markenschutz nach § 4 Ziff. 2 MarkenG entstehen, wenn die Marke durch die Benutzung im geschäftlichen Verkehr einen bestimmten Bekanntheitsgrad und damit Verkehrsgeltung erreicht hat. Schließlich entsteht Markenschutz nach § 4 Ziff. 3 MarkenG noch durch die im Sinne des Artikels 6bis der Pariser Verbandsübereinkunft (PVÜ) zum Schutz des gewerblichen Eigentums notorische Bekanntheit einer Marke.

Anmeldung einer Marke

Die Erfordernisse der Anmeldung einer Marke regelt § 32 MarkenG. Zu den materiellen Voraussetzungen gehören

- das Vorhandensein allgemeiner Merkmale nach § 3 MarkenG,
- zeitliche Priorität nach § 6 MarkenG,
- das Fehlen absoluter Schutzhindernisse nach § 8 MarkenG,
- dass nach Artikel 6bis PVÜ kein Plagiat einer notorisch bekannten Marke vorliegt sowie
- das Fehlen relativer Eintragungshindernisse.

13.4 Markenschutz

Beim Deutschen Patentamt werden außer den formellen Anmeldeerfordernissen von Amts wegen die materiellen Kriterien in Bezug auf die Zeichenform, das Vorliegen absoluter Eintragungshindernisse und die amtsbekannte Notorität älterer Marken geprüft.

Absolute Eintragungshindernisse

Zu den absoluten Eintragungshindernissen nach § 8 MarkenG zählen u. a.:

- Zeichen, die graphisch nicht darstellbar sind;
- das Fehlen jeglicher Unterscheidungskraft für die Produkte und Dienstleistungen;
- Zeichen mit täuschendem Charakter;
- Zeichen, die gegen die öffentliche Ordnung oder die guten Sitten verstoßen;
- Zeichen, welche Staatswappen und andere hoheitliche Zeichen enthalten;
- Zeichen mit amtlichen Prüf- und Gewährzeichen;
- Zeichen, die ausschließlich aus Angaben bestehen, die im allgemeinen Sprachgebrauch üblich sind.

Nach Abschluss der amtlichen Prüfungen wird die Marke in das Markenregister eingetragen und bekanntgegeben, sofern die gesetzlichen Voraussetzungen erfüllt sind.

Relative Eintragungshindernisse

Die in den §§ 9-13 MarkenG enthaltenen relativen Eintragungshindernisse dienen dazu, das private Interesse des Inhabers eines kollidierenden älteren Zeichens zu berücksichtigen. Hervorzuheben ist hier § 13 MarkenG, wonach die Eintragung einer Marke gelöscht werden kann, wenn ältere Rechte z. B. nach Namensrecht oder Urheberrecht vorliegen.

Abgrenzung des Markenrechts

Das Markenrecht steht an der Schnittstelle von Wettbewerbs- und Immaterialgüterrecht. Das anwendbare Recht bestimmt sich nach dem Territorialprinzip. Das Markengesetz findet keine Anwendung auf den Schutz von Namen. Hier ist § 12 BGB anwendbar [BGH02c].

Um ein Kennzeichen markenrechtlich schützen zu lassen, muss ein schutzwürdiges Interesse vorliegen. Das schutzwürdige Interesse kann sich grundsätzlich aus einer Verwechslungsgefahr ergeben, wenn die verwendeten Kennzeichen identisch oder ähnlich sind und die Produkte oder Dienstleistungen bzw. die Branche ebenfalls ähnlich sind (§§ 14 Abs. 2, 15 Abs. 2 MarkenG).

13 Urheber- und Wettbewerbsrecht

Titelschutz — Das Markengesetz sieht mit § 5 Abs. 3 MarkenG einen speziellen Schutz für den Titel von Büchern und Zeitschriften vor. Für Software hat der BGH in den Entscheidungen *FTOS* und *Power-Point* einen Titelschutz auch für Software zugelassen [BGH98a; BGH98b].

Schutzrechtmanagement — Zum Schutz der gewerblichen Schutzrechte wurde ein Schutzrechtmanagement entwickelt [AhSc96]. Dabei wird differenziert nach

- präventiver Schutzrechtpolitik,
- defensiver Schutzrechtpolitik sowie
- offensiver Schutzrechtpolitik.

Prävention — Inhalte der präventiven Schutzrechtpolitik sind vor allem Entscheidungen, die den Erwerb und den Gebrauch der Marke ermöglichen. Ziel ist es vorherzusehen, welche Marketing-Aktivitäten beeinträchtigt werden können, wenn sich der Erwerb der eigenen Marke oder die Nutzungserlaubnis an fremden Marken verzögert oder überhaupt nicht erfolgt. Die sich hieraus ableitenden Aufgaben sind:

- Beobachtung relevanter Rechtsgrundlagen (Markenrecht)
- Aufbau und Pflege interner Kommunikation zum frühzeitigen Feststellen schutzwürdiger „Ideen"
- Prüfung der im Einzelfall geforderten Voraussetzungen zur Erlangung des Markenschutzes
- Anmeldung der gewünschten Marke
- Markenmäßiger Gebrauch der Marke sowie dessen Dokumentation
- Überwachung der Laufzeiten der bestehenden Markenrechte

Defensive — Eine defensive Schutzrechtpolitik beschäftigt sich mit den Angriffen Dritter auf entstandene oder in Entstehung befindliche Markenrechte. Mögliche Angriffe sind:

- Widersprüche gegen Markenanmeldungen
- Löschungsanträge gegen bestehende Marken

Gegen derartige Angriffe kann ein Unternehmen informell durch Verhandlungen oder formell durch amtliche oder gerichtliche Verfahren reagieren. Der Vorteil beim informellen Vorgehen liegt in der Möglichkeit der Mediation und dadurch in einer Reduktion der rechtlichen und betriebswirtschaftlichen Risiken. Manchmal kann durch einen Teilverzicht ein Totalverlust einer streitgegenständlichen Marke vermieden werden.

Offensive Die eigenen Markenrechte bieten schließlich den Ausgangspunkt für die offensive Schutzrechtpolitik. Die Handlungsspielräume ergeben sich aus den möglichen Ansprüchen auf Unterlassung oder Schadenersatz. Offensiv tätig werden kann ein Unternehmen bei

- einer widerrechtlichen Markierung von Produkten mit geschützten Zeichen;
- der Verwendung von geschützten Zeichen auf Ankündigungen, Geschäftsbriefen, Preislisten, Rechnungen usw.;
- einem Inverkehrsetzen oder einem Verkauf widerrechtlich gekennzeichneter Produkte.

Da alle Maßnahmen in der Schutzrechtpolitik von den Unternehmen selbst eingeleitet werden müssen, ergeben sich folgende Aktivitäten:

- Beobachtung der relevanten Märkte zur Aufdeckung von Schutzrechtsverletzungen
- Beobachtung des Markenregisters
- Sammlung und Dokumentation von Beweismitteln (Plagiate, widerrechtlich gekennzeichnete Produkte usw.)
- Bewertung der Erfolgsaussichten Dritter bei deren Angriff auf eigene Markenrechte
- Vorbereitung und Begleitung von Widerspruchsverfahren gegen die Zulassung fremder Markenrechte

Erfolgsfaktor Kommunikation Abschließend bleibt festzuhalten, dass sich gerade das Markenrecht zu einem komplexen und dynamischen Rechtsgebiet entwickelt hat. Durch die Internationalität des Software-Marktes und der Marktteilnehmer sind eine Vielzahl von Vorschriften und Bestimmungen zu berücksichtigen. Ein erfolgreiches Agieren am Markt und ein möglichst optimaler Schutz der Marken setzt heute mehr denn je eine konstruktive Zusammenarbeit von Experten in Marketing, Produktentwicklung, sowie Rechtsabteilungen bzw. Rechtsbeiständen voraus.

13.5 Software- und Produktpiraterie

*Diejenigen fürchten das Pulver am meisten,
die es nicht erfunden haben.*

Heinrich Heine, dt. Dichter, 1797-1856.

Wie bereits deutlich wurde, ist Software auf nationaler und europäischer Ebene rechtlich sehr weitreichend geschützt. Trotzdem stellt Produktpiraterie ein großes Problem dar. Durch die zunehmende Globalisierung kann ein wirksamer Kampf gegen Produktpiraterie nur grenzüberschreitend gewonnen werden. Mehr als für andere Produkte gilt dies für Software. Der internationale Rechtsschutz wird vor allem durch zwei Abkommen gewährleistet:

Pariser Verbandsübereinkunft
- Die Länder, welche die Pariser Verbandsübereinkunft (PVÜ) ratifiziert haben, bilden einen Verband zum Schutz des gewerblichen Eigentums. Der Schutz erstreckt sich auf die gewerblichen Schutzrechte (Patente, Muster, Marken) und auf die Unterdrückung des unlauteren Wettbewerbs.
Die PVÜ überwacht die Registrierung von Schutzrechten und sieht vor, dass Rechte von ausländischen Firmen in einem Drittland nicht schlechter gestellt werden dürfen als Rechte der dort ansässigen Firmen. Die Erstanmeldung einer Erfindung, eines Musters oder einer Marke in einem der Verbandsländer begründet die Priorität für Nachanmeldungen in anderen Verbandsländern. Der Pariser Übereinkunft gehören die meisten Länder der Welt an. Allerdings sind einige typische Herkunftsländer von Plagiaten nicht beigetreten.

Madrider Markenabkommen
- Nach dem Madrider Markenabkommen (MMA) über die internationale Registrierung von Fabrik- und Handelsmarken kann der Inhaber einer im Ursprungsland eingetragenen Marke durch eine einzige Registrierung beim internationalen Büro in Bern in jedem Verbandsland den gleichen Schutz erlangen, als sei die Marke dort hinterlegt worden. Eine beim MMA angemeldete Marke wird automatisch an die entsprechenden Stellen aller Mitgliedsstaaten zur Überprüfung und Eintragung weitergegeben.

Weltorganisation für geistiges Eigentum (WIPO)
Sowohl die PVÜ wie auch das MMA werden von der Weltorganisation für geistiges Eigentum (WIPO) verwaltet. Die WIPO ist eine Unterorganisation der Vereinten Nationen (UN) mit Sitz in Genf. Die Aufgabe der WIPO besteht im Wesentlichen darin, für die Mitgliedsstaaten Mustervorschriften zum Schutz des geistigen

13.5 Software- und Produktpiraterie

Eigentums (und damit auch gegen die Produktpiraterie) zu entwickeln. Allerdings besteht für diese Vorschläge kein Umsetzungszwang.

Software-Piraterie Bei der Software-Piraterie werden ohne Genehmigung des Urhebers Vervielfältigungsstücke der Software erstellt. Dies betrifft nicht nur die Urheberrechtsverletzung im großen Stil, sondern beinhaltet auch das Erstellen und Weitergeben von Softwarekopien (Raubkopien) im Bekanntenkreis.

Unabhängig, ob ein Software-Pirat gewerbsmäßig handelt oder nicht, ist damit jede Benutzung der Software rechtswidrig, falls keine Zustimmung des Rechteinhabers vorliegt. Ein Software-Pirat kann dem Nutzer die zur Benutzung erforderlichen Rechte nicht einräumen. Selbst wenn es sich in allen Belangen um eine perfekte Raubkopie handelt, die vom Original nicht unterschieden werden kann, fehlen die zur Einräumung der Nutzung erforderlichen Urheberrechte. Diese Nutzungsrechte kann ein Nutzer auch nicht gutgläubig erwerben, da es im deutschen Rechtssystem keinen gutgläubigen Erwerb von Rechten gibt.

Rechtsverstöße durch Software-Piraterie Werden die geschäftlichen Kennzeichen des Urhebers rechtswidrig verwendet, um den Nutzer über die Herkunft der Software zu täuschen, stellt dies einen Verstoß gegen § 14 MarkenG dar. Des Weiteren schützt § 5 MarkenG Unternehmenskennzeichen und Werktitel, sodass auch beim unerlaubten Vervielfältigen von Handbüchern ein Rechtsverstoß vorliegt.

Wenn der Nutzer einer Raubkopie nicht weiss und auch nicht wissen konnte, dass es sich bei der von ihm verwendeten Software um eine Raubkopie handelt, kann er nicht gemäß § 97 Abs. 1 UrhG auf Schadenersatz in Anspruch genommen werden. Dies würde nämlich ein schuldhaftes Verhalten voraussetzen. Allerdings steht dem Urheber auch ohne Verschulden des Nutzers ein Anspruch auf Unterlassung, Herausgabe und Auskunft zu, sowie ein Anspruch aus ungerechtfertigter Bereicherung nach § 812 BGB. Dies setzt nämlich nur voraus, dass der Nutzer den tatsächlichen Gebrauch auf Kosten des Urhebers erlangt hat und sich daher auf Kosten des Urhebers bereichert hat.

Möglichkeiten der Rechtsverfolgung Der Inhaber von Urheberrechten an Software kann seine Rechte auf verschiedene Weisen verfolgen, nämlich

- durch Verfahren vor den Zivilgerichten,
- durch einstweilige Verfügungen (Eilverfahren vor den Zivilgerichten) sowie
- durch Einreichen von Anzeigen bei der Staatsanwaltschaft.

13 Urheber- und Wettbewerbsrecht

Vor allem die letzte Möglichkeit ist auch für zivilrechtliche Ansprüche von Bedeutung. Die Polizei kann nämlich im Rahmen von ermittlungsrichterlich angeordneten oder bestätigten Wohnungsdurchsuchungen ermitteln und damit Beweise sicherstellen, auf welche der Urheber bisher keinen unmittelbaren Zugriff hatte. Durch Einsichtnahme in die Ermittlungsakten hat der Urheber jetzt die Möglichkeit, diese Beweise kennenzulernen und zivilrechtlich zu verwerten.

Wirtschaftlicher Schaden

Trotz des umfassenden Rechtsschutzes von Software und den damit verbundenen Konsequenzen bei rechtlichen Verstößen ist der Schaden, der jedes Jahr durch Software-Piraterie entsteht, beträchtlich. Nach einer Studie des Marktforschungsinstituts IDC beträgt der globale wirtschaftliche Schaden allein im Jahre 2003 etwa 29 Milliarden US-Dollar [IDC04]. In der Studie belegt Europa bei den geschätzten Umsatzeinbußen durch Raubkopien mit ca. 9,6 Millionen Euro vor Nordamerika und Asien.

Immerhin ist der Anteil illegaler Software in den Unternehmen leicht rückläufig. Weltweit ist die Quote von 39 % auf 36 % gesunken. In Deutschland beträgt sie etwa 30 %. Dies entspricht immerhin noch einem potenziellen Umsatzausfall von etwa 1,7 Milliarden Euro.

Strategien gegen Software-Piraterie

Der Kampf der Unternehmen gegen Raubkopien treibt teilweise merkwürdige und z. T. auch illegale Blüten. Beispielsweise wurden bei Online-Kontakten die Lizenzberechtigungen der anfragenden Kunden ohne deren Wissen durch die Software-Hersteller geprüft. Allerdings verstößt ein derartiges Vorgehen gegen das Recht auf informelle Selbstbestimmung, das Bundesdatenschutzgesetz und das Teledienste-Datenschutzgesetz. Das Veröffentlichen der Namen der Nutzer von Raubkopien ist ebenfalls nicht gestattet, da dies einen ungerechtfertigten Eingriff in die Persönlichkeitsrechte darstellt.

Weitere Aktionen der Software-Branche gegen Produkt- und Software-Piraterie vorzugehen, waren z. B. [OV04b]:

- Viren
  Im Kampf gegen die Internet-Tauschbörsen sollen die Musikkonzerne Universal, Warner, Sony, BMG und EMI die Entwicklung von Viren unterstützt haben, welche die Computer der Tauschbörsen sabotieren können.

- Download Day
  Im April 2003 konnten sich Nutzer der Internet-Seite *www.digitaldownloadday.de* aus einer Auswahl von 150.000

Titeln gratis 30 Musikstücke auf ihren PC überspielen und drei Musikstücke auf CD brennen.

- Digital Rights Management (DRM)
  Mit DRM setzten der IT-Branchenverband Bitkom und Gerätehersteller auf die individuelle Vergütung. Mit DRM ist es möglich, Dateien aus dem Internet zu überspielen und eine Urheberabgabe zu entrichten.

Klarheit durch Lizenzverträge

Diese Maßnahmen gehen aber in der Regel an den Ursachen vorbei und sind daher wenig wirksam. Eine der Hauptursachen für Software-Piraterie ist nämlich das mangelnde Unrechtsbewusstsein der Nutzer von Raub-Kopien. Neben technischer Absicherungen gegen eine widerrechtliche Vervielfältigung der Software helfen vor allem transparente und klare Lizenzverträge mit einer kurzen und verständlichen Darstellung der dem Nutzer eingeräumten Rechte.

Wenig hilfreich sind dagegen immer wiederkehrende Hinweise auf Verbote oder kleingedruckte Copyright-Vermerke, die entweder überhaupt nicht gelesen werden oder nach einiger Zeit einfach nicht mehr wahrgenommen werden.

13.6 Auswirkungen des Internet

Gedanken sind zollfrei, aber man hat doch Scherereien.
Karl Kraus, österr. Schriftsteller, 1874-1936.

Domain-Namen

Im Zusammenhang mit den Domain-Namen hat der markenrechtliche Schutz besondere Bedeutung erlangt. Die Adressen im Internet, die sog. Internet-Domains, sind relativ knapp. Dies merken vor allem Unternehmen, die eine eigene Internet-Präsenz aufbauen wollen. Es ist dann naheliegend, den Namen des Unternehmens oder einen Markennamen zum Bestandteil der Internet-Adresse zu machen. Oft haben sich Domain-Grabber vielversprechende Kennzeichnungen reservieren lassen, um sie später möglichst teuer verkaufen zu können.

Gerichtliche Auseinandersetzungen

Konflikte im Zusammenhang mit den Domain-Namen wurden daher vielfach gerichtlich ausgefochten. Gekämpft wird letztlich immer darum, ob und wie markenrechtliche Prinzipien auf den Namensschutz von Domänen angewendet werden können. Zu den bekanntesten Entscheidungen zählt das Urteil des LG Mannheim im Streit um das Namensrecht einer Gebietskörperschaft und der Domäne *heidelberg.de* [LGMA96]. Das OLG Köln hat etwas später festgestellt, dass Städtenamen auch ohne den Zusatz „Stadt" namensrechtlich geschützt sind. Zudem liege in der Verwendung eines Städtenamens als registrierte und angebundene Second-Level-Domain zur Vermietung von Internet-Adressen mit regionalem Bezug eine unbefugte Namensanmaßung vor [OLGK99].

Zwar hat sich seitdem wenig an der Domain-Vergabe geändert, allerdings existieren mittlerweile durch richterliche Entscheidung gewisse Strukturen und Empfehlungen in Bezug auf die Rechte an Domain-Namen (vgl. [Hoff04]).

Besonderheiten der Adressvergabe

Bei der Durchsetzung markenrechtlicher Aspekte sind zunächst einmal die Besonderheiten bei der Adressvergabe im Internet zu beachten. Jeder angeschlossene Rechner besitzt eine eigene, aus vier Zahlenblöcken bestehende Adresse, die sog. IP-Nummer. Diese Nummer wird durch das Domain Name System (DNS) und die daran beteiligten Server nach außen in alphanumerische Zeichenfolgen übersetzt. Die letzten Buchstabenfolgen bilden die Top Level Domain (TLD). TLDs können in zwei Hauptgruppen aufgeteilt werden, nämlich in allgemeine bzw. generische Top Level Domains (gTLD) sowie die aus zwei Buchstaben bestehenden länderspezifischen TLD.

Länderspezifische TLD geben eine Länderkennung („.de" für Deutschland, „.ch" für die Schweiz usw.) an, weisen darauf hin, dass die Adresse kommerziell ist („.com"), oder können die Adresse als zu einer internationalen Organisation gehörig ausweisen („.int"). Zusätzlich zu den bestehenden Top Level Domains hat die ICANN (Internet Corporation for Assigned Names and Numbers) mit Sitz in Kalifornien im November 2000 die Einführung von sieben neuen Top Level Domains beschlossen. Weitere zusätzliche TLDs werden derzeit diskutiert [ICAN04]. Einen Überblick über die derzeit gültigen TLD gibt Abbildung 13.3.

Registrierungsstellen

Um eine eigene Domäne unterhalb einer geeigneten TLD zu bekommen, kann man sich an einen der vielen Provider, an eine der von der ICANN akkreditierten Registrierungsstellen (Abbildung 13.4) oder direkt an die DENIC e.G. (Deutsches Network Information Center) wenden [Strö00]. Dort kann man Domain-Namen telefonisch, per Fax, Briefpost oder online beantragen. Es gilt das Prinzip: wer zuerst kommt, wird zuerst bedient. Die Vergabestelle prüft lediglich, ob der Domain-Name bereits vergeben ist. Ob durch die Anmeldung Rechte Dritter verletzt werden,

TLD	Zur Registrierung berechtigt	Registrierungsstelle	Internetadresse
.aero	Luftfahrtindustrie	Société Internationale de Télécommunication Aéronautiques (SITA)	www.sita.int
.biz	Handelsunternehmen weltweit	NeuLevel Inc.	www.neulevel.biz
.com	Unternehmen weltweit	VeriSign Global Registry Services	www.verisign.com
.coop	Genossenschaftliche Organisationen	DotCooperation LLC	www.cooperative.org
.edu	Bildungseinrichtungen	Educause	www.educause.edu
.gov	Regierungsorgane der USA	United States Government	www.nic.gov
.info	Keine Einschränkung	Afilias Ltd.	www.afilias.info
.int	Internationale Regierungsorganisationen	Internet Assigned Numbers Authoroty (IANA)	www.iana.org
.mil	Militärische Einrichtungen der USA	U.S. Departement of Defense Network Information Center	www.nic.mil
.museum	Museen	Museum Domain Management Association	about.museum
.name	Privatpersonen	Global Name Registry	www.nic.name
.net	Internet Service Provider	VeriSign Global Registry Services	www.verisign.com
.org	Nichtkommerzielle Einrichtungen und Gruppen	Public Interest Registry	www.pir.org
.pro	Anwälte, Ärtze, Steuerberater	RegistryPro	www.registry.pro.com

Abb. 13.3: Die allgemeinen Top Level Domains der ICANN [Ic04]

TLDs	Registrierungsstelle	Staat	Internet
.biz, .com, .info, name, .net, .org	Cronon AG Berlin, Niederlassung Regensburg	D	www.cronon.org
.biz, .com, .info, .net, .org	CSL Computer Service Langenbach GmbH	D	www.joker.com
.biz, .com, .info, .name, .net, .org	Deutsche Telekom AG	D	www.registrar.telecom.de
.biz, .com, .info, .net, .org	DNS:NET Internet Service GmbH	D	domains.dns-net.de
.biz, .com, .info, .name, .net, .org	EPAG Domainservices GmbH	D	www.epag.de
.biz, .com, .info, .net, .org	Freenet Cityline GmbH	D	www.freenet-business.de
.biz, .com, .info, .name, .net, .org, .pro	Hetzner Online AG	D	www.hetzner.de
.biz, .com, .info, .name, .net, .org	Key-Systems GmbH	D	www.key-systems.net
.biz, .com, .info, .name, .net, .org, .pro	PSI-USA Inc. (Domain Robot Germany)	D	www.psi-usa.info
.biz, .com, .info, .name, .net, .org	Rockenstein AG	D	www.rockenstein.com
.biz, .com, .info, .name, .net, .org	Schlund+Partner AG	D	www.registrar.schlund.info
.aero, .biz, .com, .coop, .info, .museum, .name, .net, .org, .pro	Secura GmbH	D	www.domainregistry.de
.biz, .com, .info, .net, .org	Server-Service GmbH	D	www.server-service.com

Abb. 13.4: Von der ICANN akkreditierte Vergabestellen in Deutschland und die zugehörigen Top Level Domains [ICAN04]

13.6 Auswirkungen des Internet

wird nicht geprüft. Dabei kann es aber zu Konflikten kommen, falls die anzumeldende Domain bereits vergeben ist oder Prinzipien des Markenrechts berührt werden.

Bestimmungen der DENIC

Nach den Vertragsbestimmungen der DENIC liegt die Verantwortung für namens- oder markenrechtliche Folgen, die sich aus der Registrierung ergeben, beim Antragsteller. Dieser versichert der DENIC gegenüber, dass er die Einhaltung markenrechtlicher Vorgaben geprüft hat und keine Anzeichen für die Verletzung von Rechten Dritter vorliegen. Der Prüfungsmaßstab für die DENIC und andere Vergabe-Institutionen resultiert aus einer Entscheidung des BGH aus dem Jahre 2001 (*ambiente.de*). Danach liegt eine Pflicht zur Verweigerung der Eintragung nur dann vor, wenn ein Rechtsverstoß offenkundig und einfach festzustellen ist [BGH01c; Hoff04]. Ansonsten muss die Vergabe-Institution nur tätig werden, wenn die bessere Rechtsposition eines Dritten Anspruchstellers auf Grund eines rechtskräftigen Urteils oder einer entsprechenden Vereinbarung mit dem Domain-Inhaber bestätigt wird.

Domain-Namen und MarkenG

Bisher sind weit über 100 Entscheidungen zu Rechtsstreitigkeiten bei Domain-Namen veröffentlicht worden. Gemäß § 5 MarkenG werden Unternehmenskennzeichen als geschäftliche Beziehungen geschützt. Diesen Schutz genießen Unternehmenskennzeichen auch im Internet. Die Rechtsprechung erkennt bei einfachen Beschaffungs- und Bestimmungsangaben ein überwiegendes Freihaltebedürfnis der Allgemeinheit an.

Schutz gegen ähnliche Domains

Einen Schutz gegen ähnliche Domains gibt es nicht. Bereits durch geringfügige Abwandlungen oder Zusätze kann die Schutzwirkung überwunden werden [OLGF97; LGKO00]. Bindestriche reichen hierfür nicht aus, da dem Bindestrich firmenrechtlich keine Unterscheidungskraft zukommt. Gängige Rechtsprechung ist inzwischen, dass Domain-Namen trotz ihrer freien Wählbarkeit dem Schutz des § 12 BGB unterstehen [OLGK01]. Im Hinblick auf die Frage, ob ein Domain-Name benutzt werden darf, der in lauterer Weise aus dem eigenen Namen abgeleitet wurde, kann es zu Unterlassungsansprüchen gegenüber natürlichen Personen kommen. Es ist dem Träger eines bürgerlichen Namens nämlich zuzumuten, einen mit einem Firmenschlagwort verbundenen Domain-Namen durch Zusätze geringfügig zu ändern, um eine Verwechslungs- bzw. Verwässerungsgefahr zu vermeiden [OLGH98].

Prioritätengrundsatz

Sofern es sich aber nicht um ein bekanntes Unternehmen handelt, gilt der Prioritätengrundsatz. In einer Grundsatzentscheidung in Sachen *Shell.de* vertrat der BGH die Auffassung, dass die private Nutzung einer Domain zur Verletzung von Namensrechten eines gleichnamigen Unternehmens führen kann [BGH02c]. Gegenstand des Anspruchs ist aber lediglich der Verzicht auf die Nutzung. Ein Anspruch auf Übertragung einer Domain ist generell abzulehnen.

Ansprüche des Rechteinhabers

Wird die Domain weiter rechtswidrig benutzt, kommt eine Abmahnung an den Domain-Inhaber und schließlich gerichtliche Hilfe in Betracht. Wird im Rahmen des Domain-Grabbing für den Verzicht auf die Domain eine Bezahlung verlangt, kann das Domain-Grabbing nicht nur eine strafbare Markenverletzung darstellen, sondern erfüllt auch den Tatbestand der Erpressung nach § 253 StGB erfüllen. In diesem Fall ist eine einstweilige Verfügung üblich, falls der Domain-Name weiter benutzt wird. Inzwischen erkennen die Gerichte zusätzlich zum Unterlassungsanspruch noch einen ergänzenden Beseitigungsanspruch an [LGD98; OLGM98]. Wer zur Löschung verurteilt worden ist, hat dafür zu sorgen, dass die Domain bei der DENIC gelöscht und in den Suchmaschinen ausgetragen wird [LGB00a].

Gattungsbegriffe

Problematisch ist die Frage, ob Gattungsbegriffe und beschreibende Angaben als Domain-Namen registriert werden können. Grenzen für die Wahl derartiger Beschreibungen können sich aus §§ 1, 3 UWG (alt) ergeben. Grenzen sind dort zu ziehen, wo in der Auffassung der Öffentlichkeit eine klare Zuordnung und die Gefahr einer Irreführung besteht. Hierzu zählen Begriffe wie *Deutschland* [LGB00b]. Bei solchen Domains droht die Gefahr der Kanalisierung der Besucher auf denjenigen, der die Domain besitzt. Von zentraler Bedeutung ist, dass Domains im Markengesetz nicht geregelt sind. Außerdem ist das Markenrecht nicht mit dem Eintragen und Betreiben von Domains vergleichbar, weil bei der Registrierung von Domains keine staatliche Kollisionsüberprüfung erfolgt. Dementsprechend schloss das OLG Hamburg in seinem Urteil *mitwohnzentrale.de* eine Anwendung von § 8 MarkenG auf die Domain-Registrierung aus. Allerdings sah das Gericht die Verwendung der Domain unter dem Gesichtspunkt der Kanalisierung von Kundenströmen als wettbewerbswidrig im Sinne von § 1 UWG (alt) an [OLGH00]. Demgegenüber hat der BGH für die Domain *mitwohnzentrale.de* durch die Gattungsbezeichnung keine Probleme bei der Kanalisierung der Besucherströme gesehen. Vielmehr hat das Gericht die Verwendung allgemeiner Branchenbezeichnungen als Internet-Adresse als zulässig erklärt. Insbesondere liege auch kein Verstoß gegen die guten Sitten im Sinne von § 1 UWG (alt) vor [BGH01d].

14 Produkthaftung und Vertragsrecht

Verbraucher-schutz

Neue Technologien und Software haben eine positive Wirkung auf Wirtschaft und Fortschritt. In der Folge wird aber auch unser Lebensstandard und das soziale Umfeld entscheidend beeinflusst und geprägt. Für den Verbraucher ergeben sich allerdings auch neue Risiken. Software stellt zwar ein immaterielles Produkt dar, sie kann aber ebenso wie andere Produkte Gefahren und Schäden hervorrufen, etwa bei Steuerungs-Software von Flugzeugen [SiMu90] oder von medizinischen Geräten [LeTu93].

Schadenersatz und Vertrags-gestaltung

Der technologische Fortschritt wirft damit aus juristischer Sicht die Frage nach dem Schutz des Verbrauchers vor mangelhaften oder gefährlichen Produkten auf. Hinzu kommen oftmals auch nicht unerhebliche Schadenersatzansprüche. Normen, Wettbewerbsdruck und staatliche Sicherheitsbestimmungen können dieses Problem nur bedingt lösen. Kommt es zu Schäden bei Verbrauchern, ist das Bürgerliche Recht gefordert. Aber bereits im Vorfeld können durch die weitestgehende Erfüllung der rechtlichen Anforderungen an die Sicherheit von Produkten einerseits und bei der Vertragsgestaltung andererseits Risiken für Verbraucher und Unternehmer minimiert werden.

14.1 Problemstellung der Produkthaftung

Wer schweigt, scheint zuzustimmen.
Papst Bonifatius VIII., 1235-1303.

Verbrauchsgüter-kauf

Hersteller haften gegenüber ihrem Vertragspartner für mangelhafte Produkte nach §§ 434 ff. BGB. Problematisch ist aber, dass der Vertragspartner des Verbrauchers als Letztverkäufer meist ein Händler ist. Aus Sicht des BGB handelt es sich dann um einen Verbrauchsgüterkauf gemäß §§ 474 ff. BGB. Dem Letztverkäufer wird aufgrund seines gegenüber dem Verbraucher erweiterten Verantwortungsbereichs nach § 478 BGB die Möglichkeit des Rückgriffs gegen seinen Vorlieferanten oder Hersteller eingeräumt, falls er vom Verbraucher erfolgreich auf Gewährleistung in Anspruch genommen wurde.

Sachmangel

Aus Sicht des Herstellers ist dabei zu beachten, dass ein Produkt dann einen Sachmangel aufweist, wenn es die vereinbarte oder die gewöhnlich vorausgesetzte Beschaffenheit nicht hat. Außerdem können konkrete Werbeaussagen und mangelhafte Bedienungsanleitungen Sachmängel im Sinne § 434 BGB sein.

Ein Geschädigter kann bei Vorliegen bestimmter Voraussetzungen gegen den Händler als Vertragspartner Ansprüche auf Nacherfüllung gemäß § 439 BGB geltend machen, nach §§ 437, 441 BGB den Kaufpreis mindern oder in gewissen Fällen vom Vertrag zurücktreten (§§ 437, 440 BGB). Die Ansprüche des geschädigten Verbrauchers betreffen hierbei den eigentlichen Kaufgegenstand. Darüber hinaus kann ein Schadenersatzanspruch bestehen. Eine Schadenersatzpflicht des Verkäufers für Folgeschäden besteht allerdings nur, wenn ein Verschulden vorliegt.

Will man als Geschädigter den Hersteller in Anspruch nehmen, besteht zunächst formal das Problem, dass zwischen dem Verbraucher und dem Hersteller keine vertraglichen Beziehungen bestehen, aus welchen seitens des Verbrauchers Rechte abgeleitet werden können.

Deliktrecht

Will der geschädigte Verbraucher Schadenersatz geltend machen, bleibt ihm mangels vertraglicher oder vertragsähnlicher Ansprüche gegen den Hersteller nur noch der Weg über das Deliktrecht gemäß § 823 BGB. Diese Vorschrift kann als Grundlage des heutigen Produkthaftungsrechts betrachtet werden. Als zu ersetzender Schaden kommen generell alle durch Rechtsverletzung unmittelbar verursachten Schäden, jedoch keine Vermögensschäden, in Betracht.

Grundgedanke der Produkthaftung

Die Produkthaftung basiert auf dem Gedanken, dass der Hersteller im Rahmen einer allgemeinen Verkehrspflicht nur ordnungsgemäß hergestellte und fehlerfreie Produkte auf den Markt bringen darf (verschuldensunabhängige Gefährdungshaftung). Der Hersteller hat also die Pflicht, mit allen zumutbaren Maßnahmen dafür zu sorgen, dass seine Produkte bei Dritten keine Rechtsgutverletzungen verursachen. Die Rechtsprechung unterscheidet dabei im Rahmen der Gefahrenabwehr zwischen verschiedenen Fehlerbegriffen:

- Konstruktionsfehler

  Ein Konstruktionsfehler liegt dann vor, wenn ein Produkt nicht nach dem Stand der Technik konstruiert ist und bei ei-

14.1 Problemstellung der Produkthaftung

nem bestimmungsgemäßen Gebrauch durch einen durchschnittlichen Benutzer nicht betriebssicher ist. Falls ein Produkt zum Zeitpunkt des Inverkehrbringens nach dem Stand der Technik konstruiert, aber aufgrund des technischwissenschaftlichen Fortschritts veraltet ist, entfällt die Haftung mangels Verschuldens. Für nicht vorherzusehende Entwicklungsrisiken wird also nicht gehaftet. Allerdings besteht für den Hersteller eine Produktbeobachtungspflicht.

- Fabrikationsfehler

  Im Bereich Fertigung und Kontrolle ist der gesamte Betriebsablauf so zu organisieren, dass Fehler nach menschlichem Ermessen vermieden werden. Dabei handelt es sich um Fehler, die im Rahmen von Qualitätskontrollen aufgedeckt werden können. Ein Hersteller haftet nicht für Fabrikationsfehler, wenn er nachweisen kann, dass er nach menschlichem Ermessen alle erforderlichen Sicherungsmaßnahmen getroffen hat und der Fehler durch das einmalige Fehlverhalten eines Arbeitnehmers oder einer Maschine entstanden ist.

- Instruktionsfehler

  Ein Instruktionsfehler liegt dann vor, wenn ein Schaden durch eine ungenügende Gebrauchsanweisung hervorgerufen wurde oder wenn vor den Gefahren eines Produktes nicht ausreichend gewarnt worden ist. Bei einem sachgerechten Umgang müssen sich also Schäden prinzipiell vermeiden lassen. Der Verbraucher vertraut darauf, dass er vom Hersteller so umfassend informiert wurde, dass er die Produkte gefahrlos benutzen kann. Der Hersteller vertraut im Gegenzug auf einen vernünftigen Verbraucher und muss daher nicht alle Eventualitäten berücksichtigen.

Beweislastumkehr Zu beachten ist, dass deliktische Schadenersatzansprüche gegen den Produkthersteller ein Verschulden des Herstellers voraussetzen, das vom Geschädigten zu beweisen ist. Dieser Beweis kann von einem Außenstehenden praktisch nicht erbracht werden. Dies hat schließlich dazu geführt, dass das BGH bereits 1968 die Beweislast hinsichtlich des Verschuldens umgekehrt hat.

Der Hersteller hat demnach zu seiner Entlastung im Einzelnen darzulegen, dass er unter Beachtung der für die allgemeine Verkehrspflicht erforderlichen Sorgfalt den für die Herstellung erforderlichen Pflichten nachgekommen ist. Der Pflichtenkreis erstreckt sich dabei von der Planung bis zur Fertigung und schließt Regeln nach dem Stand von Wissenschaft und Technik genauso

14 Produkthaftung und Vertragsrecht

ein wie Qualitätskontrollen, einschlägige Arbeitsschutzvorschriften und natürlich auch die Produktbeobachtung.

Produkthaftungsgesetz

Zusätzlich zu der normalen Weiterentwicklung der Rechtsprechung wurde 1988 aufgrund der EG-Richtlinie zur Produkthaftung das Produkthaftungsgesetz (ProdHaftG) erlassen. Es geht vom Grundsatz der Verschuldenshaftung ab und begründet eine Gefährdungshaftung des Herstellers für fehlerhafte Produkte. Dadurch verbessert sich die Rechtsstellung des Verbrauchers im Vergleich zur nach wie vor bestehenden Verschuldenshaftung nach §§ 823 ff. BGB.

Die deliktische Haftung ist aber weiterhin von Bedeutung, da im ProdHaftG der Haftungshöchstbetrag auf 85 Millionen Euro beschränkt ist (§ 10 ProdHaftG), das Gesetz bei Sachschäden eine Sebstbeteiligung des Geschädigten von 500 Euro vorsieht (§ 11 ProdHaftG), die Ersatzansprüche 10 Jahre nach Inverkehrbringen des Produkts erlöschen (§ 13 ProdHaftG) und kein Schmerzensgeld gewährt wird.

Produkthaftung und Software

Nach § 2 ProdHaftG ist ein Produkt jede bewegliche Sache, auch wenn sie einen Teil einer anderen beweglichen oder unbeweglichen Sache bildet, sowie Elektrizität. Das Gesetz verlangt also für ein Produkt eine Verkörperung. Hier könnte der Eindruck entstehen, dass Software nicht dem Produkthaftungsgesetz unterliegt, da die Gefahr von der Information und nicht von der verkörperten Sache ausgeht. Allerdings ist es inzwischen eine gängige Auffassung, dass es bei der Verkörperung von Software auf die Speicherung auf einem Datenträger bei dem Benutzer ankommt und Software eine Sache ist [BGH93]. Die Art und Weise wie dem Benutzer die Software verschafft worden ist, ist dabei nicht entscheidend, sofern es beim Benutzer durch die Speicherung verkörpert wird.

Haftung für Downloads und ASP

Bei Software, die über das Internet heruntergeladen wird oder über das Application Service Providing (ASP) genutzt wird, fehlt die Inverkehrgabe eines verkörperten Produkts. Deshalb ist hier zu differenzieren, ob die Software dem Benutzer lediglich zeitweise während der Benutzung der Dienste zur Verfügung steht, oder ob sie beispielsweise durch das Herunterladen auf den eigenen Rechner dauerhaft verwendet werden kann. Letzteres führt wieder zu einer Verkörperung und damit liegt abermals ein Produkt im Sinne von § 2 ProdHaftG vor.

Zwar hat hier der Kunde die Körperlichkeit erst durch einen eigenen Willensentschluss herbeigeführt, aber entscheidend ist, dass der Anbieter die Möglichkeit des Herunterladens explizit eingeräumt hat.

Bei Programmen, die nur online genutzt werden, ohne dass es dabei zu einer dauerhaften Zwischenspeicherung kommen müsste, kann eine Verkörperung nicht angenommen werden. Damit liegen auch die Voraussetzungen für die Haftung nach ProdHaftG nicht vor. Allerdings können die Haftungsregeln nach §§ 9-11 TDG greifen. Danach haftet der Provider dann für bereitgestellte Software, wenn er Kenntnis von der Software oder zumindest Kenntnis von den Umständen hatte, die auf eine rechtswidrige Handlung bzw. Eigenschaft der Software hindeuten [Spin02].

14.2 Haftungsfragen

Die gefährlichsten Unwahrheiten sind Wahrheiten, mäßig entstellt.

Georg Christoph Lichtenberg, dt. Schriftsteller und Physiker, 1742-1799.

Herstellerhaftung Im Rahmen der Verschuldenshaftung haftet grundsätzlich der Hersteller des Produkts. Dies gilt auch dann, wenn er nur zugelieferte Teile verwendet. Hersteller im Sinne des Gesetzes ist nach § 4 ProdHaftG derjenige, der das Endprodukt, einen Grundstoff oder ein Teilprodukt hergestellt hat. Als Hersteller gilt auch jeder, der sich durch das Anbringen seines Namens, seiner Marke oder eines anderen unterscheidungskräftigen Kennzeichens als Hersteller ausgibt. Außerdem gilt als Hersteller, wer ein Produkt mit wirtschaftlichem Zweck im Rahmen seiner geschäftlichen Tätigkeit auf den Markt bringt. Außer dem Hersteller können weitere Personen zur Haftung herangezogen werden, sofern ihnen Sorgfalts- und Gefahrenabwehrpflichten zukommen.

Ein Händler haftet grundsätzlich nicht auf Schadenersatz für Schäden, welche durch Produktfehler entstanden sind. Der Hintergrund ist, dass er nicht verpflichtet ist, die Produkte des Herstellers auf mögliche Gefahren hin eingehender zu untersuchen. Die Kontrolle beschränkt sich lediglich auf offensichtliche Mängel. Abweichungen ergeben sich allerdings, wenn dem Händler aufgetretene Schadenfälle bekannt sind, oder besondere Umstände eine Überprüfung nahe legen [BGH90].

Öffentliche Äußerungen Nach § 434 Abs. 1 S. 3 BGB unterliegen auch die Eigenschaften, die der Käufer nach den öffentlichen Äußerungen des Verkäufers, des Herstellers oder eines Erfüllungsgehilfen insbesondere in der Werbung oder bei der Kennzeichnung über bestimmte Eigenschaften der Sache erwarten kann, der Herstellerhaftung.

Werbeaussagen erhalten aus Hersteller- und Händlersicht daher im Hinblick auf die Haftung eine besondere Bedeutung. Voraussetzung ist allerdings, dass es sich um Werbeaussagen handelt, die sich auf konkrete Eigenschaften der Sache beziehen, z. B. hinsichtlich Verträglichkeit oder Nutzen des Produkts. Hersteller und Händler haben also zu beachten, dass unrichtige Werbeaussagen, nicht brauchbare oder unverständliche Bedienungsanleitungen und Handbücher das Regressrisiko stark erhöhen.

Haftung für privat erstellte Software

Erstellt ein Programmierer in seiner Freizeit Software und stellt diese auf seiner privaten Website zum Download bereit, greift die verschuldensunabhängige Produkthaftung nicht. Hintergrund ist nach § 1 Abs. 2 S. 3 ProdHaftG, dass er das Produkt weder für den Verkauf oder eine andere Form des Vertriebs mit wirtschaftlichem Zweck hergestellt noch im Rahmen seiner beruflichen Tätigkeit erzeugt und dem Markt zugänglich gemacht hat. Dies kann allerdings nicht gelten, wenn die Software von einem Berufsprogrammierer in Verbindung mit seiner beruflichen Tätigkeit entwickelt wurde oder im Rahmen seiner beruflichen Selbstdarstellung dem Markt zugänglich gemacht wurde.

Haftung bei Open Source Produkten

Open Source Produkte werden weitgehend dezentral entwickelt. Daher kann nicht, wie sonst in industriellen Produktions- und Wertschöpfungsketten üblich, ein einzelner Hersteller eines Produkts ausgemacht werden. In diesem Fall folgt aus § 4 Abs. 3 ProdHaftG, dass jeder Lieferant als Hersteller gilt, es sei denn er kann den Hersteller innerhalb eines Monats namentlich benennen. Prinzipiell ist dies z. B. bei sukzessiver Entwicklung möglich. Hier kann ein Entwickler jeweils nur für seinen Teil der Software verantwortlich gemacht werden. Des Weiteren kommen hier die im Urheberrecht definierten Gemeinschaften (§§ 8, 9 UrhG) als gesamtschuldnerisch Haftende in Betracht, sofern diese namentlich bekannt sind [Spin99].

Haftung im Ausland

Trotz der EG-Richtlinie zu Produkthaftung ist diese in Europa kaum vereinheitlicht. Die Hauptursache ist, dass die einzelnen Länder aufgrund ihrer unterschiedlichen Rechtstraditionen die Produkthaftungsfälle mit unterschiedlichen Instrumentarien lösen [Zerr02, S. 101]. Was die Hinweispflichten betrifft, die Hersteller, Händler und Erfüllungsgehilfen (z. B. Importeure) zu befolgen haben, wird bei einem Import aus anderen EU-Staaten davon ausgegangen, dass dort ähnliche Standards vorgeschrieben sind wie in Deutschland [BGH80].

Außerhalb der Europäischen Union ist die USA aus Sicht der Produkthaftung besonders problematisch. Es werden hohe Schadenersatzforderungen (Bußgelder plus Schadenersatz) zugesprochen, was zusammen mit den vergleichsweise niedrigen Gerichtskosten dazu führt, dass die Neigung, Klage einzureichen steigt. Hinzu kommt, dass nach amerikanischem Prozessrecht jede Partei grundsätzlich ihre eigenen Kosten trägt. Für den Kläger ist das in der Regel kein Problem, da er mit seinem Rechtsbeistand auf Basis eines Erfolgshonorars abrechnen kann – meist ist dies ein großer Anteil der eingeklagten Summe.

14.3 Produkthaftung und Marketing-Strategien

Risiko ist die Bugwelle des Erfolges.
Carl Amery, dt. Schriftsteller, *1922.

Betriebshaftpflicht Grundsätzlich stehen einem Hersteller verschiedene Strategien offen, das Risiko der Produkthaftung zu reduzieren. Zunächst kann er das Risiko vor allem im Rahmen der Betriebshaftpflichtversicherung soweit wie möglich auf Versicherungsträger übertragen. Außergewöhnliche produktspezifische Risiken führen dabei allerdings immer zu höheren Deckungssummen und erfordern individuelle Zusatzvereinbarungen. Aus Unternehmenssicht interessanter sind daher die Maßnahmen, die eigenverantwortlich im Unternehmen umgesetzt werden und helfen, Haftungsrisiken zu minimieren. Hier sind vor allem zwei Bereiche von Bedeutung: Risikomanagement und Qualitätsmanagement.

Risikomanagement Im Bereich von IT-Projekten ergab sich die Notwendigkeit zur Einführung eines Risikomanagements vor allem durch die vergleichsweise hohe Anzahl von Projekten mit erheblichen Zeit- und Kostenüberschreitungen [Stan95]. Durch die Einführung eines effizienten Risikomanagementsystems steht dann ein Instrument zur Verfügung, mit dem Fehlentwicklungen rechtzeitig erkannt und geeignete Gegenmaßnahmen getroffen werden können. Daher zählt das Risikomanagement zu einem der Kernbestandteile praktisch aller wichtigen Standards zur Software-Entwicklung.

TQM Eines der Hauptprobleme besteht jedoch darin, dass Risikomanagement im Rahmen der Software-Entwicklung nur punktuell

14 Produkthaftung und Vertragsrecht

greifen kann. Aus haftungsrechtlicher Sicht sollten jedoch die gesamten Betriebsabläufe und Wertschöpfungsketten eines Unternehmens betrachtet werden. Ansatzpunkte hierfür ergeben sich z. B. aus Managementmodellen wie dem Total Quality Management (TQM) [Malo96], die aber in Deutschland nicht besonders weit verbreitet sind.

Risikomanagement und KonTraG

Von der gesetzgeberischen Seite sind große Unternehmen seit 1998 durch das Gesetz zur Kontrolle und Transparenz im Unternehmensbereich (KonTraG) zusätzlich aufgefordert, ein Controlling-System einzuführen, mit welchem gefährdende Entwicklungen frühzeitig erkannt werden können (§ 91 Abs. 2 AktG). Der deutsche Gesetzgeber fordert damit zum ersten Mal direkt auf, alle Unternehmensrisiken systematisch zu erfassen und erkannten Gefahren zu begegnen. Neben Geschäftsrisiken wie Produkt- und Haftpflichtrisiken sind dies im Wesentlichen Finanzrisiken sowie operative und sonstige Risiken [Gaul02].

Risikominimierung durch QMS

Eine weitere Möglichkeit, Risiken zu reduzieren ergibt sich durch Einführung eines Qualitätsmanagementsystems (QMS), das Eingangs-, Ausgangs- und Prozesskontrollen beinhaltet. Dabei gilt es, die unmittelbare Verantwortung jedes einzelnen Mitarbeiters für die Prozesse und Produkte zu stärken und ihm effiziente Instrumente zum Erkennen von Abweichungen und zum Einleiten von Korrekturmaßnahmen bereitzustellen.

Bedienungsanleitungen

Ein weiteres wichtiges Instrument um das Haftungsrisiko zu reduzieren und gleichzeitig allgemeine Marketing-Ziele zu fördern, sind Handbücher und Bedienungsanleitungen. Sie stellen ein wichtiges Element im Post-Sales-Marketing dar und sind damit inherenter Bestandteil des Customer-Relationship-Managements. Außerdem tragen gute Handbücher dazu bei, die Kosten zu senken (Abbildung 14.1).

Dies bedeutet natürlich nicht, dass Handbücher als Werbeprospekte dienen sollen, aber ein ansprechend gestaltetes und inhaltlich gut aufgebautes Handbuch kann dazu beitragen, dass sich ein Kunde umworben fühlt.

Abgesehen davon ist das Handbuch bei Software Bestandteil des Produkts. Deshalb gilt Software mit hinreichender Qualität aber ohne Handbuch oder Gebrauchsanweisung als nicht vollständig ausgeliefert, was unter anderem Konsequenzen für den Beginn der Gewährleistung hat.

14.3 Produkthaftung und Marketing-Strategien

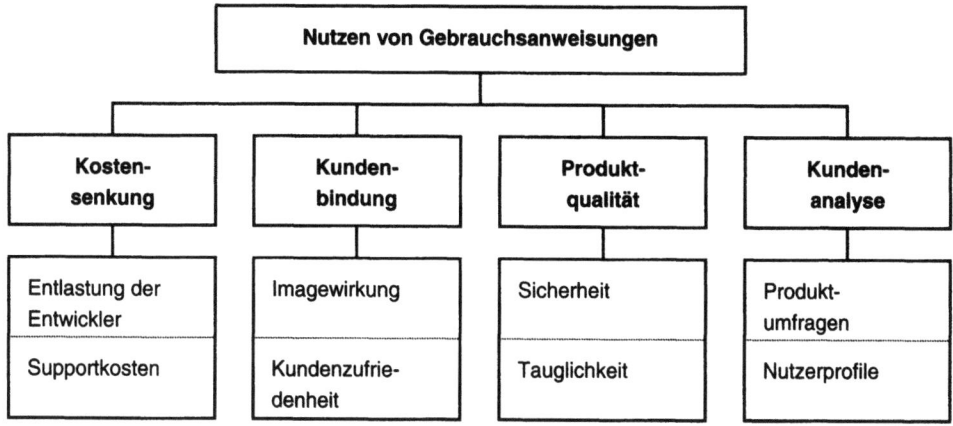

Abb. 14.1: Vier Bereiche zum Nutzen von Gebrauchsanweisungen und einigen zugehörigen Aspekten

Anforderungskatalog Bedienungsanleitung

Eine gute Bedienungsanleitung sollte deshalb einigen Minimalanforderungen gerecht werden:

- Beschreibung von Installation, Wartung, Deinstallation

   Zunächst ist es Aufgabe einer Bedienungsanleitung dem durchschnittlichen Nutzer die Installation, Wartung und Deinstallation eines Software-Produktes fehlerfrei zu ermöglichen.

- Darstellung zum Gebrauch

   Der Nutzer soll durch die Bedienungsanleitung Zugang zu allen Funktionen des Produkts erhalten. Werden nur die Kernfunktionen dargestellt, wird der Kunde den Funktionsumfang als geringer einschätzen und damit das Preis-Leistungs-Verhältnis herabsetzen. Vor allem bei komplexen Produkten sollte der Aufbau didaktisch sein, um Lernschritte zu ermöglichen.

- Sicherheitsrisiken

   Eine Bedienungsanleitung muss Hinweise und Darstellungen zur Sicherheit bei der Arbeit mit einem Produkt enthalten. Allerdings wirkt die gerne vorgenommene Überfrachtung mit Hinweisen nicht vertrauensbildend.

   Abgesehen davon müssen nur die Sicherheitsrisiken beschrieben werden, die sich nicht konstruktiv beheben lassen.

(Im Schadenfall muss der Hersteller ja nachweisen, dass bei bestimmungsgemäßem Gebrauch das Sicherheitsrisiko nicht durch eine andere Bauweise auszuschließen war.)

- Corporate Identity

  Konzept, Logos, Farbkombinationen, Schriftarten, Gestaltungsmuster, Terminologie, wesentliche Textbausteine usw. sollten einheitlich und aufeinander abgestimmt sein. Dies ermöglicht eine einfache Pflege und Wartung der Dokumente und erleichtert die Einarbeitung neuer Mitarbeiter. Des Weiteren können Stilbrüche weitgehend vermieden werden, und Übersetzungen gestalten sich wesentlich einfacher.

  Bezüglich des Layouts haben sich großzügige Darstellungen mit Marginalspalte bewährt. Hier finden Tipps, Warnungen und Hinweise Platz, ohne den Text unnötig zu belasten.

- Verständlichkeit

  Die meisten Menschen lernen über Beispiele. Anleitungen gewinnen sehr an Verständlichkeit, wenn Handlungsabfolgen durch Beispiele veranschaulicht werden. Lange, passive Sätze im Substantivstil erschweren die Verständlichkeit und ermüden beim Lesen.

  Eine Kurzanleitung ist hilfreich, um die wichtigsten Funktionen zusammenzustellen und bietet dem Nutzer eine Möglichkeit zum schnellen Einstieg.

  Wichtig für das Verständnis sind Feedback-Signale. Gerade wenn der Nutzer ein Produkt nicht oder noch nicht genau kennt, sollte er Anhaltspunkte haben, an denen er erkennt, ob seine Handlungen erfolgreich waren oder nicht. Außerdem stellen sich Erfolgserlebnisse leichter ein, wenn das Erreichen von wichtigen Zwischenschritten für den Nutzer klar erkennbar ist.

14.4 Grundlagen des Vertragsrechts

Wenn man einem Menschen vertrauen kann, erübrigt sich ein Vertrag. Wenn man ihm nicht vertrauen kann, ist ein Vertrag nutzlos.
Jean Paul Getty, amerik. Ölmagnat, 1892-1976.

Das BGB kann für geschäftliche Abwicklungen keine genauen Vorgaben enthalten. Vor allem im Bereich neuer Technologien entstehen immer wieder neue Aspekte und Sachverhalte. Im Bereich des Internet und der neuen Medien entwickelt sich durch die Internationalität der Sachverhalte eine zusätzliche, hohe juristische Komplexität. Betrachtet man beispielsweise Verträge mit grenzüberschreitendem Charakter, ist deutsches Recht nicht automatisch anwendbar. Vielmehr sind die Regeln des internationalen Privatrechts (u. a. §§ 27-37 EGBGB) anzuwenden.

Prinzipiell können die in diesem Gesamtkontext stehenden Probleme auf drei Arten angegangen werden:

Gestaltung durch Gesetze
- Die Gesetze müssen an die neuen Erfordernisse angepasst werden. Dies geschieht z. B. auf europäischer Ebene durch den Erlass von Richtlinien und deren anschließende Umsetzung auf nationaler Ebene bzw. durch Reformen und Novellierungen im Rahmen nationaler Gesetzgebung. Ein hervorzuhebendes Beispiel ist die Schuldrechtreform [Grun00].

Gestaltung durch Rechtsprechung
- Der Bezug zu modernen Vertragstypen und bestehenden Gesetzen kann (und wird) durch die Rechtsprechung herausgearbeitet und weiterentwickelt, da viele Verträge im IT-Bereich mit den klassischen Vertragstypen nicht oder nur unvollständig beschrieben werden.

Gestaltung durch Privatautonomie
- Durch Abschluss eines korrekten Vertrags schaffen die Vertragspartner für ihren Anwendungsbereich geltendes Recht, da die Gesetze meist lediglich Empfehlungen aussprechen oder etwaige Lücken füllen und sich damit dem Vertragstext unterordnen. Dieser Grundsatz der Vertragsfreiheit beinhaltet Abschluss- und Inhaltsfreiheit. Es ist also jedem selbst überlassen, ob und mit wem er einen Vertrag abschließt. Außerdem können die beiden Parteien den Inhalt des Vertrags frei gestalten.

Arten der Verpflichtung
Der Vertrag ist damit eine der wichtigsten Gestaltungsformen, um durch eigenen Willensentschluss (Abbildung 14.2) mit einer anderen Person Rechtsgeschäfte abzuschließen und zu gestalten.

14 Produkthaftung und Vertragsrecht

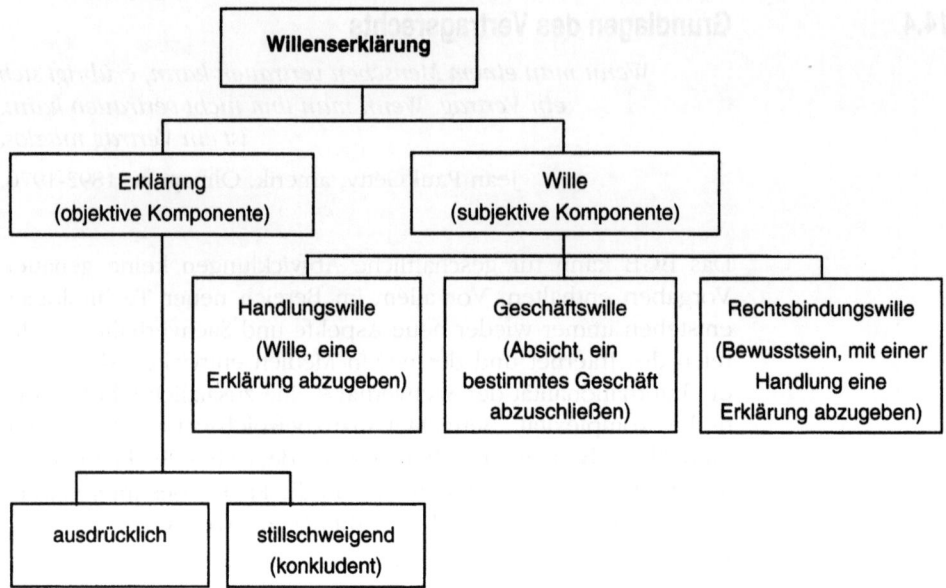

Abb. 14.2: Strukturierung der Willenserklärung

Verträge spielen vor allem im Privatrecht eine große Rolle und begründen sich häufig im Schuldrecht, d. h. im Verhältnis von Gläubiger und Schuldner. Unterschieden werden können

- einseitig verpflichtende Verträge (beispielsweise der Schenkungsvertrag),
- unvollkommen zweiseitig verpflichtende Verträge (z. B. Leihvertrag) und
- zweiseitig verpflichtende Verträge (Kauf-, Miet-, Dienst- oder Werkvertrag).

Privatautonome Rechtsverhältnisse
Im Rahmen der privatautonomen Gestaltung von Rechtsverhältnissen erfüllt ein Vertrag vor allem zwei Aufgaben:

- Begründung: Es wird festgestellt, ob und mit wem ein Rechtsverhältnis begründet oder geändert wird.
- Inhalt: Die Inhalte des Rechtsverhältnisses werden ausgehandelt und bindend geregelt.

Privatautonomie
Die Privatautonomie stellt die rechtliche Grundlage für einen wirtschaftlichen Wettbewerb im Rahmen einer marktwirtschaftlichen Ordnung dar. Voraussetzung hierfür ist allerdings ein ausgewogenes Kräfteverhältnis zwischen den Vertragsparteien. Die

14.4 Grundlagen des Vertragsrechts

Gesetzgebung wirkt durch die Schaffung verschiedener rechtlicher Rahmenbedingungen auf diese Ausgewogenheit hin. So können die Unternehmen die Höhe ihrer Preise grundsätzlich frei bestimmen, Grenzen ergeben sich aber u. a. durch Sittenwidrigkeit und den Wuchertatbestand nach § 138 BGB.

Formen des BGB Des Weiteren gelten die Grundsätze von Gestaltungs- (s. u.) und Formfreiheit. Das BGB sieht folgende Formen vor:

- Schriftform (§ 126 BGB)

  Die Schriftform ist nur für bestimmte Vertragstypen gesetzlich vorgeschrieben. Die Vertragsurkunde muss dabei vom Aussteller eigenhändig durch Namensunterschrift oder durch ein notariell beglaubigtes Handzeichen unterschrieben werden. Vertragsabschlüsse per E-Mail oder Fax genügen deshalb nicht der Schriftform.

- Notarielle Beurkundung (§ 128 BGB)

  Die notarielle Beurkundung erfordert nach dem Beurkundungsgesetz (BeurkG) u. a. eine Niederschrift, die vorzulesen, zu erläutern und von den Parteien eigenhändig zu unterschreiben ist (§§ 8 ff. BeurkG).

- Elektronische Form (§ 126a BGB)

  Die elektronische Form wurde durch Umsetzung der E-Commerce-Richtlichie der EU in deutsches Recht eingeführt. Die elektronische Form kann die Schriftform ersetzen, sofern dies gesetzlich nicht ausgeschlossen ist (§ 126 Abs. 3 BGB). Dies ist u. a. für die Kündigung von Arbeitsverhältnissen (§ 623 BGB), Bürgschaftserklärungen (§ 766 S. 2 BGB) oder Schuldversprechen (§§ 780, 781 BGB) der Fall. Bei der elektronischen Form muss der Aussteller der Erklärung seinen Namen hinzufügen und das elektronische Dokument mit einer sog. qualifizierten elektronischen Signatur nach dem Signaturgesetz (SigG) versehen (§ 2 Abs. 3 SigG). Weiteres hierzu regelt ebenfalls das Signaturgesetz.

- Textform (§ 126b BGB)

  Die Textform kann die Schriftform ebenfalls ersetzen, falls dies gesetzlich nicht ausgeschlossen ist. Die Textform gilt als neue Form des geschäftlichen Handelns für diejenigen Fälle, in denen das Erfordernis einer eigenhändigen Unterschrift unangemessen und verkehrserschwerend wäre. Die Textform wird damit dem Bedürfnis nach zunehmender Automation bei der Erstellung von Rechnungen und anderen Dokumenten gerecht. Eine eigenhändige Unterschrift ist nicht mehr erforderlich. Es reicht aus, wenn die Erklärung in einer Form abgefasst wurde, die eine dauerhafte Wiedergabe in Schriftzeichen erlaubt, die Person des Erklärenden genannt und der Abschluss der Erklärung durch Nachbildung der Namensunterschrift oder anders erkennbar gemacht wurde. Damit sind eingescannte Unterschriften genauso rechtswirksam wie die bloße Namensnennung oder ein Computerfax.

Zustandekommen eines Vertrags

Ein Vertrag kommt durch zwei übereinstimmende Willenserklärungen zustande, der Abgabe eines Antrags (§ 145 BGB) und der rechtzeitigen Annahme des Antrags (§§ 146 ff. BGB). Willenserklärungen können dabei in

- ausdrücklicher Form, d. h. mündlich bzw. schriftlich oder in
- konkludenter Form, d. h. im Rahmen einer aus den Umständen als Willenserklärung erkennbaren Erklärung

erfolgen. Charakteristisch für einen Vertragsabschluss ist die Einigung der Vertragsparteien über die wesentlichen Vertragsbestandteile. Grundsätzlich bedeutet ein Schweigen in diesem Zusammenhang weder eine Zustimmung noch eine Ablehnung. Ausnahmen hieraus ergeben sich aus dem Handelsrecht (normiertes Schweigen). Hier sind zum einen nach § 346 HGB die unter Kaufleuten üblichen Verkehrsriten zu berücksichtigen, zum anderen erhält das Schweigen aufgrund der Notwendigkeit einer zügigen Verständigung und Abwicklung von Rechtsgeschäften zwischen Kaufleuten eine rechtliche Bedeutung. Beispielsweise muss beim Handelskauf die Ware unverzüglich vom Käufer untersucht und etwaige Mängel gerügt werden. Unterbleibt dies, gilt die Ware auch in Ansehung dieses Mangels als genehmigt (§ 377 HGB).

Willenserklärungen in elektronischer Form

Willenserklärungen werden zunehmend auch in elektronischer Form übermittelt, z. B. per E-Mail, Mausklick oder beim Telebanking. Zu beachten ist dabei, das ein Vertragsabschluss im Internet als Vertragsabschluss unter Abwesenden gilt (§ 147 Abs. 2 BGB). Voraussetzung für das Wirksamwerden einer Willenserkärung ist ihr Zugang beim Empfänger. Ist der Empfänger abwesend, gilt die Willenserklärung als zugegangen, wenn sie im Machtbereich des Empfängers angekommen ist und unter normalen Umständen von einer Kenntnisnahme ausgegangen werden kann. Eine E-Mail geht daher etwa in dem Zeitpunkt zu, in dem mit dem Abruf durch den Empfänger gerechnet werden kann. Bei Rechtsstreitigkeiten muss der Zugang und Zeitpunkt der Zugangs vom Erklärenden bewiesen werden.

Beweiswert digitaler Dokumente

Im Rahmen der elektronischen Form stellt sich auch die Frage nach dem Beweiswert digitaler Dokumente bei Rechtsstreitigkeiten. Nach derzeitiger Auffassung sind digitale Dokumente keine qualifizierten Urkunden im Sinne von § 416 ZPO. Daher können sie nur im Zuge der freien richterlichen Beweiswürdigung bei Zivilprozessen berücksichtigt werden. Daher können die Vertragsparteien auch nicht automatisch darauf vertrauen, dass elektronisch erstellte Unterlagen im Zuge eines Vertragsabschlusses im Internet den vollen Beweis für einen ordnungsgemäßen Abschluss liefern. Vereinbarungen, wonach sich ein Kunde verpflichtet, den Beweiswert elektronischer Urkunden automatisch zu akzeptieren, werden von deutschen Gerichten nicht anerkannt.

Signaturrichtlinie und Signaturgesetz

Genau hier setzt die Richtlinie 1999/93/EG des Europäischen Parlaments und des Rates über gemeinschaftliche Rahmenbedingungen für elektronische Signaturen (Signaturrichtlinie) an, die zu den bereits erwähnten Anpassungen des BGB und des Signaturgesetzes (SigG) geführt hat.

Durch das neue Signaturgesetz werden Dokumente mit elektronischer Signatur zivilprozessualen Urkunden gleichgestellt. Dementsprechend wird in § 292a ZPO (derzeit noch nicht anwendbar) eine Vermutungsregel aufgestellt, wonach der Empfänger eines mit digitaler Signatur versehenen Dokuments von dessen Echtheit ausgehen darf. Das Risiko der Authentizität trägt der Inhaber der elektronischen Signatur. Falls die Produkte oder sonstige technische Einrichtungen eines Zertifizierungsdienstleisters versagen, haftet dieser nach § 11 SigG schuldhaft für Schäden Dritter, die durch die Angaben in einem qualifizierten Zertifikat, einem Zeitstempel oder durch unzuverlässig identifizierte Personen nach § 5 SigG entstehen.

14.5 Vertragsgestaltung

*Es ist keine Kunst, etwas kurz zu sagen,
wenn man etwas zu sagen hat.*
Georg Christoph Lichtenberg, dt. Schriftsteller
und Physiker, 1742-1799.

Allgemeine Geschäftsbedingungen

Verträge werden im Wesentlichen durch ihre Inhalte gestaltet, die in gewissen Grenzen frei vereinbar sind [Rein98]. Prinzipiell folgt aus der Inhaltsfreiheit das Recht, vom Gesetz abweichende

Regelungen zu treffen oder gesetzlich unbekannte Vertragstypen zu wählen oder zu kombinieren. Dies gilt insbesondere für Schuldrechtsverträge. Die Vorschriften sind größtenteils dispositiv, d. h. sie gelten nur insofern, als sie nicht von den Vertragsparteien ausgeschlossen oder abgeändert werden.

Inhaltskontrolle Das frühere Gesetz über allgemeine Geschäftsbedingungen (AGBG), inzwischen im BGB geregelt, wirkt einer allzu freizügigen Vertragsgestaltung durch die Allgemeinen Geschäftsbedingungen (AGB) umfangreich und detailliert entgegen. Die Inhaltskontrolle ist im Wesentlichen in den §§ 307-309 BGB geregelt. (§§ 8-11 AGBG).

Mit den Allgemeinen Geschäftsbedingungen lassen sich zeitraubende Einzelvereinbarungen bei Massengeschäften vermeiden, denn AGB sind alle für eine Vielzahl von Verträgen vorformulierten Vertragsbedingungen, die eine Vertragspartei einer anderen Vertragspartei bei Abschluss des Vertrages stellt. Unerheblich ist, ob die AGB einen separaten Bestandteil des Vertrages bilden oder Bestandteil der Vertragsurkunde selbst sind, welchen Umfang sie haben, in welcher Schriftart sie verfasst sind und welche Form der Vertrag hat (§ 305 Abs. 1 BGB). Umgangssprachlich werden die AGB daher oft das „Kleingedruckte" genannt.

Ziele der AGB Wesentliches Ziel aus Unternehmenssicht ist es, das Geschäftsrisiko kalkulierbarer zu machen. Zudem haben ABG den Vorteil, dass sie eine zeitnahe Anpassung der rechtlichen Grundlagen einer Vielzahl von neu abzuschließenden Verträgen an den wirtschaftlichen, technischen oder rechtlichen Wandel ermöglichen. Anpassungen aus rechtlicher Sicht ergaben sich in neuerer Zeit vor allem durch das Schuldrechtmodernisierungsgesetz (SMG).

Einbeziehung von ABG in Verträge Gemäß § 305 Abs. 2 BGB werden die Allgemeinen Geschäftsbedingungen nur dann Bestandteil eines Vertrages, wenn die folgenden drei Voraussetzungen erfüllt sind:

- Ausdrücklicher oder deutlicher Hinweis:
  Die andere Vertragspartei muss ausdrücklich oder im Erschwernisfall zumindest durch deutlich sichtbare Aushänge oder Hinweise am Ort des Vertragsabschlusses auf die AGB hingewiesen werden.

- Kenntnisnahme:
  Der anderen Vertragspartei muss die Möglichkeit verschafft werden, in zumutbarer Weise von ihrem Inhalt Kenntnis nehmen zu können.

14.5 Vertragsgestaltung

- Einverständnis:
  Die andere Vertragspartei muss mit ihrer Geltung einverstanden sein. Dies kann auch konkludent erfolgen, z. B. im Rahmen der Vertragsdurchführung.

Abschluss über Internet
Für den Abschluss von Verträgen über das Internet stellen sich daher die Fragen nach Gestaltung und Zugänglichkeit der AGB, damit sie als vertragswirksam angesehen werden können (§ 312c BGB). Wird auf die AGB hingewiesen, deren Einbeziehung vereinbart und sind sie leicht erreichbar (Faustregel: ein Mausklick), sind zunächst die Anforderungen von § 305 BGB erfüllt. Allerdings müssen sie einen Umfang haben, der in einem angemessenen Verhältnis zum übrigen Vertragstext steht. Des Weiteren dürfen sie nicht nur als „Read-only"-Version angeboten werden, sondern es muss technisch möglich sein, sie in wiedergabefähiger Form zu speichern (§ 312e BGB). Die Wiedergabefähigkeit ist am besten gesichert, wenn die AGB als druckerfreundliche HTML-Dokumente zum Herunterladen bereitgestellt werden.

Software-Vertrag
Software-Verträge sind gesetzlich nicht besonders geregelt. Auch aus dem gebräuchlichen Begriff „Lizenzvertrag" lassen sich direkt keine rechtlichen Rahmenbedingungen ableiten, da die Vertragsgestaltung im Rahmen der gesetzlich vorgesehenen Vertragstypen zu erfolgen hat [Bart00]. Je nachdem, ob es sich um Entwicklung, Erstellung, Erwerb, Lizenzierung oder auch den Support von Software handelt, kommen dafür prinzipiell Kauf-, Werk-, Dienst- oder Mietverträge in Frage.

Vertragstypen
Ausschlaggebend für den Vertragstyp sind Art und Umfang der wesentlichen Verpflichtungen der Vertragsparteien. Des Weiteren sind wichtige Fragen z. B. nach Gewährleistungsrechten, Haftung oder Verjährung von Ansprüchen mit dem Vertragstyp und der Vertragsgestaltung verbunden [West02]. Mustertexte und Erläuterungen finden sich z. B. bei Schneider oder Marly [Schn03b; Marl04]. Die Vertragstypen nach BGB sind:

- Kaufvertrag (§§ 433 ff. BGB)
  Durch einen Kaufvertrag wird der Verkäufer einer Sache verpflichtet, dem Käufer die Sache zu übergeben und das Eigentum an ihr zu verschaffen. Der Käufer ist verpflichtet, dem Verkäufer den vereinbarten Kaufpreis zu zahlen und die gekaufte Sache abzunehmen. Der Kaufvertrag ist eines der häufigsten Rechtsgeschäfte.

- Mietvertrag (§§ 535 ff. BGB)
  Durch den Mietvertrag wird der Vermieter verpflichtet, dem Mieter den Gebrauch der Mietsache während der Mietzeit zu

gewähren. Der Mieter ist verpflichtet, dem Vermieter die vereinbarte Miete zu entrichten. Gegenstand eines Mietvertrags können bewegliche Sachen sowie unbewegliche Sachen sein, jedoch keine Rechte.

- Dienstvertrag (§§ 611 ff. BGB)
  Gegenstand eines Dienstvertrags ist die Erbringung einer Leistung gegen ein Entgelt im Rahmen einer selbstständigen oder unselbstständigen Tätigkeit.

- Werkvertrag (§§ 631 ff. BGB)
  Im Gegensatz zum Dienstvertrag besteht bei einem Werkvertrag die Verpflichtung zur Herstellung des versprochenen „Werkes". Die erfolgreiche Herstellung begründet die Zahlungspflicht des Bestellers. Die Vergütung wird nach § 641 BGB mit der Abnahme (§ 640 BGB) oder der Vollendung (§ 646 BGB) fällig. Regeln für Sach- und Rechtsmängel sind in §§ 633, 634 BGB festgelegt. Die Gefahrtragung ist in § 644 BGB geregelt.

Software-Projekte Bei einem komplexen IT- und Software-Projekt muss der (Werk)-Vertrag dem Projekt entsprechend individuell gestaltet werden (vgl. Anhang E.5). Dies schließt auch die Allgemeinen Geschäftsbedingungen ein. Ein prinzipielles Problem ist, dass das gesetzliche Modell des Werkvertrags vorsieht, den Soll-Zustand bei Vertragsabschluss zu beschreiben:

- Beim Vertragsabschluss wird gemeinsam der Soll-Zustand des zu erstellenden Werkes festgelegt.

- Die Phase der Vertragserfüllung dient der Realisierung des Soll-Zustandes entsprechend der vertraglich fixierten Vorgehensweise.

- Bei der Abnahme werden Ist- und vertraglich fixierter Soll-Zustand miteinander verglichen. Ist die Differenz unerheblich, muss das Werk abgenommen werden.

Leistungs-
beschreibung Bei Projekten kann aber die genaue Leistungsbeschreibung bei Vertragsabschluss nicht feststehen. Daher müssen Vertragsinhalt und Vertragsdurchführung an kritischen Punkten aufeinander abgestimmt werden:

- Kann keine konkrete Leistungsbeschreibung erstellt werden, muss dies durch formale Verfahrensregeln kompensiert werden.

- Ungenaue Leistungsbeschreibungen werden dadurch detailliert, dass die Leistungsbeschreibung im Verlauf des Projekts konkretisiert wird und unterschiedliche Verfahren zur Leistungsbeschreibung miteinander kombiniert werden.

- Das Projekt ist in Bezug auf Verlauf und Projektergebnisse zu dokumentieren.

Hierzu empfiehlt es sich, das Vertragswerk in die vier Bereiche Leistungsbeschreibung, Vergütung, Vorgehensweise und sonstige Rechtliche Regeln zu strukturieren.

Leistungsziele Zunächst gilt es, das Leistungsziel möglichst gut zu beschreiben. Dies kann konkret durch ein Pflichtenheft oder durch Auflistung der Projektergebnisse, die aus den Projektaktivitäten folgen, erreicht werden. Allerdings setzt dies eine systematische Strukturierung des Projekts (Projektstrukturplan) voraus. Das Projekt kann aber prinzipiell auch durch hinreichend detaillierte Projektziele beschrieben werden. Das Projekt ist dann noch nicht strukturiert, und die Schnittstellen zum Auftraggeber sowie die Arbeitspakete des Projekts sind entsprechend unklar. Eine weitere Möglichkeit, die Umschreibung zu konkretisieren, bietet die Darstellung anhand eines Referenzprojekts.

Leistungsziele können aber auch auf abstrakter Ebene umschrieben werden. Hier bieten sich vor allem Produktmerkmale wie z. B. allgemeine oder spezielle Qualitätsmerkmale bzw. die Vorgaben aus einschlägigen Normen an. Ein großes Problem hierbei ist, dass die meisten Normen häufig von den Software-Entwicklern ignoriert werden.

Vergütung Für die Vergütungsregelungen stehen Festpreis, Preis nach Aufwand („Times and Materials") oder Listenpreise zur Verfügung. Bei Software-Projekten spielen Vergütungsregelungen eine besondere Rolle. Mit ihnen können Projekte finanziell „gedeckelt" und Risiken minimiert werden.

Vorgehensweise Ein Projekt kommt ohne eine detaillierte Festlegung der Vorgehensweise, Zuständigkeiten und Organisationsregeln nicht aus. Daher spielt der Projektplan mit Festlegungen zu Zeit- und Meilensteinplan, Vorgehensmodellen, Verantwortlichkeiten und Organisationsstruktur auch für die Verträge eine zentrale Rolle. Vertraglich sollten Qualifikationsprofile, Befugnisse und Pflichten der beteiligten Personen besonders erwähnt werden. Außerdem sollte berücksichtigt werden, dass die umfassende Mitwirkung des Auftraggebers unverzichtbar ist. Zudem sind vertragliche Regelungen hinsichtlich Besprechungen, Projektdokumentation, Nachbesserung und Gewährleistung erforderlich. Ansonsten gelten die gesetzlichen Regelungen.

14 Produkthaftung und Vertragsrecht

Rechtliche Regeln

Die rechtlichen Regelungen eines Projektvertrags beziehen sich vor allem auf Bedingungen und Folgen hinsichtlich Kündigung, Rücktritt oder Wandlung und den damit verbundenen finanziellen Konsequenzen (beispielsweise Haftungsbeschränkung, Schadenersatz, usw.). Allgemeine Regeln sind etwa Gerichtsstandsvereinbarungen oder salvatorische Klauseln. Schließlich sind u. a. noch die Fragen zu klären, in welchem Umfang der Auftraggeber zur Nutzung und Verwertung der Software berechtigt ist und was bei einer Verletzung von Schutzrechten Dritter geschieht.

15 Rechtsaspekte des Software- und E-Marketing

Grenzüberschreitender elektronischer Handel

Der elektronische Handel funktioniert über Grenzen hinweg, geht blitzschnell und hinterlässt trotz eines riesigen Umsatzvolumens kaum Spuren. Das Internet fungiert dabei meist als Dreh- und Angelpunkt sowie als Plattform für Informationsangebote, Transportmittel für Werbung sowie zur Kundenpflege. Die zugrunde liegende Technologie wird außerdem dafür genutzt, Kunden gezielt und direkt per E-Mail zu erreichen. Insgesamt stehen damit heute – neben den klassischen Instrumenten des Marketing – neue, innovative Marketing-Möglichkeiten zur Verfügung.

Heterogene Gesetzeslage

Problematisch ist dabei, dass die Gesetzgebung sowohl national als auch international nur mit Verspätung auf diese Entwicklungen reagieren kann. Hinzu kommen die unterschiedlichen wirtschaftspolitischen Interessen, die zu einer sehr heterogenen Gesetzeslage führen. Hiervon sind vor allem rechtliche Fragen zur Besteuerung, Haftung, Wettbewerb und zum Verbraucherschutz betroffen [Ditz04; Hoff01; Gans04; Uhlm03]. Aus Sicht des Marketing beinhaltet dies sowohl Risiken wie auch Chancen, die im Folgenden dargestellt werden.

15.1 Steuerrecht

> *Steuern zu erheben heißt, die Gans so zu rupfen, dass man möglichst viele Federn mit möglichst wenig Gezische bekommt.*
>
> Jean-Babtiste Colbert, frz. Staatsmann, 1619-1683.

Steuerlicherrechtliche Auswirkungen des E-Commerce

Für die Steuerverwaltungen und die nationalen Steuersysteme hat der Handel über das Internet bedeutende Auswirkungen. Es liegt in der Natur des Steuerrechts, dass technische Entwicklungen relativ spät aufgegriffen werden können. Viele Regelungen können daher im Moment nicht auf das Internet-Zeitalter abgestimmt sein. Zentrale Fragen sind dabei u. a.:

- Welcher Einkunftsart ist das durch elektronische Dienstleistungen generierte Einkommen zuzuordnen?

- In welchem Land entsteht das steuerpflichtige Einkommen?
- Begründet das Angebot elektronischer Dienstleistungen eine feste Betriebsstätte?
- Wo ist der Dienstleister bzw. der Unternehmer ansässig?
- Wie sehen die Verrechnungspreise bei einem Unternehmensverbund bzw. Unternehmen mit mehreren Betriebsstätten aus?

Die Rollen von OECD und EU

Um eine Doppelbesteuerung zu vermeiden, müssen derartige steuerrechtliche Fragen international abgestimmt werden (z. B. durch Doppelbesteuerungsabkommen). Wichtige Rollen werden hierbei vor allem von der OECD sowie der EU wahrgenommen. Bereits 1998 hat der Steuerausschuss der OECD vorgeschlagen, dass die für den konventionellen Handel geltenden steuerlichen Vereinbarungen auch für den E-Commerce gelten sollen, um spezielle Internet-Steuern möglichst zu vermeiden.

Die EU hat als wirtschaftspolitische Vereinigung ebenfalls erkannt, dass der elektronische Handel nur dann sein Potenzial zur Förderung von Wachstum und Beschäftigung voll entfalten kann, wenn steuerpolitische Entscheidungen sowohl wirtschaftliche Interessen wie auch die Verbraucherinteressen schützen. Dabei können die alten Mehrwertsteuervorschriften den Anforderungen, die durch Online-Erbringung von digitalen Dienstleistungen in Form digitaler Produkte entstehen, nur bedingt gerecht werden, da es derartige Leistungen bei der Schaffung eines gemeinsamen MWSt-Systems noch nicht gab.

Harmonisierung durch die EU

Die Anwendung der alten Regelungen auf einschlägige Umsätze führte zum Teil zu diskriminierenden Ergebnissen, denn in der EU erbrachte elektronische Dienstleistungen unterlagen in der Regel unabhängig vom Ort ihres Verbrauchs der Mehrwertsteuer, während außerhalb der EU erbrachte elektronische Dienstleistungen auch dann nicht mehrwertsteuerpflichtig waren, wenn sie innerhalb der EU verbraucht wurden [EU04].

Die Richtlinie 2002/38/EWG des Rates zur Änderung und vorübergehenden Änderung der Richtlinie 77/388/EWG bezüglich der mehrwertsteuerlichen Behandlung von Rundfunk- und Fernsehdienstleistungen sowie bestimmter elektronisch erbrachter Dienstleistungen [EU02] hat diese Problematik aus legislativer Sicht aufgegriffen. Die Richtlinie basiert auf den folgenden drei Grundsätzen:

15.1 Steuerrecht

- Keine neuen oder zusätzlichen Steuern, sondern Anpassung der geltenden Regelungen an die Entwicklung im elektronischen Geschäftsverkehr.
- Elektronische Leistungen werden nicht als Lieferung, sondern mehrwertsteuerlich als Erbringung von Dienstleistungen behandelt.
- In der EU soll nur die Erbringung von Dienstleistungen zum Verbrauch innerhalb der EU besteuert werden.

Leistungs- und Besteuerungsort

Die durch die Richtlinie vorgenommenen Änderungen beziehen sich hauptsächlich auf den Ort der Besteuerung von elektronischen Dienstleistungen (Informationsdienste, netzgestützte Software, Computerspiele, allgemeine Computerdienstleistungen), die über elektronische Netze erbracht werden. Ausdrücklich ausgeschlossen sind unentgeltlich erbrachte Dienstleistungen wie die Verschaffung eines Internet-Zugangs oder Download-Optionen. Dabei gilt:

- Werden die elektronischen Dienstleistungen von einem Unternehmen aus einem Nicht-EU-Land an einen Kunden in der EU erbracht, erfolgt die Besteuerung in der EU.
- Werden die Dienstleistungen von einem Unternehmen aus der EU an einen Kunden außerhalb der EU erbracht, unterliegt die Besteuerung dem Ort des Abrufs der Leistung, d. h. nicht der Besteuerung der EU.
- Werden die Dienstleistungen von einem Marktteilnehmer aus der EU an einen gewerblichen Kunden in einem anderen Mitgliedsstaat erbracht, erfolgt die Besteuerung dort, wo der gewerbliche Kunde ansässig ist.
- Werden die Dienstleistungen von einem Unternehmen aus der EU an einen privaten Kunden in der EU oder an einen Steuerpflichtigen im selben Mitgliedsstaat erbracht, ist der Ort der Besteuerung auch weiterhin der Ort, an dem der Dienstleister ansässig ist.

Endverbraucherregelung

Die Richtlinie sieht auch eine Reihe von Vereinfachungen vor, um den Verwaltungsaufwand für Unternehmen außerhalb der EU möglichst gering zu halten. Diese Unternehmen müssen sich nur noch in einem einzigen EU-Mitgliedsstaat und nur noch dann für MWSt-Zwecke registrieren lassen, wenn sie Verkäufe an Endverbraucher tätigen.

Nach § 3 Abs. 9 Satz 1 UstG gehören Leistungen, die keine Lieferungen sind, zu den sonstigen Leistungen. Das deutsche Umsatzsteuergesetz unterscheidet eine Vielzahl von sonstigen Leistungen, die mit sehr unterschiedlichen steuerlichen Folgen verbunden sind.

Deutsches Welteinkommensprinzip

Die Frage, in welchem Land das Einkommen der Steuerpflicht unterliegt, ist eng mit dem Unternehmenssitz verknüpft. Im deutschen Steuerrecht gilt das sog. Welteinkommensprinzip, wonach inländische Unternehmen mit ihren gesamten Einkünften der deutschen Einkommensteuer unterliegen. Doppelbesteuerungsabkommen regeln dabei, welcher von zwei Staaten vorrangig die Einkünfte besteuern darf, falls ein zweiter Staat dieselben Einkünfte aufgrund ihrer Herkunft einer Quellensteuer zuführt.

Problem der Betriebsstätte

Es ist von Bedeutung, ob ein Unternehmen eine Betriebsstätte im Staat des Kunden begründet, da die Betriebsstätte sowohl innerstaatlich als auch bezüglich der Doppelbesteuerungsabkommen Verbindungsstelle und Grenze der Besteuerung sein kann.

Im Rahmen von elektronischen Dienstleistungen gibt es zwei Einrichtungen, die prinzipiell eine Betriebsstätte begründen können. Die ist zum einen die reine Webpage (die aber nach gängiger Meinung keine Betriebsstätte begründet) und zum Anderen der Server. Ein wichtiger Punkt ist dabei, ob eine Betriebsstätte angenommen werden kann, falls diese ohne Personal auskommt.

Unklar ist auch, was passiert, wenn in kurzer Zeit die gleiche Web-Site auf verschiedenen Servern in verschiedenen Ländern installiert oder transferiert wird. Der Nachweis einer festen Betriebsstätte ist damit verwaltungstechnisch praktisch nicht mehr zu leisten.

Steuervorteile durch Prüfung

Vor der Aufnahme von E-Commerce-Aktivitäten sollten daher unbedingt die umsatzsteuerlichen sowie die ertragssteuerlichen Konsequenzen geprüft werden. Das Internet ist kein steuerfreier Raum. Unter Umständen lassen sich durch entsprechende Gestaltungen Nachteile des deutschen Rechts vermeiden und Steuerlast sowie Verwaltungsaufwendungen reduzieren.

Wirtschaftsgut

Zwar ist heute der Einsatz von Computern und die Nutzung von Software völlig normal, jedoch wirft vor allem die Frage, ob und wie Software zu bilanzieren ist, immer noch viele Fragen auf. Dabei ist bilanztechnisch zwischen System- und Anwender-Software (Individual- und Standard-Software) sowie der Einordnung als materielles bzw. immaterielles Wirtschaftsgut zu unterscheiden. Voraussetzung für ein Wirtschaftsgut ist, dass es sich um eine Sache, ein Recht oder einen vermögenswerten Vorteil handelt, dem ein eigenständiger Wert beigemessen und das gehan-

15.1 Steuerrecht

delt werden kann sowie einen Wert über mehrere Wirtschaftsjahre abgibt. Diese Anforderungen werden von Individual-, Standard- und System-Software erfüllt [BFH94]. Bei Datenbeständen ist die Einordnung in materielles oder immaterielles Wirtschaftsgut problematisch, da je nach Gebrauch der Daten beides zutreffen kann [BFH88; BFH89]. Ob Software als materielles oder immaterielles Wirtschaftsgut einzuordnen ist, spielt insbesondere vor dem Hintergrund des § 248 Abs. 2 HGB eine Rolle. Diese Rechtsnorm untersagt eine Aktivierung nicht entgeltlich erworbener immaterieller Wirtschaftsgüter im Anlagevermögen. Zudem gilt das Verbot der degressiven Abschreibung nach § 7 Abs. 2 EStG.

Anlagevermögen

Nach § 248 Abs. 2 HGB bzw. § 5 Abs. 2 EStG darf ein immaterielles Wirtschaftsgut nur dann im Anlagevermögen aktiviert werden, wenn es entgeltlich erworben wurde. Ausgenommen sind damit sowohl selbst erstellte, als auch unentgeltlich von Dritten beschaffte immaterielle Wirtschaftsgüter sowie Humankapital bzw. Intangibles. Ein Erwerb liegt dann vor, wenn das wirtschaftliche Eigentum von einem Dritten auf den Bilanzierenden übergegangen ist. Dies kann durch Kaufvertrag oder Werklieferungsvertrag geschehen und schließt auch die Überlassung eines Nutzungsrechts ein. Entgeltlich ist der Erwerb dann, wenn in diesem Zusammenhang eine feststellbare Gegenleistung erbracht wird, die dem Wert des Wirtschaftsguts entspricht. Interessant ist in diesem Zusammenhang ein neuer Erlass des Finanzsenats Bremen, in dem die derzeitigen Auffassungen zur bilanzsteuerrechtlichen Behandlung der Aufwendungen zur Einführung eines neuen, umfassenden Software-Systems dargelegt werden [FiSB04, OV04c].

Aufbewahrungspflicht für Software

Ein weiteres Problemfeld ergibt sich aus den Aufbewahrungspflichten. Beispielsweise kann es aus steuerlichen Gründen erforderlich sein, eine lizenzierte Software mehrere Jahre (üblich sind sechs bis zehn Jahre) lang in der jeweiligen Version vorzuhalten. Die Finanzbehörden nämlich können darauf bestehen, die Art der Datenverarbeitung und die jeweiligen Programme zu überprüfen, sollte dies steuerlich von Relevanz sein. Oft stehen aber weder die Programme noch die zugehörige Infrastruktur zur Verfügung, um die damalige Art der Verarbeitung rekonstruieren zu können.

Zumindest aus steuerlicher Sicht sollte jeder kommerzielle Nutzer von steuerrelevanter Software Anwendungsprogramme und Betriebssystem in der jeweiligen Version als Sicherungskopie vorhalten. Problematisch wird dies, falls der Software-Überlassungsvertrag für Sicherungszwecke nur eine einzige Kopie erlaubt, denn dies reicht in der Praxis nicht aus. Rechtlich gesehen darf der Nutzer die Software aber nur zu den Zwecken nutzen und vervielfältigen, die vertraglich eingeräumt bzw. vorgesehen sind.

Aufbewahrung elektronischer Dokumente

Die Aufbewahrungspflichen betreffen aber auch elektronische Daten, denn durch die Änderung der Abgabenordnung (AO) sowie die Grundsätze zum Datenzugriff und zur Prüfbarkeit digitaler Unterlagen (GDPdU) wurde den deutschen Finanzbehörden das Recht eingeräumt, im Rahmen steuerlicher Außenprüfungen direkt auf die Unternehmens-DV und deren Datenbestände zuzugreifen [Bran04]. Im Einzelnen verfolgt die neue Gesetzgebung folgende Ziele [KoEF03]:

- Vermeidung von Medienbrüchen, da die steuerrelevanten Daten nicht mehr ausgedruckt vorliegen müssen.
- Erhöhung der Effizienz der Prüfung, da eine maschinelle Suche und eine automatisierte Auswertung möglich sind.
- Anschluss an Industrieländerstandards, da in anderen Industriestaaten bereits computergestützte Betriebsprüfungen durchgeführt werden.
- Entlastung der Unternehmen, da die Prüfung nicht mehr zwingend vor Ort erfolgen muss.
- Sicherung der Gleichmäßigkeit der Besteuerung durch konformes, computergestütztes Vorgehen.
- Größenabhängige Verhältnismäßigkeit der Prüfung, durch individuelle Anpassungen in Bezug auf die Belastung bei der Prüfung.

Dabei müssen

- die originalen Datenbestände elektronisch aufbewahrt werden,
- relevante E-Mails elektronisch archiviert werden,
- Daten von mehreren Systemen aufbewahrt werden, auch wenn sie redundant sind.

Steuerliche Prozessdokumentation

Auch bezüglich der Prozessdokumentationen gibt es gesetzliche Bestrebungen, mehr Transparenz und Qualität in die Abschlussprüfungen zu bringen. Vor allem ist hier der Sarbannes-Oxley-Act (SOX) [KaNa05] zu nennen, dessen Vorgaben von börsennotierten US-Unternehmen erfüllt werden müssen. Den deutschen

Konzerntöchtern und den nicht in den USA ansässigen Unternehmen blieb eine Umsetzungsfrist bis zum Juli 2005.

Der wichtigste Punkt bei SOX besagt, dass Unternehmen nicht nur interne Kontrollstrukturen und dazugehörige Prozeduren für ihre Finanzberichte haben, sondern auch deren Wirksamkeit belegen müssen. Hierfür müssen sämtliche Geschäftsprozesse analysiert und dokumentiert werden [Quac04].

15.2 Haftungsfragen im Internet

Wer A sagt, muss nicht B sagen,
er kann auch erkennen, dass A falsch war.

Bertolt Brecht, dt. Schriftsteller, 1898-1956.

Verbraucherschutz im Internet

Bei Rechtsfragen im Internet spielt der Verbraucherschutz eine wichtige Rolle. Zwar sind mehr als die Hälfte aller Betriebe in Deutschland im Internet vertreten, die rund 35 Millionen deutschen Surfer nutzen das Internet aber hauptsächlich zum Mailen, zum gezielten Suchen von Angeboten und für das Homebanking. Über das Internet wird vergleichsweise wenig gekauft.

Diese Zurückhaltung hat verschiedene Ursachen. Zum einen hängt dies mit den angebotenen Zahlarten zusammen. Potenzielle Käufer werden vor allem wegen etlicher bekannt gewordener Missbrauchsfälle durch unseriöse Anbieter extrem davon abgeschreckt, im Voraus zahlen zu müssen. Zudem stehen Anbieter in Deutschland Transaktionen mit der Kreditkarte im internationalen Vergleich eher skeptisch gegenüber [Witt04]. Auf der anderen Seite bestehen bei vielen Verbrauchern gewisse Unsicherheiten und Vorbehalte hinsichtlich des Rechts- und Zahlungsverkehrs im Internet. Es sind daher eine Reihe rechtlicher Regelungen auf europäischer und nationaler Ebene erlassen worden, welche die Ansatzpunkte zur Ausschöpfung der Möglichkeiten des E-Commerce verbessern sollen.

Das Kernstück ist das in das BGB inkorporierte frühere Fernabsatzgesetz (§§ 312b-312f BGB), mit dem die EU-Richtlinie über Geschäfte im Fernabsatz in deutsches Recht umgesetzt und die Position des Verbrauchers im Fernabsatz weiter gestärkt wurde.

Fernabsatzverträge

Fernabsatzverträge sind nach § 312b Abs. 1 BGB Verträge über die Lieferung von Waren oder über die Erbringung von Dienstleistungen, die zwischen einem Unternehmer und einem privaten

Verbraucher (§ 13 BGB) unter ausschließlicher Verwendung von Fernkommunikationsmitteln abgeschlossen wurden, es sei denn, der Vertrag wurde nicht im Rahmen eines entsprechend für den Fernabsatz organisierten Vertriebs- und Dienstleistungssystems geschlossen. Verträge zwischen zwei Verbrauchern oder zwei Unternehmen sind also nicht betroffen.

Fernkommunikationsmittel sind nach § 312b Abs. 2 BGB Techniken, die eine Anbahnung oder einen Abschluss eines Vertrags ohne gleichzeitige körperliche Anwesenheit der Vertragsparteien erlauben. Dazu zählen Briefe, Kataloge, Telefonanrufe, SMS, Telefaxe, E-Mails sowie Rundfunk- und Mediendienste.

Ausgenommen von der Anwendung der Vorschriften über Fernabsatzverträge sind eine Reihe speziell geregelter Bereiche wie Fernunterricht, die Veräußerung von Grundstücken oder Verträge, die an Warenautomaten geschlossen wurden.

Unterrichtspflichten des Anbieters
Zum Schutz des Verbrauchers muss der Anbieter umfassende Unterrichtungspflichten erfüllen (§ 312c BGB). Werden Fernkommunikationsmittel zur Anbahnung oder zum Abschluss von Verträgen eingesetzt, müssen der geschäftliche Zweck bzw. das kommerzielle Interesse sowie die Identität des Unternehmers offengelegt werden. Bei Telefongesprächen muss dies zu Beginn des Gesprächs erfolgen. Darüber hinaus muss der Verbraucher nach § 312c Abs. 1. Nr. 1 BGB in Verbindung mit § 1 BGB-Info-VO vor Abschluss eines Fernabsatzvertrags informiert werden über:

- Identität und Anschrift,
- wesentliche Merkmale der Ware oder Dienstleistung,
- wie der Vertrag zustande kommt,
- die Laufzeit des Vertrags, wenn dieser eine dauernde oder regelmäßig wiederkehrende Leistung zum Inhalt hat,
- ggf. den Vorbehalt, eine in Qualität und Preis gleichwertige Leistung zu erbringen und den Vorbehalt, die versprochene Leistung im Falle ihrer Nichtverfügbarkeit nicht zu erbringen.
- den Preis der Ware einschließlich Steuern, sonstiger Preisbestandteile sowie ggf. zusätzlich anfallender Liefer- oder Versandkosten,
- Einzelheiten hinsichtlich der Zahlungs- und Lieferbedingungen
- das Bestehen eines Widerrufs- oder Rückgaberechts,

15.2 Haftungsfragen im Internet

- ggf. besondere Telekommunikationskosten, sofern sie über die üblichen Grundtarife hinausgehen,
- die Gültigkeitsdauer befristeter Angebote, insbesondere des Preises

Dialer Zu beachten ist, dass der Erklärungswille nicht die unerkannte Einwahl durch Dialer in hochpreisige Dienste (z. B. 0190-er Nummern) deckt. Stattdessen trägt nach einer Entscheidung des BGH der Netzbetreiber das Risiko einer heimlichen Installation eines Einwahlprogramms [BGH04b].

Kontaktdaten, Widerruf, Garantie, Kündigung Zusätzlich zu den bereits genannten Punkten muss der Unternehmer dem Verbraucher gemäß § 312c Abs. 2 BGB in Verbindung mit § 1 Abs. 3 BGB-Info-VO noch folgende Punkte mitteilen (Impressum):

- Anschrift der Niederlassung des Unternehmens bei der der Verbraucher Beanstandungen vorbringen kann, sowie eine ladungsfähige Adresse des Unternehmens sowie ggf. den Namen eines Vertretungsberechtigten
- Informationen über die Bedingungen, Einzelheiten der Ausübung und Rechtsfolgen des Widerrufs- oder Rückgaberechts sowie dessen Ausschluss
- Informationen über Kundendienst und geltende Gewährleistungs- und Garantiebedingungen
- Kündigungsbedingungen bei Dauerschuldverhältnissen

Fristen Der Unternehmer muss dem Verbraucher die genannten Informationen baldmöglichst, spätestens bis zur vollständigen Erfüllung des Vertrages in Textform mitteilen.

Kommt der Unternehmer den gesetzlichen Anforderungen nicht nach, beginnt auch die Widerrufsfrist noch nicht. Darüber hinaus muss der Unternehmer mit Klagen auf Unterlassung von dazu befugten Organisationen (z. B. Verbraucherverbänden) rechnen.

Ausnahmen vom Widerrufsrecht Einen Schwerpunkt der Regelungen des Fernabsatzgesetzes bildet das Widerrufsrecht des Verbrauchers, dessen Einzelheiten in § 355 BGB für alle Verbraucherschutzgesetze einheitlich geregelt sind. Ausnahmen bestehen nach § 312d Abs. 4 BGB bei Fernabsatzverträgen

- zur Lieferung von individuell gefertigter oder schnell verderblicher oder nicht für die Rücksendung geeigneter Waren,

- zur Lieferung von Audio- oder Videoaufzeichnungen oder von Software, sofern die Datenträger vom Verbraucher entsiegelt wurden,
- zur Lieferung von Zeitungen, Zeitschriften und Illustrierten,
- zur Erbringung von Wett- und Lotterie-Dienstleistungen,
- die in Form von Versteigerungen (§ 156 BGB) geschlossen werden. Hierzu gehören allerdings keine kommerziellen Online-Auktionen bei Ebay oder vergleichbaren Anbietern.

Rückgaberecht

Das Widerrufsrecht kann nach §§ 312 Abs. 1 S. 2, 356 BGB durch ein Rückgaberecht ersetzt werden, wenn eine deutliche Belehrung über das Rückgaberecht und die Rechtsfolgen nach § 357 BGB hingewiesen und das Rückgaberecht in Textform eingeräumt wurde. Das Rücknahmeverlangen muss in Textform oder durch Rücksendung der Ware erfolgen.

Bei Käufen bis zu einem Wert von 40 Euro können dem Verbraucher die Rücksendekosten vertraglich auferlegt werden. Bei einem bestimmungsgemäßen Gebrauch der Sache muss die entstandene Wertminderung nach § 357 Abs. 3 S. 1 BGB vom Verbraucher ersetzt werden, wenn dieser bei Vertragsabschluss in Textform auf die Rechtsfolge und eine Möglichkeit hingewiesen worden ist, sie zu vermeiden.

Empfehlungen für Unternehmen

Insgesamt folgt für die Unternehmer aus dem Fernabsatzgesetz, dass

- geprüft werden muss, ob ein Geschäft unter § 312b BGB fällt,
- die Informationspflichten unbedingt einzuhalten sind, damit sich das Widerrufsrecht nicht auf bis zu sechs Monate ab Vertragsabschluss verlängert, bzw. nie erlischt, wenn nicht ordnungsgemäß über das Widerrufsrecht selbst belehrt wurde (§ 355 Abs. 3 BGB)
- festgelegt werden muss, ob das Widerrufsrecht oder das alternative Rückgaberecht vorteilhafter ist.

Von diesen Vorschriften darf nach § 312f BGB nicht zum Nachteil des Verbrauchers oder Kunden abgewichen werden. Sie finden auch dann Anwendung, wenn sie durch anderweitige Gestaltungen wie z. B. in den AGB umgangen werden.

Haftung nach dem TDG

Die Verantwortung von Anbietern wurde europarechtskonform in den §§ 8-11 TDG und §§ 10-15 MDStV geregelt. Nach diesen Regelungen müssen Anbieter, differenziert nach Anbietertyp, für

15.2 Haftungsfragen im Internet

eigenes Verschulden einstehen. Die vorgesehenen Haftungsregelungen sind:

Content-Provision
- Nach § 8 Abs. 1 TDG sind Diensteanbieter für eigene Informationen und Inhalte, die sie zur Nutzung bereithalten (sog. Content-Provider), nach den allgemeinen Gesetzen verantwortlich.

Durchleitung
- Für fremde Informationen sind Diensteanbieter nicht verantwortlich, wenn sie lediglich den Zugang zu diesen Inhalten ermöglichen. Voraussetzung für den Haftungsausschluss ist allerdings, dass der Diensteanbieter bei der Durchleitung der Informationen eine passive Rolle spielt, also die Übermittlung nicht veranlasst, den Adressaten nicht auswählt und die Informationen nicht verändert hat (§ 9 TDG).

Caching
- Die Haftung bei einer automatischen und zeitlich begrenzten Zwischenspeicherung von Informationen zur beschleunigten Übermittlung (Caching) ist in § 10 TDG geregelt. Auch hier gilt eine Haftungsfreistellung, sofern die Informationen aktuell und unverändert übermittelt, anerkannte Industriestandards befolgt und gerichtliche oder behördliche Anordnungen hinsichtlich einer Sperrung oder Entfernung beachtet werden.

Hosting
- Diensteanbieter, die Dritten Speicherplatz zur Verfügung stellen, damit diese Inhalte für das Internet einstellen können, unterliegen den Haftungsregelungen des § 11 TDG. Danach sind sie nicht verantwortlich, wenn sie keine Kenntnis von der Rechtswidrigkeit der Informationen hatten oder unverzüglich tätig wurden, sobald sie diese Kenntnis erlangt hatten.

Überwachung
- Die Anbieter sind nach § 8 TDG und § 6 MDStV nicht verpflichtet, die von ihnen übermittelten oder gespeicherten Informationen zu überwachen oder nach Hinweisen zu suchen, die auf eine rechtswidrige Tätigkeit hindeuten. Verpflichtungen zur Entfernung oder Sperrung der Nutzung von Informationen nach den allgemeinen Gesetzen bleiben unberührt.

In diesem Sinn sind die genannten Punkte Spezialregelungen zum Straf-, Zivil- und Jugendschutzrecht. Für eigene Informationen sind Anbieter voll verantwortlich, für vermittelte oder übermittelte fremde Informationen tragen sie keine Verantwortung. Für gespeicherte Informationen trifft sie keine Mitverantwortung, wenn sie keine Kenntnis vom rechtswidrigen Inhalt dieser Informationen haben.

Abgrenzung zum MDStV

Nur für Mediendienste verweist § 12 Abs. 1 MDStV auf den Katalog von ausnahmslos unzulässigen Inhalten des Jugendmedienschutz-Staatsvertrags (§ 4 JMStV). Hierzu zählen z. B. Aufstachelung zum Rassenhass oder menschenverachtende Darstellungen. Außerdem enthalten die §§ 10-15 MDStV Regelungen, die Pflichten des Presserechts hinsichtlich Werbung, Sponsoring, Gegendarstellung und Auskunftsrecht auf die multimediale Presse übertragen.

Haftung für Hyperlinks

Die Einordnung von Hyperlinks – d. h. Verzweigungen auf andere Internet-Seiten – in die Systematik der §§ 8-11 TDG ist nicht unproblematisch. Für die Einordnung des Einzelfalles kommt es daher auf die besonderen Umstände an:

- Im einfachsten Fall verknüpft ein Hyperlink eine Internet-Seite mit eigenem Inhalt des Anbieters. In diesem Fall ist der Anbieter, wie bereits erläutert, grundsätzlich für den Inhalt verantwortlich ohne dass es auf die konkrete Kenntnis des Inhalts ankommt.

- Wird durch einen Hyperlink lediglich der Zugang zur Nutzung fremder Inhalte vermittelt (Durchleitung), ist der Anbieter grundsätzlich nicht verantwortlich, falls sich aus den §§ 9-11 TDG nicht etwas anderes ergibt.

- Hält er allerdings durch den Hyperlink fremde Inhalte zur Nutzung bereit, ist er für diese nur verantwortlich, wenn er die Inhalte kennt, es sei denn, aus den §§ 9 ff. TDG geht etwas anderes hervor. Um zu einer Haftung nach allgemeinen Gesetzen zu gelangen, muss die Kenntnis der fremden Information bzw. die sonstigen Haftungsvoraussetzungen des TDG bewiesen werden. Im Falle von Internet-Seiten, die sich in sehr kurzen Abständen ändern, ist dies praktisch ein unmögliches Unterfangen.

Weitere interessante Problemstellungen zur Haftung ergeben sich aus wettbewerbs- und urheberrechtlichen Fragen, die z. T. erst vor kurzem durch eine BGH-Entscheidung richterlich konkretisiert und weiterentwickelt wurden [BGH03]. Die wichtigsten Punkte sind:

Hyperlinks und Urheberrecht

- In das Recht der öffentlichen Zugänglichmachung eines Werkes wird durch das Setzen eines Hyperlinks auf eine vom Berechtigten öffentlich zugänglich gemachte Web-Site nicht eingegriffen. Nach § 15 UrhG steht dem Urheber das ausschließliche Recht zu, die öffentliche Zugänglichmachung seines Werkes zu erlauben oder zu verwehren. Dadurch, dass ein Berechtigter ein urheberrechtlich geschütztes Werk ohne technische Schutzmaßnahmen im Internet öffentlich zugänglich macht, ermöglicht er bereits selbst die Nutzungen, die ein Abrufender vornehmen kann.

Ähnliches gilt beim Setzen von Hyperlinks auf Artikel, die vom Berechtigten im Internet als Bestandteile einer Datenbank öffentlich zugänglich gemacht wurden. Dabei handelt es sich nicht um eine dem Datenbankhersteller vorbehaltene Nutzungshandlung [BGH03; Junk04].

Die Rechte werden auch nicht verletzt, wenn aus redaktionellen Informationen, die in einer Datenbank gespeichert sind, einzelne kleinere Bestandteile auf Suchwortanfrage an Nutzer übermittelt werden, damit diese entscheiden können, ob der Abruf des Volltextes sinnvoll wäre. Dies gilt auch dann, wenn die Suchmaschine im Sinne des § 87b Abs. 1 S. 2 UrhG wiederholt und systematisch auf die Datenbank zugreift.

Hyperlinks und Wettbewerbsrecht

- Bezüglich des Wettbewerbsrechts ist zu bemerken, dass ein Suchdienst, der öffentlich zugänglich gemachte Informationsangebote im Internet auswertet, nicht wettbewerbswidrig handelt, wenn er Nutzern durch Angabe von Kurzinformationen über Hyperlinks den unmittelbaren Zugriff auf die Informationsangebote ermöglicht.

Deep Links

- Dies gilt auch dann, wenn er die Nutzer an den Startseiten der jeweiligen Internet-Angebote vorbeiführt (Deep Links), obwohl dies nicht dem Interesse des Anbieters entspricht (etwa um Werbeeinnahmen zu erzielen, wenn Nutzer zunächst der auf den Startseiten aufgeführten Werbung begegnen).

Die Tätigkeit von Suchmaschinen ist also zumindest dann grundsätzlich hinzunehmen, wenn diese für den Nutzer lediglich den Abruf von durch den Berechtigten öffentlich zugänglich gemachten Informationen ohne Umgehung von technischen Schutzmaßnahmen erleichtern.

15.3 Software und neue Medien in Direkt- und E-Marketing

Es gibt Leute, die glauben, alles wäre vernünftig.
Georg Christoph Lichtenberg, dt. Schriftsteller
und Physiker, 1742-1799.

Das Instrumentarium des Direkt-Marketing kann in die Bereiche

- Personal Selling (z. B. Vertriebsbeauftragte),
- Tele-Marketing (vor allem Telefon, Telefax- und E-Mail-Marketing) sowie
- Direkt-Werbung

unterteilt werden.

Besuch durch Vertriebsbeauftragte

Der direkte Vertrieb durch den Besuch von Vertriebsmitarbeitern verbindet sowohl distributive als auch kommunikative Elemente miteinander. Durch einen Besuch kann der Absatz von Produkten und Dienstleistungen ohne einen dazwischen geschalteten Handelsbetrieb erfolgen. Besonders für erklärungsbedürftige Produkte gilt ein Besuch als effektives, aber auch sehr kostspieliges Marketing-Instrument.

Nutzen des Besuchs

Bereits aus der Anbahnung des Besuchs, der Gesprächsvor- und -nachbereitung, dem Besuch (ca. 1 Std.) zuzüglich An- und Abreise ergibt sich ein relativ hoher Zeit- und Kostenfaktor. Schon bei einem durchschnittlichen Stundensatz kostet damit ein einfacher Kundenbesuch leicht 150 Euro und mehr [Zerr02, S. 245]. Allerdings ist ein Besuch vor Ort kaum ersetzbar. Dies gilt insbesondere für die Phase der Akquisition. Der Vertreter kann individuell auf die Kundenbedürfnisse eingehen und erhält ein unmittelbares Feedback. Eventuelle Informationsdefizite können abgebaut, und Vereinbarungen können direkt und individuell getroffen werden. Auch für die Kundenpflege ist der persönliche Kontakt oft wirtschaftlich vorteilhafter, denn die Neugewinnung von Kunden (Kalt-Akquise) ist vor allem in Nischenmärkten oft um ein vielfaches kostspieliger als die Kundenpflege.

Rechtliche Aspekte des Vertriebsbesuchs

Bestellte Besuche von Vertriebsmitarbeitern sind wettbewerbsrechtlich uneingeschränkt zugelassen. Sie stellen eine einfache Möglichkeit dar, den Handel zu fördern, indem Informationen ausgetauscht bzw. erhalten sowie Produkte und Dienstleistungen erworben werden können. Auch unbestellte Besuche sind zulässig, solange keine Belästigung des privaten Lebensbereichs stattfindet. Unlauter sind Besuche, die durchgeführt werden, obwohl hierzu kein Einverständnis vorliegt. Aus wettbewerbsrechtlicher Sicht darf die Zustimmung auch nicht „untergeschoben" werden, etwa indem auf Anfrage Informationsmaterialien versendet werden, denen ein Hinweis auf einen bevorstehenden Besuch durch Vertriebsmitarbeiter beigefügt wurde.

Telefoneinsatz Aufgrund seiner weiten Verbreitung sowie der geringen Kosten pro Anruf (etwa 20 Euro für Gebühren, Bereitstellungskosten und investierter Arbeitszeit) stellt das Telefon ein wichtiges und erfolgversprechendes Marketing-Instrument dar. Es kann aktiv oder passiv sein, d. h. die Initiative zum Anruf geht im einen Fall vom Anbieter und im anderen vom Kunden aus.

Kundenbetreuung und Service-Telefone Eines der wichtigsten Einsatzgebiete für das Telefon-Marketing ist sicherlich die Kundenbetreuung. In kurzer Zeit können mehrere Kunden erreicht werden, vor allem auch solche, bei denen ein Besuch vor Ort mit einem vergleichsweise hohen Aufwand verbunden ist. Des Weiteren werden eingerichtete Service-Telefone und Hot-Lines von Kunden akzeptiert und gerne in Anspruch genommen. Aus Sicht des passiven Telefon-Marketing stellen sie damit ein unverzichtbares Instrument dar, das es zu nutzen gilt. Aus Sicht des Kunden steht zwar primär die telefonische Beratung bzw. die zu klärende Anfrage im Vordergrund, aber aus Sicht des Unternehmens wird natürlich gerne versucht, das Gespräch in Richtung eines Vertriebsgesprächs zu verlagern.

Call-Center Die Marktforschung per Telefon stellt ein weiteres Nutzungsfeld des Telefon-Marketing dar. Mit geringem Aufwand können viele Kunden nach ihren Wünschen, Vorlieben und Meinungen befragt werden. Auch bei einem kleinen Kundenstamm erhalten die Unternehmen dadurch die Gelegenheit, Kundenwünsche von Anfang an berücksichtigen zu können. Auch die Befragung einer großen Anzahl von Kunden stellt durch den Einsatz professioneller Call-Center hinsichtlich Aufwand und Kosten kein größeres Problem dar.

Telefon-Marketing Rechtlich unterliegt passives Telefon-Marketing keinen Beschränkungen, da die Initiative ja vom Kunden ausgeht. Das aktive Telefon-Marketing im auch im B2B-Bereich nur bedingt zulässig. Es muss zunächst auf den eigentlichen Geschäftszweck des Unternehmens abzielen. Außerdem muss ein ausdrückliches oder konkludentes Einverständnis vorliegen. Bei einer bestehenden Geschäftsbeziehung kann davon ausgegangen werden, dass letzteres der Fall ist. Dabei kann u. U. bereits ein einmaliger Geschäftsabschluss ausreichen, damit eine Geschäftsbeziehung vorliegt.

Liegt keine Geschäftsbeziehung vor, sind Erstanrufe (sog. Kaltanrufe) grundsätzlich unzulässig. Begründet wird dies mit einer unzumutbaren Bindung von Unternehmensressourcen (Telefonleitung und Mitarbeiter), die zu Behinderung des normalen Geschäftsablaufs beim Kunden führt. Dabei reicht bereits die potenzielle Belästigung aus [BGH91]. Zulässig sind unverlangte Telefonanrufe allerdings, wenn

- nach den Umständen des Einzelfalls die berechtigte Annahme besteht, dass der Angerufene den Anruf erwartet oder ihm zumindest positiv gegenübersteht;
- der Angerufene Wiederverkäufer, Vermittler, o. ä. ist;
- ein Vertreter innerhalb derselben Branche das Unternehmen wechselt und seine Kunden telefonisch informiert.

Auch im B2C-Bereich unterliegt passives Telefon-Marketing keinen Beschränkungen. Aktives Telefon-Marketing ist allerdings in der Regel rechtlich nur zulässig, wenn ein Einverständnis des Kunden vorliegt.

Telefax-Marketing Im Zuge des Internet-Zeitalters verliert das Telefax als Instrument des Direkt-Marketing immer mehr an Bedeutung. Aus rechtlicher Sicht können die Rahmenbedingungen des Telefon-Marketing auf das Telefax-Marketing übertragen werden, d. h. sowohl im geschäftlichen, wie auch im privaten Bereich ist die unaufgeforderte Zusendung von Werbung per Telefax grundsätzlich unzulässig [BGH96].

E-Mail-Marketing Im Vergleich zu den traditionellen Instrumenten des Direkt-Marketing haben E-Mails vor allem den Vorteil, dass sie viel kostengünstiger, schneller und in größerer Anzahl versendet werden können. Der Missbrauch in Form von sog. Spam-Mails ist deshalb geradezu vorprogrammiert. Bei Spam-Mails werden E-Mail-Werbebriefe an eine Vielzahl von E-Mail-Adressen versendet, ohne dass es sich dabei um Kunden handelt. Man spricht dann auch vom sog. Spamming.

Spam Der Name geht auf einen Running-Gag-Sketch von Monty-Python zurück, worin es einem Ehepaar nicht gelang, bei der Auswahl ihres Frühstücks in einem Café der Dosenfleischmarke „Spam" zu entgehen. Es blieb nur die Wahl zwischen einem Frühstück mit Spam oder keinem Frühstück [OV04d].

Opt-in vs. Opt-out Generell existieren bei der Versendung von E-Mail-Werbung zwei mit „opt-in" und „opt-out" bezeichnete Modelle. Beim „opt-in" wird die Zusendung von Werbe-E-Mails ausdrücklich legitimiert (Mail on Demand). Beim „opt-out" ist die Zusendung automatisch erlaubt, solange der Beworbene nach Erhalt der E-Mail z. B. durch ankreuzen eines bestimmten Feldes oder ändern der Betreffzeile und zurückschicken der E-Mail dem nicht ausdrücklich widerspricht.

E-Mails und Rechtliche Situation

Europarechtlich sind derartige Spam-E-Mails nach der Fernabsatzrichtlinie und der E-Commerce-Richtlinie zulässig [Ziem00]. Bei der nationalen Umsetzung der Richtlinien wurde Spamming nicht verboten. Auch aus diesem Grund stellte sich die Rechtsprechung bei der Beurteilung von Werbe-E-Mails bislang uneinheitlich dar. Es gab zum einen die Auffassung, dass Spam als wettbewerbswidrig einzustufen ist (z. B. [LGEl00; LGTr98]), andererseits sahen andere Gerichte weder Rechte auf Informationsfreiheit oder Eigentum als verletzt noch eine unzumutbare Belästigung als gegeben an [LGKi00]. In den USA stellen Spam-E-Mails inzwischen allerdings einen Straftatbestand dar.

BGH-Urteil

Inzwischen liegt aber höchstrichterliche Rechtsprechung durch den BGH vor [BGH04c; Hoff04]. Danach verstößt die Zusendung einer unverlangten E-Mail zu Werbezwecken grundsätzlich gegen die guten Sitten im Wettbewerb. Wie beim Telefon-Marketing ist eine solche Werbung nur dann ausnahmsweise zulässig, wenn der Empfänger sein Einverständnis ausdrücklich oder konkludent erklärt hat, oder wenn bei der Werbung gegenüber Gewerbetreibenden aufgrund konkreter Umstände ein sachliches Interesse des Empfängers vermutet werden kann.

Die Beweislast liegt dabei beim Werbenden. Des Weiteren hat der Werbende durch geeignete Maßnahmen sicherzustellen, dass es aufgrund eines Schreibversehens nicht zu einer fehlerhaften Zusendung einer für Werbezwecke bestimmten E-Mail kommt.

Mailing

In Form von Mailings gewinnt Direkt-Werbung trotz Internet wieder an Bedeutung, da die Zielgruppen relativ preisgünstig mit großer Präzision und ohne die mit unerwünschten E-Mails verbundenen Akzeptanz- und Rechtsproblemen angesprochen werden können. Der adressierte und personalisierte Werbebrief kostet durchschnittlich etwa 2 Euro und ist wettbewerbsrechtlich grundsätzlich zulässig, sofern ein solcher Brief spätestens nach seiner Öffnung inhaltlich als Werbebrief zu erkennen ist [BGH73]. Allerdings ist die Versendung von Werbebriefen analog zu E-Mails unzulässig, wenn ein Widerspruch des Adressaten vorliegt.

Andere zulässige Instrumente der Direkt-Werbung sind Beilagen in Zeitungen, Postwurfsendungen und unadressierte Werbesendungen. Bis auf die Beilagen in Zeitungen müssen Hinweise, von einer Briefwerbung abzusehen, beachtet werden.

Anhang

A Abkürzungsverzeichnis

*Die kürzesten Wörter, nämlich Ja und Nein,
erfordern das meiste Nachdenken.*
Pythagoras, griech. Philosoph und Mathematiker,
um 582-497 v. Chr.

Abs.	Absatz
ACM	Association of Computing Machinery
AG	Aktiengesellschaft
AGB	Allgemeine Geschäftsbedingungen
ANSI	American National Standards Institute
Art.	Artikel
ASCII	American Standard Code for Information Interchange
ASP	Application Service Providing
AUMA	Ausstellungs- und Messe-Ausschuss der Deutschen Wirtschaft e.V.
Az.	Aktenzeichen
B2B	Business-to-Business
B2C	Business-to-Consumer
BAG	Bundesarbeitsgericht
BFH	Bundesfinanzhof
BGBl.	Bundesgesetzblatt
BGH	Bundesgerichtshof
BfD	Bundesamt für Datenschutz
BMFB	Bundesministerium für Bildung, Wissenschaft, Forschung und Technologie
BMI	Bundesministerium des Innern
BMJ	Bundesministerium der Justiz
BMWi	Bundesministerium für Wirtschaft
BPatG	Bundespatentgericht
BSA	Business Software Alliance

BSC	Balanced Scorecard
BSI	Bundesamt für Sicherheit in der Informationstechnik
BStBl	Bundessteuerblatt
CD	Compact Disk
CERN	Organisation Europeénne pour la Recherche Nucléaire
CGI	Common Gateway Interface
CIT	Critical Incident Technique
CMS	Content Mnagement System
CMM	Capability Maturity Model
CODASYL	Conference on Data Systems Languages
CPU	Central Processing Unit
CR	Computer und Recht
CRM	Customer Relationship Management
CSCW	Computer Supported Cooperative Work
CSVT	Computer Supported Video Teleconferences
DENIC	Deutsches Network Information Center
DIN	Deutsche Industrie-Norm
DNS	Domain Name System
DRM	Digital Rights Management
DRT	Document Related Technologies
DSL	Digital Subscriber Line
DV	Datenverarbeitung
DVD	Digital Versatile Disc
ECM	Enterprise Content Management
EDI	Electronic Data Interchange
EFQM	European Foundation for Quality Management
EG	Europäische Gemeinschaft
EITO	European Information Technology Observatory
EMV	Elektromagnetische Verträglichkeit
ERP	Enterprise Resource Planning
EU	Europäische Union
EuGH	Europäischer Gerichtshof
EWG	Europäische Wirtschaftsgemeinschaft
EWiV	Europäische Wirtschaftliche Vereinigung
ff.	folgende
FTP	File Transfer Protocol
G	Gesetz

GAS	Group Authoring Software
GbR	Gesellschaft bürgerlichen Rechts
GDSS	Group Decision Support System
GIF	Graphics Interchange Format
GmbH	Gesellschaft mit beschränkter Haftung
GRUR	Gewerblicher Rechtsschutz und Urheberrecht
GUI	Graphical User Interface
HTML	Hypertext Markup Language
HTTP	Hypertext Transfer Protocol
HW	Hardware
IA	Intelligent Agents
IANA	Internet Assigned Numbers Authoroty
ICANN	Internet Corporation for Assigned Names and Numbers
ICT	Information and Communication Technology
IEC	International Electrotechnical Commission
IEEE	Institute of Electrical and Electronic Engineering
IHK	Industrie und Handelskammer
IP	Internet Protocol
ISC	Internet Software Consortium
ISO	International Organization for Standardization
IT	Informationstechnologie
KG	Kommanditgesellschaft
KM	Knowledge Management
KMU	kleine und mittlere Unternehmen
LG	Landgericht
MHP	Mutimedia Home Plattform
MIS	Management-Informationssystem
MMR	Multimedia und Recht
NJW	Neue Juristische Wochenschrift
NSF	National Science Foundation
Nr.	Nummer
OHG	Offene Handelsgesellschaft
OLG	Oberlandesgericht
o. V.	ohne Verfasser
PDA	Personal Digital Assistent
PDM	Produktdatenmanagement
PHP	Personal Home Page

PLM	Product Life Cycle Management
PM	Projektmanagement
PMS	Project Management System
QM	Qualitätsmanagement
QMS	Qualitätsmanagementsystem
QS	Qualitätssicherung
ROI	Return on Invest
RUP	Rational Unified Process
S.	Satz; auch: Seite
SCM	Supply Chain Management
SGML	Standard Generalized Markup Language
SIS	Shared Information Space
SITA	Société Internationale de Télécommunication Aéronautiques
SLA	Service Level Agreement
SPICE	Software Process Improvement and Capability Determination
SQL	Structured Query Language
SW	Software
TCO	Total Cost of Ownership
TCP	Transmission Control Protocol
TCP/IP	Transmission Control Protocol/Internet Proto-col
TK	Telekommunikation
TLD	Top Level Domain
TQM	Total Quality Management
UN	Vereinte Nationen
VersR	Zeitschrift für Versicherungsrecht
W3C	World Wide Web Consortium
WfMC	Workflow-Management-Coalition
WIPO	World Intellectual Property Organization
WMS	Workflow Management System
WRP	Wettbewerb in Recht und Praxis
WTO	World Trade Organization
WWW	World Wide Web
XML	Extended Markup Language
XP	Extreme Programming
Ziff.	Ziffer

B   Empfehlenswerte Internet-Adressen

Die allgemeine Meinung ist nicht immer die wahrste.
Giordano Bruno, ital. Philosoph, 1548-1600.

- bundesrecht.juris.de   Bundesministerium der Justiz:
  - Gesetzestexte, Pressemitteilungen
- www.ansi.org   American National Standards Institute:
  - Normen, Standards, Publikationen
- www.bfd.bund.de   Bundesamt für Datenschutz:
  - Informationen zum Datenschutz
- www.bitkom.org   Bundesverband Informationswirtschaft, Telekommunikation und neue Medien e.V.:
  - Studien und Artikel
- www.bmwi.de   Bundesministerium für Wirtschaft und Technologie:
  - Broschüren zum Downloaden
- www.bsa.org   Business Software Alliance:
  - Informationen zu Software-Lizenzen, Software-Piraterie
- www.bundesgerichtshof.de   Bundesgerichtshof:
  - Wichtige Entscheidungen, Online-Recherche
- www.ddv.de   Deutscher Direktmarketing Verband e.V.:
  - Informationen zum Direktmarketing, E-Mailmarketing
  - Standards und Ehrenkodizes, Suchmaschinenmarketing
- www.denic.de   Denic Domain Verwaltungs- und Betriebsgesellschaft eG:
  - Registrierung, Domainrichtlinien, Links
- www.destatis.de   Deutsches Statistisches Bundesamt:
  - Primärdaten, Pressemitteilungen, Studien
- www.din.de   Deutsches Institut für Normung e.V.:
  - Normen, Standards
- www.dmmv.de   Deutscher Multimedia Verband e.V.:
  - Informationen, Kontakte
- www.dpma.de   Deutsches Patent- und Markenamt:
  - bestehende und verfügbare Patente
  - Formulare und Broschüren zum Downloaden

- www.dprg.de   Deutsche Public Relations Gesellschaft DPRG e.V.:
                         - Kontakte, Artikel, Vorträge
- www.eco.de   ECO Verband der deutschen Internetwirtschaft e.V.:
                         - Informationen zu Politik und Recht
- www.eito.org   European Information Technology Observatory
                         - Daten und Informationen zum ITC-Markt
- www.european-journalists.net
                         Netzwerk Europäischer Journalisten:
                         - Journalisten-Verzeichnis
- www.fachzeitschriften-portal.de
                         fachzeitschriften-portal Verlag
                         - Portal für Fachzeitschriften und Mediendaten
- www.gdd.de   Gesellschaft für Datenschutz e.V.:
                         - Informationen und Nachrichten, Links und Verweise
- www.gi-ev.de   Portal der Gesellschaft für Informatik e.V.:
                         - Fachverbände, Informationen, Links, Normen
- www.gpra.de   Gesellschaft Public Relations Agenturen e.V.:
                         - PR-Lexikon
- www.gwa.de   Gesamtverband Werbeagenturen e.V. (GWA):
                         - aktuelle Mitteilungen, Marktforschung, Media Agenturen
- www.ieee.org   Institute of Electrical and Electronic Engineering:
                         - Fachzeitschriften, Online Recherche
- www.iso.org   International Organization for Standardization:
                         - Nachrichten, Standards
- www.patente.bmbf.de   Bundesministerium für Bildung und Forschung
                         - Informationen zum Thema gewerbliche Schutzrechte
- www.recht.de   Forum Deutsches Recht:
                         - Klärung rechtlicher Fragen, Informationen zum IT-Recht
- www.regtp.de   Regulierungsbörde für Telekommunikation und Post:
                         - Gesetze, Verordnungen, Links
- www.sei.cmu.edu   CarnegieMellon Software Engineering Institute:
                         - Veröffentlichungen zum Software-Engineering
- www.sicherheit-im-internet.de
                         BMWi, BMI, BSI:
                         - Informationen zur Sicherheit im Internet
- www.whois.net   whois
                         - DNS Namensauflösung und Recherche

C Normen, Standards und Gesetze

Früher litten wir an Verbrechen, heute an Gesetzen,
Tacitus, röm. Geschichtsschreiber, um 55-120.

C.1 Gesetze und Verordnungen

AktG	Aktiengesetz
AO	Abgabenordnung
ArbEG	Arbeitnehmererfindungsgesetz
ArbSchG	Arbeitsschutzgesetz
AWG	Außenwirtschaftsgesetz
BDSG	Bundesdatenschutzgesetz
BeurkG	Beurkundungsgesetz
BGB	Bürgerliches Gesetzbuch
BGB-InfoV	BGB-Informationspflichten-Verordnung
BildschArbV	Bildschirmarbeitsverordnung
EGBGB	Einführungsgesetz zum BGB
EGG	Gesetz über rechtliche Rahmenbedingungen des elektronischen Geschäftsverkehrs
EGV	Vertrag zur Gründung der Europäischen Gemeinschaft
EMRK	Konvention zum Schutz der Menschenrechte und Grundfreiheiten
EMVG	Gesetz über die elektromagnetische Verträglichkeit von Geräten
EPÜ	Europäisches Patentübereinkommen
ErstrG	Erstreckungsgesetz
FAG	Gesetz über Fernmeldeanlagen
FernUSG	Fernunterrichtsschutzgesetz
FreqZutV	Frequenzzuteilungsverordnung
FTEG	Gesetz über Funkanlagen und Telekommunikationsendeinrichtungen
GDPdU	Grundsätze zum Datenzugriff und zur Prüfbarkeit digitaler Unterlagen
GG	Grundgesetz
GmbHG	GmbH-Gesetz
GPÜ	Gemeinschaftspatentübereinkommen

GWB	Gesetz gegen Wettbewerbsbeschränkungen
HGB	Handelsgesetzbuch
IuKDG	Informations- und Kommunikationsdienstegesetz
JMStV	Jugendmedienschutz-Staatsvertrag
JuSchG	Jugendschutzgesetz
KonTraG	Gesetz zur Kontrolle und Transparenz im Unternehmensbereich
KWG	Kreditwesengesetz
MarkenG	Markengesetz
MarkenV	Markenverordnung
MDStV	Staatsvertrag über Mediendienste
NZV	Netzzugangsverordnung
OWiG	Ordnungswidrigkeitengesetz
PAngG	Preisangaben- und Preisklauselgesetz
PAngV	Preisangabenverordnung
PatG	Patentgesetz
ProdHaftG	Produkthaftungsgesetz
PTC	Patentzusamenarbeitsvertrag
PVÜ	Pariser Verbandsübereinkunft zum Schutz des gewerblichen Eigentums
RBÜ	Berner Übereinkunft zum Schutz der Literatur und Kunst
RStV	Rundfunkstaatsvertrag
SGB	Sozialgesetzbuch
SigG	Signaturgesetz
SigV	Verordnung zur elektronischen Signatur
SMG	Schuldrechtmodernisierungsgesetz
SOX	Sarbannes-Oxley-Act
StGB	Strafgesetzbuch
StPO	Strafprozessordnung
TDDSG	Teledienstedatenschutzgesetz
TDG	Teledienstegesetz
TDSV	Telekommunikationsdatenschutzverordnung
TEntgV	Telekommunikations-Entgeltregulierungsverordnung
TKG	Telekommunikationsgesetz
TKSiV	Telekommunikations-Sicherstellungs-Verordnung
TKÜV	Telekommunikations-Überwachungs-Verordnung
TKV	Telekommunikations-Kundenschutzverordnung
TNGebV	Telekommunikations-Nummerngebührenverordnung

TUDLV	Telekommunikations-Universaldienstleistungsverordnung
UKlaG	Unterlassungsklagegesetz
UMAG	Gesetz zur Unternehmensintegrität und Modernisierung des Anfechtungsrechts
UrhG	Urheberrechtsgesetz
UStG	Umsatzsteuergesetz
UWG	Gesetz gegen den unlauteren Wettbewerb
VerbrKrG	Verbraucherkreditgesetz
WCT	WIPO-Urheberrechtsvertrag
WUA	Welturheberrechtsabkommen
WZG	Warenzeichengesetz
ZPO	Zivilprozessordnung

C.2 Einschlägige Normen und Standards

DIN 676	Geschäftsbrief – Einzelvordrucke und Endlosvordrucke
DIN 1421	Gliederung und Benummerung von Texten
DIN 1422/1	Veröffentlichungen aus Wissenschaft, Technik und Verwaltung: Gestaltung von Manuskripten und Typoskripten
DIN 1422/3	Typographische Gestaltung
DIN 1505	Zitierregeln
DIN 5008	Regeln für Maschinenschreiben
DIN 6763	Nummerung; Grundbegriffe
DIN EN ISO/IEC 7498	Informationstechnik – Kommunikation offener Systeme
DIN ISO 8613	Informationssysteme; Textverarbeitung und -kommunikation; Offene Dokumentarchitektur (ODA) und -austauschformat
DIN EN ISO 9000:2000	Qualitätsmanagementsysteme
DIN EN ISO 9241	Ergonomische Anforderungen für Bürotätigkeiten mit Bildschirmgeräten.
DIN EN ISO 10007	Qualitätsmanagement – Leitfaden für Konfigurationsmanagement
DIN EN ISO 10303	Industrielle Automatisierungssysteme und Integration – Produktdatendarstellung und -austausch
DIN ISO/IEC 12119	Informationstechnik – Software-Erzeugnisse – Qualitätsanforderungen und Prüfbestimmungen

DIN EN ISO 13407	Benutzer-orientierte Gestaltung interaktiver Systeme
DIN 16511	Korrekturzeichen
DIN EN 28631	Informationstechnik – Programmkonstrukte und Regeln für ihre Anwendung
DIN 31051	Instandhaltung; Begriffe und Maßnahmen
DIN 31623	Indexierung zur inhaltlichen Erschließung von Dokumenten
DIN 44300	Informationsverarbeitung; Begriffe
DIN 44302	Informationsverarbeitung; Datenübertragung, Datenübermittlung
DIN 44331	Vermittlungstechnik – Systemtechnik; Begriffe
DIN EN 45020	Normung und damit zusammenhängende Tätigkeiten – Allgemeine Begriffe
DIN 55350	Begriffe zu Qualitätsmanagement und Statistik; Teil 11: Begriffe des Qualitätsmanagements
DIN 66001	Informationsverarbeitung; Sinnbilder und ihre Anwendung
DIN 66201	Informationsverarbeitung; Prozessrechensysteme, Begriffe
DIN 66230	Informationsverarbeitung; Programmdokumentation
DIN 66231	Informationsverarbeitung; Programmentwicklungs-Dokumentation
DIN 66241	Informationsverarbeitung; Entscheidungstabelle; Beschreibungsmittel, Beiblatt zu Informationsverarbeitung; Sinnbilder für Datenfluss- und Programmablaufpläne, Zeichenschablone
DIN 66271	Informationstechnik; Software-Fehler und ihre Beurteilung durch Lieferanten und Kunden
DIN 66272	Informationstechnik; Bewertung von Software-Produkten; Qualitätsmerkmale und Leitfaden zu ihrer Bewertung
DIN 66285	Anwendungssoftware: Gütebestimmungen und Prüfbestimmungen
DIN 69901	Projektwirtschaft; Projektmanagement; Begriffe
IEC 1508-3	Functional safety – Safety-related Systems – Part 3: Software Requirements
IEC 1704	Guide to test methods for reliability assessment of software

IEC 1714	Guide to software dependability through the software life cycle processes
IEC 1719	Guide to measures (metrics) to be used for the quantitative dependability assessment of software
IEEE 610.2	IEEE Standard Glossary of Computer Applications Terminology
IEEE 610.3	IEEE Standard Glossary of Modeling and Simulation Terminology
IEEE 610.10	IEEE Standard Glossary of Computer Hardware Technology
IEEE 610.12	IEEE Standard Interface Devices
IEEE 728	IEEE Recommended Practice for Code and Format Convention
IEEE 730	IEEE Software Quality Assurance Plans
IEEE 828	IEEE Standard for Software Configuration Management Plans
IEEE 829	IEEE Standard for Software Test Documentation
IEEE 830	IEEE Software Requirements Specification
IEEE 982.1	IEEE Standard Dictionary of Measures to Produce Reliable Software
IEEE 982.2	IEEE Guide for the Use of IEEE Standard Dictionary of Measures to Produce Reliable Software
IEEE 1002	IEEE Standard Taxonomy for Software Engineering Standards
IEEE 1008	IEEE Standard for Software Unit Testing
IEEE 1012	IEEE Standard for Software Verification and Validation Plans
IEEE 1016	IEEE Recommended Practice for Software Design Descriptions
IEEE 1016.1	IEEE Guide to Software Design Descriptions
IEEE 1028	IEEE Standards for Software Reviews and Audits
IEEE 1042	IEEE Guide to Software Configuration Management
IEEE 1045	IEEE Standard for Software Productivity Metrics
IEEE 1058.1	IEEE Standard for Software Project Management Plans
IEEE 1061	IEEE Standard for Software Quality Metrics Methodology
IEEE 1063	IEEE Standard for Software User Documentation

IEEE 1074	IEEE Standard for Developing Software Life Cycle Processes
IEEE 1209	IEEE Recommended Practice for the Evaluation and Selection of CASE Tools
IEEE 1219	IEEE Standard for Software Maintenance
IEEE 1228	IEEE Standard for Software Safety Plans
IEEE 8402	IEEE Quality Management and Quality Assurance – Vocabulary
ISO/IEC 9126	Information Technology – Software Product Evaluation – Quality Characteristics and Guideline for their Use
ISO 12182	Categorization of Software
ISO 12207	Software Life Cycle Processes
ISO 14143	Software Measurement
ISO 14598	Software Product Evaluation
ISO 15846	Configuration Management Process
ISO 15910	Software User Documentation Process
ISO 17799	Code of Practice for Information Security Management

D Ausgewählte Magazine und Fachzeitschriften

Lesen ist für den Geist das, was Gymnastik für den Körper ist.
         Joseph Addison, engl. Dichter, 1672-1719.

- c't
  Verlag Heinz Heise GmbH & Co. KG.
  Helstorfer Str. 7, 30625 Hannover
  www.heise.de/ct/

- CHIP
  Vogel Burda Communications GmbH
  Poccistr. 11, 80336 München
  www.chip.de

- CIO
  Computerwoche Verlag GmbH
  Brabanter Str. 4, 80805 München
  www.cio.de

- COMPUTER BILD
  Axel Springer Verlag AG
  Axel-Springer-Platz 1, 20350 Hamburg
  www.computerbild.de

- ComputerPartner
  Computerwoche Verlag GmbH
  Brabanter Str. 4, 80805 München
  www.computerpartner.de

- Computerwoche
  Computerwoche Verlag GmbH
  Brabanter Str. 4, 80805 München
  www.computerwoche.de

- Computer Zeitung
  Konradin Verlag Robert Kohlhammer GmbH
  Ernst-Mey-Str. 8, 70711 Leinfelden-Echterdingen
  www.computer-zeitung.de

- eCommerce Magazin
  IWT Magazin Verlags-GmbH
  Johann-Sebastian-Bach-Str. 5, 85591 Vaterstetten
  www.e-commerce-magazin.de

- HMD – Theorie und Praxis der Wirtschaftsinformatik
  dpunkt.verlag GmbH
  Ringstr. 19b, 69115 Heidelberg
  hmd.dpunkt.de
- Informatik-Spektrum
  Springer-Verlag, GmbH & Co. KG.
  Tiergartenstr. 17, 69121 Heidelberg
  www.springeronline.com/sgw/cda/frontpage/0,11855,1-40100-70-1044297-0,00.html
- InformationWeek
  CMP-WEKA Verlag GmbH & Co. KG.
  Gruber Str. 46a, 85586 Poing
  www.informationweek.de
- IT-DIRECTOR
  Medienhaus Verlags GmbH
  Bertram-Blank-Str. 8, 51427 Bergisch Gladbach
  www.it-director.de
- IT FOKUS
  IT Verlag für Informationstechnik GmbH
  Mühlweg 2b, 82054 Sauerlach
  www.it-verlag.de/htdocs/itf/index.html
- IT Management
  IT Verlag für Informationstechnik GmbH
  Mühlweg 2b, 82054 Sauerlach
  www.it-verlag.de/htdocs/itm/index.html
- Markt & Technik
  WEKA Fachzeitschriften-Verlag GmbH
  Gruber Str. 46a, 85586 Poing
  www.elektroniknet.de/m&t/index.htm
- OBJEKTspektrum
  SIGS Datacom GmbH
  Lindlaustr. 2c, 53842 Troisdorf
  www.sigs-datacom.de/sd/publications/os/index.htm
- WIRTSCHAFTSINFORMATIK
  Friedr. Vieweg & Sohn Verlagsgesellschaft mbH
  Abraham-Lincoln-Str. 46, 65189 Wiesbaden
  www.wirtschaftsinformatik.de

E   Fragebögen und Checklisten

Wo Informationen fehlen, wachsen die Gerüchte.
Alberto Moravia, ital. Schriftsteller, 1907-1990.

E.1   Benutzeranleitung, Handbuch

1	Vorbereitung	Erledigt
1.1	Werden die Entwickler bei der Erstellung der Benutzeranleitung vom Marketing unterstützt?	☐
1.2	Ist die Zielgruppe festgelegt?	☐
1.3	Liegen Rückmeldungen von Kunden zu älteren Versionen der Dokumentation vor?	☐
1.4	Liegen benötigte Anweisungen und Checklisten vor?	☐
2	**Formalien**	**Erledigt**
2.1	Sind Logos, Farbkombinationen, Schriftarten, Gestaltungsmuster korrekt?	☐
2.2	Wurden die unternehmenstypischen Formulierungsmuster verwendet?	☐
2.3	Sind Revisionsliste und Versionierungsdaten vollständig und korrekt?	☐
2.4	Ist die Gliederung übersichtlich?	☐
2.5	Ist der Umfang bedarfsgerecht?	☐
2.6	Ist die Dokumentation frei von sprachlichen Mängeln?	☐
3	**Aufbau, Inhalt, Sprache**	**Erledigt**
3.1	Sind Installation, Deinstallation und Wartung vollständig und richtig beschrieben?	☐
3.2	Sind Verzeichnisse und Glossare vorhanden?	☐
3.3	Sind aussagekräftige Beispiele vorhanden?	☐
3.4	Sind Checklisten vorhanden?	☐
3.5	Sind die Bilder aussageunterstützend eingesetzt?	☐

3.6	Ist der Funktionsumfang vollständig beschrieben?	❑
3.7	Ist eine Kurzanleitung vorhanden?	❑
3.8	Sind Fachbegriffe sinnvoll eingesetzt?	❑
3.9	Wurde der Substantivstil vermieden?	❑
3.10	Sind die Sätze aktiv, einfach und kurz?	❑
4	**Kundenorientierung**	**Erledigt**
4.1	Wurde die Nutzungssituation beim Endkunden ausreichend beachtet?	❑
4.2	Wurden Rückmeldungen der Kunden beachtet?	❑
4.3	Passt das ausgewählte Medium (Online, CD, Print) zur Nutzungssituation?	❑
4.4	Orientiert sich die Dokumentation an den Handlungsabläufen beim Kunden?	❑
4.5	Ist die Anleitung tätigkeitsbezogen formuliert?	❑
4.6	Werden Rückmeldesignale für Benutzeraktinen genannt?	❑
4.7	Ist das Layout ansprechend?	❑
4.8	Wird ausreichend auf weitergehende Nutzungssituationen eingegangen?	❑
5	**Kommunikation**	**Erledigt**
5.1	Sind die Impressumsdaten vollständig und korrekt?	❑
5.2	Sind Kontaktdaten (E-Mail, Fax, Telefon) zur Kundenbetreuung und Support angegeben?	❑
5.3	Sind alle Informationen und Angaben, die Support und Hotline benötigen, angegeben?	❑
5.4	Sind Informationen und Verweise zu weiteren Produkten und Dienstleistungen enthalten?	❑
6	**Standards und Gesetze**	**Erledigt**
6.1	Wurden die gesetzlichen Normen beachtet?	❑
6.2	Wurden wesentliche Standards beachtet?	❑
6.3	Wurden die Anforderungen zur Produkthaftung beachtet?	❑
6.4	Sind die Vorschriften zum geistigen Eigentum beachtet worden?	❑
6.5	Ist die Kennzeichnung so erfolgt, dass Schutzrechte wie das Urheberrecht beachtet werden?	❑

7	**Abschluss**	**Erledigt**
7.1	Wurden alle vorbereitenden Maßnahmen zur Abnahme durchgeführt?	☐
7.2	Wurden alle Maßnahmen zur Qualitätssicherung der Dokumentation durchgeführt?	☐
7.3	Ist die Abnahme erfolgt und dokumentiert?	☐

E.3 Fragenkatalog Marketing-Mix

1	**Produktpolitik (Angebot)** • **Ist das Angebot auf die Kundenbedürfnisse abgestimmt?**
1.1	Wie kann das Angebot entwickelt werden, die Kunden Vorteile und einen bestimmten Nutzen haben?
1.2	Wie kann das Angebot entwickelt werden, damit es sich von dem der Wettbewerber positiv unterscheidet?
1.3	Wie kann das Angebot möglichst ansprechend „verpackt" werden?
1.4	Mit welchen angebotenen Dienst- und Serviceleistungen kann eine hohe Kundenzufriedenheit und eine positive Unterscheidung zum Wettbewerb erreicht werden?
2	**Preispolitik (Preise)** • **Welche Preise werden von den Kunden akzeptiert?**
2.1	Wie reagieren die Kunden auf eine steigende/sinkende Preisentwicklung?
2.2	Wie positioniert sich der Preis im Vergleich zum Wettbewerb?
2.3	Gibt es psychologisch oder sachlich begründbare Preisschwellen oder Preisbereiche und wie sehen diese aus?
2.4	Wie können die Preise kundengerecht differenziert werden und welche Differenzierungsstrategien kommen wann in Frage?
2.5	Welche Konditionen sind für die Kunden attraktiv?
3	**Kommunikationspolitik (Werbung)** • **Was sollte den Kunden wie über das Angebot mitgeteilt werden?**
3.1	Passt die aktuelle Corporate Identity zum Image des Unternehmens?
3.2	Welche Kunden möchten wie angesprochen werden?

3.3	Welche Werbemedien sprechen die Kunden an?	
3.4	Welche Aktivitäten zur Öffentlichkeitsarbeit erreichen die Kunden am besten?	
4	**Distributionspolitik (Vertieb)** • **Wie erhalten die Kunden gewünschte Angebote und Produkte?**	
4.1	Welche Kaufgewohnheiten haben die Kunden?	
4.2	Wie können möglichst viele Kunden im In- und Ausland erreicht werden?	
4.3	Welche Vertriebskanäle erwarten die Kunden?	

E.3 Auslieferung von Software

1	**Vereinbarungen**	**Erledigt**
1.1	Werden die festgelegten Vertragsbestimmungen bei der Auslieferung beachtet?	❏
1.2	Wurden alle Vereinbarungen nachvollziehbar dokumentiert?	❏
1.3	Wurde das Medium wie vereinbart berücksichtigt, auf dem die Software ausgeliefert werden soll?	❏
1.4	Wurden die vereinbarten Formate berücksichtigt?	❏
1.5	Wurden die Vereinbarten Termine und Fristen berücksichtigt?	❏
1.6	Entsprechen Art und Anzahl der Versionen den getroffenen Vereinbarungen?	❏
1.7	Entspricht die Anzahl der zu liefernden Kopien den Vereinbarungen?	❏
1.8	Wurden die Vereinbarungen über die Behandlung noch vorhandener Fehler berücksichtigt?	❏
1.9	Wurden die vereinbarten Liefer- und Rechnungsadressen beachtet?	❏
2	**Vorbereitung**	**Erledigt**
2.1	Sind alle benötigten Unterlagen und Dokumentationen vorhanden?	❏
2.2	Liegt die Software in einem lieferbaren Zustand (Version, Dokumentation) vor?	❏

| 2.3 | Sind die Verantwortungsbereiche im Rahmen der Lieferung festgelegt? | ☐ |

3	**Dokumentation und Kennzeichnung**	**Erledigt**
3.1	Entspricht die Beschriftung der Software den Vorgaben?	☐
3.2	Entspricht die interne Kennzeichnung der Software den Vorgaben?	☐
3.3	Sind alle benötigten Dokumente in der aktuell benötigten Fassung im Lieferumfang enthalten?	☐
3.4	Sind Hinweise bezüglich der Installation der Software angegeben?	☐

4	**Rechtliche Aspekte**	**Erledigt**
4.1	Wurden die Vorschriften zum geistigen Eigentum bei der Auslieferung beachtet?	☐
4.2	Ist die Software so gekennzeichnet, dass alle notwendigen Schutzrechte (Markenrecht, Urheberrecht) beachtet wurden?	☐
4.3	Entsprechen die Sicherheitshinweise den Vorgaben?	☐

5	**Qualitätssicherung**	**Erledigt**
5.1	Wurde die Auslieferung ordnungsgemäß dokumentiert?	☐
5.2	Wurde geprüft, ob sich die Software vom Datenträger korrekt installieren lässt?	☐
5.3	Wurde die Zusammenstellung der Software (Versionen etc.) für spätere Supportanfragen erfasst?	☐
5.4	Wurde geprüft, ob weitere Maßnahmen und Aktivitäten eingeleitet werden müssen und wurden diese initiiert?	☐

E.4 Checkliste Rechtsfragen Website

1	**Informationspflichten bei Unternehmens-präsentationen im Internet**	**Erledigt**
1.1	Sind Name und Anschrift des Unternehmens und ggf. der gesetzliche Vertretungsberechtigte angegeben?	☐
1.2	Sind Telefon- und Fax-Nummer sowie wichtige E-Mail-Adressen angegeben?	☐

1.3	Ist die zuständige Aufsichtsbehörde genannt, falls die Geschäftstätigkeit des Unternehmens einer behördlichen Zustimmung bedarf?	❏
1.4	Sind Handelsregister, Vereinsregister, Partnerschaftsregister oder Genossenschaftsregister, in das das Unternehmen eingetragen ist, angegeben (inklusive der entsprechenden Registernummer)?	❏
1.5	Sind die Kammer, welcher das Unternehmen angehört, die gesetzliche Berufsbezeichnung und der Staat, in dem die Berufsbezeichnung verliehen wurde, angegeben?	❏
1.6	Stehen die berufsrechtlichen Regelungen bei entsprechend geregelten Berufen inklusive Angaben, wie diese zu erreichen sind, zur Verfügung?	❏
1.7	Ist die Umsatzsteueridentifikationsnummer nach § 27 UstG, falls erteilt, angegeben?	❏
2	**Informationspflichten beim Verkauf von Waren oder Dienstleistungen an Verbraucher**	**Erledigt**
2.1	Sind wesentliche Merkmale der Produkte und Dienstleistungen angegeben?	❏
2.2	Ist bei Vertragsabschluss ein Hinweis vorhanden, ob (dass) eine Bestätigung erfolgt und in welcher Form (z. B. E-Mail)?	❏
2.3	Sind Angaben zur Laufzeit des Vertrages vorhanden, falls dieser eine dauernde oder regelmäßig wiederkehrende Leistung zum Inhalt hat?	❏
2.4	Sind, falls erforderlich, Vorbehalte bei Nichtverfügbarkeit angegeben?	❏
2.5	Sind die Preisangaben sowie ggf. zusätzlich anfallender Liefer- und Versandkosten vollständig und korrekt?	❏
2.6	Werden die Zahlungs- und Lieferbedingungen genannt?	❏
2.7	Sind Hinweise auf besondere Telekommunikationskosten erforderlich und wenn ja, sind diese korrekt angegeben?	❏
2.8	Sind die Ablauffristen für Angebot und Preise korrekt angegeben?	❏
2.9	Sind Preisnachlässe, Zugaben und Geschenke zweifelsfrei als solche erkennbar und sind die Bedingungen, unter denen sie in Anspruch genommen werden können, klar ersichtlich?	❏
3	**Allgemeine Geschäftsbedingungen**	**Erledigt**
3.1	Ist ein deutlicher Hinweis auf die AGB vorhanden?	❏
3.2	Sind die AGB mit einem Mausklick zugänglich?	❏

3.3	Sind die AGB verständlich und übersichtlich geschrieben und steht ihr Umfang in einem angemessenen Verhältnis zum Vertragstext?	☐
3.4	Können die AGB heruntergeladen und in wiedergabefähiger Form gespeichert werden?	☐
4	**Vertragsabschluss**	**Erledigt**
4.1	Stehen angemessene, wirksame und zugängliche technische Mittel zur Verfügung, mit deren Hilfe der Kunde Eingabefehler vor Abgabe seiner Bestellung feststellen und korrigieren kann?	☐
4.2	Wird dem Kunden mitgeteilt, welche Sprachen für den Vertragsabschluss zur Verfügung stehen?	☐
4.3	Werden die einzelnen Schritte beschrieben, die zum Abschluss des Vertrags führen?	☐
4.4	Wird dem Kunden mitgeteilt, ob der Vertragstext nach Vertragsabschluss gespeichert wird und ob er dem Kunden zugänglich ist?	☐
4.5	Ist sichergestellt, dass der Kunde unverzüglich eine Bestätigung seiner Bestellung erhält?	☐
4.6	Ist der vollständige Vertragstext abrufbar und kann er technisch in wiedergabefähiger Form gespeichert werden?	☐
4.7	Erfolgt vor Vertragsabschluss ein deutlicher Hinweis auf die AGB und können diese leicht angesehen und gespeichert werden?	☐
5	**Widerrufsrecht des Kunden**	**Erledigt**
5.1	Ist das Widerrufsrecht (§ 312d BGB) deutlich und umfassend beschrieben (Fristen, Konditionen)?	☐
5.2	Ist eine Anschrift bzw. Kontaktadresse angegeben, unter welcher der Verbraucher Beanstandungen vorbringen kann?	☐
6	**Datenschutz**	**Erledigt**
6.1	Werden nur personenbezogene Daten abgefragt, die unbedingt erforderlich sind?	☐
6.2	Werden die Kunden umfassend über die Erhebung, Speicherung und Verarbeitung ihrer Daten informiert (wie, welcher Umfang, wofür)?	☐
6.3	Erfolgt eine ordnungsgemäße Information der Kunden, falls ihre Daten im außereuropäischen Ausland verarbeitet werden?	☐
6.4	Werden die Kunden über ihr Widerspruchsrecht bei der Erstellung pseudonymer Nutzerprofile informiert?	☐

Anhang

6.5	Wird eine willentliche, elektronische Einwilligung des Nutzers bei weitergehender Verwendung seiner Daten eingeholt und kann ein Versehen des Nutzers ausgeschlossen werden?	❏
6.6	Kann der Nutzer die Internet-Seiten jederzeit verlassen?	❏
6.7	Werden nicht mehr benötigte Daten sofort gelöscht?	
6.8	Existieren Schutzvorrichtungen gegen unbefugte Einsichtnahme in Kundendaten?	❏
6.9	Werden die Daten getrennt verarbeitet und wird eine Zusammenführung der Daten durch geeignete Maßnahmen verhindert?	❏
7	**Werbung**	**Erledigt**
7.1	Wurde das Einverständnis des Kunden für die Zusendung von Werbung und Werbe-E-Mails eingeholt?	❏
7.2	Wurde durch technische und organisatorische Mittel sichergestellt, dass die vorhandene Einwilligung wirklich und willentlich vom Kunden stammt?	❏
7.3	Sind Werbung, PR-Maßnahmen und Sponsoring auf der Web-Site klar als solche zu erkennen und vom redaktionellen Text abgegrenzt?	❏

E.5 Checkliste Rechtsfragen Software-Vertrag

1	**Leistungsbeschreibung**	**Erledigt**
1.1	Liegt eine konkrete Leistungsbeschreibung vor anhand von: • Liste der Projektergebnisse • Projektzielen (z. B. unternehmerische) • Referenzprojekten	❏ ❏ ❏
1.2	Sind abstrakte Leistungsbeschreibungen enthalten wie z. B.: • Formulierungen („Stand der Technik", „Regeln der Technik" o. ä.) • Hinweise auf Normen, Standards, Modelle • Produktmerkmale (Qualität, Leistungsfähigkeit)	❏ ❏ ❏
1.3	Ist ein Pflichtenheft Vertragsbestandteil?	❏
1.4	Ist der Lieferumfang spezifiziert?	❏

2	**Vergütung**	**Erledigt**
2.1	Ist der Vergütungsumfang leistungsbezogen und gedeckelt?	❏
2.2	Wurden Vereinbarungen getroffen, wann welche Raten fällig sind?	❏
2.3	Wurden Prämien / Rabatte vereinbart?	❏
2.4	Wurden Vereinbarungen für den Fall eines Mangels getroffen?	❏
3	**Vorgehensweise**	**Erledigt**
3.1	Existieren bindende Regelungen hinsichtlich Zeit- und Meilensteinplanung?	❏
3.2	Sind Vereinbarungen hinsichtlich Berichtswesen und Projektbesprechungen getroffen?	❏
3.3	Sind Anforderungen und Bestandteile der Projektdokumentation spezifiziert?	❏
3.4	Existieren Vereinbarungen zum Vorgehensmodell bzw. erfolgt die Erstellung nach dem aktuellen Stand der Technik?	❏
3.5	Sind Zusammensetzung und Qualifikationsprofile des Projektteams sowie Befugnisse und Pflichten geregelt?	❏
3.6	Wurde geregelt, welche Mitwirkungspflichten der Auftraggeber hat?	❏
3.7	Sind die Abnahmekriterien eindeutig vereinbart?	❏
3.8	Existieren Regelungen hinsichtlich der Änderungen aufgrund neuer Kundenwünsche?	❏
3.9	Existieren Vereinbarungen für zusätzliche Leistungen?	❏
3.10	Sind Verfahren, Fehlerklassen und Reaktionszeiten hinsichtlich Nachbesserung und Gewährleistung vereinbart?	❏
4	**Rechtliche Regelungen**	**Erledigt**
4.1	Ist eine Schriftformklausel vorhanden?	❏
4.2	Ist eine Vereinbarung zum Gerichtsstand getroffen?	❏
4.3	Ist eine salvatorische Klausel vorhanden?	❏
4.4	Sind Klauseln zu Datenschutz, Geheimhaltung und Sicherheit vorhanden?	❏
4.5	Ist geregelt, was geschieht, wenn sich herausstellt, dass Schutzrechte Dritter verletzt worden sind?	❏
4.6	Wurden Haftungsbeschränkungen, Verzugsfolgen, Vertragsstrafen usw. korrekt berücksichtigt?	❏

4.7	Wurden Gewährleistung, Garantien, Verjährung korrekt vereinbart?	❏
4.8	Wurde vereinbart, in welchem Umfang der Auftraggeber zur Nutzung und Verwertung der Software berechtigt ist?	❏
4.9	Wurde geprüft ob, und wenn ja welche, Nutzungseinschränkungen bestehen?	❏
4.10	Wurden Vereinbarungen hinsichtlich Rücktritt und Vertragskündigung getroffen?	❏
4.11	Können Qualitätsmängel durch Minderung aufgefangen werden?	❏

Glossar

Bevor ihr euch streitet, klärt die Begriffe.
Konfuzius, chin. Philosoph, 551-479 v. Chr.

A

Abrechnungs-
daten: **Nutzungsdaten,** die für die Abrechnung von Diensten erforderlich sind.

Arbeitspaket: Teil eines **Projekts**, der im **Projektstrukturplan** nicht weiter aufgegliedert ist.

ASP: Application Service Providing; gegen eine Gebühr ermöglichter Zugang zu software-basierten Dienstleistungen.

B

B2B: Business-to-Business; Geschäftsbeziehungen zwischen Unternehmen oder Händlern.

B2C: Business-to-Consumer; Geschäftsbeziehungen zwischen Unternehmen und Endverbrauchern.

Banner: Werbefläche auf **Web-Seiten**, die durch einen Klick auf das Banner auf die **Web-Site** des Werbetreibenden führt.

Bedürfnis: Unmittelbar aus einer durch die jeweils herrschenden Umstände und Einflüsse hervorgerufenen Notwendigkeit abgeleiteter, subjektiv empfundener Mangel.

Bestandsdaten: Daten, die für die Begründung, inhaltliche Ausgestaltung oder Änderung eines Vertragsverhältnisses oder die Nutzung von Diensten erforderlich sind.

Browser: Siehe **Web-Browser**.

Button: Beschriftete Schaltfläche.

C

Case Study:	Anhand eines konkreten Kundenproblems beschriebener Lösungsweg und Nutzwert eines Marktangebots.
CGI:	Common Gateway Interface; Technologie, um **Web-Seiten** mit Datenbanken oder Geschäftslogik zu verknüpfen.
Chat:	Direkte Verbindung zwischen zwei oder mehr Teilnehmern zur zeitgleichen schriftlichen Kommunikation.
Client:	Ein Computer, der Daten von einem anderen abruft; Gegenstück zum **Server**.
Clipping:	Ein Mittel der Dokumentation von Medienberichterstattung im Rahmen der Evaluation von Medienarbeit.
Content:	Inhalt einer **Web-Site**.
Controlling:	Prozess, der auf dem betrieblichen Regelkreis von Zielsetzung, Aktion, Abweichungsanalyse und Reaktion aufbaut. Controlling soll die betrieblichen Adaptions- und Koordinationsaufgaben wirkungsvoll unterstützen.
Cookies:	Informationen im ASCII-Format, die z. B. durch **CGI** oder **Java-Skripte** generiert werden. Mit ihnen werden verschiedene Daten, die während einer Online-Sitzung gesammelt wurden, lokal gespeichert und an den ursprünglichen **Server** zurückgeschickt.
Corporate Design:	Alle Elemente des externen und internen Erscheinungsbilds eines Unternehmens, einer Organisation oder Institution.
Corporate Identity:	Selbstverständnis eines Unternehmens, einer Organisation oder Institution, dessen Elemente (Leitlinie, Philosophie, Mission) strategisch geplant und umgesetzt werden.

D

D&O-Versicherung:	Directors and Officers Liability Insurance; Versicherung zur Deckung von Vermögensschäden, die durch Pflichtverletzung eines Vorstands oder Aufsichtsrats entstanden.
Diensteanbieter:	Natürliche oder juristische Person, die eigene oder fremde Dienste zur Nutzung bereithält oder den Zugang zur Nutzung vermittelt.

Glossar

Digitale Signatur:	Verfahren zur Gewährleistung der Echtheit eines elektronischen Dokuments und der Authentizität des Absenders.
Disclaimer:	Hinweis über Anbieter und Haftung.
DNS:	Domain Name System; Identifikationssystem für an das **Internet** angeschlossene Computer nach dem Schema *hostname.subdomain.domain.topleveldomain*.
Domain:	In *www.frankmustermann.de* ist *frankmustermann.de* die Domain. Punkte und Leerzeichen sind nicht erlaubt.
DSL:	Digital Subscriber Line; Sammelbezeichnung für leistungsfähige Technologien zur Übertragung von Daten in Kupferleitungen.

E

E-Commerce:	Electronic Commerce, auch E-Business; elektronisch unterstützte Geschäftstätigeiten.
EDI:	Electronic Data Interchange; Form des elektronischen Austauschs von Handelsdokumenten und -daten zwischen Unternehmen.
Elektronische Signatur:	Elektronische Daten zur Authentifizierung, die anderen elektronischen Daten beigefügt oder mit ihnen logisch verknüpft sind.
E-Mail:	Electronic Mail; elektronische Post für die asynchrone Kommunikation im **Internet**.
Event:	Veranstaltung, mit einem inszenierten Kommunikationsanlass zur Erzeugung einer entsprechenden Medienberichterstattung.
Extranet:	Ein für autorisierte Außenstehende zugängliches, über **Internet** erreichbares Netzwerk.

F

Fehler:	Nichterfüllung einer Anforderung; Abweichung von berechtigten Erwartungen bei Darbietung und Gebrauch eines **Produkts** zum Zeitpunkt des Inverkehr bringens.
Fortgeschrittene elektronische Signatur:	Eine gegen nachträgliche Änderung geschützte **elektronische Signatur**, die ausschließlich dem Signaturschlüssel-Inhaber zu-

	geordnet ist, von ihm kontrolliert wird und dessen Identifizierung ermöglichen.
Frame:	Unterteilter Bereich im Anzeigefenster des **Web-Browsers**.
Free Software:	Freie Software; Software, die den Grundsätzen der Free Software Foundation entspricht.
Freeware:	Urheberrechtlich geschützte, kostenlos verteilte Software.
FTP:	File Transfer Protocol; Dienst zur Übertragung von Dateien im **Internet**.

H

Hardware:	Geräte einschließlich deren operative Zusatzeinrichtungen.
Hit:	Zugriff auf eine Datei einer **Web-Site**.
Home-Page:	Startseite einer Internet-Präsenz.
Host:	Computer eines Netzwerks, auf welchem die Server-Software läuft.
HTML:	Hypertext Markup Language; eine Skriptsprache zum Erstellen von verbundenen Seiten im **Internet**.
HTTP:	Hypertext Transfer Protocol; Protokoll zur Verständigung zwischen **Server** und **Client**.
Hub:	Gerät, das die Bündelung von Anschlüssen verschiedener Geräte eines Netzes über einen zentralen Punkt erlaubt.

I

Image:	Vorstellungsbild, das sich in der Öffentlichkeit durch kurzfristige Eindrücke, Erfahrungen und Informationen bildet.
Internet:	Weltweites Computernetz, entstanden aus dem Zusammenschluss von Netzen, die das Protokoll **TCP/IP** verwenden.
Intranet:	Auf **TCP/IP** basierendes Kommunikationsnetz für Benutzergruppen innerhalb eines Unternehmens.
IP:	Internet Protocol; das zentrale Protokoll für den virtuellen Verbindungsaufbau in Netz.
IP-Adresse:	Internet Protocol Adress; numerische Adresse mit einer Länge von 32 Bit, die einen Computer im **Internet** eindeutig identifiziert.

J

Java: Plattformunabhängige Programmiersprache, die von Sun Microsystems entwickelt wurde.

JavaSkript: Skriptsprache zur Abarbeitung kleiner Programme im **Web-Browser**.

K

Kartell: Auf vertraglichen Absprachen beruhender Zusammenschluss von miteinander im Wettbewerb stehenden Unternehmen mit dem Ziel der Beseitigung oder Beschränkung des Wettbewerbs.

L

Lead: Kontakt zu einem potenziellen Kunden.

Logfile: Datei, in der alle Zugriffe auf die Dateien eines **Servers** registriert werden.

Login: Eingabe von Name und Passwort zum Erlangen der Zugriffsberechtigung.

M

Mangel: Nichterfüllung einer Anforderung in Bezug auf einen beabsichtigten oder festgelegten Gebrauch.

Marke: Alle Kennzeichen, die dazu geeignet sind, Waren oder Dienstleistungen eines Unternehmens von denjenigen anderer Unternehmen zu unterscheiden.

Marketing: Alle Maßnahmen einer leistungs-, kunden- und wettbewerbsorientierten Ausrichtung der Unternehmensaktivitäten unter einem koordinierten Einsatz planerischer, steuernder und kontrollierender Instrumente.

Marketing-Mix: Möglichst zielgerichtete Auswahl und qualitative, quantitative sowie zeitliche Kombination der verschiedenen Marketing-Instrumente.

Marketing-Plan: Beschreibung der Vision eines Unternehmens hinsichtlich seines **Marketing** bestehend u. a. aus Nutzwertbeschreibung, Marktpo-

	sitionierung, Zielgruppenanalyse, Zeit- und Kostenplanung sowie Beschreibungen zu Marketing-Strategie und **Marketing-Mix**.
Marktangebot:	Als komplexes Produkt zusammengestelltes Leistungsspektrum, das individuelle Kundenwünsche möglichst optimal abdeckt.
Marktteilnehmer:	**Mitbewerber**, **Verbraucher** und sonstige Personen, die Produkte bzw. Dienstleistungen anbieten oder nachfragen.
Mediadaten:	Informationen zu Anzeigenpreisen, Formaten, Auflagen, Zielgruppen, usw. von Zeitschriften und Magazinen.
Mediendienst:	An die Allgemeinheit gerichteter Informations- und Kommunikationsdienst in Text, Ton oder Bild, der elektronisch oder elektrisch verbreitet wird.
Mitbewerber:	Unternehmen, das mit anderen Unternehmen als Anbieter oder Nachfrager von Produkten bzw. Dienstleistungen in einem konkreten Wettbewerbsverhältnis steht.
Multimedia:	Interaktive, computergestützte Integration verschiedener Medien in einer einzigen Anwendung.

N

Nachricht:	Information, die zwischen einer Anzahl von Beteiligten über ein Kommunikationsmedium ausgetauscht oder weitergeleitet wird.
Newsgroup:	Diskussionsgruppe zu speziellen Themen im **Internet**.
Norm:	Einvernehmlich erstelltes und von einer anerkannten Stelle abgenommenes Dokument mit Festlegungen für die Anwendung von Regeln, Leitlinien und Merkmalen für Tätigkeiten oder deren Ergebnisse.
Nutzer:	Jede natürliche Person, die Dienste in Anspruch nimmt.
Nutzungsdaten:	Daten zur Inanspruchnahme von Diensten bzw. deren Abrechnung.
Nutzungsrechte:	Rechte, die der Lizenzgeber dem Lizenznehmer an der Software einräumt.
Nutzwert:	Verhältnis von Nutzen zu Kosten.

O

Online:	An das **Internet** angeschlossen.

Glossar

Online-Dienst:	Kommerzielles Angebot bezüglich eines **Servers** mit Inhalten für berechtigte Nutzer sowie eines Zugangs zum **Internet**.
Open Source:	**Software**, bei welcher der Quellcode im Rahmen der urheberrechtlichen Verwertungsrechte frei zugänglich gemacht wird und der Bearbeitung offen steht.

P

Page:	Seite eines Online-Angebots.
Patent:	Gewerbliches Schutzrecht mit der Wirkung, dass allein der Patentinhaber berechtigt ist, die patentierte Erfindung zu nutzen.
PDA:	Personal Digital Assistent; Kleinstcomputer in Brieftaschen- oder Handflächengröße.
Personenbezogene Daten:	Einzelangaben über persönliche oder sachliche Verhältnisse einer bestimmten oder bestimmbaren natürlichen Person (Betroffener).
Phase:	Gruppe zusammenhängender **Vorgänge**, die einen globalen Arbeitsabschnitt darstellen.
Planung:	Systematisches, zukunftsbezogenes Durchdenken und Festlegen von **Zielen** sowie der Mittel und Wege zum Erreichen dieser Ziele.
Policy:	Verfahrensweise.
Portal:	Internetpräsenz, die als Einstiegsseite Informationen bündelt und nach Rubriken ordnet.
Produkt:	Jede bewegliche Sache, auch wenn sie Teil einer anderen beweglichen oder unbeweglichen Sache ist, sowie Elektrizität.
Projekt:	Vorhaben, das im wesentlichen durch die Einmaligkeit der Bedingungen in ihrer Gesamtheit gekennzeichnet ist.
Projektleitung:	Organisationseinheit, die für **Planung**, Steuerung und Überwachung eines **Projekts** verantwortlich ist.
Projektmanagement:	Gesamtheit von Führungs- und Organisationsaufgaben sowie Führungstechniken und Führungsmittel für die Abwicklung eines **Projekts**.
Projektplan:	Festlegung von **Projektzielen** einschließlich der Verfahren, Vorgänge und Meilensteine mit ihren zeitlichen Zusammenhängen, der Zuordnung von Ressourcen und Kosten sowie Darstel-

Anhang

	lungen zu Projektergebnissen und Managementkonzepten des **Projekts**.
Projektstruktur:	Gesamtheit der wesentlichen Bedingungen zwischen den Elementen eines **Projekts**.
Projektstrukturplan:	Darstellung der **Projektstruktur** z. B. nach Aufbau oder Ablauf.
Projektziel:	Nachzuweisendes Ergebnis und vorgegebene Realisierungsbedingung der Gesamtaufgabe eines **Projekts**.
Provider:	Unternehmen, welches den Zugang zum **Internet** sowie zugehörige Dienstleistungen anbietet.
Prozess:	Menge von Methoden, Verfahren und Werkzeugen, die zur Erstellung eines definierten Ergebnisses benötigt werden.

Q

Qualifizierte elektronische Signatur:	Eine **fortgeschrittene elektronische Signatur**, die auf einem gültigen Zertifikat beruht und mit einer sicheren Signaturerstellungseinheit erzeugt wird.
Qualität:	Gesamtheit der Merkmale und Merkmalswerte eines **Produkts** oder einer Dienstleistung bezüglich ihrer Eignung, festgelegte oder vorausgesetzte Erfordernisse zu erfüllen.
Qualitätsmanagement:	Gesamtheit von Führungsaufgaben, welche Qualitätspolitik, Qualitätsziele und Verantwortungen festlegen sowie diese durch geeignete Mittel systematisch verwirklichen.
Qualitätssicherung:	Gesamtheit der Tätigkeiten des **Qualitätsmanagements**, der Qualitätsplanung, der Qualitätsprüfung sowie der Dokumentation dieser Tätigkeiten.

R

Relationship:	Langfristig bestehende Beziehungen zu den Marktteilnehmern.
Review:	Geplanter und strukturierter Analyse- und Bewertungsprozess, in

	dem erzielte Arbeitsergebnisse Gutachtern präsentiert und kommentiert bzw. abgenommen werden.
Richtlinie:	Von legitimierter Stelle schriftlich fixierte und veröffentlichte Regelungen des Handelns oder Unterlassens, die für den Verantwortungsbereich der jeweiligen Stelle verbindlich sind und deren Nichtbeachtung definierte Maßnahmen zur Folge hat.
Risiko:	Produkt aus Eintrittswahrscheinlichkeit und Auswirkung; ein Risiko tritt immer dann auf, wenn vorgesehene Abläufe oder angestrebte **Ziele** gefährdet werden.

S

Salescycle:	Gesamte Dauer eines Vertriebsprozesses.
Server:	Computer, der Daten bereit stellt, die von **Clients** abgerufen werden können.
Session:	Zusammenhängender Nutzungsvorgang (Visit) einer **Web-Site**.
Shareware:	Preisgünstige Software, die vor dem Erwerb einer Nutzungslizenz getestet werden kann.
Site:	Aus vielen Seiten bestehendes, komplettes Angebot eines Anbieters im **Internet**.
Software:	Programme (Quellcode und Objektcode) inklusive Dokumentation und Daten.
Software-Installation:	Herbeiführen der Ablauffähigkeit von **Software** auf einer bestimmten **Hardware** nach einem vereinbarten Verfahren.
Spam:	Unerwünscht erhaltene Massen-**E-Mail** mit kommerziellem Inhalt.
Spyware:	Software, die vom Anwender unbemerkt Daten sammelt und versendet.
Standard:	Einheitliche Vorgabe qualitativer bzw. quantitativer Art bezüglich der Erfüllung vorausgesetzter oder festgelegter Anforderungen.
Standard-Software:	**Software**, die für die Bedürfnisse einer Mehrzahl von Kunden entwickelt wurde.
Standortdaten:	Daten, die in einem elektronischen Kommunikationsnetz verarbeitet werden und die den geographischen Standort des Endgeräts eines Nutzers angeben.

Success Story: Anwenderbericht über den erfolgreichen Einsatz eines Produkts und den damit verbundenen Nutzen aus Anwendersicht.

Suchmaschine: Software zum gezielten Suchen von Informationen im **Internet**.

T

TCP: Das Transmission Control Protocol ist dem Internet Protokoll (**IP**) überlagert. Es gliedert die zu übermittelnde Datei in Datenpakete auf, die nummeriert und als IP-Pakete im Netz transportiert werden. Beim Empfänger werden die Datenpakete mittels TCP in der richtigen Reihenfolge zusammen gesetzt.

TCP/IP: Transmission Control Protocol / Internet Protocol; das grundlegende Protokoll für den Datenaustausch im **Internet**.

Teledienst: Alle elektronischen Informations- und Kommunikationsdienste, die für eine individuelle Nutzung miteinander kombinierter Daten bestimmt sind und denen eine Übermittlung mittels Telekommunikation zugrunde liegt.

Telnet: Terminalemulation für Remote-Verbindungen über das **Internet**.

Top Level Domain: TLD; letzter Bestandteil einer **Domain** mit Länderkennung oder generischer Kennung.

U

Upgrade: Bündelung mehrerer Mängelbehebungen bei einer Software in Verbindung mit geringfügigen funktionalen Modifikationen.

URL: Uniform Resource Locator; ein Standard zur Darstellung von Adressen im **Internet**.

V

Verbraucher: Jede natürliche Person, die ein Rechtsgeschäft zu einem Zweck abschließt, der weder einer gewerblichen noch einer selbständigen Tätigkeit zugerechnet werden kann.

Vergleichende Werbung: Werbung, die unmittelbar oder mittelbar einen Mitbewerber oder dessen Produkte und Dienstleistungen erkennbar macht.

W

Web:	Kurzbezeichnung für **World Wide Web**.
Web-Browser:	Programm zur Darstellung von Inhalten aus dem **Internet** auf einem Computer sowie zur Navigation innerhalb des Internets.
Web-Seiten:	Einzelne, aus **HTML**-Code aufgebaute Seiten auf einem **Server**.
Web-Site:	Bezeichnung für die zusammen hängenden Seiten einer Internet-Präsenz, die mit der **Home-Page** beginnt.
Wettbewerbshandlung:	Jede Handlung einer Person mit dem Ziel, zugunsten des eigenen oder eines fremden Unternehmens Absatz oder Bezug von Waren bzw. Dienstleistungen zu fördern.
World Wide Web:	Kurzform **WWW**; ein auf Hypertext basierendes System mit graphischer Benutzeroberfläche zur Darstellung von Ressourcen im **Internet**.
Wunsch:	Verlangen nach bestimmten Mitteln zur Befriedigung von **Bedürfnissen**.
WWW:	Abkürzung für **World Wide Web**.

X, Y, Z

XML:	Extended Markup Language; eine universelle Beschreibungssprache zur Erstellung von **Web-Seiten**, die weitaus mehr Möglichkeiten bietet als **HTML**.
Ziel:	Maßstab, an dem zukünftiges Handeln gemessen werden kann. Ziele sollten spezifisch, messbar, aktionsorientiert, realistisch und terminierbar sein (SMART-Regel).

Literaturverzeichnis

Gebildet ist, wer weiß, wo er findet, was er nicht weiß.
Georg Simmel, dt. Philosoph und Soziologe, 1858-1918.

[Adam96] *Adam, D.:* Planung und Entscheidung – Modelle, Ziele, Methoden. Gabler, Wiesbaden 1996.
[AdRo96] *Adam, D.; Rollberg, R.:* Komplexitätskosten. Die Betriebswirtschaft **56** (1996) 667.
[Ahle96] *Ahlert, D.:* Distributionspolitik – Das Management des Absatzkanals. G. Fischer, Stuttgart 1996.
[Ahle04] *Ahlemann, F.:* Comparative Market Analysis on Project Management Systems. Universität Osnabrück, Osnabrück 2004.
[AhSc96] *Ahlert, D.; Schröder, H.:* Rechtliche Grundlagen des Marketing. Kohlhammer, Stuttgart 1996.
[Alba02] *Albach, H.:* Wertschöpfungsmanagement als Kernkompetenz. Gabler, Wiesbaden 2002.
[AlKr96] *Albers, S.; Krafft, M.:* Ansätze der Neuen Institutionenlehre für die Absatzformwahl sowie die Entlohnung. Zeitschrift für Betriebswirtschaft **56** (1996) 1383.
[AlNo03] *Alpar, P.; Noll, P.:* Management von Kundenbeziehungen im Internet. Hessisches Ministerium für Wirtschaft, Verkehr und Landesentwicklung; Geschäftsstelle der Landes-Initiative hessen-media; Band 40, Wiesbaden 2003.
[Alth93] *Althans, J.:* Klassische Werbeträger. In: *Berndt, R., Herrmans, A. (Hrsg.):* Handbuch Marketing-Kommunikation – Strategien, Instrumente, Perspektiven. Gabler, Wiesbaden 1993, S. 393.
[Amsh93] *Amshoff, B.:* Controlling in deutschen Unternehmungen. Gabler, Wiesbaden 1993.
[ArKo02] *Arndt, D.; Koch, D.:* Datenschutz im Web Mining. In: *Hippner, H.; Merzenich, M.; Wilde, K. D. (Hrsg.):* Handbuch Web Mining im Marketing. Vieweg, Wiesbaden 2002, S. 77.
[AuDi93] *Auer, M.; Diederichs, F. A.:* Werbung below the line – Product Placement, TV-Sponsoring, Licensing. Moderne Industrie, Landberg am Lech 1993.
[Back03] *Backhaus, K.:* Industriegütermarketing. Vahlen, München 2003.
[BaEJ04] *Baines, P.; Egan, J.; Jefkins, F.:* Public relations – contemporary issues and techniques. Elsevier/Butterworth-Heinemann, 2004.
[BAG90] *o. V.:* BAG, NJW (1990) 468.
[BaHe93] *Bauer, H. H.; Hermann, A.:* Marktabgrenzung als zentrale Aufgabe der Marktforschung. Marktforschung & Management **37** (1993) 78.
[Bähr04] *Bähr, P.:* Grundzüge des Bürgerlichen Rechts. Vahlen, München 2004.

[BaHS00] *Barthe, A.; Hindel, B.; Schmied, J.:* Stein auf Stein – Definition des Software-Entwicklungsprozesses nach einem Baukastensystem. QZ **45** (2000) 441.
[Bako98] *Bakos, Y.:* The Emerging Role of Electronic Marketplace on the Internet. Communications of the ACM **41** (1998) 8, S. 35.
[BaLa93] *Baaken, T; Launen, M.:* Software-Marketing. Vahlen, München 1993.
[Balz98] *Balzert, H.:* Lehrbuch der Software-Technik. Spektrum, Heidelberg 1998.
[BaMF03] *Bauer, H. H.; Mäder, R.; Fischer, C.:* Determinanten der Wirkung von Online-Markenkommunikation. Marketing ZFP **25** (2003) 227.
[Bart00] *Bartsch, M.:* Das BGB und die modernen Vertragstypen. CR (2000) 3.
[Bass69] *Bass, F. M.:* A New Product Growth for Model Consumer Durables. Management Science **15** (1969) 215.
[Baue91] *Bauer, H. H.:* Strategische Erfolgsfaktoren im Software-Marketing. In: *Heinrich, L. J.; Pomberger, G.; Schauer, R. (Hrsg.):* Die Informationswirtschaft im Unternehmen. Trauner, Linz 1991, S. 223.
[Bech98] *Bechthold, R.:* Das neue Kartellgesetz. NJW (1998) 2769.
[Beck92] *Becker, J.:* Marketing-Konzeption, Vahlen, München 1992.
[Beck99] *Beck, K.:* Embracing Changes with Extreme Programming. IEEE Computer **32** (1999) 10, S. 70.
[Beck00] *Beck, K.:* Extreme Programming Explained – Embrace Changes. Addison-Wesley, Reading 2000.
[Beck02] *Becker, R.:* Manch Einäuguge und Kurzsichtge – Studie zum Qualitätsmanagement deutscher Unternehmen. QZ **47** (2002) 224.
[Beck03] *Beck, R.:* Erfolg durch wertorientiertes Controlling – Entscheidungen unterstützende Konzepte. Schmidt, Berlin 2003.
[BeHo04] *Beimborn, D.; Hoppen, N.:* A Simulative Approach to Determining the Economic Efficiency of Software Patents. WIRTSCHAFTSINFORMATIK **46** (2004) 50.
[Berl02] *Berlit, W.:* Wettbewerbsrecht anhand ausgewählter Rechtsprechung. Beck, München 2002.
[Bere95] *Berekoven, L.:* Erfolgreiches Einzelhandelsmarketing. Beck, München 1995.
[Bern00] *Bernhard, M.:* Welchen Nutzen bringt uns die IT?. IT Management (2000) 6, S. 18.
[Bern03] *Bernroider, E. W. N.:* Die österreichische Softwarebranche – Marktstruktur und Umfeldanalyse. WIRTSCHAFTSINFORMATIK **45** (2003) 17.
[BeRS04] *Becker-Pechau, P.; Rook, S.; Sauer, J.:* Open Source für die Softwareentwicklung. HMD – Praxis der Wirtschaftsinformatik **238** (2004) 58.
[BeSc04] *Becker, J.; Schütte, R.:* Handelsinformationssysteme – domänenorientierte Einführung in die Wirtschaftsinformatik. Moderne Industrie, Frankurt am Main 2004.
[BeWe99] *Bensberg, F.; Weiß, T.:* Web Log Mining als Marktforschungsinstrument für das World Wide Web. WIRTSCHAFTSINFORMATIK 41 (1999) 426.
[BFH88] *o. V.:* BFH, BStBl II (1988) 737.
[BFH89] *o. V.:* BFH, BStBl II (1989) 160.
[BFH94] *o. V.:* BFH, BStBl II (1994) 873.

[BGBl03] BGBl. I (2003) 1774.
[BGBl04] BGBl. I (2004) 1414.
[BGH73] *o. V.:* BGH, 16.02.1973, Az. I ZR 160/71.
[BGH80] *o. V.:* BGH, NJW (1980) 1219.
[BGH81] *o. V.:* BGH NJW (1981) 2684.
[BGH87] *o. V.:* BGH, CR (1987) 358.
[BGH90] *o. V.:* BGH, NJW (1990) 260.
[BGH91] *o. V.:* BGH, GRUR (1991) 764.
[BGH93] *o. V.:* BGH, CR (1993) 681.
[BGH96] *o. V.:* BHG, NJW (1996) 660.
[BGH97] *o. V.:* BGH, NJW (1997) 1926, 1928.
[BGH98a] *o. V.:* BGH, CR (1998) 5.
[BGH98b] *o. V.:* BGH, CR (1998) 6.
[BGH00] *o. V.:* BGH, CR (2000) 281.
[BGH01a] *o. V.:* BGH, CR (2001) 223.
[BGH01b] *o. V.:* BGH, NJW (2001) 751.
[BGH01c] *o. V.:* BGH, CR (2001) 58.
[BGH01d] *o. V.:* BGH CR (2001) 777.
[BGH02a] *o. V.:* BGH, CR (2002) 2549.
[BGH02b] *o. V.:* BGH, CR (2002) 88.
[BGH02c] *o. V.:* BGH, CR (2002) 525.
[BGH03] *o. V.:* BGH, NJW (2003) 3406.
[BGH04a] *o. V.:* BGH, VersR (2004) 1279.
[BGH04b] *o. V.:* BGH, CR (2004) 355.
[BGH04c] *o. V.:* BGH, 11.03.2004, Az. I ZR 81/01.
[BHMS96] *Bailom, F.; Hinterhuber, H. H.; Matzler, K.; Sauerwein, E.:* Das Kano-Modell der Kundenzufriedenheit. Marketing ZFP **18** (1996) 117.
[Bisc05] *Bischoff, R.:* Intangibles – Ansätze zum Messen und Managen von Wissen. In: *Biethan, J.; Lackner, A.; Nissen, V. (Hrsg.):* AFN – Arbeitsgemeinschaft Fuzzy Logik und Soft Computing Norddeutschland, Magdeburg, 2005: http://www.brainguide.com/global/templates/PDF/publication.php?pid=16962& title=INTANGIBLES, Abruf am 29.07.2005.
[Bidl73] *Bidlingmaier, J.:* Marketingorganisation. Die Unternehmung **27** (1973) 133.
[BiSF02] *Birkigt, K.; Stadler, M. M.; Funk, H. J.:* Corporate Identity – Grundlagen, Funktionen, Fallbeispiele. Redline Wirtschaft/Moderne Industrie, München 2002.
[BITK04] *BITKOM:* Daten zur Informationsgesellschaft – Status quo und Perspektiven Deutschlands im Internationalen Vergleich. BITKOM – Bundesverband Informationswirtschaft, Telekommunikation und neue Medien e. V., Berlin 2004.
[Bitt94] *Bittner, L.:* Innovatives Software-Marketing. Moderne Industrie, Landsberg am Lech 1994.
[BKPS04] *Böckle, G.; Knauber, P.; Pohl, K.; Schmid, K. (Hrsg.):* Software-Produktlinien – Methoden, Einführung und Praxis. dpunkt.verlag, Heidelberg 2004.

[Bloh77] *Blohm H.:* Organisation, Information und Überwachung. Gabler, Wiesbaden 1977.
[BMFB00] *BMFB-Studie:* Analyse und Evaluation der Software-Entwicklung in Deutschland. BMFB, Dezember 2000.
[BMJ04] *BMJ:* http://www.bmj.bund.de/media/archive/795.pdf, Abruf am 20.12.2004.
[BMWI02] *BMWI:* e-facts 11 (2002) 10.
[BoAC98] *Boehm, B.; Abts, C.; Chulanti, S.:* Software-Development Coste Estimation Approaches – A Survey. Annals of Software Engineering **10** (1998) 177.
[Böck88] *Böcker, F.:* Marketing-Kontrolle. Kohlhammer, Stuttgart 1988.
[Böck90] *Böcker, F.:* Ganzheitliches Werbecontrolling. Planung und Analyse **17** (1990) 21.
[Boed90] *Boedicker, D.:* Handbuch-Knigge – Software-Handbücher schreiben und beurteilen. B.I. Wissenschaftsverlag, Mannheim 1990.
[Boeh81] *Boehm, B. W.:* Software Engineering Economics. Prentice Hall, Englewood Cliffs 1981.
[Boeh88a] *Boehm, B. W.:* A Spiral Modell of Software Development and Enhancement. IEEE Computer, **21** (1988) 5, S. 61.
[Boeh88b] *Boehm, B. W.:* A Spiral Modell of Software Development and Enhancement. ACM SIGSOFT **13** (1988) 8, p. 61.
[Boeh89] *Boehm, B. W.:* Software Risk Management. IEEE Computer Socity Press, Washington 1989.
[Boeh91] *Boehm, B. W.:* Software Risk Management – Principles and Practices. IEEE Software **7** (1991) January, p. 32.
[BoFr02] *Bortoluzzi-Dubach, E.; Frey, H.:* Sponsoring – der Leitfaden für die Praxis. Haupt, Bern 2002.
[BöTB01] *Böcker, C.; Tyrtania, A.; Brunnhuber, M.:* Einführung eines weltweiten QM-Systems. QZ **46** (2001) 1278.
[BPat02] *o. V.:* BPatG, CR (2002) 559.
[Bran04] *Brand, T.:* Aufbewahrungspflichten heute und morgen. Computerwoche 47 (2004) 36.
[BrDr95] *Bröhl, A.-P.; Dröschel, W. (Hrsg.):* Das V-Modell – Der Standard für die Softwareentwicklung mit Praxisleitfaden. Oldenburg, München 1995.
[BrHa93] *Brockhoff, K.; Hauschild, J.:* Schnittstellen-Management – Koordination ohne Hierarchie. Zeitschrift für Organisation **62** (1993) 396.
[BrHo97] *Briggs, R.; Hollis, N.:* Advertising on the Web – Is there Response before Click-Through?. Journal of Advertising Research **37** (1997) 2, p. 33.
[BrMS04] *Brehm, B.; Mihm, F.; Scheel, T.:* Handelsrecht, Gesellschaftsrecht und Steuerrecht. Schäffer-Poeschel, Stuttgart 2004.
[Broc94] *Brockhoff, K.:* R&D project termination decision by discriminant analysis – An international comparison. IEEE Transactions on Engineering Management **41** (1994) 245.
[Broc99] *Brockhoff, K.:* Produktpolitik. Lucius & Lucius, Stuttgart 1999.
[Brow95] *Brown, A.:* Organisational Culture. Pitman Publishing, London 1995.

[BrSc03] *Bräutigam, L.; Schneider, W.:* Projektleitfaden Software-Ergonomie. Hessisches Ministerium für Wirtschaft, Verkehr und Landesentwicklung; Geschäftsstelle der Landes-Initiative hessen-media; Band 43, Wiesbaden 2003.

[Bruh91] *Bruhn, M.:* Sponsoring – Unternehmen als Mäzene und Sponsoren. Gabler, Wiesbaden 1991.

[Bruh97] *Bruhn, M.:* Multimedia-Kommunikation – Systematische Planung und Umsetzung eines interaktiven Marketinginstruments. Beck, München 1997.

[Bruh98] *Bruhn, M.:* Sponsoring – systematische Planung und integrativer Einsatz. Gabler, Wiesbaden 1998.

[Bruh02] *Bruhn, M.:* Marketing. Gabler Wiesbaden 2002.

[Bruh03] *Bruhn, M.:* Kommunikationspolitik – systematischer Einsatz der Kommunikation für Unternehmen. Vahlen, München 2003.

[BuFM03] *Bullinger, H.-J.; Fröschle, N.; Mack, O.:* Business Communities im Internet – Management von Kunden-, Mitarbeiter- und Geschäftsbeziehungen im Internet. In: *Bruhn, M.; Strauss, B. (Hrsg.):* Dienstleistungsnetzwerke. Gabler, Wiesbaden 2003, S. 537.

[Burg97] *Burger, C.:* Groupware – Kooperationsunterstützung für verteilte Anwendungen. dpunkt.verlag, Heidelberg 1997.

[BWB97] *BWB:* Entwicklungsstandard für IT-Systeme des Bundes. BWB IT IS, Allgemeiner Umdruck Nr. **250**/1, Koblenz 1997.

[CATO01] *Case, S.; Azarmi, N.; Thint, M.; Ohtani, T.:* Enhancing E-Communities with Agent-based Systems. IEEE Computer **34** (2001) 64.

[CBOR88] *Cote, V.; Brurgue, P.; Oligny, S.; Rivard, N.:* Software Metrics – An overview of recent results. Journal of Systems and Software **8** (1988) 2, p. 121.

[Ceru00] *Ceruzzi, P. E.:* A History of Modern Computing. MIT Press, 2000.

[ChDS04] *Chamoni, P.; Düsing, R.; Stock, S.:* Customer Relationship Management auf der Grundlage von analytischen Informationssystemen im Handel. HMD – Praxis der Wirtschaftsinformatik **235** (2004) 27.

[Clel88] *Cleland, D. I.:* The Cultural Ambience of Project Management – Another Look. Project Management Journal **19** (1988) 49.

[Coas37] *Coase, R. H.:* The Nature of the Firm. Economica **4** (1937) 386.

[CoAt91] *Corrie, R. K.; Atkins, W. S.:* Project evaluation. Telford, London 1991.

[Cock02] *Cockburn, A.:* Agile Software Development. Addison-Wesley, Reading 2002.

[CoFr48] *Coch, L.; French, J. R. P.:* Overcoming resistance to change. Human Relations **19** (1948) 39.

[CoFS97] *Coenenberg, A. G.; Fischer, T.; Schmitz, J.:* Target costing im Product Life Cycle Costing als Instrumente des Kostenmanagements. In: *Freidank, C.-C.; Götze, U.; Huch, B.; Weber, J. (Hrsg.):* Kostenmanagement. Springer, Berlin 1997, S. 195.

[Cold02] *Coldeway, J.:* Agile Entwicklung Web-basierter Systeme – Einführung und Überblick. WIRTSCHAFTSINFORMATIK **44** (2002) 237.

Literaturverzeichnis

[CoMS99] *Cooley, R.; Mobasher B.; Srivatava, J.:* Data Preparation for Mining World Wide Web Browsing Patterns. Knowledge and Information Systems **1** (1999) 1, p. 5.

[Cors00] *Corsten, H.:* Der Integrationsgrad des externen Faktors als Gestaltungsparameter in Dienstleistungsunternehmen. In: *Bruhn, M.; Stauss, B. (Hrsg.):* Dienstleistungsqualität. Gabler, Wiesbaden 2000, S. 145.

[CuGh98] *Cugola, D. R.; Ghezzi, C.:* Software Processes – a Retrospective and a Path to the Future. Software Process Improvement and Practice, **4** (1998) 101.

[CVS05] *o. V.:* CVS Concurrent Version System: http://www.cvs-home. org; Abruf am 20.01.05.

[Dahm83] *Dahms, H.:* Wie Zuschauer Fernsehen – zur Qualität des Fernsehkontaktes. Media Perspekiven 21 (1983) 279.

[DaHo02] *Daymon, C.; Holloway, I.:* Qualitative research methods in public relations and marketing communications. Routledge, London 2002.

[Dald95] *Daldrup, U. (Hrsg.):* Menschengerechte Softwaregestaltung – Konzepte und Werkzeuge auf dem Weg in die Praxis; Peter Gorny zum 60. Geburtstag. Teubner, Stuttgart 1995.

[Dall89] *Dallmer, H.:* Direct-Marketing. In: *Bruhn, M.* (Hrsg.): Handbuch des Marketing – Anforderungen an Marketingkonzeptionen aus Wissenschaft und Praxis. Beck, München 1989, S. 535.

[DaSL02] *David, J. S.; Schuff, D.; St. Louis, R.:* Managing your IT Total Cost of Ownership. Communications of the ACM **45** (2002) 1, p. 101.

[DCDT00] *Drivastava, J.; Cooley, R.; Deshpande, M.; Tan, P. N.:* Web Usage Mining - Discovery and Applications of Usage Patterns from Web Data. SIDKDD Exploration **1** (2000) 2, p. 12.

[DCGC05] *Regierungskommission Deutscher Corporate Governance Kodex:* http://www.corporate-governance-code.de, Düsseldorf 2005.

[DeKe82] *Deal, E.; Kennedy, A. A.:* Corporate Cultures – the Rites and Rituals of Corporate Life. Addison-Wesley, Reading 1982.

[DeSt04a] *Deutsches Statistisches Bundesamt:* Immer mehr Haushalte mit PC, Sättigung bei Handys. Statistisches Bundesamt, Pressestelle, Wiesbaden 2004. http://www.destatis.de/pres-se/deutsch/pm2004/p5400024.htm, Abruf am 10.01.2005.

[DeSt04b] *Deutsches Statistisches Bundesamt:* 80 % der Unternehmen setzten im Jahr 2003 Computer ein. Statistisches Bundesamt, Pressestelle, Wiesbaden 2004. http://www.de-statis.de/presse/deutsch/pm2004/p1380530.htm, Abruf am 10.01.2005.

[DeSt04c] *Deutsches Statistisches Bundesamt:* Informationstechnologie in Unternehmen – Ergebnisse für das Jahr 2003. Statistisches Bundesamt, Pressestelle, Wiesbaden 2004.

[DhYu76] *Dhalla, N.; Yuspeh, S.:* Forget the Product Life Cycle Concept. Harward Business Review (1976) January/February, p. 102.

[DiBu01] *Dietrich, J.; Bullinger, H.-J.:* Aus dem Vollen schöpfen – Kunden- und prozessorientierte Unternehmensstrukturen in KMU umsetzen. QZ **46** (2001) 902.

[Dill03] *Diller, H.:* Handbuch Preispolitik – Strategien, Planung, Organisation, Umsetzung. Gabler, Wiesbaden 2003.

[DiTT99] *Di Battista, G.; Tollis, I.; Tollis, L.:* Graph Drawing – Algorithms for the Visualization of Graphs. Prentice Hall, Englewood Cliffs 1999.

[Ditz04] *Ditz, X.:* Internationale Gewinnabgrenzung bei Betriebsstätten: Ableitung einer rechtsformneutralen Auslegung des Fremdvergleichsgrundsatzes im internationalen Steuerrecht. E. Schmidt, Berlin 2004.

[DoHN04] *Dold, T.; Hoffmann, B.; Neumann, J.:* Marketingkampagnen effizient managen – Methoden und Systeme, Effizienz durch IT-Unterstützung, Integration in das operative CRM. Vieweg, Wiesbaden 2004.

[Dola95] *Dolan, R. J.:* How Do You Know When the Price is Right. Harvard Business Review **73** (1995) September/October, p. 174.

[DrWi00] *Dröschel, W.; Wiemers, M. (Hrsg.):* Das V-Modell 97. Oldenburg, München 2000.

[Dumk03] *Dumke, R.:* Software engineering – eine Einführung für Informatiker und Ingenieure. Vieweg, Wiesbaden 2003.

[Earl96] *Earl, M. J.:* The Risks of Outsourcing IT. Sloan Management Review (1996) Spring, p. 26.

[Eber94] *Eberleh, E. (Hrsg.):* Einführung in die Software-Ergonomie – Gestaltung graphisch-interaktiver Systeme. de Gruyter, Berlin 1994.

[Econ96] *Economides, N.:* The Economics of Networks. International Journal of Industrial Organization **14** (1996) 669.

[EgES99] *Eggs, H.; Englert, J.; Schoder, D.:* Wettbewerbsfähigkeit vernetzter kleiner und mittlerer Unternehmen – Eine Strukturierung der Einflussfaktoren. WIRTSCHAFTSINFORMATIK **41** (1999) 307.

[Ehrm04] *Ehrmann, H.:* Marketing-Controlling. Kiehl, Ludwigshafen 2004.

[Eibl95] *Eiblmayr, P.:* Normen der technischen Dokumentation. HMD – Praxis der Wirtschaftsinformatik **181** (1995) 44.

[EiJa04] *Eisenmann, H.; Jautz, U.:* Grundriss gewerblicher Rechtsschutz und Urheberrecht. CF Müller, Heidelberg 2004.

[EiSt01] *Eigner, M.; Stelzer, R.:* Produktdatenmanagement-Systeme – Ein Leitfaden für Product Development und Lifecycle Management. Springer, Berlin 2001.

[EITO04] *EITO* - European Information Technology Observatory: http://www.eito.com/download/Praesentation_Update_PK_-13_10_2004.pdf. Abruf am 20.12.2004.

[ElGR91] *Ellis, C. A.; Gibbs, S. J.; Rein, G. L.:* Groupware – Some Issues and Experiences. Communications of the ACM **34** (1991) 38.

[ElSi98] *Ellram, L. M.; Siferd, S. P.:* Total Cost of Ownership – A Key Concept in Strategic Cost Management Decisions. Journal of Business Logistics **19** (1998) 1, p. 55.

[Emme01] *Emmerich, V.:* Kartellrecht – ein Studienbuch. Beck, München 2001.

[Emme03a] *Emmerich, V.:* BGB-Schuldrecht – Besonderer Teil. CF Müller, Heidelberg 2003.
[Emme03b] *Emmerich, V.:* Aktien- und GmbH-Konzernrecht. Beck, München 2003.
[Ende04] *Enders, A.:* Sind Outsourcing und Offshoring dei neuen Heilmittel bei Informatik-Problemen?. Informatik-Spektrum **27** (2004) 547.
[EnDi04] *Encarnação, J. L.; Diener, H.:* Edutainment – Graphische Verarbeitung als Basistechnologie. Informatik-Spektrum **27** (2004) 512.
[Engl93] *Englisch, J.:* Ergonomie von Softwareprodukten – methodische Entwicklung von Evaluationsverfahren. B.I. Wissenschaftsverlag, Mannheim 1993.
[EnPG00] *Enzmann, M.; Pagnia, H.; Grimm, R.:* Das Teledienstedatenschutzgesetz und seine Umsetzung in der Praxis. WIRTSCHAFTSINFORMATIK **42** (2000) 402.
[Erbe00] *Erber, S.:* Eventmarketing – Erlebnisstrategien für Marken. Moderne Industrie, Landsberg am Lech 2000.
[Erns03] *Ensthaler, J.:* Gewerblicher Schutz und Urheberrecht. CF Müller, Heidelberg 2003.
[Esch94] *Escher, N.:* Management von Qualität. HMD – Praxis der Wirtschaftsinformatik **178** (1994) 112.
[Essl03] *Esslinger, A.:* Marketingkommunikation und Corporate Identity. In: *Versteegen, G. (Hrsg.):* Marketing in der IT-Branche. Springer, Berlin 2003, S. 53.
[EU02] *EU:* Amtsblatt der Europäischen Union L 128 vom 15.05.2002.
[EU04] *EU:* http://europa.eu.int/scadplus/leg/de/lvb/131044.htm, Abruf am 20.1.2004.
[EvSc99] *Eversheim, W.; Schuh, G.:* Produktion und Management. Springer, Berlin 1999.
[FHMW00] *Frielitz, C.; Hippner, H.; Martin, S.; Wilde, K.-D.:* Customer Relationship Management – Nutzen, Komponenten, Trends. In: *Wilde, K.-D.; Hippner, H. (Hrsg.):* Customer Relationship Management – So binden Sie Ihre Kunden. CRM 2000, Absatzwirtschaft, Düsseldorf 2000, S. 9.
[FiKr91] *Firth, G.; Krut, R.:* Introducing a Project Management Culture. European Management Journal **9** (1991) 437.
[FiSB04] *o. V.:* FinSen. Bremen: Erl. v. 13.09.2004 – S 2172 – 5968 – 110.
[Flan54] *Flanagan, J. C.:* The Critical Incident Technique. Psychological Bulletin **51** (1954) 327.
[Floy84] *Floyd, C.:* A Systematic Look at Prototyping. In: *Budde, R.; Kantz, K.; Kuhlenkamp, K.; Züllighoven, H. (Eds.):* Prototyping – An Approach to Evolutionary System Development. Springer, Berlin 1984, S. 1.
[FlPC97] *Florac, W. A.; Park, R. E.; Carleton, A. D.:* Practical Software Measurement – Measuring for Process Management and Improvement. Report CMU/SEI-97-HB-003, The Software Engineering Institution, Pittsburgh 1997.
[FMLL85] *Frost, P. L.; Moore, L. F.; Louis, M. R.; Lundberg, C. C.; Martin, J. (Eds.):* Organizational Culture. Sage, Newbury Park 1985.
[FöZi04] *Fölster H.; Zint, D.:* Transparenz in der Produktentwicklung. Computerwoche (2004) 37, S. 28.

[Fran97] *Franke, A.:* Risiko-Controlling bei Projekten des Industrieanlagenbaus. Controlling **9** (1997) 170.

[FrBe82] *French, W. L.; Bell, C. H.:* Organisationsentwicklung. UTB 486. Paul Haupt, Bern 1982.

[FrBE02] *Friedewald, M.; Blind, K.; Edler, J.:* Die Innovationstätigkeit der deutschen Softwareindustrie. WIRTSCHAFTSINFORMATIK **44** (2002) 151.

[Fres00] *Frese, E.:* Grundlagen der Organisation. Gabler, Wiesbaden 2000.

[Frey02] *Frey, B.:* Virus-Marketing im E-Commerce – von den Erfolgreichen lernen. In: *Frosch-Wilke, D.; Raith, C. (Hrsg.):* Marketing-Kommunikation im Internet. Vieweg, Wiesbaden 2002, S. 234.

[Frit04] *Fritz, W.:* Internet-Marketing und Electronic Commerce. Gabler, Wiesbaden 2004.

[FrKa97] *Franz, K.-P.; Kajüter, P.:* Kostenmanagement in Deutschland. In: *Franz, K.-P.; Kajüter, P. (Hrsg.):* Kostenmanagement. USW-Schriften für Führungskräfte, Bd. 33, Stuttgart, Schäffer-Poeschel 1997, S. 481.

[FrKa04] *Fränkl, G.; Karpf. P.:* Digital Rights Management Systeme – Einführung, Technologien, Recht, Ökonomie und Marktanalyse. pg Verlag, München 2004.

[Fröh00] Fröhling, O.: Reward and Risk-Controlling. Controlling **12** (2000) 5.

[FRSB01] *Friedewald, M.; Rombach, H. D.; Stahl, P.; Broy, M.; Hartkopf, S.; Kimpeler, S.; Kohler, K.; Wucher, R.; Zoche P.:* Softwareentwicklung in Deutschland. Informatik-Spektrum **24** (2001) 81.

[FrvO01] *Fritz, W.; von der Oelsnitz, D.:* Marketing, Elemente marktorientierter Unternehmensführung. Schäffer-Poeschel, Stuttgart 2001.

[FrWi02] *Frosch-Wilke, D.; Raith, C. (Hrsg.):* Marketing-Kommunikation im Internet. Vieweg, Wiesbaden 2002.

[FuUn03] *Fuchs, W.; Unger, F.:* Verkaufsförderung – Konzepte und Instrumente im Marketing-Mix. Gabler, Wiesbaden 2003.

[Gack94] *Gack, G.:* A Cautionary Tale. Computerworld, September 12 (1994) 136.

[Gans04] *Ganssauge, N.:* Internationale Zuständigkeit und anwendbares Recht bei Verbraucherverträgen im Internet – eine rechtsvergleichende Betrachtung des deutschen und des US-amerikanischen Rechts. Mohr Siebeck, Tübingen 2004.

[Gaul02] *Gaulke, M.:* Risikomanagement in IT-Projekten. Oldenburg, München 2002.

[GaSc98] *Gaede, B.; Schneeberger, J.:* Generierung multimedialer Produktpräsentationen. WIRTSCHAFTSINFORMATIK **40** (1998) 13.

[Gfal04] *Gfaller, H.:* IT-Standort Deutschland – Besser als sein Ruf. Computerwoche (2004) 39, S. 36.

[Glei97] *Gleich, R.:* Balanced Scorecard. Die Betriebswirtschaft **57** (1997) 432.

[Goek04] *Goeken, M.:* Referenzmodellbasierte Einführung von Führungsinformationssystemen – Grundlagen, Anforderungen, Methode. WIRTSCHAFTSINFORMATIK **46** (2004) 5.

[GoMo71] *Gorry, G. A.; Morton, M. S. S.:* A framework for management information systems. Sloan Management Review **13** (1971) 1, p. 55.

[Göpf98] *Göpferich, S.:* Interkulturelles Technical Writing – Fachliches adressatengerecht vermitteln; ein Lehr- und Arbeitsbuch. Narr, Tübingen 1998.
[Götz82] *Götz, F. W.:* Kinowerbung weiter im Aufwind. Media Spectrum **3** (1982) 7, S. 28.
[Goun97] *Gounalakis, G.:* Der Mediendienstestaatsvertrag der Länder. NJW (1997) 2993.
[Grad92] *Grady, R. B.:* Practical Software Metrics for Project Management and Process Improvement. Prentice Hall, Englewood Cliffs 1992.
[GrBr02] *Grün, O.; Brunner, J.-C.:* Der Kunde als Dienstleister. Gabler, Wiesbaden 2002.
[Gree83] *Greenly, G. E.:* Tactical Product Decisions. Industrial Marketing Management **12** (1983) 13.
[Grie94] *Griese, J.:* Das virtuelle Unternehmen. Office Management (1994) 7/8, S. 10.
[Groc72] *Glochla, E.:* Unternehmensorganisation. Rohwolt, Hamburg 1972.
[GrPa93] *Griffin, A.; Page, A. L.:* An interim report on measuring product development success and failure. Journal of Product Innovation Management **10** (1993) 291.
[GrRB04] *Grob, H. L.; Reepmeyer, J. A.; Bensberg, F.:* Einführung in die Wirtschaftsinformatik. Vahlen, München 2004.
[Grun00] *Grundmann, S.:* Europäisches Schuldvertragsrecht. NJW (2000) 14.
[Grun04] *Grundmann, S.:* Europäisches Gesellschaftsrecht – eine systematische Darstellung unter Einbeziehung des Europäischen Kapitalmarktrechts. CF Müller, Heidelberg 2004.
[GüRR96] *Günther, H.; Rombach, H. D.; Ruhe, G.:* Kontinuierliche Qualitätsverbesserung in der Software-Entwicklung. WIRTSCHAFTSINFORMATIK **38** (1996) 160.
[GuSW04] *Gupta, A.; Su, B.-C.; Walter, Z.:* An Empirical Study of Consumer Switching from Traditional to Electronic Channels – A Purchase-Decision Process Perspective. International Journal of Electronic Commerce **8** (2004) 3, p. 131.
[Haas04] *Haase, F.:* Handbuch Eventmanagement. kopaed, München 2004.
[HaCh93] *Hammer, M.; Champy, I.:* Reengineering the Corporation: A Manifesto for Business Revolution. Harper Collins, New York 1993.
[Hack03] *Hackmann, J.:* Dreimal Outsourcing rückwärts. Computerwoche 11 (2003) S. 44.
[HaHü01] *Hans, T.; Hüser, T.:* Public Relations für Start-ups : Unternehmenskommunikation für Gründer. Schäffer-Poeschel, Stuttgart 2001.
[Hand93] *Handy, C.:* Understanding Organizations. Penguin Books, London 1993.
[Hans90] *Hansen, U.:* Absatz- und Beschaffungsmarketing des Einzelhandels – eine Aktionsanalyse. Vandenhoeck u. Ruprecht, Göttingen 1990.
[HäPV03] *Häußer, K.; Pampus, G.; Versteegen, G.:* Aufbau des Marketings in der IT-Branche. In: *Versteegen, G. (Hrsg.):* Marketing in der IT-Branche. Springer, Berlin 2003, S. 85.
[Harr72] *Harrison, R.:* Understanding your Organization's Character. Harvard Business Review **50** (1972) 119.

[HaSi99] *Hagel, J.; Singer, M.*: Unbundeling the Corporation. Harvard Business Review **77** (1999) March/April, p. 133.

[HaSt83] *Hansen, U.; Strauss, B.*: Marketing als marktorientierte Unternehmenspolitik oder als deren integrativer Bestandteil?. Marketing – Zeitschrift für Forschung und Praxis **5** (1983) 2, S. 77.

[HaSt00] *Hammer, M.; Stanton, St.*: Prozessunternehmen – wie sie wirklich funktionieren. Harvard Business Manager **22** (2000) 3, S. 68.

[Hedl77] *Hedley, B.*: Strategy and the „business portfolio". Long Range Planning **1** (1977) 9.

[HeDW86] *Hermanns, A.; Drees, N.; Wangen, E.*: Zur Wahrnehmung von Werbebotschaften auf Rennfahrzeugen. Marketing ZFP **8** (1986) 123.

[Hefe03] *Hefermehl, W.*: Wettbewerbsrecht und Kartellrecht. Beck, München 2003.

[HeGD00] *Hering, E.; Gutekunst, J. Dyllong, U.*: Handbuch der praktischen und technischen Informatik, 2. Aufl., Springer, Heidelberg 2000, S. 312.

[Heil94] *Heilmann, H.*: Workflow Management – Integration von Organisation und Informationsverarbeitung. HMD – Praxis der Wirtschaftsinformatik **176** (1994) 8.

[Hein04] *Heinzl, A.*: Interview mit Jürgen Rösger über „Interaktive Medien im Wohnzimmer". WIRTSCHAFTSINFORMATIK **46** (2004) 225.

[HeKe04] *Heinze, D.; Keller, A.*: Der Preis der Freiheit – was Softwareentwickler über Open-Source-Lizenzen wissen sollten. HMD – Praxis der Wirtschaftsinformatik **238** (2004) 41.

[Hemm03] *Hemmer, K.-E.*: Privatrecht für BWL' er, WiWis und Steuerberater – BGB-AT, Schuldrecht, Sachenrecht, Gesellschaftsrecht. Hemmer/Wüst, Würzburg 2003.

[HeRa00] *Hess, T.; Rawolle, J.*: Redaktionssysteme für klassische und digitale Medien. HMD – Praxis der Wirtschaftsinformatik **211** (2000) 53.

[Herb03] *Herbst, D.*: Public Relations. Cornelsen, Berlin 2003.

[Herc04] *Herczeg, M.*: Software-Ergonomie – Grundlagen der Mensch-Computer-Kommunikation. Oldenburg, München 2004.

[HeSu01] *Herrmann, C.; Sulzmaier, S.*: E-conomics, Grundlagen einer Ökonomie im Netz. In: *Herrmann, C.; Sulzmaier, S. (Hrsg.)*: E-Marketing, Erfolgskonzepte der 3. Generation, FAZ, Verlagsbereich Buch, Frankfurt 2001, S. 19.

[HeUD02] *Helmke, S.; Uebel, M.; Dangelmaier, W. (Hrsg.)*: Effektives Customer Relationship Management. Gabler, Wiesbaden 2002.

[HeÜn04] *Hess, T.; Ünlü, V.*: Systeme für das Management digitaler Rechte. WIRTSCHAFTSINFORMATIK **46** (2004) 273.

[HiFU94] *Hill, W.; Fehlbaum, R.; Ulrich, P.* Organisationslehre – Ziele Instrumente und Bedingungen der Organisation sozialer Systeme. Paul Haupt, Bern 1994.

[High00] *Highsmith, J. A. III.*: Adaptive Software Development Ecosystems: Problems Principles and Practices. Dorset House, New York 2000.

[HiHM03] *Hinterhuber, H. H.; Handlbauer, G.; Matzler, K.*: Kundenzufriedenheit durch Kernkompetenzen. Gabler, Wiesbaden 2003.

[Hild97] *Hildebrand, V.:* Individualisierung als strategische Option der Marktbearbeitung. Gabler, Wiesbaden 1997.

[Hilk93] *Hilke, W.:* Kennzeichen und Instrumente des Direkt-Marketing. In: *Hilke, W. (Hrsg.):* Direkt-Marketing. Schriften zur Unternehmensführung (SzU), Bd. 47. Gabler, Wiesbaden, 1993, S. 5.

[HiVo02] *Hildmann, G.; Vossebein, U.:* Effektives Marketing-Controlling. Gabler, Wiesbaden 2002.

[Hoad86] *Hoad, T. F.:* The Concise Oxford Dictionary of English Etymology. Oxford University Press, Oxford 1986.

[Hoff01] *Hoffmann, H.:* Zur Entwicklung des Internet-Rechts. NJW (2001) Beil. zu Heft 14,5.

[Hoff03] *Hoffman, M.:* Herr über die Dokumente. e-commerce magazin (2003) 8-9, S. 16.

[Hoff04] *Hoffman, H.:* Die Entwicklung des Internet-Rechts bis Mitte 2004. NJW **36** (2004) 2569.

[Holl95] *Hollingsworth, D.:* Workflow Management Coalition – The Workflow Reference Model. Workflow Management Coalition, Winchester, UK. Document Number TC00-1003, 1995.

[Holz03] *Holznagel, B.:* Recht der IT-Sicherheit. Beck, München 2003.

[Hopt03] *Hopt, K. J.:* Handelsgesetzbuch – mit GmbH & Co., Handelsklauseln, Bank- und Börsenrecht, Transportrecht. Beck, München 2003.

[HoRD99] *Hornung, K.; Reichmann, T.; Diederichs, M.:* Risikomanagement, Teil I – Konzeptionelle Ansätze zur pragmatischen Realisierung gesetzlicher Anforderungen. Controlling **11** (1999) 317.

[Horn98] *Hornung, K.:* Risk Management auf der Basis von Risk-Reward-Ratios. In: *Lachnit, L.; Lange, C.; Palloks, M. (Hrsg.):* Zukunftsfähiges Controlling. Vahlen, München 1998, S. 275.

[Horv03] *Horváth, P.:* Controlling. Vahlen, München 2003.

[Hoyl02] *Hoyle, L. H.:* Event marketing – how to successfully promote events, festivals, conventions, and expositions. Wiley, New York 2002.

[HRPL00] *Hoch, D. J.; Roeding, C. R.; Pukert, G.; Lindner, S. K.; Müller, R.:* Secrets of Software Success. Harvard Business School Press, Harvard 2000.

[Hubm02] *Hubmann, H.:* Gewerblicher Rechtsschutz – Patent-, Gebrauchsmuster-, Geschmacksmuster-, Marken- und Wettbewerbsrecht. Beck, München 2002.

[Hüff03] *Hüffer, U.:* Gesellschaftsrecht. Beck, München 2003.

[HuGö02] *Hubmann, H.; Götting, H.-P.; Forkel, H.:* Gewerblicher Rechtsschutz. Beck, München 2002.

[Hump89] *Humpfrey, W. S.:* Managing the Software Process. Addison Wesley, Reading 1989.

[Hütt97] *Hüttner, M.:* Grundzüge der Marktforschung. Oldenburg, München 1997.

[HuWi03] *Hueck, G.; Windbichler, C.:* Gesellschaftsrecht – ein Studienbuch. Beck, München 2003.

[ICAN04] *ICANN:* http://www.icann.org/registrars/accredited-list.html. Abruf am 20.12.2004.
[IDC04] *IDC:* Pirateriezahlen. http://www.bsa.org/germany/piraterie/piraterie.cfm. Abruf am 20.12.2004.
[Ilzh04] *Ilzhöfer, V.:* Patent-, Marken- und Urherberrecht. Vahlen, München 2004.
[Immo92] *Inmon, H. W.:* Building the Data Warehouse. John Wiley, New York 1992.
[ISC05] Internet Software Consortium: Internet Domain Survey Host Count. http://www.isc.org/index.pl?/ops/ds/hosts.php, Abruf am 21.02.2005.
[ItLa04] *Ittner, C. D.; Lackner, D. F.:* Wenn die Zahlen versagen. Harvard Business Manager **26** (2004) 2, S. 71.
[Jasp97] *Jaspersen T.:* Computergestütztes Marketing. Oldenburg, München, 1997.
[JaBR00] *Jacobsen, I.; Booch, G.; Rumbbaugh, J.:* The Rational Unified Software Development Process. Addison-Wesley, Reading 2000.
[Jefk88] *Jefkins, F.:* Public Relations. Pitman, London 1988.
[JEGH01] *Janz, N.; Gottschalk, S.; Hempell, T.; Peters, B.; Ebling, G.; Niggemann, H.:* Innovationsverhalten der deutschen Wirtschaft. Indikatotrenbericht zur Innovationserhebung 2000. Zentrum für Europäische Wirtschaftsforschung, Mannheim 2001.
[JLMM04] *Jonen, A.; Lingnau, V.; Müller, J.; Müller, P.:* Balanced IT-Decision-Card – Ein Instrument für das Investitionscontrolling von IT-Projekten. WIRTSCHAFTSINFORMATIK **46** (2004) 196.
[John98] *Johnson, L.:* A View from the 1960s – How the Software Industry Began. IEEE Anals of the History of Computing **20** (1998) 36.
[Jung04] *Jung, P.:* Handelsrecht. Beck, München 2004.
[Junk04] *Junker, A.:* Die Entwicklung des Computerrechts in den Jahren 2002/2003. NJW **44** (2004) 3162.
[Juri05] *Juris GmbH:* http://www.juris.de, Saarbrücken 2005.
[Kall04] *Kallwaas, W.:* Privatrecht. Vahlen, München 2004.
[Kalu89] *Kaluza, B.:* Erzeugniswechsel als unternehmenspolitische Aufgabe. Schmidt, Berlin 1989.
[KaNa05] *Karl Nagel & Co:* http://www.sarbanes-oxley.com, Huntington Beach 2005.
[Kano84] *Kano, N.:* Attractive Quality and Must Be Quality. Hinshitsu (Quality) **14** (1984) 147.
[KaNo92] *Kaplan, R. S.; Norton, D. P.:* The Balanced Scorecard – Measures that drive performance. Harvard Business Review **70** (1992) 71.
[KaNo01] *Kaplan, R. S.; Norton, D. P.:* Die Strategiefokussierte Organisation – Führen mit der Balanced Scorecard. Schäffer-Poeschel, Stuttgart 2001.
[KaPM96] *Katzenberg, B.; Pickard, F.; McDermott, J.:* Computer support for clinical practice – Embedding and evolving protocols of care. Proceedings of the CSCW '96 Conference on Computer Supported Cooperative Work. ACM, New York 1996, p. 57.
[Kard04] *Karduck, A. P.:* Open Source Software – Einfluss auf ICT-Entwicklungsstrategien. HMD – Praxis der Wirtschaftsinformatik **238** (2004) 5.

[Kell82] *Kellner, J.:* Promotions, Moderne Industrie, Landsberg am Lech 1982.
[Kidd94] *Kidd, P.:* Agile Manufacturing. Addison-Wesley, Wokingham 1994.
[KiKu92] *Kieser, A.; Kubicek, H.:* Organisation. de Gruyter, Berlin 1992.
[Kirn95] *Kirn, S.:* Organisatorische Flexibilität durch Workflow-Management-Systeme?. HMD – Praxis der Wirtschaftsinformatik **182** (1995) 100.
[Kirn02] *Kirn, S.:* Kooperierende intelligente Softwareagenten. WIRTSCAHFTSINFORMATIK **44** (2002) 53.
[KiRS04] *Kittlaus, H.-B.; Rau, C.; Jürgen Schulz, J.:* Software-Produkt-Management – nachhaltiger Erfolgsfaktor bei Herstellern und Anwendern. Springer, Berlin 2004.
[KiSo89] *Kirchner, G.; Sobeck, S.:* Lexikon des Direktmarketiung. Moderne Industrie, Landsberg am Lech 1989.
[Klei96] *Kleinaltenkamp, M.; Fließ, S.; Jacob, F. (Hrsg.):* Customer-Integration – Von der Kundenorientierung zur Kundenintegration. Gabler, Wiesbaden 1996.
[Klos03b] *Kloss, I.:* Werbecontrolling – Konzept, Instrumente, Fallbeispiele. Deutscher Betriebswirte-Verlag, Gernsbach 2003.
[KLSZ92] *Kieback, A.; Lichter, H.; Schneider-Hufschmidt, M.; Züllighoven, H.:* Prototyping in industriellen Software-Produkten. Informatik-Spektrum **15** (1992) 65.
[Klun03] *Klunzinger, E.:* Grundzüge des Handelsrechts. Vahlen, München 2003.
[Klun04] *Klunzinger, E.:* Einführung in das Bürgerliche Recht. Vahlen, München 2004.
[KnHH03] *Knolmayer, G.; Heinzl, A.; Hirschheim, R.:* Outsourcing der Informationsverarbeitung – Aktuelle Entwicklungen, neue Ergebnisse. WIRTSCHAFTSINFORMATIK **45** (2003) 105.
[KoBl95] *Kotler P.; Bliemel, F.:* Marketing-Management, Schäffer-Poeschel, Stuttgart 1995.
[Koch80] *Koch, H.:* Marktwachstum-Marktanteil-Analyse versus Cash-Verkaufsanalyse. Zeitschrift für Organisation **49** (1980) 369.
[KoEF03] *Kornprobst, F.; von Ehrenstein, C,; Frosch-Wilke, D.:* Die GDPdU und ihre Konsequenzen für die ASP-Dokumentenarchivierung. HMD – Praxis der Wirtschaftsinformatik, **233** (2003) 52.
[Köhl76] *Köhler, R.:* Die Kontrolle strategischer Pläne als betriebswirtschaftliches Problem. Zeitschrift für Betriebswirtschaft **46** (1976) 301.
[Köhl93] *Köhler, R.:* Beiträge zum Marketing-Management – Planung, Organisation, Controlling. Schäffer-Poeschel, Stuttgart 1993.
[Köhl03] *Köhler, H.:* Bürgerliches Gesetzbuch. Beck, München 2003.
[KoKi04] *Koh, J.; Kim, Y.-G.:* Sense of Virtual Community – A Conceptual Framework and Empirical Validation. International Journal of Electronic Commerce **8**/2 (2004) 75.
[Kore99] *Koreimann, D.:* Management. Oldenburg, München 1999.
[KoRZ] *Kodupleski, R. E.; Rust, R. T.; Zahorik, A.:* Qualitätsmanager vergessen zu oft den Kunden. Harvard Business Manager **17** (1994) 1, S. 65.
[Kotl02] *Kotler, P.:* Marketing der Zukunft. Campus, Frankfurt 2002.

Literaturverzeichnis

[Kotl03] *Kotler, P.:* Marketing Management. Pearson Education, Upper Saddle River 2003.

[KPFB04] *Khakzar, K.; Pohl, H.-M.; Frank, W.; Berger, T.; Jöckel, T.; Feßler, M.:* Neue multimediale Verkaufs- und Erlebnisräume in den traditionellen Ladengeschäften der Innenstädte. HMD – Praxis der Wirtschaftsinformatik **235** (2004) 37.

[Krau99] *Krause, J.:* Electronic Commerce und Online-Marketing – Chancen, Risiken und Strategien. Carl Hanser, München 1999.

[Kroe00] *Kroehl, H.:* Corporate identity als Erfolgskonzept im 21. Jahrhundert: Vahlen, München 2000.

[KrRi99] *Kroeber-Riel, W.; Weinberg, P.:* Konsumentenverhalten. Vahlen, München 1999.

[KrRR97] *Krystek, U.; Redel, W.; Reppegather, S.:* Erfolgsfaktoren und Elemente der Virtualität. Gablers Magazin (1993) März, S. 12.

[Kruc00] *Kruchten, P.:* The Rational Unified Process – An Introduction, Addison-Wesley, Reading 2000.

[KuMa99] *Kuhlang, P.; Matyas, K.:* Software-Entwicklung entlang der Prozesskette. QZ **44** (1999) 286.

[Kunc02] *Kuncik, M.:* Public Relations – Konzepte und Theorien. Böhlau, Köln 2002.

[Kupp01] *Kupper, H.:* Die Kunst der Projektsteuerung. Oldenburg, München 2001.

[Kütz03] *Kütz, M. (Hrsg.):* Kennzahlen in der IT – Werkzeuge für Controlling und Management. dpunkt.verlag, Heidelberg 2003.

[Kuva94] *Kuvaja P.:* Software Process Assessment and Improvement – the BOOTSTRAP approach. Blackwell Business, Oxford 1994.

[Lach76] *Lachnit, L.:* Zur Weiterentwicklung betriebswirtschaftlicher Kennzahlensysteme. Zeitschrift für betriebswirtschaftliche Forschung **28** (1976) 216.

[LaLi93] *Laux, H.; Liermann, F.:* Grundlagen der Organisation. Springer, Berlin 1993.

[Lang04a] *Lang, C.:* Organisation der Software-Entwicklung – Probleme, Konzepte, Lösungen. Deutscher Universitäts-Verlag, Wiesbaden 2004.

[Lang04b] *Langenfeld, G.:* Vertragsgestaltung – Methode, Verfahren, Vertragstypen. Beck, München 2004.

[LeGo00] *Levinson, J. C.; Godin, S.:* Das Guerilla-Marketing Handbuch – Werbung und Verkauf von A bis Z. Heyne Campus, München 2000.

[Lehn89] *Lehner, F.:* Nutzung und Wartung von Software – das Anwendungssystem-Management. Hanser, München 1989.

[Lehn94] *Lehner, F.:* Software-Dokumentation und Messung der Dokumentationsqualität. Hanser, München 1994.

[Lehn99] *Lehner, F.:* Software-Dokumentation. Logos, Berlin 1999.

[Lehr04] *Lehr, D.:* Wettbewerbsrecht – Tipps und Taktik. CF Müller, Heidelberg 2004.

[LePr93] *Lederer, A. L.; Prasad, J.:* Information systems software cost estimating – A current assessment. Journal of Information Technology **8** (1993) 1, p. 22.

[Lesc95] *Leschik, M.:* Standards für die Software-Dokumentation – Wie dokumentiere ich richtig?. HMD – Praxis der Wirtschaftsinformatik **181** (1995) 55.

[LeTu93] *Leveson, N. G.; Turner, C. S.:* An Investigation of the Therac-25 Accidents. IEEE Computer **26** (1993) 7, p. 18.

[Levi60] *Levitt, T.:* Marketing Mytopia. Harvard Business Review **38** (1960) July/August, p. 45.

[Levi83] *Levitt, T.:* The Globalization of Markets. Harvard Business Review **61** (1983) May/June, p. 92.

[Lewi47] *Lewin, K.:* Frontiers in Group Dynamics – Social Equilibria and Social Change. Human Relation **1** (1947) 5.

[LGB00a] *o. V.:* LG Berlin, MMR (2000) 45.

[LGB00b] *o. V.:* LG Berlin CR (2000) 700.

[LGD98] *o. V.:* LG Düsseldorf, CR (1998) 165.

[LGEl00] *o. V.:* LG Ellwangen, CR (2000) 188.

[LGKi00] *o. V.:* LG Kiel, MMR (2000) 704.

[LGKO00] *o. V.:* LG Koblenz, MMR (2000) 571.

[LGM01] *o. V.:* LG München I, CR (2001) 48.

[LGMA96] *o. V.:* LG Mannheim, CR (1996) 353.

[LGTr98] *o. V.:* LG Traunstein, MMR (1998) 109.

[LHKP03] *Lee, J.-N.; Huynh, M. Q.; Kwok, R. C.-W.; Pi, S.-M.:* IT Outsourcing Evolution – Past, Present and Future. Communications of the ACM **46** (2003) 5, p. 84.

[Ligg02] *Liggesmeyer, P.:* Software-Qualität – Testen, Analysieren und Verifizieren von Software. Spektrum, Heidelberg 2002.

[LiGW02] *Lieberum, C.; Gegenwart, M.; Wilbert, A.:* Recht im Internet. Hessisches Ministerium für Wirtschaft, Verkehr und Landesentwicklung; Geschäftsstelle der Landes-Initiative hessen-media; Band 33, Wiesbaden 2002, S. 26.

[LiMa99] *Liebowitz, S. J.; Margolis, S. E.:* Winners, Losers & Microsoft. Competition and Antitrust in High Technology. California Independent Institute, Oakland 1999.

[Ling01] *Lingnau, V.:* Vom homo oeconomicus zum homo orgnisans – Zur Bedeutung von Herbert A. Simon für die Betriebswirtschaftslehre. Zeitschrift für Planung **12** (2001) 421.

[Lipp98] *Lippold, D.:* Die Marketing-Gleichung für Software – der Vermarktungsprozess von erklärungsbedürftigen Produkten und Leistungen; dargestellt am Beispiel von Software. M und P Verlag für Wissenschaft. und Forschung, Stuttgart 1998.

[Lüdi04] *Lüdicke, R. (Hrsg.):* Deutsches Steuerrecht im europäischen Rahmen. O. Schmidt, Köln 2004.

[Lüps02] *Lüpschen, H.:* A-Process – Effektive Softwareentwicklung. Oldenburg, München 2002.

[LWAE98] *Lohrmann, J.; Wies, R.; Abeck, S.; Eckardt, T.:* Prozessorientiertes Qualitätsmanagement für IV-Dienstleister. WIRTSCHAFTSINFORMATIK **40** (1998) 232.

[MaBa04] *Matzler, K.; Bailom, F.:* Messung von Kundenzufriedenheit. In: *Hinterhuber, H. H.; Matzler, K. (Hrsg.):* Kundenorientierte Unternehmensführung. Gabler, Wiesbaden 2004, S. 263.

[Magr86] *Magrath, A. J.:* When Marketing Services 4 Ps Are Not Enough. Business Horizons **29** (1986) May/June, p. 44.

[Malo96] *Malorny, C.:* TQM umsetzen – der Weg zur Business Excelence. Schäffer-Poeschel, Stuttgart 1996.

[MaOT86] *Mambrey, P.; Oppermann, R.; Tepper, A.:* Computer und Partizipation. Westdeutscher Verlag, Opladen 1986.

[Marl04] *Marly, J.:* Softwareüberlassungsverträge. Beck, München, 2004.

[MaSt00] *Matzler, K.; Stahl, H. K.:* Kundenzufriedenheit und Unternehmenswertsteigerung. Die Betriebswirtschaft **60** (2000) 626.

[MBPS04] *Moll, K.-R.; Broy, M.; Pizka, M.; Seifert, T.; Bergner, K.; Rausch, A.:* Erfolgreiches Management von Software-Projekten. Informatik-Spektrum **27** (2004) 419.

[MeBK02] *Meffert, H.; Burmann, C.; Koers, M.:* Stellenwert und Gegenstand des Markenmanagement. In: *Meffert, H.; Burmann, C.; Koers, M. (Hrsg.):* Markenmanagement. Gabler, Wiesbaden 2002, S. 3.

[MeBP00] *Meyer, A.; Blümelhuber, C.; Pfeiffer, M.:* Der Kunde als Co-Produzent und Co-Designer. In: *Bruhn, M.; Stauss, B. (Hrsg.):* Dienstleistungsqualität. Gabler, Wiesbaden 2000, S. 49.

[MeBr97] *Meffert, H.; Bruhn, M.:* Dienstleistungsmarketing. Grundlagen – Konzepte – Methoden. Gabler, Wiesbaden 1997.

[MeDo95] *Meyer, A.; Dornach, F.:* Nationale Barometer zur Messung der Qualität und Kundenzufriedenheit bei Dienstleistungen. In: *Bruhn, M.; Stauss, B. (Hrsg.):* Dienstleistungsqualität. Gabler, Wiesbaden 1995, S. 429.

[MeFa95] *Mertens, P.; Faisst, W.:* Virtuelle Unternehmen – eine Organsationsstruktur der Zukunft?. technologie & management (1995) 2, S. 61.

[Meff80] *Meffert, H.:* Strategische Planung in gesättigten, rezessiven Märkten. Absatzwirtschaft **23** (1980) 6, S. 89.

[Meff84] *Meffert, H.:* Außenwerbung im Media-Mix – Entwicklungstendenzen und Forschungsansätze. Media Spectrum (1984) 1, S. 23 und 2, S. 22.

[Meff93] *Meffert, H.:* Messen und Ausstellungen als Marketinginstrument. In: *Goehrmann, K. E. (Hrsg.):* Politmarketing auf Messen. Düsseldorf 1993, S. 74.

[Meff94] *Meffert, H.:* Marketing-Management – Analyse, Strategie, Implementierung. Gabler, Wiesbaden 1994.

[Meff98] *Meffert, H.:* Marketing – Grundlagen marktorientierter Unternehmensführung. Gabler, Wiesbaden 1998.

[MeSt99] *Mellis, W.; Stelzer, D.:* Das Rätsel des prozessorientierten Softwarequalitätsmanagements. WIRTSCHAFTSINFORMATIK **41** (1999) 31.

[Meye85] *Meyer, A.:* Produktdifferenzierung durch Dienstleistungen. Marketing, Zeitschrift für Praxis und Forschung **7** (1985) 2, S. 99.

[MFJP04] *Mohammed, R. A.; Fisher, R. J.; Jaworski, B. J.; Paddison, G. J.:* Internet Marketing. McGraw Hill, New York 2004.

[Mich01] *Michalik, C. C.:* Profitiert der Mittelstand von TQM? – Studie über die Erfahrungen von KMU bei der TQM-Umsetzung. QZ **46** (2001) 892.

[MiGu94] *Miville, F. P.; von Gustke, R.:* Was ist Qualität, und wie sollte man Qualität verstehen, um erfolgreiches Qualitätsmanagement zu betreiben. HMD – Praxis der Wirtschaftsinformatik **175** (1994) 9.

[MiRo90] *Milgrom, P.; Roberts, J.:* The economics of modern manufacturing – technology, strategy, and organization. The American Economic Review **80** (1990) 511.

[Moor94] *Moormann, J.:* Managementunterstützungssysteme für das strategische Controlling. Office Management **42** (1994) 14.

[MoSc01] *Möhlenbruch, D.; Schmieder, U.-M.:* Gestaltungsmöglichkeiten und Entwicklungspotenziale des Mobile Marketing. HMD – Praxis der Wirtschaftsinformatik **220** (2001) 15.

[MTPL04] *MTP e.V. Alumini (Hrsg.); Linxweiler, R.:* Marken-Design – Marken entwickeln, Markenstrategien erfolgreich umsetzen. Gabler, Wiesbaden 2004.

[MüKa00] *Müller, A.; Karle, I.:* Multimedia und Online-Dienste – Akzeptanz- und Entwicklungspotenziale. HMD – Praxis der Wirtschaftsinformatik **214** (2000) 103.

[Murg02] *Murgai, M.:* PDM-Marktstudie 2001 für Deutschland. eDM-REPORT (2002) 2, S. 16.

[Muss01] *Mussnig, W.:* Dynamisches Target Costing – von der statischen Betrachtung zum strategischen Management der Kosten. Gabler ,Wiesbaden 2001.

[Myer01] *Myers, G. J.:* Methodisches Testen von Programmen. Oldenburg, München 2001.

[Naun93] *Naundorf, S.:* Charakterisierung und Arten von Public Relations. In: *Berndt, R.; Hermanns, A. (Hrsg.):* Handbuch Marketing-Kommunikation. Gabler, Wiesbaden 1993, S. 595.

[Nave04] *Nave, J. C.:* Markenrecht in der Unternehmenspraxis. Gabler, Wiesbaden 2004.

[NeHo85] *Nebenzahl, I.; Hornik, J.:* An Experimental Study of the Effektiveness of Commercial Billboards in Televised Sports Arenas. International Journal of Advertising **4** (1985) 27.

[Neum00] *Neumann, A.:* Für wirtschaftliches Qualitätsmanagement. QZ **45** (2000) 254.

[NiDH02] *Nieschlag, R.; Dichtl, E.; Hörschgen H.:* Marketing, Dunker & Humbolt, Berlin 2002.

[OCG03] *OGC:* PRINCE2 Pocketbook. Office of Governement Commerce (OGC), TSO, London 2003.

[OLGF97] *o. V.:* OLG Frankfurt, WRP (1997) 341.
[OLGH98] *o. V.:* OLG Hamm, MMR (1998) 214.
[OLGH00] *o. V.:* OLG Hamburg, MMR (2000) 40.
[OLGK99] *o. V.:* OLG Köln, CR (1999) 385.
[OLGK01] *o. V.:* OLG Köln, MMR (2001) 170.
[OLGM86] *o. V.:* OLG München, ZUM (1986) 292.
[OLGM98] *o. V.:* OLG München, CR (1998) 556.

[oV00] o. V.: Oracle setzt auf Vertrieb über Internet. Frankfurter Allgemeine Zeitung, 29.06.2000, S. 24.
[oV02] *o. V.:* The now economy. The Economist **264** (2002) 4, vom 2.2.2002.
[oV03] *o. V.:* AUMA-Studie – Fachmessebesucher wollen Neues sehen!. Direkt Marketing (2003) 12, S. 55.
[oV04a] *o. V.:* ARD/ZDF-Online-Studien 2002-2003. Die Zeit vom 15.07.2004.
[oV04b] *o. V.:* Jahrbuch Aktuell 2004. Harenberg, Dortmund 2004, S. 142.
[oV04c] *o. V.:* Aufwendungen zur Einführung eines neuen Softwaresystems. Der Betrieb, Heft 52/53 v. 24.12.2004.
[oV04d] o. V.: Universität Innsbruck: http://bau2.uibk.ac.at/sg/python/Scripts/TheSpamSketch. Abruf am 20.12.2004
[oV04e] *o. V.:* WEb-Nutzung – Die Euphorie lässt nach. Computerwoche (2004) 39, S. 28.
[Pala02] *Palandt, O.:* Bürgerliches Gesetzbuch, Beck, München 2002.
[PCCW93] *Paulk, M. C.; Curtis, M. B.; Chrissis, M. B.; Weber, C. V.:* Capability Maturity Model, Version 1.1. IEEE Software **10** (1993) July, p. 18.
[Pepe02] *Pepels, W.:* Bedienungsanleitungen als Marketinginstrument – von der technischen Dokumentation zum Imageträger. expert-Verlag, Renningen 2002.
[Perf05] *Perforce Software Inc.:* http://www.perforce.com; Abruf am 20.01.05.
[Petr99] *Petrasch, R.:* Über den Software-Qualitätsbegriff. Softwaretechnik-Trends 19:3, November 1999, S. 39.
[PfEi93] *Pflaum, D.; Eisenmann, H.:* Verkaufsförderung. Moderne Industrie, Landsberg am Lech 1993.
[Pill03] *Piller, F.:* Mass Customization. Gabler/DUV, Wiesbaden.
[PiRW03] *Picot, A.; Reichwald, R.; Wigand, R.:* Die grenzenlose Unternehmung. Gabler, Wiesbaden 2003.
[PiSc02] *Picot, A.; Schuller, S.:* Transaktionskosten. In: *Küpper, H.-U.; Wagenhofer, A. (Hrsg.):* Handwörterbuch Unternehmensrechnung und Controlling. Schäffer-Poeschel, Stuttgart 2003, S. 1966.
[PoLW00] *Pohl, A.; Litfin, T.; Wilger, G.:* Marktauftritt Internet, Strategische Herausforderung und Umsetzung im Marketing-Mix. In: *Weiber, R. (Hrsg.):* Handbuch Electronic Business, Informationstechnologien – Electronic Commerce – Geschäftsprozesse, Gabler, Wiesbaden 2000, S. 209.
[Prei92] *Preiß, F. J.:* Strategische Erfolgsfaktoren im Software-Marketing. Lang, Frankfurt am Main 1992.
[Pren01] *Prensky, M.:* Digital game-based learning. McGraw Hill, New York 2001.
[Prio02] *Prior, N.:* Rechtliche Aspekte der Werbung in Online-Medien. In: *Frosch-Wilke, D.; Raith, C. (Hrsg.):* Marketing-Kommunikation im Internet. Vieweg, Wiesbaden 2002, S. 97.
[Prun03] *Pruneda, A.:* Using Windows Media Encoder to Protect Content. http://www.microsoft.com/windows/windowsmedia/howto/articles/ProtectContent.aspx, 2003-03-01, Abruf am 20.12.2004.

[PuFi79a] *Putnam, L. H.; Fitzsimmons, A.:* Estimating Software Costs. Datamation **9** (1979) 189; Datamation **10** (1979) 171; Datamation **11** (1979) 137.
[PWCC95] *Paulk, M. C.; Weber, C. V.; Curtis, M. B.; Chrissis, M. B.:* The Capability Maturity Model – Guidelines for Improving the Software Process. Addison-Wesley, Reading 1995.
[Quac04] *Quack, K.:* Sarbanes-Oxley und die Folgen. Computerwoche 47 (2004) 42.
[RaCh89] *Raghavan S. A.; Chand D. R.:* Diffusing Software Engineering Modells. IEEE Software **6** (1989) July, p. 81.
[Raff84] *Raffée, H.:* Marktorientierung der BWL zwischen Anspruch und Wirklichkeit. Die Unternehmung **38** (1984) 1, S. 3.
[Rapp94] *Rapp, R.:* Zufriedenheit durch Servicequalität – Konzeption, Messung, Umsetzung. Dissertation, Universität Enschede 1994.
[Rapp00] *Rapp, R.:* Customer Relationship Management – das neue Konzept zur Revolutionierung der Kundenbeziehung. Campus, Frankfurt am Main 2000.
[Rath03] *Rathje, S.:* Führungstypologien des interkulturellen Managements. Personal (2003) 6, S. 14.
[Rau95] *Rau, H.-P.:* Anforderungen des Target Costing in einem Maschinenbauunternehmen an die EDV-Unterstützung. HMD – Praxis der Wirtschaftsinformatik **182** (1995) 79.
[ReBe95] *Reiß, M, Beck, T. C.:* Mass Customizing-Geschäfte – Kostengünstige Kundennähe durch zweigleisige Geschäftssegmentierung. Thexis **12** (1995) 3, S. 30.
[Rehm97] *Rehme, M.:* Multimediale Marketing-Dokumentation – Einsatzmöglichkeiten digitaler Dokumentensysteme im Marketing. Gabler, Wiesbaden 1997.
[Reic01] *Reichmann, T.:* Controlling mit Kennzahlen und Managementberichten. Vahlen, München 2001.
[Rein98] *Reiners, W.:* Der „virtuelle Kaufvertrag: Zustandekommen von Kaufverträgen im Internet. WIRTSCHAFTSINFORMATIK **40** (1998) 39.
[RePi03] *Reichwald, R.; Piller, F. T.:* Von Massenproduktion zu Co-Produktion – Kunden als Wertschöpfungspartner. WIRTSCHAFTSINFORMATIK **45** (2003) 515.
[Ries03] *Riesenhuber, K.:* Europäisches Vertragsrecht. de Gruyter, Berlin 2003.
[RiJa00] *Rising, L.; Janoff, N. S.:* The Scrum Software Development Process for Small Teams. IEEE Software **17** (2000) July, p. 26.
[Ritz93] *Ritzerfeld, U.:* Marketing-Mix-Strategien in Investitionsgütermärkten – Entwicklung und Simulation marktstrukturspezifischer Strategien. Gabler, Wiesbaden 1993.
[RoBa87] *Rombach H. D.; Basili V. R.:* Quantitative Software-Qualitätssicherung. Informatik-Spektrum **10** (1987) 145.
[Rogg04] *Rogge, H.-J.:* Werbung. Kiehl, Ludwigshafen 2004.
[Rohn03] *Rohnke, C.:* Die Entwicklung des Markenrechts seit Mitte 2001. NJW (2003) 2203.
[Rose04] *Rose, G.:* Unternehmenssteuerrecht – eine Einführung. Erich Schmidt, Berlin 2004.
[Roßn03] *Roßnagel, A. (Hrsg.):* Handbuch Datenschutzrecht. Beck, München 2003.

[Royc87] *Royce, W. W.:* Managing the Development of Large Software Systems. Proc. of the 9th Int. Conf. on Software Engineering, Monterey, CA, 1987, S. 328.
[Rupi87] *Rupietta, W.:* Benutzerdokumentation für Softwareprodukte. B.I. Wissenschaftsverlag, Mannheim 1987.
[SaDe97] *Salcedo, M. R.; Decouchant, D.:* Structured Cooperative Authoring for the World Wide Web. Journal of Collaborative Computing **6** (1997) 157.
[Säub01] *Säuberlich, F.:* Vorverarbeitung von Web-Daten – Pre-Processing. In: *Hippner, H.; Küsters, U.; Meyer, M.; Wilde, K. D. (Hrsg.):* Handbuch Data-Mining im Marketing. Vieweg, Wiesbaden 2001, S. 107.
[ScBä92] *Schulte, C.; Bäurle, R.:* Effektives Kostenmanagement – Anforderungen und neue Ansätze. In: *Schulte, C. (Hrsg.):* Effektives Kostenmanagement. Schäffer-Poeschel, Stuttgart 1992, S. 3.
[ScBe02] *Schwaber, K.; Beedle, M.:* Agile Software Development with Scrum. Prentice Hall, Englewood Cliffs 2002.
[Scha94] *Scharitzer, D.:* Dienstleistungsqualität – Kundenzufriedenheit. Service Fachverlag, Wien 1994.
[Sche85] *Schein, E. H.:* Organizational Culture and Leadership. Jossey-Bass, San Francisco 1985.
[Sche92] *Scheuch, F.:* Dienstleistungen. In: *Diller, H. (Hrsg.):* Vahlens Großes Marketinglexikon. Vahlen, München 1992, S. 192.
[Sche95] *Scheer, A.-W.:* Wirtschaftsinformatik – Referenzmodelle für industrielle Geschäftsprozesse. Springer, Berlin 1995.
[Schi92] *Schildbauer, T.:* Strategisches Softwaremarketing – Übersicht und Bewertung. Deutscher Universitäts-Verlag, Wiesbaden 1992.
[Schm99] *Schmieder, H.-H.:* Die Entwicklung des Markenrechts seit 1999. NJW (1999) 2134.
[Schn83] *Schneider, D.:* Marketing als Wirtschaftswissenschaft oder Geburt einer Marketingwissenschaft aus dem Geiste des Unternehmerversagens?. Zeitschrift für betriebswirtschaftliche Forschung **35** (1983) 3, S. 197.
[Schn02] *Schneider, D. J. G.:* Einführung in das Technologie-Marketing. Oldenburg, München 2002.
[Schn03a] *Schneider, M. R.:* Marketing Engineering. Springer, Heidelberg 2003.
[Schn03b] *Schneider, J.:* Handbuch des EDV-Rechts. O. Schmitt, Köln 2003.
[Schn04] *Schneider, J.:* IT- und Computerrecht. Beck, München 2004.
[Scho87] *Scholz, C.:* Corporate Culture and Strategy – the Problem of Strategic Fit. Long Range Planning **20** (1987) 78.
[ScKi98] *Scharnbacher, K.; Kiefer, G.:* Kundenzufriedenheit – Analyse, Messbarkeit und Zertifizierung. Oldenburg, München 1998.
[ScKr04] *Schwarzer, B.; Krcmar, H.:* Wirtschaftsinformatik – Grundzüge der betrieblichen Datenverarbeitung. Schäffer-Poeschel, Stuttgart 2004.
[SeGe99] *Senn, J. A.; Gefen, D.:* The Relation Between Outsourcing and Return from Corporate IT Spending – Perceptions From Practicioners. Proc. of the 32nd Hawaii Int. Conf. on System Sciences (HICSS) 1999, 111.

[SeGS03] *Seiler, C.-M.; Grauer, M.; Schäfer, W.:* Produktlebenszyklusmanagement. WIRTSCHAFTSINFORMATIK **45** (2003) 67.
[Seng90] *Senge, P.:* The Fifth Dicipline – The Art & Practice of The Learning Organization. Currency Doubleday, New York 1990.
[SHSK01] *Stawowy, G.; Herde, H.; Stieren, K.; Kirchner, L.:* Erfolge nicht nur kurzfristig – Unternehmensziele erreichen mit der Balanced Scorecard und EFQM-Modell. QZ **46** (2001) 46.
[Silb89] *Silberer, G.:* Marketing und Kultur am Beisiel des Product Placement. In: *Specht, G.; Silberer, G.; Engelhardt, W. (Hrsg.):* Marketing-Schnittstellen – Herausforderung für das Management. Schäffer-Poeschel, Stuttgart 1989, S. 265.
[Silb95] *Silberer, G.:* Marketing und Multimedia. In: *Hünerberg, R.; Heise, G. (Hrsg.):* Multi-Media und Marketing: Grundlagen und Anwendungen. Gabler, Wiesbaden 1995, S. 85.
[Silb00] *Silberer, G.:* Interaktives Marketing mit elektronischen Medien. HMD – Praxis der Wirtschaftsinformatik **211** (2000) 79.
[Simi03] *Simitis, S. (Hrsg.):* Kommentar zum Bundesdatenschutzgesetz. Nomos-Verlagsgesellschaft, Baden-Baden 2003.
[Simo81] *Simon, H. A.:* Entscheidungsverhalten in Organisationen – eine Untersuchung von Entscheidungsprozessen in Management und Verwaltung. Moderne Industrie, Landsberg am Lech 1981.
[Simo92a] *Simon, H.:* Marketing-Mix-Interaktion – Theorie, empirische Befunde, strategische Impulse. Zeitschrift für betriebswirtschaftliche Forschung **45** (1992) 87.
[Simo92b] *Simon, H.:* Preismanagement. Gabler, Wiesbaden 1992.
[Simo95] *Simon, H.:* Preismanagement Kompakt. Gabler, Wiesbaden 1995.
[SiMu90] *Singh, A. D.; Murugesan, S.:* Fault-Tolerant Systems. IEEE Computer **23** (1990) 7, p. 15.
[SnHT04] *Sneed, H. M.; Hasitschka, M.; Teichmann, M.-T.:* Software-Produktmanagement. dpunkt.verlag, Heidelberg 2004.
[Somm04] *Sommerville, I.:* Software engineering. Addison-Wesley, Boston 2004.
[Somm05] *Sommergut, W.:* Freie CMS-Lösungen für Unternehmen. Computerwoche (2005) 3, S. 16.
[Soud81] *Souder, W. E.:* Disharmony between RAD and Marketing. Industrial Marketing Management **10** (1981) 67.
[SpBe01] *Spiliopoulou, M.; Berendt, B.:* Kontrolle der Präsentation und Vermarktung von Gütern im WWW anhand von Data-Mining Techniken. In: *Hippner, H.; Küsters, U.; Meyer, M.; Wilde, K. D. (Hrsg.):* Handbuch Data-Mining im Marketing. Vieweg, Wiesbaden 2001, S. 855.
[Spec92] *Specht, O.:* Distributionsmanagement. Kohlhammer, Stuttgart 1992.
[Spil00] *Spiliopoulou, M.:* Web Usage Mining for Evaluation of Browsing Patterns. Communications of the ACM **43** (2000) 117.
[Spin99] *Spindler, G.:* Rechtsfragen der Open-Source Software. Studie im Auftrage des Verbandes der Software-Industrie Deutschland e.V. (VSI) 2003, http://www.vsi.de/inhalte/ak-tuell/studie_final.pdf.

[Spin02] *Spindler, G.:* Das Gesetz zum elektronischen Geschäftsverkehr – Verantwortlichkeit der Diensteanbieter und Herkunftslandprinzip. NJW (2002) 921.
[Spry85] *Spryß, W. M.:* Jeder Aussteller muss seine eigenen Besucher einwerben. Marketing Journal **18** (1985) 5, S. 14.
[Stah98] *Stahl, G.:* Interkultureller Einsatz von Führungskräften. Oldenburg, München 1998.
[Stan95] *Standish Group International Inc.:* CHAOS 1995.
[Star69] *Starr, C.:* Social Benefits vs. Technological Risk. Science **168** (1969 1232.
[Stei00a] *Stein, T.:* Intranet-Organisation – Durch Content Management die Potentiale des unternehmensinternen Netzwerkzusammenschlusses nutzen. WIRTSCHAFTSINFORMATIK **42** (2000) 310.
[Stei00b] *Steinmetz, R.:* Multimedia-Technologie – Grundlagen, Komponenten und Systeme. Springer, Heidelberg 2000.
[Step05] *Steppan, B.:* Versionskontrolleure im Vergleich. Computerwoche (2005) 6, S. 26.
[StEF03] *Strauss, J.; El-Ansary, A.; Frost, R.:* E-Marketing. Pearson Education, Upper Saddle River 2003.
[StHa99] *Stahlknecht, P.; Hasenkamp, U.:* Einführung in die Wirtschaftsinformatik. Springer, Heidelberg 1999, Kap. 7.
[StPe04] *Stannat, A.; Petri, C.:* Trends in der Unternehmens-IT. Informatik-Spektrum **27** (2004) 227.
[Strö00] *Strömer, T. H.:* Das ICANN-Schiedsverfahren. HMD – Praxis der Wirtschaftsinformatik **215** (2000) 31.
[SuFL90] *Sultan, F.; Farley, J. U.; Lehmann, D. R.:* A Meta-Analysis of Applications of Diffusion Models. Journal of Marketing Research **27** (1990) 70.
[SuSu93] *Suhr, R.; Suhr, R.:* Software engineering – Technik und Methodik. Oldenburg, München 1993.
[SuWy84] *Suchman, L.; Wynn, E.:* Procedures and problems in the office. Office: Technology and People **2** (1984) 134.
[Sydo92] *Sydow, J.:* Strategische Netzwerke – Evolution und Organisation. Gabler, Wiesbaden 1992.
[TaVe90] *Tate, G.: Verner, J. M.:* Software sizing and costing models – A survey of empirical validation and comparison studies. Journal of Information Technology **5** (1990) 1, p. 12.
[TeGS04] *Teufel, S.; Götte, S.; Steinert, M.:* Managementmethoden für ICT-Unternehmen — aktuelles Wissen von Forschenden des iimt der Université de Fribourg und Spezialisten aus der Praxis. Verlag Industrielle Organisation, Zürich 2004.
[Thal98] *Thaller, G. E.:* SPICE – ISO 9001 und Software der Zukunft. Kaarst 1998.
[Thal00] *Thaller, G. E.:* ISO 9001 – Software-Entwicklung in der Praxis. Heise, Hannover 2000, S. 79.
[Theu00a] *Theuner, G.:* Erfolgsfaktoren User-orientierter Webseitengestaltung. HMD – Praxis der Wirtschaftsinformatik **215** (2000) 69.

[Theu00b] *Theuner, G.:* Gestaltung von Bannerwerbung im Vergleich mit der klassischen Werbung. Thexis **16** (2000) 3, S. 26.
[Tigr05] *Tigris.org:* http://www.subversion.tigris.org; Abruf am 20.01.05.
[Töpf99] *Töpfer, A.:* Die Analyseverfahren zur Messung der Kundenzufriedenheit und Kundenbindung. In: *Töpfer, A. (Hrsg.):* Kundenzufriedenheit messen und steigern. Luchterhand, Neuwied 1999, S. 299.
[TrHa97] *Trompenaars, F.; Hampden-Turner, C.:* Riding the Waves of Culture. Nicholas Brearley, London 1997.
[Tüge02] *Tügel, H.:* Wirklichkeit – Ein Hirngespinst. GEO Wissen **29** (2002) 104.
[Uhlm03] *Uhlmann, A. M.:* Elektronische Verträge aus deutscher, europäischer und US-amerikanischer Sicht – Wirksamwerden, Beweisfragen, Widerruf unter besonderer Berücksichtigung der elektronischen Signatur. Lang, Frankfurt am Main 2003.
[UnFu99] *Unger, F.; Fuchs, W.:* Management der Marktkommunikation. Physica-Verlag, Heidelberg 1999.
[UrHa93] *Urban, G. L.; Hauser, J. R.:* Design and Marketing of new Products. Prentice-Hall, Englewood Cliffs 1993.
[vBBu04] *vom Brocke, J.; Buddendick, C.:* Organisationsformen in der Referenzmodellierung. WIRTSCHAFTSINFORMATIK **46** (2004) 341.
[vBel02] *von Below, F.:* Qualität – was ist das?. QZ **47** (2002) 492.
[Vers03a] *Versteegen G.:* Partnermanagement. In: *Versteegen, G. (Hrsg.):* Marketing in der IT-Branche. Springer, Berlin 2003, S. 247.
[Vers03b] *Versteegen G.:* Eventmarketing. In: *Versteegen, G. (Hrsg.):* Marketing in der IT-Branche. Springer, Berlin 2003, S. 213.
[Vers03c] *Versteegen G.:* Pressearbeit. In: *Versteegen, G. (Hrsg.):* Marketing in der IT-Branche. Springer, Berlin 2003, S. 123.
[vHip01] *von Hippel, E.:* Perspective – user toolkits for innovation. Journal of Product Innovation Management **18** (2001) 247.
[Voge02] *Vogel, J. (Hrsg.):* Praxisratgeber Umwelt- und Produkthaftung – Strafbarkeit, Schadenersatz, Gefahrenabwehr. Deutscher Wirtschaftsdienst, Köln 2002.
[WaDü03] *Wagner, K.; Dürr, W.:* Strategische Initialzündung – Integration der Balanced Scorecard im Prozessmanagement. QZ **48** (2003) 37.
[Wagn75] *Wagner, H.:* Gestaltungsmöglichkeiten einer marktorientierten Strukturorganisation. In: *Meffert, H. (Hrsg.):* Marketing heute und morgen – Entwicklungstendenzen in Theoorie und Praxis. Gabler, Wiesbaden 1975, S. 279.
[Wall01a] *Wallmüller, E.:* Software-Qualitätsmanagement in der Praxis. Hanser, München 2001.
[Wall01b] *Wall, E.:* Ursache-Wirkungsbeziehungen als ein zentraler Bestandteil der Balanced Scorecard – Möglichkeiten und Grenzen ihrer Gewinnung. Controlling **13** (2001) 2, S. 65.
[Warn97] *Warner, A.:* Der Weg von der Qualitätssicherung nach ISO 9001 zum Qualitätsmanagement in einem Systemhaus. In: *Scheibel, H. J. (Hrsg.):* Software-

Entwicklung – Methoden, Werkzeuge, Erfahrungen ´97. Technische Akademie Esslingen 1997, Band 1, S. 407.
[Wefe00] *Wefers, M.:* Strategische Unternehmensführung mit der IV-gestützten Balanced Scorecard. WIRTSCHAFTSINFORMATIK **42** (2000) 123.
[Weib93] *Weiber, R.:* Chaos – Das Ende der klassischen Diffusionsforschung?. Marketing ZFP **15** (1993) 35.
[Werm94] *Wermeyer, F.:* Marketing und Produktion – Schnittstellenmanagement aus unternehmensstrategischer Sicht. Deutscher Universitäts-Verlag, Wiesbaden 1994.
[West02] *Westermann, H. P.:* Das neue Kaufrecht. NJW (2002) 241.
[WeWK00] Wendt, O.; von Westarp, F.; König, W.: Diffusionsprozesse in Märkten für Netzeffektgüter – Determinanten, Simulationsmodell und Marktklassifikation. WIRTSCHAFTSINFORMATIK **42** (2000) 422.
[Wild90] *Wildemann, H.:* Kostengünstiges Variantenmanagement. IO Management Zeitschrift **55** (1990) 6, S. 37.
[Wild95] *Wildemann, H.:* Transaktionskostenreduzierung durch Fertigungssegmentierung. Die Betriebswirtschaft **55** (1995) 783.
[WiRo98] *Wimmer, F; Roleff, R.:* Steuerung der Kundenzufriedenheit bei Dienstleistungen. In: *Meyer, A. (Hrsg.):* Handbuch Dienstleistungs-Marketing, Bd. 2. Schäffer-Poeschel, Stuttgart 1998, S. 1241.
[WiSt99] *Will, A.; Steck, W.:* Suche im WWW – Nachfragerverhalten und Implikationen für Anbieter. In: *Scheer, A.-H.; Nüttgens, M. (Hrsg.):* Electronic Business Engineering, 4. Internationale Tagung Wirtschaftsinformatik 1999. Physica-Verlag, Heidelberg 1999, S. 289.
[Witt01] *Wittstock, O.:* Von Elementen zu Prozessen. QZ **46** (2001) 908.
[Witt04] *Witte, H.:* Bei vielen Web-Shops klemmt die Kasse. Computerwoche 51-52 (2004) 14.
[WKKS04] *Wacker, M.; Keckeisen, M.; Kimmerle, S.; Straßer, W.; Luckas, V.; Groß, C.; Fuhrmann, A.; Sattler, M.; Sarlette, R.; Klein, R.:* Virtual Try-on – Virtuelle Textilien in der Graphischen Datenverarbeitung. Informatik-Spektrum **27** (2004) 504.
[Wöhe02] *Wöhe, G.:* Einführung in die Allgemeine Betriebswirtschaftslehre. Vahlen, München 2002.
[WoJo96] *Womak, J. P.; Jones, D. T.:* Lean Thinking. Simon & Schuster, New York 1996.
[Woll03] *Wolle, B.:* Analyse von ABAP- und Java-Anwendungen im Hinblick auf die Software-Wartung. In: *Büren, G.; Bundschuh, M.; Dumke, R. (Hrsg.):* Software-Messung in der Praxis. Tagungsband des DASMA Software Metrik Kongresses MetriKon 2003, Shaker, Aachen 2003, S. 45.
[WoMü03] *Wolle, B.; Müller, V.:* Prozessorientiertes IT-Qualitätsmanagement. HMD – Praxis der Wirtschaftsinformatik **232** (2003) 66.
[WüPh98] *Wüthrich, H.; Philipp, A.:* Virtuell ins 21. Jahrhundert? Wertschöpfung in tempären Netzwerkverbünden. HMD – Praxis der Wirtschaftsinformatik **200** (1998) 8.

[YIMT93] *Yoshikawa, T.; Innes, J.; Mitchell, F.; Tanaka, M.:* Contemporary Cost Management. Chapman & Hall, London 1993.
[ZaBr03] *Zarnekow, R.; Brenner, W.:* Auf dem Weg zu einem produkt- und dienstleistungsorientierten IT-Management. HMD – Praxis der Wirtschaftsinformatik **232** (2003) 7.
[ZaSB04] *Zarnekow, R.; Scheeg, J.; Brenner, W.:* Untersuchung der Lebenszykluskosten von IT-Anwendungen. WIRTSCHAFTSINFORMATIK **46** (2004) 181.
[Zerb03] *Zerbst, S.:* Virtuelle Communities zur Vermarktung kommerzieller Produkte. Joseph Eul, Lohmar 2003.
[Zerr02] *Zerres, T.:* Marketingrecht. Vahlen, München 2002.
[Ziem00] *Ziem, C.:* Spamming – Zulässigkeit nach § 1 UWG, Fernabsatzrichtlinie und E-Commerce-Richtlinienentwurf. MMR (2000) 129.
[Zieg04] *Ziegenbein, K.:* Controlling. Kiehl, Ludwigshafen, 2004.
[Zou99] *Zou, B.:* Multimedia in der Marktforschung. Gabler, Wiesbaden 1999.
[Zuse98] *Zuse, H.:* A Framework for Software Measurement. de Gryuter, Berlin 1998.

Schlagwortverzeichnis

Schlagwörter sind keine Argumente, sondern nur zur Faust geballte Gedanken.
Thornton Wilder, amerik. Schriftsteller, 1897-1975.

A

Abrechnungsdaten 204, 305
Absatzkanal 134
Absatzlogistik 140
Absatzmodalitäten 139
Agile Manufacturing 90
agile Verfahren 38
Aktiengesellschaft 190
Allgemeine Geschäftsbedingungen 210, 258
Anlagevermögen 267
Anonymisierung 201, 210
Anwendungssysteme *23*
Application Service Providing 246, 305
Arbeitnehmererfindung 190, 227
Arbeitnehmererfindungsgesetz 224, 227
Arbeitnehmerhaftung 198
Arbeitspaket 305
Aufbewahrungspflicht 267

B

B2B 277, 305
B2C 278, 305
Balanced Scorecard 120
Banner 305
Bedürfnis 13, 305
Benutzerdokumentation 50, 250
   Checkliste Handbuch 295
   Gliederung 53
   Online-Handbuch 83
Benutzerschnittstelle 64
Bestandsdaten 205, 305
Besteuerungsort 265
Besuch 276
Besucherverhalten 66
Betriebshaftpflicht 249
Betriebsstätte 266
Beurkundung 255
Beweislastumkehr 245
Bilanzrecht 267
Bootstrap 94
Bundesdatenschutzgesetz 202
Bürgerliches Gesetzbuch *184*
Business Process Reengineering 94
Button 305

C

Caching 273
Call-Center 277
Capability Maturity Model 94
Case Study 306
CGI 306
Chancen-Risiken-Analyse 114
Channel-Technik 208
Chat 306
Chatroom 152
Checkliste
   Auslieferung 298
   Benutzeranleitung 295
   Dokumentation 52
   Kommunikation 144, 146
   Marketing-Mix 297

Qualitätsplan 42
Rechtsfragen Webseite 299
Risikomanagement 168
Software-Vertrag 302
Chrystal 39
Client 306
Clipping 306
Computer Supported Cooperative Work 71
Computersystem 16
Consulting-Partnerschaft 139
Content 306
Content Management System 74
Content-Provider 273
Controlling 74, 163, 166, 306
Cookies 207, 306
Co-Produktion 90
Corporate Design 306
Corporate Governance Kodex 197
Corporate Identity 51, 146, 252, 306
Cost Ratio Method 58
CPU-Klausel 214
Critical Incident Technique 175
CRM 77
CSCW-Systeme 71
Customer Relationship Management 77

D

D&O-Versicherung 306
Data Warehouse 25, 77
Data-Mining 206
Datenschutz 202
Datenschutzrecht *200*
Decompilierung 214
Deep Link 274
Degenerationsphase 55
Deliktrecht 244
Demo-Programm 60
DENIC 241
deutscher IuK-Markt 99
Dialer 271
Diensteanbieter 306
Dienstleistung 125

Diffusionsmodell 104
Digital Rights Management 237
Digital Rights Management System 76
Digital Subscriber Line 307
DIN 66230 49
DIN 66285 51
DIN 69901 28
Direkt-Kommunikation 150
Disclaimer 307
Distributionspolitik *133*
Document Related Technologies 74
Dokumentation 46, 47, 52
  multimediale 83
Dokumentenmanagementsysteme 74
Domain 307
Domain Name System 238, 307
Domain-Grabber 237
Domain-Namen 237
Domain-Schutz 241
Download 246
Durchleitung 273

E

E-Commerce 100, 307
E-Commerce-Richtlinie 255, 279
Edutainment 83
EG-Vertrag 192
Einführungsgesetz zum BGB 186
Einführungsphase 54, 56
Electronic Data Interchange 307
Electronic Media Management System Suite 76
elektronische Medien *80*
E-Mail 93, 307
E-Mail-Marketing 278
Endverbraucherregelung 265
Enterprise Content Management 74
Enterprise-PMS 74
Entscheidungssituation 109
Erfindung 224
Ergonomie *62*
Ersteckungsgesetz 224
Europäisches Patentübereinkommen 225

Europäisches Recht 192
Event 307
Event-Marketing 151
Extranet 307
Extreme Programming 39

F

Fachzeitschriften 293
Fehler 30, 244, 245, 307
Fernabsatzgesetz 269
Fernabsatzvertrag 269
Fernkommunikationsmittel 270
Frame 308
Free Software 308
Freeware 19, 308
FTP 308
Führung 154
Fusionskontrolle 221

G

Gattungsbezeichnung 230, 242
Gebrauchsanweisung 251
Gebrauchsmusterrecht 190
Gemeinschaftspatentübereinkommen 224
Gemeinschaftsrecht 192
Geschäftspartnermanagement 96
Geschäftsprozess 13
Geschmacksmusterrecht 190
Gesellschaft bürgerlichen Rechts 189
Gesellschafterhaftung 195
Gesellschaftsrecht 189
Gesetz gegen den unlauteren Wettbewerb 216
Gesetze, Überblick *287*
gewerbliche Schutzrechte 190
GmbH 190, 194
GmbH & Co KG 196
Goal Question Metric 94
Group Decision Support Systems 72
Grundgesetz 192
Gruppendruck 105

Gutachten 183

H

Haftung 272
   Herstellerhaftung 247
   Hyperlink 274
   international 248
   Produkthaftung 244
   Werbeaussagen 248
Handelskauf 189
Handelsrecht 189
Handelsregister 195
Hardware 16, 308
Hit 308
Home-Page 308
Host 308
Hosting 273
Hot-Line 277
HTML 308
HTTP 308
Hub 308
Hyperlink 274
   Urheberrecht 274
   Wettbewerbsrecht 275

I

ICANN 238
IEEE 729 15
Image 308
Impressum 210, 271
Individual-Software 100, 101
Informationsversorgung 162
Infotainment 84
Infrastruktur 92
Innovation 223
Innovationsdynamik 102
Intangibles 121, 267
intelligente Agenten 74
Internet 308
Intervallskala 117
Intranet 308

IP 308
IP-Adresse 308
ISO 13407 63
ISO 9000 94
ISO 9126 20
ISO 9241 63
IT-Markt 98

J

Java 309
JavaSkript 309
Jugendschutzrecht 273
juristische Arbeitsmethodik 182
juristische Person 187

K

Kano-Modell 176
Kapitalgesellschaft 190
Kartell 220, 309
Kartellrecht 219
kaskadierende Scorecard 121
Kennzahlen 117
Kennzahlensystem 117, 164
   Du Pont 119
Key Account Manager 158
Kiosksystem 80
KMU 11
kognitives Modell 65
Kommanditgesellschaft 189, 196
Kommunikation 104, 144
Kommunikationspolitik *144*, 145
Komplexität 38, 160
Konfigurationsmanagement 32
Konsumgüter-Marketing 10, 123
Kontaktdaten 51, 271
KonTraG 195, 250
Kontrahierungspolitik *140*
Kontrolle 162
Koordination 158, 163
Kreditplanung 143
Kunde 6, 90

Kundenanforderungen 175
Kundenbedürfnis 5, 61
Kundenbeziehungen 77
Kundenbindung 209
Kundenmanagement 96
Kundenorientierung 13, 35
Kundenwunsch 5
Kundenzufriedenheit 174

L

Lead 309
Lean Thinking 94
Lebenszyklus 103
   Kosten 57, 58
   Management 59
   produktbezogener 6
   Theorie *54*
Leistungsbeschreibung 260
Leistungsort 265
Leistungspakete 126
Leistungspolitik 6
Leistungspotenzial 90
Leistungsziele 261
Life Cycle Costing 58
Logfile 309
Login 309

M

Madrider Markenabkommen 234
Magazine 293
magisches Dreieck 20, 21
Mailing 279
Managerhaftung 197
Mangel 309
Marke 132, 228, 229, 309
Markenimage 132
Markenrecht 191, *229*
Markenregister 230
Marketing *1*, 309
Marketing-Controlling *161*
Marketing-Dokumentation 86

Marketing-Konzeption 109
Marketing-Logistik 140
Marketing-Mix 123, 309
Marketing-Organisation 155
Marketing-Partnerschaft 139
Marketing-Plan 310
Markt 10, 14, 167
Marktangebot 14, 310
Marktbeherrschung 221
Marktforschung 82
Marktkreislauf 14
Marktorientierung 35
Marktsegmentierung *105*
Marktstrategie 136
Marktteilnehmer 14, 310
Marktwert 14
Mass Customization 90
Massenproduktion 90
Mediadaten 310
Mediendienst 200, 310
Mediendienstestaatsvertrag 204
Messe 151
Mitbewerber 310
Mittelstand 196
Modern Manufacturing 90
Multimedia 310
Multimedia Home Plattform 77
Multimedia-Kommunikation 152
Multimedia-Präsentation 84
Multimedia-Systeme 25
Multimedia-Werbung 84

N

Nacherfüllung 244
Nachricht 310
natürliche Person 187
Netzeffekte 103
Netzwerk 95
New Economy 196
Newsgroup 310
Nominalskala 117
Norm 289, 310
Nutzer 310

Nutzervorbehalte 209
Nutzung 201
Nutzungsdaten 205, 310
Nutzungsprofil 208
Nutzungsrechte 310
Nutzwert 14, 64, 310

O

OECD 264
Offene Handelsgesellschaft 189, 196
Öffentliches Recht 191
Offline-Dienst 200
Online 310
Online-Dienst 311
Open Source 18, 248, 311
Opt-in 278
Opt-out 278
Ordinalskala 117
Organisation
   lernende 38
   projektspezifische 29
Organisationsbegriff 153
Organisationsformen 156
Organisationskultur 154
Outsourcing 25

P

Page 311
Pariser Verbandsübereinkunft 224, 234
Partizipationsprinzip 62
Patent 224, 311
Patentanmeldung 225
Patentgesetz 190, 224
Patentrecht *223*
Patentzusammenarbeitsvertrag 224
PC 81, 100
PDA 311
personenbezogene Daten 201, 311
Persönlichkeitsrechte 202
Phase 311
Planung 154, 162, 311

Policy 311
Portable System 81
Portal 311
Portfolioanalyse 114
Post-Sales-Marketing 250
Post-Sales-Service 85
Prämienplanung 143
Preis 104
Preisplanung 141
Primärbranche 11, 101
Prince2 38
Prioritätengrundsatz 241
Privacy Statement 209
Privatautonomie 254
Privatrecht 184
Product Life Cycle Management 79
Produkt 311
Produktangebot 4
Produktdatenmanagement 79
Produktdifferenzierung 90
Produktentwicklung 82, 126
Produktgestaltung 83, 127
Produkthaftungsgesetz 246
Produktherstellung 127
Produktlieferung 85
Produktmodifikation 127
Produktpartnerschaft 139
Produktpiraterie 234
Produktpolitik 59, *124*
Produktpräsentation 84
Produktprogramm 129
Produktverwendung 129
Project Management System 73
Projekt *28*, 311
   Management 32, 311
   Phasen 29
Projektleitung 311
Projektplan 312
Projektstruktur 312
Projektstrukturplan 312
Projektziel 312
Prototyp 35, 36, 83
Prototypen-Modell 35
Provider 312
Prozess 312

Prozessmodell 29
Prozessorientierung 93
Pseudonymisierung 201, 210
Public Relations 149
Pull 90
Push 90

Q

QM-System 23
Qualität 20, 312
Qualitätseigenschaften 20
Qualitätsmanagement 42, 131, 312
Qualitätsmanagementsystem 250
Qualitätsmerkmale 20
Qualitätsplanung 42
Qualitätsprozesse 22
Qualitätsprüfung 42
Qualitätssicherung 32, *41*, 44, 312

R

Rabattplanung 143
Rational Unified Process 38
Rationalskala 117
Raubkopie 61, 236
Reaktionsmessung 82
Real Time Economy 93
Rechtsfähigkeit 187
Rechtsobjekte 188
Rechtssubjekte 187
Rechtswahlklausel 215
Redaktionssystem 74
Registrierungsstelle 241
Reifephase 54
Relationship 312
Ressourcen 28
Ressourcenmanagement 96
Return of Invest 119
Review 313
Richtlinie 313
Risiko 29, 167, 313
   Gruppen 169

Risiko-Controlling 170
Risikomanagement 74, *167*, 249
Risiko-Portfolio 171
Roadshow 151
Rückgaberecht 272
Rügepflicht 189

S

Sachmangel 244
Salescycle 313
Sarbannes-Oxley-Act 268
Sättigungsphase 55
Schadenersatz 197
Schaltfläche 64
Schriftform 255
Schuldrecht 186
Schuldrechtmodernisierungsgesetz 258
Schuldverhältnis 186
Schulung 61
Schutzrechtmanagement 232
Schutzrechtpolitik 232
Scrum 40
Segmentierungskriterien 107
Sekundärbranche 12, 101
Seminar 61
Server 313
Service-Funktionen 79
Servicepolitik 130
Session 313
Session-ID 207
Shareware 313
Sicherheitsrisiko 251
Sideboard-System 81
Signatur
   digitale 307
   elektronische 307
   fortgeschrittene 308
   qualifizierte 312
Signaturgesetz 257
Signaturrichtlinie 257
Simulation 83
Site 313
Situationsanalyse 112

Skalentypen 117
Software 15, 313
   embedded 101
   Entwicklung *27*, 37
   ergonomische 63
   Freeware 19
   individuelle 17
   Klassifikation 17, 71
   Merkmale *15*
   Open Source 18
   proprietäre 18
   Public Domain 19
   standardisierte 17
   Werkzeuge 69
Software-Architektur 71
Software-Ebenen 16
Software-Entwickler 64
Software-Hardware-Hierarchie 16
Software-Installation 313
Software-Management 27
Software-Marketing 3, *10*
Software-Patent 225
Software-Piraterie 234
Software-Projekt 260
Software-Qualität *19*
Software-Vertrag 259, 302
Software-Wartung 59
Sonderprivatrechte 189
Spam 278, 313
Sperre 214
SPICE 94
Spiral-Modell 33
Sponsoring 150
Spyware 208, 313
Standards 289
Standard-Software 100, 101
Standort 313
Standortdaten 313
Standort-Software 313
Startup 195
Steuerrecht *263*
strategische Allianzen 222
strategische Partnerschaft 139
Structure Mining 206
Success Story 314

Suchmaschine 314
SWOT-Analyse 112

T

Target Costing 171
    Vorgehensmodell 172
TCP 314
TCP/IP 314
Technizität 9, 101
Teledienst 200, 314
Teledienstedatenschutzgesetz 203
Teledienstegesetz 203
Telefax-Marketing 278
Telefon-Marketing 277
Telekommunikationsdatenschutzverordnung 204
Telekommunikationsgesetz 204
Telnet 314
Termin 28
Territorialprinzip 203, 225, 231
Test 30
Titelschutz 232
Top Level Domain 238, 314
Total Cost of Ownership 58
Total Quality Management 94, 250
Transaktion 14
Transportdienst 200
TRIPS-Übereinkommen 212

U

Unternehmensprozesse 69
Unternehmensumfeld 12
Unterrichtungspflicht 270
Upgrade 314
    Klausel 214
Urhebergesetz 190
Urheberpersönlichkeitsrechte 212
Urheberrecht *212*
    Anspruch bei Rechtsverletzung 215
    Arbeitnehmer 213
    Computerprogramme 213

Datenbank 215
Hyperlink 274
Internet 215
Schutzumfang 212
Urheberrechte 212
URL 314
Usage Mining 206

V

Verbraucher 314
Verbraucherschutz 243, 269
Verbrauchsgüterkauf 243
Vergütung 261
Verkaufsförderung 149
Verkehrsdaten 205
Veröffentlichungspflicht 195
Verordnungen *287*
Verschlüsselung 85
Versionskontrollsystem 75
Vertikalvereinbarung 220
Vertrag 254, 259
Vertragsrecht *253*
Vertriebsfunktionen 79
Vertriebsunterstützung 85
Verwertungsrechte 212
Viren 236
V-Modell 32
Vorgehensmodell 30

W

Wachstumsphase 54, 56
Wandel 4, 6, 8
Wasserfall-Modell 30
Web 315
Web-Browser 315
Web-Design 67
Webinar 152
Web-Mining 206
Web-Seiten 315
Web-Seiten-Ergonomie 66
Web-Site 315

Web-Site-Struktur 210
Welteinkommensprinzip 266
Werbung 84, 148
   vergleichende 314
Wertschöpfungskette 95
Wettbewerb 6, 217
Wettbewerbshandlung 315
Wettbewerbsrecht 191, *216*
   Europa 222
   strategische Allianzen 222
Wettbewerbsregeln 217
Widerrufsrecht 271
Willenserklärung 256
WIPO 234
WIPO-Urheberrechtsvertrag 212
Wirtschaftlichkeit 13
Wirtschaftsgut 266
Workflow Management 73
World Wide Web 92, 315

Wunsch 13, 315
WWW 315

X

XML 315
XP 39

Z

Zahlungsmodalitätenplanung 143
Zero Based Pricing 58
Zertifizierungsdienstleister 257
Ziel 28, 109, 315
   Festlegung 110

Strategie und Realisierung

Frank Victor, Holger Günther
Optimiertes IT-Management mit ITIL
So steigern Sie die Leistung Ihrer IT-Organisation -
Einführung, Vorgehen, Beispiele
2., durchges. Aufl. 2005. X, 247 S. Br. € 49,90   ISBN 3-528-15894-8
Erfolgreiches IT-Management - ITIL - Siegeszug eines praxisorientierten Standards - Leitfaden für die erfolgreiche ITIL-Umsetzung in der Praxis - Positionierung der IT im Unternehmen und Ausrichtung auf das Tagesgeschäft - Referenzprojekte

Marcus Hodel, Alexander Berger, Peter Risi
Outsourcing realisieren
Vorgehen für IT und Geschäftsprozesse zur nachhaltigen Steigerung des Unternehmenserfolgs
2004. XII, 226 S. mit 40 Abb. Br. € 34,90   ISBN 3-528-05882-X
Grundlagen und Aufgabenstellung - Entscheidungskriterien - Vorgehen, Phasen, Lifecycle (von der Planung zur Implementierung) - Nachhaltige Sicherung des Projekterfolgs - Case Studies: Beispiele und Ergebnisse - Checklisten

Klaus-Rainer Müller
IT-Sicherheit mit System
Strategie - Vorgehensmodell - Prozessorientierung - Sicherheitspyramide
2003. XIX, 257 S. Geb. € 49,90   ISBN 3-528-05838-2

Abraham-Lincoln-Straße 46
65189 Wiesbaden
Fax 0611.7878-400
www.vieweg.de

Stand 1.1.2005. Änderungen vorbehalten.
Erhältlich im Buchhandel oder im Verlag.

MIX
Papier aus verantwortungsvollen Quellen
Paper from responsible sources
FSC® C105338

If you have any concerns about our products,
you can contact us on
ProductSafety@springernature.com

In case Publisher is established outside the EU,
the EU authorized representative is:
**Springer Nature Customer Service Center GmbH
Europaplatz 3, 69115 Heidelberg, Germany**

Printed by Libri Plureos GmbH
in Hamburg, Germany